현대무기체계론

인간은
생존과 번영을 위해
전쟁도구인 무기체계와
생활도구인 일상용품을 만들어
사용하는 민군겸용과학기술을 발전시켜 왔다.

오늘날 국제화시대에
살아갈 현대인들은
특정분야의 전문지식과
폭넓은 종합적인 교양지식을 갖춘
전방위적인 지식인·교양인이 되어야 한다.

- 폴 케네디 -

조영갑

국방대학교 교수
대진대학교 교수
한성대학교 국방과학대학원 교수
미국 캘리포니아 주립대학교 교환교수
합동군사대학교 교수
국방부장관 국방정책자문위원
통일부 통일교육위원
경남대학교 대학원/행정학 박사(정책학 전공)
연세대학교 대학원/행정학 석사
국방대학교 안보대학원/안보과정
육군본부 작전참모부/제25사단 포병연대장
학생군사학교 교육단장/교수부장
한국정책학회 연구위원
한국군사학회 이사
국가위기관리학회 이사
한국안보평론가협회 회장
주요저서 : 국가안보론, 국가위기관리론,
　　　　　민군관계와 국가안보, 전쟁사,
　　　　　국방심리전략과 리더십 외 다수

김재엽

한남대학교 교수
성균관대학교 대학원 / 국제정치학 박사(정치외
교학 전공)
주요저서 : 자주국방론, 천안함 이후의 한국 국방,
　　　　　군사혁신과 한국군(공저)

현대무기체계론

2009년 9월 25일 초판1쇄 발행
2011년 3월 10일 초판2쇄 발행
2013년 9월 10일 개정판1쇄 발행
2014년 3월　3일 개정판2쇄 발행
2019년 8월 30일 제3판1쇄 발행
2021년 8월 15일 제3판2쇄 발행
2023년 8월 25일 제3판3쇄 발행

지은이 조영갑 · 김재엽 l 펴낸이 이찬규
펴낸곳 선학사 l 등록번호 제10-1519호
전화 02-704-7840 l 팩스 02-704-7848
이메일 ibookorea@naver.com l 홈페이지 www.북코리아.kr
주소 13209 경기도 성남시 중원구 사기막골로 45번길 14 우림2차 A동 1007호
ISBN 978-89-8072-260-0 (93390)

값 23,000원

현대무기체계론

조영갑 · 김재엽 지음

 선학사

한국군의 주요 무기체계 도입 및 전력운용 역사

구 분		국방체계 정립기(1945~1961)					자주국방 추진기(1961~1998)		
육군	전 차	N-47 (전차, 1959)					M48A2C (전차, 1971)	M48A3K (전차, 1977)	M48A5K (전차, 1977)
	장갑차						M113(장갑차, 1967)	CM6614 (경장갑차, 1977)	K-200(보병탑승 장갑차, 1984)
	야포/다련장	M101(105mm 견인곡사포, 1950)	M114(155mm 견인곡사포, 1951)	M115 (8" 견인곡사포, 1953)			M110 (8" 자주곡사포, 1964)	HONEST JOHN (1971)	K-136 (다련장 로켓, 1981)
	방공유도무기 (공군포함)	40mm 대공포(1955)	M55/M45D(구경 50 대공포, 1955)	M55/M45D(구경 50 대공포, 1955)			HAWK(중거리 지대공유도무기, 1964)	NIKE(장거리 지대공유도무기, 1966)	M167A1(견인발칸 (20mm 대공포, 1973)
	헬 기						OH-23 (정찰헬기, 1967)	UH-1H (소형기동헬기, 1968)	500MD (정찰헬기, 1976)
해군	전투함정	PC-701(백두산함) (구잠함, 1949)	PF-61(두만강함) (초계함, 1950)	DE-71(경기함) (호위구축함, 1956)	APD-81(경남함) (초계함, 1959)	LSMR-311(시흥함) (상륙로켓함, 1960)	DD-911(충무함) (구축함, 1963)	PKMM-271 (유도탄고속정, 1974)	PGM-582(백구) (유도탄고속함, 1974)
	기뢰전함정	JMS-301(대전정) (소해정, 1946)	MSC(강진함) (소해함, 1947)				MHC-561(강경함) (기뢰탐색함, 1986)		
	상륙함정	LCI-103(춘천정) (상륙정, 1946)	LST-801(용화함) (상륙함, 1949)	LSM-651(대초함) (소형상륙함, 1955)	LVT3C(상륙돌격 장갑차, 1956)		LVT7(상륙돌격 장갑차, 1974)	LVT7A1(상륙돌격 장갑차, 1985)	LSF-611(솔개) (고속상륙정, 1989)
	지원함정	AKL-901(부산함) (수송함, 1949)	ATA-1(인왕함) (예인함, 1950)	AO-2(천지함) (유조함, 1953)			ARS-25(창원함) (수상함구조함, 1978)	AOE-57(천지함) (군수지원함, 1990)	ASR-21(청해진함) (잠수함구조함, 1996)
	잠수함						SSM(돌고래) (잠수정, 1984)	SS(장보고함) (209급잠수함, 1993)	
	항공기· 헬기						OH-58500MD (지휘정찰헬기, 1974)	S-2 (해상초계기, 1976)	500MD (지휘정찰헬기, 1977)
공군	전투임무기	F-51 (전투기, 1950)	F-86D/F (전투기, 1955)	F-86D/F (전투기, 1955)			F-5A/B (전투기, 1965)	F-4D (전투기, 1970)	F-5E/F (전투기, 1974)
	공중기동기	L-4/L-5 (연락기, 1948)	L-4/L-5 (연락기, 1948)	(E)C-47 (수송기, 1950)	L-19 (연락기, 1951)	C-46 (수송기, 1955)	C-123 (수송기, 1973)	C-130H (수송기, 1988)	HH-60 (탐색구조헬기, 1991)
	감시통제기	RF-86F (정찰기, 1958)					RF-5A (정찰기, 1972)	O-2A(공중통제관측 기, 1974)	RF-4C (정찰기, 1989)
	훈련기	T-6(훈련기, 1950)	T-33(훈련기, 1955)	T-28(훈련기, 1960)			T-41(훈련기, 1973)	T-59(훈련기, 1993)	

* 도입년도는 해당 무기체계가 적력화된 시기와 현재 전력운용을 고려하여 재분류하였음(국방백서, 2008~2009 참조)

K-1
(한국형 전차, 1986)

K-1 구난전차
(구난전차, 1993)

K1A1
(한국형전차, 2001)

XK-2(흑표)
(한국형전차)

K-242(42" 박격포
탑재장갑차, 1987)

K-288
(구난장갑차, 1988)

K-277(지휘소용
장갑차, 1998)

K-21
(보병전투장갑차)

KH-179(155mm
견인곡사포, 1983)

K-55(155mm
자주곡사포, 1985)

MLRS(대구경다련장
로켓, 1998)

K-9(155mm
자주곡사포, 1999)

오리콘(35mm
대공포, 1973)

JAVELIN(휴대용
재래유도무기, 1987)

현무(지대지유도무기,
1987)

MISTRAL(휴대용
지대공유도무기, 1992)

IGLA(휴대용
지대공유도무기, 1997)

비호(30mm
자주대공포, 1999)

천마(단거리
지대공유도무기, 1999)

신궁(휴대용
지대공유도무기, 2005)

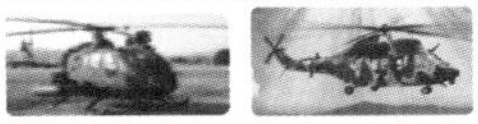

AH-1 J/S
(중형공격헬기, 1988)

CH-47
(대형기동헬기, 1988)

UH-60
(중형기동헬기, 1990)

BO-105
(소형정찰헬기, 1999)

수리온헬기(KUH)
(기동헬기 2009~2010)

PKM-212(참수리)
(고속정, 1978)

FF-951(울산함)
(한국형호위함, 1981)

PCC-751(동해함)
(초계함, 1983)

DDH-971(KDX-Ⅰ)
(광개토대왕함)
(한국형구축함, 1998)

DDH-975(KDX-Ⅱ)
(충무공이순신함)
(한국형구축함, 2003)

DDG-991(KDX-Ⅲ)
(세종대왕함)(한국형
구축함-이지스, 2008)

PKG-711(윤영하함)
(유도탄고속함, 2008)

류성룡함
(구축함, 2012)

MLS-560(원산함)
(기뢰부설함, 1998)

MSH-571(양양함)
(소해함, 1999)

LST(고준봉함)
(상륙함, 1993)

KAAV(상륙돌격
장갑차, 1996)

LSF-Ⅱ(솔개)
(고속상륙정, 2007)

LPH(독도함)
(대형수송함, 2007)

LST-Ⅱ(천자봉함)
(상륙함, 2018)

ATS-27(평택함)
(수상함구조함, 1997)

통영함
(첨단수상구조선 2012)

SS(손원일함)
(214급잠수함, 2007)

안중근함/김좌진함
(잠수함, 2013)

ALT-Ⅲ
(작전헬기, 1977)

UH-1H
(다목적헬기, 1978)

LYNX
(해상작전헬기, 1991)

UH-60
(상륙헬기, 1994)

CARAVAN-Ⅱ(대공표
적예인기, 1995)

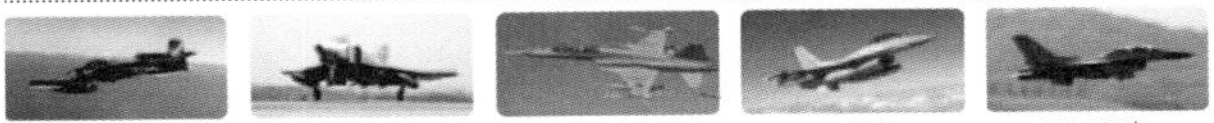

P-3C
(해상초계기, 1997)

A-37B
(공격기, 1976)

F-4E
(전투기, 1977)

KF-5E/F(제공호)
(전투기, 1982)

F-16C/D
(전투기, 1987)

KF-16C/D
(전투기, 1996)

F-15K
(전투기, 2008)

HH-47
(탐색구조헬기, 1993)

CN-235M
(수송기, 1994)

HH-32
(탐색구조헬기, 2006)

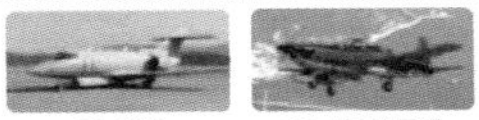

RC-800
(정보수집기, 2001)

KA-1(공중통제
공격기, 2007)

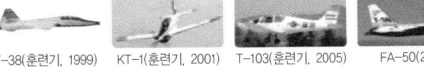

T-38(훈련기, 1999)

KT-1(훈련기, 2001)

T-103(훈련기, 2005)

FA-50(2014)

"인간은 도구를 만들어 사용하는 동물이다."

벤자민 프랭클린(Benjamin Franklin)[1]이 한 말이다. 이 말은 인간의 끊임없이 생존하고 번영하고 싶은 본성이 보다 좋은 전쟁도구와 더욱 편리한 생활도구를 만들게 했고, 그것은 곧 오늘날 과학기술로 발전하게 되었다는 것이다.

인간의 도구발명으로부터 시작된 과학기술은 응용목적에 따라 국방과학기술과 민수과학기술로 진화되어 왔다. 예컨대 2차원 시대의 농업사회에서는 지상·해상에서 사용할 수 있는 생활도구와 전쟁도구인 무기체계를 발전시켰고, 3차원 시대의 산업사회에서는 지상·해상·공중에서 사용할 수 있는 생활도구와 전쟁도구인 무기체계를 발전시켜 사용하였다.

그러나 오늘날 5차원 시대인 지식정보화 사회에서는 지상·해상·항공·우주·사이버에서 사용할 수 있는 생활도구인 일상용품과 전쟁도구인 무기체계는 훨씬 복잡하고 다양한 복합성·과학성·정밀성을 요구하고 있으며, 첨단과학으로써 민군복합기술의 필요성을 더욱 증대시키고 있다.

특히 현대 국제관계에서 혹은 현대사회에서 날마다 직접적·간접적으로 개인·조직·국민들에게 영향을 미치고 있는 갈등·분쟁·위기·전쟁 과정에서 무기체계의 개념·운용·기술발전에 대한 이해 및 지식은 일상생활의 일부가 되었다. 또한 국방과학기술로 만들어진 첨단무기체계 기술이 민수과학기술에 접목되어 편리하고 유용한 생활용품으로 다시 탄생되어 사용되고 있다. 따라서 현대국가에서 개인·조직·국민들은 번영된 삶을 위해

---

1) 벤자민 프랭클린(Benjamin Franklin : 1706~1790)은 미국의 독립선언서를 기초한 정치인이며, 피뢰침을 발명한 과학자이다.

서, 개인안보 및 국가안보를 위해서 무기체계에 대한 깊은 이해와 지식을 갖고 살아야 한다.

왜냐하면 이것이 현대를 살아가는 지성인이고 지혜로운 교양인이며, 또한 개인안보 및 국가안보를 책임질 수 있는 창조적 전문가가 될 수 있기 때문이다.

이 같은 희망에 부응하기 위해 현대무기체계론을 발간하였으며, 그 내용은 다음과 같이 구성하였다.

제1장은 인간과 무기체계의 학문적 이론으로서, 무기체계의 이론, 인간의 문명사회와 무기체계 발전관계, 무기체계의 획득관리, 그리고 한국의 방위산업과 무기체계 발전과정에 대해 알아보았다. 제2장은 지상무기체계로서 기동무기, 화력무기, 방공무기에 관해서, 제3장은 해상무기체계로서 수상 전투함, 잠수함, 상륙·지뢰·지원함에 대한 등장배경, 특성 및 분류, 운용개념, 발전추세, 한국의 현황에 대해 이론과 실제를 정립하였다. 제4장은 항공무기체계로서 전투기·공격기·폭격기·특수목적기·헬리콥터에 관해서, 제5장은 대량살상 및 유도무기체계로서 핵·화학·생물무기, 탄도·순항 미사일무기, 그리고 제6장은 정보통신 무기체계에 대해 알아보았다. 제7장은 미래 전쟁양상 변화에 따른 미래 무기체계에 관해서, 제8장은 국가안보와 무기체계로서 한반도 주변국가의 군사력과 무기체계, 북한의 군사정책과 무기체계, 한국의 안보목표 및 국방정책과 무기체계, 그리고 한국의 방위산업과 명품무기들에 대해 알아보았다.

이 책은 5차원 전쟁의 무기체계와 관련된 다양한 학문적 이론을 접목시키고 통합하여 현대무기체계론으로 재정립하였다. 따라서 군사대학과 민간대학에서 현대무기체계론에 대한 강의서 및 교재로, 또 일반교양서 및 연구자료로 사용할 수 있도록 흥미롭게 이론과 사례를 제시하였다.

끝으로 이 책을 출판해 주신 이찬규 사장님, 좋은 편집과 자료를 챙겨준 이미현 님, 하택례 님께 감사하며, 독자들에게도 현대무기체계에 대한 이론과 실제에 대해 많은 이해 및 도움이 될 것으로 생각한다.

대학 연구실에서
저자 조영갑

CONTENTS

차 례

2 지상무기체계

3 해상무기체계

4 항공무기체계

5 대량살상 및 유도무기체계

6 정보통신 무기체계

7 미래 전쟁양상의 변화와 무기체계

8 국가안보와 무기체계

1

Modern Weapons
System Theory

인간과 무기체계

제1절 무기체계 이론

1. 무기체계의 정의

인간은 도구를 만들어 사용한 동물이라고 미국 벤자민 프랭클린(Benjamin, Franklin) 과학자는 말했다. 그 도구에는 일상생활에 필요한 생활도구와 전쟁에서 사용한 전쟁도구로서의 무기가 있다. 현대국가에서 무기를 획득, 연구, 개발, 생산하고 배치 운용하여 국가와 국민을 지키고 보호한다는 것은 가장 중요한 국가안보정책 분야가 된다.

무기란 전쟁에서 적을 죽이거나 상처를 입혀서 물리치거나 승리하기 위하여 사용하는 도구를 의미하는 것이다. 이 같은 무기는 고대에서 칼이나 활 등으로 개인이나 팀 단위로 운용된 간단한 무기로 발전하였으나, 현대무기는 과학기술의 발달로 무기는 정교해지고 복잡성을 갖게 되어 무기체계로 진화되었다.

즉, 과학기술의 발전에 따라 지상무기, 항공무기, 해상무기 등이 점점 원하는 군수, 통신, 기술인력 등이 하나의 팀으로 운영될 때에 그 무기는 제 기능을 발휘할 수 있게 되었다. 이러한 여러 가지 구성요소들이 함께 협력할 때 기능을 발휘하게 되는데, 이것을 체계(system)라고 부른다.

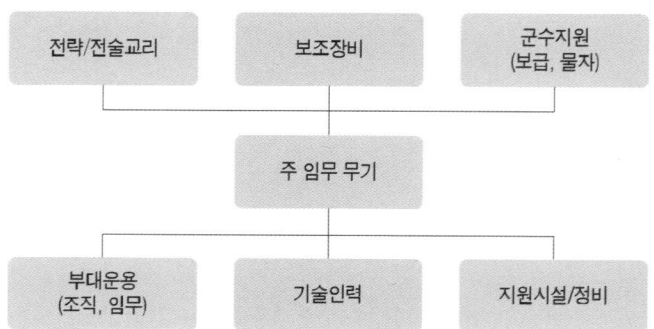

그림 1.1 무기체계의 정의

전략/전술교리　　보조장비　　군수지원(보급, 물자)

주 임무 무기

부대운용(조직, 임무)　　기술인력　　지원시설/정비

　　체계의 사전적인 의미는 낱낱의 것을 그 구성부분에 따라 계통적인 것으로 통일한 전체를 의미한다.[1] 또한 공학적으로는 체계란 어떤 공통목적에 기여하는 구성요소간의 상호의존 관계에 의하여 형성되는 복합체를 의미한다.

　　그렇다면 무기체계란 무엇인가?

　　국방획득관리규정은 무기체계란 하나의 주 임무 무기에 부여된 임무달성을 위하여 필요한 인원, 시설, 군수지원, 전략, 전술 및 훈련 등으로 성립된 전체체계라고 정의하고 있다.[2]

　　합동참모본부가 발간한 합동무기체계에서는 무기체계란 전투수단을 형성하는 주 임무 무기를 비롯한 보조장비들과 그 조직 및 운용기술이 망라된 복합체라고 말하고 있다.

　　미국 국방부에서는 "무기체계란 자족성을 만족시키기 위하여 필요한 모든 관련 장비, 인력, 물자, 투발과 전개수단을 포함한 하나 혹은 다수 무기의 복합체라고 정의하고 있다.

　　이 같은 다양한 의견을 종합하여 보면 무기체계(그림 1.1)란 부여된 임무를 달성하기 위해 주 임무 무기와 이에 관련된 인력, 보조 장비, 지원시설 및 정비기술, 군수지원 그리고 전략, 전술, 교육훈련 등이 통합된 복합체계라고 정의할 수 있다.

　　예컨대 창이나 활로 무장한 고대전쟁의 전사도 하나의 완전한 무기체계

---

1) 『국어대사전』(민중서림, 2009), pp. 37~67.
2) 국방부, 「국방훈령733호 국방획득관리규정」(국방부, 2003. 5).

로 볼 수 있으며, 이들은 무기가 너무 간단하기 때문에 체계라는 접미어를 붙이지 않고 있을 뿐이다. 그러나 무기체계가 자연도구 무기체계에서 첨단 기술화된 복합적인 무기체계로 발전하면서 더욱 많은 복잡성과 체계성을 갖게 되었다.

현대무기체계 사례로써 주 임무를 수행하는 하나의 전투기는 활주로, 관제시설, 연료 및 주유시설, 폭탄, 사격장치, 조종사 및 정비사의 작전 및 기술 수준까지를 종합한 것이 무기체계가 되는 것이다.

왜냐하면 이중에서 어느 한 가지가 미흡하여도 전투기가 본래의 고유한 임무를 수행할 수 없기 때문인 것이다.

이와 같이 현대전쟁에서 하나의 무기 자체로서는 완전한 기능발휘가 곤란하기 때문에 체계를 구성하고 있는 구성요소들이 기능적으로 유기적으로 결합되었을 때에 성능발휘가 가능한 것이다.

현대국가에서 무기체계를 획득할 때는 무기체계의 각 구성요소들이 동시에 획득 될 수 있도록 일괄획득사업을 강조하고 있으며, 신규전력 소요를 제기할 때는 주 임무무기와 기본 부속장비, 구성장비, 정비기술 및 훈련장비, 유류 및 탄약, 운용시설, 교육훈련 등을 일괄 포함을 원칙으로 하고 있다. 따라서 현대 무기체계는 국가적 · 국제적인 군비증강이나 군비통제에 중요한 영향을 미치고 있다.

2. 무기체계의 특성

재래무기체계로 전쟁을 했던 과거전쟁 양상과는 달리 현대전쟁은 과학기술의 발전과 전쟁의 형태 및 상황은 더욱 복잡하고 다양화됨에 따라 무기체계의 특성도 변화하게 되었다.

1) 다양성

무기체계의 다양성은 특정임무를 수행할 때에 대체하여 사용할 수 있는 무기체계의 수가 점점 증가하는 특성을 갖고 있다.

과거전쟁에서 전차를 공격하기 위한 무기는 직사포나 지뢰가 전부였으나 현대전쟁에서 전차 공격무기는 직사포, 정밀유도무기, 헬리콥터 및 전투기는 물론 다양한 살포형 지뢰에 이르기까지 그 수단이 다양화되고 있다.

그뿐만 아니라 과거전쟁에서는 적 후방에 위치한 군사목표를 파괴하고 무력화시키는 임무는 공중 폭격기에 의해서만 달성될 수 있었지만, 현대전쟁은 과학기술의 발달로 지상의 장거리 포병 외에도 지대지미사일, 함대지미사일, 전투기 및 폭격기는 물론 헬리콥터에 의한 공중기동 등의 다양한 무기가 선택적으로 사용할 수 있다.

2) 복잡성

무기체계의 정확도, 사거리, 파괴력 등의 성능향상과 이에 대응된 무기체계와의 경쟁적 발전관계는 계속 추가적인 보조지원 장비를 부가시키게 됨으로써 무기체계의 복잡성이 더욱 증대되고 있다.

그 사례로써 적의 전차를 잡고자 할 때 과거전쟁에서는 사람이 관측하여 포를 쏘면 되는 극히 간단한 체계였으나 현대전쟁은 전자기술이 동원된 전장감시 장비의 표적 정보를 처리하여 사격제원화하는 컴퓨터가 포탄을 표적에 정확히 유도하는 유도체계를 부가하고, 이에 대응하여 대전자 방해장치 등이 부가되기 때문에 보조장비, 수리부속 등 무기체계의 규모가 확대되고 복잡해지는 속성이 있다.

이들 무기체계는 지상무기체계, 해상무기체계, 항공무기체계를 비롯해서 전자통신 및 전장감시수단 등의 획기적인 발전으로 복잡성은 더욱 증대되고 있다.

특히 현대 전자기술의 비약적인 발전은 무기체계의 복잡성을 더욱 촉진시키고 있다. 전자기술은 정찰, 조기경보장치, 지휘통제장치에 응용되는 것은 물론 표적을 획득 및 식별하고 화력을 배분하고 표적에 유도하는 데 이용되고 있으며, 또한 항법장치로 기동성을 향상시킴에 따라 매우 다양한 보조장비 및 정비기술 등으로 무기체계 복잡성이 증대되고 있다.

이 같은 무기체계의 복잡성을 경제학적 용어로 설명하면 자본집약형과 노동집약형으로 표현하기도 한다. 자본집약형 무기체계는 병사 1인당 무장도가 높은 복잡한 고가무기로 무장한 것을 말하며, 노동집약형 무기체계는 병사 1인당 무장도가 낮은 단순무기로 무장하기 때문에 무기운용에 많은 병력이 필요로 한 차이점이 있다.

현대무기체계는 점차 노동집약형에서 자본집약형으로 발전함에 따라 군사전문가에게는 ① 무기운용요원의 전문적인 교육훈련, ② 무기정비의 곤란성과 정비요원의 기술전문화, ③ 무기체계의 전략적·전술적 운용에 있어서 합동성강화, ④ 전방과 후방지역 병력구조의 부대재편성 등이 고려되어야 한다.

결과적으로 현대무기체계의 복잡성은 필연적으로 무기체계를 최초 구상할 때부터 무기획득, 무기정비, 무기운용 및 훈련이 용이하도록 설계해야 하고, 또한 기술적 복잡성에 따른 전문화된 인사관리의 중요성이 강조되고 있다.

3) 고가성

현대무기체계의 첨단과학화로 연구개발 기간과 비용의 증대, 생산단가 및 수리부속품비의 가격이 비약적으로 상승하는 고가성을 갖고 있다. 그 사례로써 전차, 스텔스 전투기, 이지스 구축함, 토마호크미사일, 공중경보기(AWACS) 등 첨단무기는 엄청난 고가성을 갖고 있다. 그리고 현대전쟁에서 무기체계 성능을 5~10% 정도로 증가시키려면 20~50%의 추가비용이 요구되고 있다.

> 재래무기와 현대무기(첨단무기)의 구매비용은 천문학적 차이가 있기 때문에 국가 안보정책이나 국방정책 및 군사전략에 따라 재래무기체계와 현대무기체계 획득의 비율은 다양한 원칙을 고려하여 적용해야 한다.

현대국가에서 무기체계획득은 비용절감과 비능률적인 낭비를 제거하면서 우수한 첨단 무기 확보가 대단히 중요한 과제가 되고 있기 때문에 인적·물적 자원이 제한된 국가에서 재래무기체계와 현대무기체계(첨단무기체계)를 효과적으로 배합하여 최대의 전투력을 발휘할 수 있도록 해야 한다.

이와 같이 현대무기체계는 복잡다양하고 질적 수준이 계속 향상되고 있으며, 또한 무기의 질적 향상추세는 무기체계의 획득비용 및 보조장비, 시설비용, 운용유지비, 조작요원 훈련비 등이 급격히 증대되는 고가성을 갖고 있다.

4) 가속적 단명성

현대과학기술의 발전 속도는 새로운 무기체계의 출현을 가속화시키고 있고, 또한 그 무기체계에 대한 대응무기체계의 출현이 신속하여 기존무기체계의 평균 유효수명을 단축시키고 있다.

예컨대 오늘날 신무기도 불과 수년이내에 구식무기가 될 수 있는가 하면, 극단적인 경우에 어떤 무기체계는 연구 개발되어 실전에 배치되기까지 수년간의 기간과 많은 비용이 투입되었으나 신기술의 도입으로 불과 수개월 만에 퇴역하거나 개발도중에 포기하는 경우도 있다.

이 같은 무기체계의 가속적 단명성은 적대국가나 동맹국가의 국방과학기술 수준을 확실히 파악하지 못했거나 혹은 현재 개발 중인 무기가 실전에 배치되기도 전에 다시 차기세대의 무기가 구상되어 빠른 속도로 개발되기 때문이다.

그러므로 무기체계의 가속적 단명성 문제는 국방기획자들이 항상 염두에 두고 장기적인 과학기술 발전 추세, 군사력 건설 방향 등을 충분히 검토하여 무기체계를 개발하고 획득관리할 수 있어야 한다.

5) 개발기간의 장기화 및 개발실패 위험성

무기체계를 개발하는 기간이 길기 때문에 실패할 수 있는 위험성이 그만큼 높게 된다.

무기체계를 다른 국가로부터 직접 구입한다면 그 무기체계의 군사적 소요 제기로부터 획득관리에 이르기까지 경과된 기간은 짧지만, 자체생산을 할 경우에는 연구－개발－실험생산－평가－완제품 생산－배치 및 운용하는 데 장기간이 소요된다.

미국의 무기체계 표준개발기간으로써 일반무기는 2~3년이 소요되며, 첨단무기는 5~10년 이상이 소요되고 있다.

예를 들면 재래무기는 3년, 항공기는 7~10년, 유도탄(미사일)은 5~10년이 소요되고 있으며 러시아, 중국, 영국, 프랑스, 일본의 무기체계 개발기간도 대략 5~10년이 소요되고 있다.

무기체계의 위험성 요소는 ① 통상 시간적으로 제약된 상태에서 긴급하게 소요가 제기되므로 시한의 충족성이 크게 문제가 되고, ② 질적 우선주의에 따라 과잉요구를 하게 되고, ③ 장기간에 걸친 연구 사업이므로 도중에 규격 및 계획을 자주 변경하기도 하며, ④ 연구개발비용의 증대로 예산 조달이 지연되어 획득기간을 연기하게 된다. 따라서 국방전문가들은 무기체계의 질(quality), 양(quantity), 시간(time), 그리고 비용(cost) 간의 상관관계를 세밀하게 분석하여야 한다.

이와 같은 무기체계 개발기간의 장기화와 개발실패는 막대한 국방예산 낭비를 초래하기 때문에 다양한 실패요인을 감소할 수 있도록 노력해야 한다.

6) 비밀성

현대전쟁에서 무기는 적을 효과적으로 공격하여 격멸하고 파괴시켜 승리하는데 기여해야 한다. 그러기 위해서는 무기체계는 구상에서 배치까지 적대국가는 물론 동맹국가에게도 비밀성이 유지되어야한다.

그 이유는 적대국가나 동맹국가의 기술수준이 이를 쉽게 모방생산하거나 혹은 이에 대응무기체계를 개발할 수 있기 때문에 특정한 무기체계기술에 대한 공개를 꺼리는 속성을 갖고 있다. 예컨대 제2차 세계대전을 종식시킨 원자폭탄은 맨하탄(Manhattan)계획이란 비밀성을 유지하며 개발함으로써 일본 히로시마에 투하될 때까지 아무도 몰랐다.

또한 중국이 핵무기를 개발하기 위해 러시아에 핵물리학 유학생들을 파견하여 공부시켰다. 중국이 러시아의 어떤 공과대학에서 핵물리학을 전공하던 중국유학생들이 귀국을 요구하자 러시아는 항공기로 출국할 것을 조건으로 허가하였다. 그런데 공교롭게도 원자물리학을 공부했던 유학생들을 탑승시킨 러시아 항공기가 몽골상공에서 공중 폭발하여 모두 사망하였는데, 그것은 러시아가 갖고 있던 원자무기의 비밀성을 보장하기 위한 계획된 사고였다는 것이다.

중국은 2003년 세계에서 세 번째로 유인 우주선인 선저우 5호를 발사해 안전하게 귀환시켰다. 중국은 '로켓 개발의 아버지'라고 불리는 선구자가 있었다. 중국의 첸쉐썬(錢學森) 박사다. MIT대와 캘리포니아공과대출신인 첸 박사는 미국 정부가 인정하는 최고의 로켓전문가였다. 1955년 그가 미국에서 중국으로 돌아가려 하자 정체불명의 요원들에게 납치·감금됐다. 미국에선 로켓 비밀성을 보장하기 위해 "첸 박사를 중국에 보내느니 차라리 죽이는 게 낫다"는 말까지 나왔다. 이 사실을 보고받은 저우언라이(周恩來) 당시 총리는 6·25전쟁 때 사로잡은 미군 포로들과 교환하는 조건으로 첸 박사를 귀국시켰다.

이와 같이 무기체계의 비밀성은 국가안보에 중요할 뿐만 아니라 현대국가에서 무기체계는 민군겸용기술이 중복 사용됨으로써 첨단기술의 유출은 방위산업은 물론 민수산업에도 치명적 나쁜 영향을 미치기 때문에 더욱 중요한 것이다.

7) 정밀성 및 비화약성

과거 전쟁에서는 무기체계의 정밀성 부족으로 무차별 살상과 대량 파괴로 적을 제압하였으나, 현대전쟁에서는 첨단 정밀무기로 최소의 살상 및 파괴로 충격과 공포를 갖게 하여 핵심기능을 마비시키고 승리하는 고도의 정밀성을 요구하고 있다. 또한 과거의 전쟁에서는 화약으로 무장된 무기체계였으나, 현대무기체계는 전자포, 레이저, 사이버전 등의 다양한 비화약 무기체계로 진화하고 있다.

8) 수요의 제한성

무기체계는 국가를 방위하기 위한 무기 및 장비로써 국가가 유일한 수요자가 되기 때문에 그 수요가 제한성을 갖게 된다.

첫째는 무기체계의 수요가 한정되어 경제적인 양산체제의 생산규모를 갖출 수 없게 되고, 또한 양산체제를 갖추지 못하기 때문에 생산단가가 높아지고, 많은 공장기계시설이 유휴화되어 기업은 채산성을 잃게 된다.

둘째로는 무기소요는 간헐적으로 긴박하게 제기되므로 생산시설의 적정규모 책정이 어렵다는 것이다. 여기에 부가하여 앞에서 알아본 무기체계의 가속적 단명성과 연구개발의 실패 위험성으로 관련기업인 방위산업체의 위험부담이 많아지기 마련이다. 따라서 국방부 차원에서는 무기체계 수요의 제한성으로 인한 방위산업 수익률을 보상해 주는 방안을 고려해야 한다는 어려움이 있게 된다.

즉, 전차, 포, 유도탄, 핵무기, 잠수함, 전투기 등과 같이 무기체계가 지니고 있는 기술수준의 고도성, 자본규모의 거대성으로 소수 기업에 한정되고, 더욱 무기체계 수요의 제한성이 크기 때문에 무기체계획득 책임자는 이 같은 특성을 고려하여 무기체계의 획득방안을 수립하여야 한다.

9) 파급효과

방위산업 기술로써 무기체계를 연구, 개발, 생산, 배치하는 과정에서 소요되는 첨단과학기술과 여기에서 얻어진 첨단기술을 민수산업기술에 이전하여 얻어진 경제적 이익의 파급효과는 엄청난 것이 되고 있다.

예컨대 첨단과학 무기체계일수록 최신기술을 개척할 수 있는 기회를 많이 갖게 되고, 또 여기에서 획득된 방위산업 기술은 민수산업의 기술 향상에도 크게 기여하여 민간에 상용화된 상품은 많은 경제적 이익을 얻게 하고 있다.

1914년 8월 3일 독일이 프랑스에 선전포고를 하고 전격 침공을 단행하면서 제1차 세계대전이 시작되었다.

제1차 세계대전에서 참호전투는 비위생적이고 습기가 많고 추워서 장병들이 장기간 거주하며 전투하기에는 최악의 조건이었다. 이같은 극악한 조건에서 전투를 벌이고 있는 장병들의 보온을 위해 참호용 외투(Trench Coat)가 필요했다.

참호는 적의 공격으로부터 아군을 보호하기 위하여 땅을 파서 만든 구조물인데, 참호를 뜻하는 참호용 외투라는 의미에서 유래된 트렌치 코트가 멋쟁이 현대인이 즐겨입는 버버리사(영국)의 버버리 코트, 후고 보스사(독일)의 후고보스 코트 등이 유명하다.

무기체계의 기술 확산과 민간 상품의 생산효과를 확인하기 위해 무기체계기술이 민수산업 생산으로 확산된 사례를 보면 〈표 1.1〉과 같다.

그림 1.2 트렌치 코트

❶ 지뢰보다 무섭다는 참호전이 일상이었을 만큼 참호는 비위생적이고 습하고 추워서 병사들이 거주하기에는 최악의 조건이었다. 따라서 이런 극악한 조건에서 전투를 벌이는 장병들의 보온을 위한 외투가 필요했다.

❷ 6·25 전쟁 중이었던 1951년, 1군단장 백선엽 장군은 참호용 외투(Trench Coat)를 착용하고 있다.

❸ 트렌치코트는 참호전의 유산으로 탄생하였고 그중에서도 버버리사와 후고보스 제품은 세계적으로 명성을 얻었다.

❹ 버버리는 여성 정장에도 잘 어울리는 외투다. 의외라고 생각할지 모르겠지만 이는 제1차 세계대전 당시의 지옥 같은 참호전에서 유래된 복장이다.

오늘날에는 가볍고 질기며 들러붙지 않고 땀을 순식간에 말리는 미군 전투복 소재가 민간인의 등산복, 골프복, 정장복으로 이용되고 있다.

　　국방과학기술은 국가안보와 직결된 전략기술이면서, 민수산업기술로 전환되어 파급효과가 큰 민군겸용과학기술로 사용되고 있다. 그 사례로서 제2차 세계대전 때에 군사적 무기체계로 정찰·통신·기동장비로 사용하였던 오토바이는 오늘날 민수용 교통수단으로 사용하고 있으며, 기동로 개척·장애물 제거·비행장 건설 등에 사용되었던 도저 및 포크레인은 민수산업 건설장비로 운용되고, 원자폭탄을 만들었던 기술과 자원은 평화적인

표 1.1 방위산업의 무기체계기술의 파급효과

무기체계기술	민수산업 활용
• 지대지미사일 추적장치	• 카메라 개발에 응용
• 화포사격 통제장치	• 가스보일러 통제장치 개발
• 탄약신관AL소재 제작	• VTR, 복사기, 드럼소재 개발
• 탄도계산기, 레이저 거리측정기	• 적외선 경보기 제작
• 공중기상관측장비	• 라디오손데, 에어콘손데 제작
• 무선통신장비 개발	• 전송장치(FM/UHF/VHF), 무선전화기
• 전자유도무기 및 레이더 개발	• 선박용 레이더, 해상전자장비
• TTY용 프린터 개발	• 민간 프린터
• 군사장비 도저 및 포클레인	• 건설장비 도저 및 포클레인
• 원자폭탄 제조기술	• 원자력 발전 기술
• 군함건조 기술	• 민간 선박건조 기술
• 군항공기 기술	• 민간 항공기 기술
• 위성항법장치(GPS)	• 내비게이션이용
• 전차생산을 위한 용접 · 가공기술	• 전동차 및 철도 차량 제작
• 군용 차량 및 오토바이	• 민간 차량 및 오토바이 제작
• 전자 유도무기 및 레이더 기술	• 자동차 추돌방지용 레이더
• 전자과학 추적기술	• 비디오/디지털 카메라 및 반도체 제작
• 전차 포술 시뮬레이터 개발	• 전동차/다양한 장비 시뮬레이터 제작

원자력 발전소로 이용되고 있다. 뿐만 아니라 미국 국방성이 군사적 목적으로 개발하여 사용하고 있는 위성항법장치(GPS: Global Positioning System)는 오늘날에 민수산업인 내비게이션으로 비행기·선박·자동차 등에 사용하며, 제2차 세계대전에서 독일이 영국을 공격했던 V-1과 V-2 로켓 기술은 대륙간탄도미사일(ICBM) 및 잠수함발사탄도미사일(SLBM) 로켓 발사기술로 발전되었고, 그 기술은 다시 민수산업기술로 진화되어 달나라 및 우주탐사 로켓 발사기술에 전용되고, 또한 로켓에서 인공위성 및 핵탄두를 분리하는 기술은 자동차 에어백에 사용하고 있다.

그리고 항공무기체계로 사용된 강력한 공기흡입 기술은 가정에서 공기청소기로 사용된 것을 비롯해서 정수기, 전자레인지, 의료용 검사기인 CT와 MRI 등 파급효과는 헤아릴 수 없다.

성형외과 수술: 제1차 세계대전에서 군의관으로 참전했던 영국 해럴드 길리스 (Harold Gillies)는 전투에서 부상당한 군인들, 특히 코, 입, 눈꺼풀, 이마, 귀의

그림 1.3 동부전선의 오토바이 부대 제2차 세계대전에서 독일군의 동부전선 오토바이 부대(왼쪽)
와 정찰 및 통신용 목적으로 오토바이 사용. 방위산업 기업은 BMW, NSU, DKW 등이 생산되었고,
BMW, R75, 746cc의 26마력 모델이 가장 잘 알려진 오토바이였다.

이식수술과 턱 재건등 성형수술로 부상당한 군인들이 자신감을 갖고 사회에 복귀토
록 했다. 그리고 제2차 세계대전동안 성형수술기법은 한층 더 발전하였다. 피부뿐만
아니라 연부조직, 연골까지 이식하는 수준이 되었고 손을 다친 군인들을 위한 외과
수술기법과 화상치료법도 더욱 발전시켰다.
　이와 같이 오늘날 성형수술도 전투에서 얼굴을 다친 군인 치료에서 비롯된 것이다.

　이와 같이 방위산업에서 무기체계 기술은 민수산업의 기술향상에도 크
게 기여하고 있다.[3] 그리고 연구개발 및 생산체계가 거대하여 많은 과학
자, 기술자, 근로자를 흡수하게 되어 고용증대효과를 거두게 되고, 다양한
기업이 만들어 낼 수 있는 부가가치 높은 무기체계 혹은 민수상품은 국가
성장 동력으로서 국가안보 및 국가이익에 기여하게 된다.

3. 무기체계의 효과요소

인간은 전쟁에서 적을 먼저 무력화시키고 파괴하지 않으면 자신의 생존이
위협받기 때문에 전투효과를 증대시킬 수 있는 도구로써 무기체계가 요구
되었다.

---

3) 이 책에서는 국방과학기술과 방위산업기술을 같은 의미로 사용하였으며, 특히 민간산업기술 혹은
　　민수산업기술에 대칭된 개념으로 사용하였다.

이 같은 무기체계는 인간의 팔, 다리, 두뇌, 오관기능의 한계를 확대하여 그 효과를 극대화시키는 것이 된다.

현대전쟁의 승패는 인간의 능력한계를 극복하기 위해 기동성, 화력, 지휘통신을 비롯해서 생존성, 가용성 및 신뢰성의 능력 향상이 요구되었고, 이것을 발전시키기 위해 많은 인적·물적 비용을 투자하고 있는데, 그 비용은 국가와 국민의 안전을 보장하기 위한 생명보험비가 되는 것이다.

1) 기동성

기동성은 인간의 다리 기능을 확대시키는 엔진기계로써 화력과 함께 무기체계의 가장 기본적인 효과요소가 된다. 현대전쟁에서 기동성은 병력이나 화력을 신속하게 집중 및 분산시키는 기본수단이기 때문에 전쟁에서 매우 중요하다. 따라서 기동성이 없는 군대는 화력이 월등하게 우세하지 않는 한 기동성이 우수한 군대에게 패배했던 것이 전사적 교훈이었다.

예를 들면 프랑스가 쌓은 마지노선은 인류최대의 값비싼 정치적·군사적 차원의 방위무기였으나 기동성이 없는 방위무기였다. 따라서 전투초기에는 훌륭한 방어선이 되었으나 일단 베르단 숲이 독일의 기동성 있는 전차부대에게 측·후방으로 돌파되자, 이 방어선은 무용지물이 되어 버렸다. 특히 현대전쟁에서 기동에 의한 속도전·기습전은 충격과 공포군사전략에 필수적인 요소가 되고 있다.

이와 같은 기동성 확대를 위해 엔진이란 기계가 발명되어 차량·전차·수송선 및 전투함, 수송기 및 전투기, 헬리콥터, 우주무기 발전에 근원이 되었다.

그림 1.4 독일 벤츠 자동차 회사가 발명한 세계 최초 디젤엔진기계

2) 화 력

화력은 인간의 팔의 길이를 연장하여 타격력을 확대시키는 것으로써,

기동성과 함께 전쟁에서 핵심적인 요소가 되고 있다. 즉 화약이 발명되어 소총, 전차, 대포를 비롯한 다양한 지상무기체계, 해상무기체계, 항공무기 체계에 적용하고, 그 효과를 증대시키기 위해 치사면적·살상확률·발사속 도·사거리연장 등을 더욱 발전시켜 나가고 있다.

그 사례는 6·25전쟁을 들 수 있다. 6·25전쟁에서 중국군의 인해전술은 연합군의 지상·해상·항공의 막강한 화력에 의해서 저지되었다. 또한 적의 포병 수는 연합군보다 우세하였으나 연합군 포병의 분당 발사속도가 3~5배 빨라서 전체적으로 화력이 약 2배 정도 우세하였는데, 그 화력의 효과는 전쟁에서 승리를 가져다주었다.

특히 제2차 세계대전에서 일본 히로시마에 미국의 원자폭탄에 의한 가공 할 타격력은 전쟁 승패에 결정적인 요인이 되었다.

현대전쟁에서 화력의 절대 효과율이 크면 적의 사상자수가 많고, 반대로 화력이 약하면 아군의 전사자수가 늘어나게 되는 것은 상식적인 내용으로 써, 특히 현대전쟁에서 핵무기와 정밀유도무기의 화력은 치명적 타격력이 되고 있다.

3) 생존성

살고 싶다는 생존성은 인간의 가장 큰 본능인 것이다. 전쟁이란 삶과 죽음 의 터전에서 먼저 적을 제압하고, 자신은 보호되어 살아남기 위해 생존경

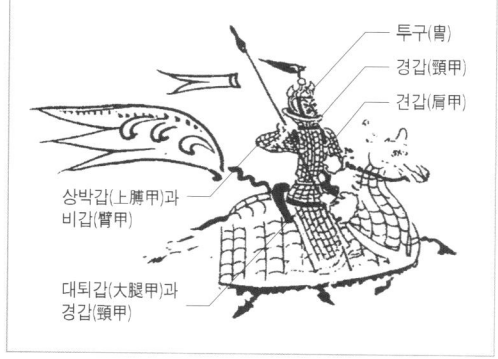

그림 1.5 고대의 고구려·신라·백제의 중장기병 전투장비 체계

28

쟁은 치열할 수밖에 없다. 따라서 현대전쟁에서 무기는 적을 먼저 살상하기 위해 절대적인 성능 추구와 함께 자신의 생존성이 고려된 무기체계를 발전시키는 것이 중요한 고려요소가 되어 왔다.

예컨대 기사의 갑옷과 방패(그림 1.5), 보병의 헬멧과 위장(그림 1.6), 전차의 장갑능력, 특히 최신의 스텔스 기술은 무기체계의 생존성을 극대화시킬 수 있기 때문에 각 국가들은 경쟁적으로 스텔스기술을 개발하고 있으며 항공기, 미사일, 함정, 헬리콥터, 전차 등 거의 모든 무기체계에 활용하

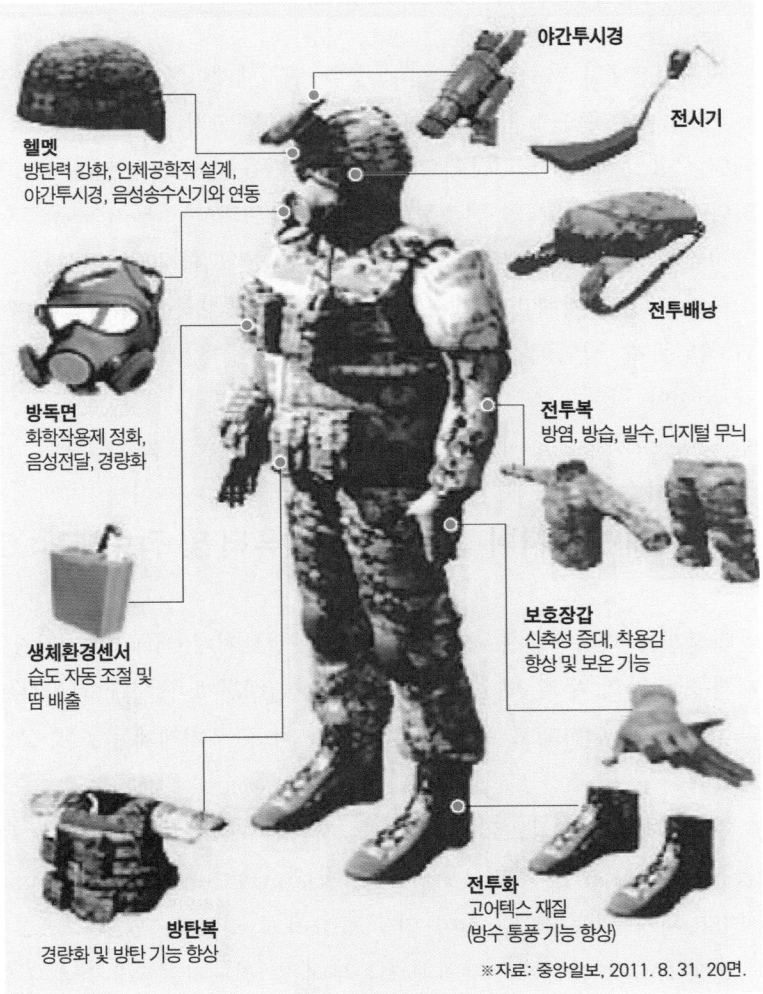

야간투시경

전시기

헬멧
방탄력 강화, 인체공학적 설계,
야간투시경, 음성송수신기와 연동

전투배낭

방독면
화학작용제 정화,
음성전달, 경량화

전투복
방염, 방습, 발수, 디지털 무늬

생체환경센서
습도 자동 조절 및
땀 배출

보호장갑
신축성 증대, 착용감
향상 및 보온 기능

방탄복
경량화 및 방탄 기능 향상

전투화
고어텍스 재질
(방수 통풍 기능 향상)

※자료: 중앙일보, 2011. 8. 31, 20면.

그림 1.6 한국군의 생존성 보장을 위한 전투장비 체계 첨단 개인 전투장비로 완전군장, 몸상태 파악 온도조절, 헬멧에 주야간 투시경으로 디지털화, 완전군장 무게는 48.7Kg에서 38.6Kg으로 감량됨

고 있다.

그러나 생존성을 너무 강조하다보면 무기에 불필요한 장비나 장치가 많아져서 중량이 증가하고 전투효율이 감소하기 때문에 신중을 기하여야 한다.

4) 가용성 및 신뢰성

가용성 및 신뢰성은 무기에 대한 인간의 믿음성으로 전쟁 승패에 많은 영향을 미치게 된다. 무기체계가 연구되고 개발되어 실전 배치되면 개선이 어려우므로 무기개발 단계부터 가용성과 신뢰성은 매우 중요한 요소가 되는 것이다.

현대전쟁에서 아무리 성능이 우수한 무기체계라도 주어진 성능을 제대로 발휘하지 못하거나 고장 빈도가 높다거나, 고장 수리기간이 많이 소요되어 사용할 수 있는 기간이 제약 된다면 가용성이 부족한 무기라고 할 수 있다. 또한 무기체계의 신뢰성을 확보하기 위해서는 무기의 전천후성, 계속지원성, 표준화, 훈련 및 작전의 용이성 등이 확보되어야 한다.

이와 같은 무기체계의 가용성 및 신뢰성을 확보하기 위해서는 무기체계의 책임관계, 시험 및 평가제도, 지원 및 정비대책, 기술 및 운용의 전문화가 되어야 한다.

4. 무기체계와 지휘·통제·통신·컴퓨터 및 정보체계: C4I

현대전쟁은 지휘 · 통제 · 통신 · 컴퓨터의 정보체계(C4I) 및 전장감시(ISR)체계는 인간의 두뇌 및 오관기능으로써, 현대전쟁이 첨단 과학화됨에 따라 전쟁은 광역화되고 동시 전장화됨에 따라 무기체계는 더욱 복잡하게 되었다.

현대전쟁의 필요성으로 C4I 체계인 지휘(command), 통제(control), 통신(communication), 컴퓨터(computer), 정보(intelligence)를 종합하여 전장감시(ISR)체계를 완성하는 것이 더욱 중요하게 되었다.

전쟁에서 각 개인의 전투원과 전투부대 및 전투지원부대 간에 원활한 정보교환 및 지휘통제가 이루어질 수 있게 하여 전투력 발휘를 극대화시킬 수 있는 전투기능이 필요한 것이다.

C4I 체계란 모든 정보를 실시간으로 수집·분석·전파함으로써 지휘관이 전력을 최적 장소와 최적 시간에 배분하여 전투력의 상승효과를 발휘할 수 있도록 지휘, 통제, 통신 및 정보의 각 요소를 유기적으로 운용하는 통합된 체계라고 정의할 수 있다.

현대전쟁에서 C4I 체계 기능(그림 1.7)은 전장에서 적을 종심 깊게 먼저 보고, 적 지휘관보다 빨리 결심하고, 적보다 먼저 행동하는 선견, 선결, 선행하는 체계로써, 탐지수단에 의한 정보와 기동타격 수단을 지휘통제로 연결시켜 무기체계 성능이 최대로 발휘할 수 있게 대응하는 기능을 수행하는 것이다.

현대전쟁에서 C4I 체계는 칼과 창끝을 마주치고 싸우던 고대 2차원 전쟁에서 보다는 현대 5차원 전쟁에서 중요성은 더욱 커졌다.

현대전쟁은 지상·해상·항공·우주·사이버의 5차원에서 정밀타격(PGM)으로 동시에 전투가 진행되는 공간적 입체전으로써, 이 거대한 전장공간을 지휘, 통제하는 수단은 무엇보다도 C4I 체계 능력이다. C4I 체계는 정보의 탐지 및 수집─정보의 비교 및 평가─대안제시─판단 및 의사결정─계획수립─지휘 및 명령으로 합리적인 절차로 실천하는 것이다.

결과적으로 현대전쟁은 정보전으로서 전장에서 정보의 우세를 확보하느냐 혹은 못하느냐에 따라 전쟁의 승패가 결정되는 상황이므로 C4I 체계의 비중과 중요성은 증대하고 있다. 그러므로 현대 무기체계는 기동 및 화력

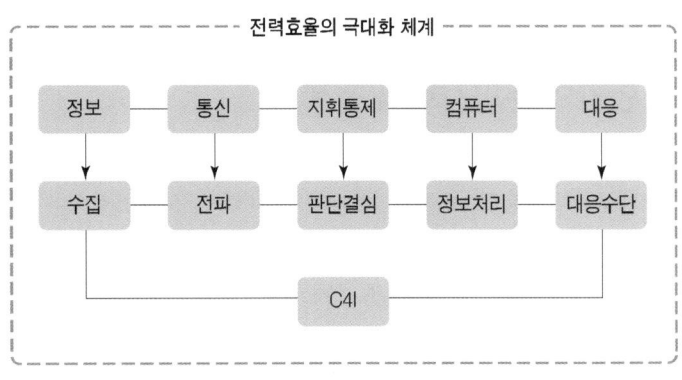

그림 1.7 C4I 체계의 개념

그림 1.8 C4I 체계의 기능 전장 감시-결심-타격체계 개념

등과 함께 C4I 체계에 연결되고 통합되어야 한다.

　이와 같은 C4I 체계는 현대국가에서 군사적 사용뿐만 아니라 개인·기업·국가 조직에서 공통적으로 사용되어 인적·물적인 절약과 합리적인 의사결정 및 시행에 크게 기여하고 있다.

제2절 인간의 문명사회와 무기체계

1. 인간의 문명사회와 전쟁

인간의 문명사회에 위대한 업적을 남겼던 수학자이면서 과학자였던 프랑스 파스칼(Blaise Pascal, 1623~1662)은 명저 명상록에서 "인간은 갈대와 같이 자연 속에서 가장 나약한 존재에 지나지 않는다, 그러나 인간은 생각하는 갈대로써 위대한 존재"라고 말했다.

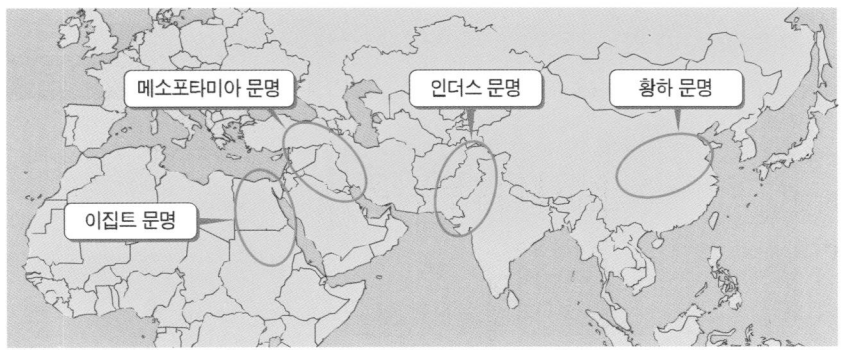

그림 1.9 세계 4대 문명 발상지와 인간의 발전 인간의 문명사회가 발전하는 과정에서 고대 4대 문명(B.C. 3000~2500)이 발생하였다.

그림 1.10 인간과 도구의 발전 인간과 도구의 발전은 자연도구화 → 기계화 → 컴퓨터화 시대로 진화하였다.

인간은 우주에서, 자연에서, 인간들의 싸움에서 생존하기 위해 끊임없이 생각하고, 또한 다양한 전쟁도구와 생활도구를 만들어 번영할 수 있는 능력이 있었기 때문에 만물의 영장으로써 위대하다는 것이다.

인간은 수렵을 위한 유랑생활에서 농사를 위한 정착생활이 시작되었는데, 그것은 이집트의 나일 강, 이라크 지역 메소포타미아의 티그리스 강과 유프라테스 강, 인도의 인더스 강, 중국의 황하 강을 중심으로 한 세계 4대 고대문명 발상지(그림 1.9)에서 시작되었다. 이렇게 시작된 인간사회는 농업사회 → 산업사회 → 지식정보화 사회로 진화되어 왔다.

인간의 문명사회는 가족 · 씨족 · 부족 · 국가라는 조직으로 발전되면서 개인, 조직, 국가들은 생존을 위해서, 번영을 위해서 생활도구를 만들어 사용하고 전쟁도구인 무기들을 만들어 전쟁에서 승리하기 위해 노력하여 왔다.

그 과정에서 화해 · 협력이란 평화적인 협상도구인 대화수단을 이용하여 해결하도록 노력도 하지만, 평화적인 협상도구로 해결하지 못했을 때는 전쟁적인 살상도구 및 파괴도구로서 다양한 무기를 제작하고 사용(그림 1.10)

표 1.2 인간의 문명사회와 전쟁양상 변화

구 분	농업사회(B.C. 8000~17C)	산업사회(18~20C)	지식정보화 사회(21C~현재)
전쟁유형	2차원 전쟁 (지상·해상)	3차원 전쟁 (지상·해상·항공)	5차원 전쟁 (지상·해상·항공·우주·사이버)
전쟁양상	집단백병전	기동화력전	첨단과학 기술전
전력구조	병력집약형 • 병력의 힘 • 동물의 힘	자원집약형 • 무기의 힘 • 조직의 힘	기술집약형 • 지식·정보의 힘 • 과학기술의 힘
지휘구조	장수 중심구조	수직적/계층적 구조	수평적/네트워크적 구조
전투형태	선형(종·횡대단위/밀집운용)	선형/비선형(대부대단위/집중운용)	비선형(소부대단위/분산운용)
무기체계	자연도구화 시대 (수동화 시대) • 군사: 사람/동물의 근력에너지 • 무기: 주먹·발·돌도끼·몽둥이·활·창·칼을 비롯한 청동 및 철제무기 등으로 백병전 • 범선 및 노선	기계화 시대 (반자동화 시대) • 군사: 영국의 산업혁명, 프랑스의 대혁명으로 국민군(시민군)으로 대군조직화 • 무기: 기계화 무기체계로 반자동화인 소총, 기관총·전차·항공기·핵무기·기타 • 기계화된 군함 및 전투기	컴퓨터화 시대 (자동화 시대) • 군사: 군사혁신으로 기술과학군 변화 • 무기: 컴퓨터 발전으로 무기 자동화, 정밀유도무기, 무인무기 등 • 이지스 군함 및 스텔스 전투기
군사전략 및 전술	• 대집단 전법전략 • 밀집대형작전술(횡적전술과 종적전술)	• 섬멸전략 • 전격전전략 • 억제전략 • 방위전략 • 제병협동작전술 → 공지합동작전술(ALO)	• 충격과 공포전략 • 억제전략 • 방위전략 • 신속결정적작전술(RDO)
파괴·피해	물자노획, 포로획득	대량파괴, 대량살상	정밀파괴, 최소살상
전쟁사례	고대전쟁	제1차 세계대전, 제2차 세계대전, 6·25전쟁, 베트남전쟁, 걸프전쟁	9·11테러, 아프가니스탄전쟁, 이라크전쟁 등

하여 해결하였다.

이와 같이 인간은 우주와 전쟁에서, 자연과의 전쟁에서, 인간과 인간의 전쟁에서 승리하고 혹은 보호받기 위해 다양한 전쟁도구인 무기체계를 만들어 사용할 수 있는 창조적 사고 능력을 갖고 발전하여 왔다.

그 결과로 인간은 농업사회, 산업사회, 지식정보화 사회로 발전하면서 전쟁도구인 무기체계도 지상(육군)무기체계, 해상(해군)무기체계, 항공(공군)무기체계 등으로 발전시켜 왔다. 그렇다면 인간의 문명사회와 전쟁은 어떠한 관계로 발전하여 왔는가?

인간의 문명사회 발전과정을 미래학자들은 일반적으로 세 가지로 구분하여 설명하고 있다. 앨빈 토플러(A. Toffler)는 제1물결시대(농업사회), 제2물결시대(산업사회), 제3물결시대(정보화 사회)로 구분했으며, 다니엘 벨(D. Bell)은 전기산업사회, 산업사회, 후기산업사회로 설명하고 있으며 폴 케네디(P. Kennedy)는 농업사회, 산업사회, 정보화 사회로 구분하고 있다.[4] 특히 앨빈 토플러는 인간의 생활방식과 전쟁방식은 상호 분리할 수 없는 밀접한 상관성을 갖고 발전하여 왔다고 말했다.

이와 같이 인간은 농업사회, 산업사회, 지식정보화 사회로 문명을 발전시켜 오면서 전쟁유형도 2차원 전쟁 − 3차원 전쟁 − 5차원 전쟁으로 함께 변화(표 1.2)되고, 무기체계와 군사전략 및 전술도 진화하여 왔다.

그리고 전력구조도 농업사회에서는 인간과 동물의 힘을 이용한 병력집약형, 산업사회에서는 무기의 힘과 조직의 힘을 이용한 자원집약형, 지식정보화 사회는 지식의 힘과 정보의 힘, 네트워크의 힘에 의한 첨단과학기술집약형으로 발전하고 있다.

2. 인간의 문명사회와 무기체계 및 군사전략

1) 농업시대

인간의 문명사회 발전에 따라 무기체계 및 군사전략 · 전술은 함께 발전하여 왔다.

농업시대(B.C. 8000~17C)에서 전쟁은 지상과 해상에서 실시된 2차원 전쟁으로써 인간의 힘과 동물의 힘을 이용하는 가장 오랫동안 진행된 고대전

---

4) 조영갑, 『세계전쟁과 테러』(선학사, 2011), pp. 23~29.

그림 1.11 살수대첩
612년 고구려 을지문덕 장군이 수나라 30만 대군을 무찌른 전쟁이다. 지상에서 사람, 말, 칼, 창, 활에 의한 전쟁을 수행하였다.

그림 1.12 한산대첩
1592년 이순신 장군은 해상의 한산대첩에서 학익진법으로 왜선을 격파했으며, 이 승리는 조선해군이 제해권을 장악하는 데 결정적인 계기가 되었다.

쟁이었다.

농업시대의 무기체계는 손, 발, 몽둥이, 돌, 칼, 활, 창, 방패와 범선이나 노선 등으로 구성된 자연적인 도구로 제작된 무기체계를 사용한 전쟁이었다.

칼·창·활이란 고대무기체계는 민족성에 따라 사용도가 차이가 있는데 중국인은 창을, 일본인은 칼을, 한국인은 활을 우수하게 사용하였으며, 그와 같은 특성은 현대에서도 찾아볼 수 있다. 올림픽에서 한국 선수들의 양궁 금메달 획득은 그것을 증명해 주고 있다.

그리고 군사전략은 중 · 경 보병대와 중 · 경기병대가 근접 백병전을 수행해 중심을 돌파하여 승리하는 대집단전법 전략이었으며, 작전술은 밀집대형작전술로써 횡대전술과 종대전술 등으로 전쟁을 수행하였다.

지휘구조는 무기가 미칠 수 있는 영역이 극히 제한 될 수밖에 없었기 때문에 장수가 지휘할 수 있는 시야범위로 근거리에서 직접지휘로 전쟁을 수행하였다.

전쟁사례는 물자노획과 포로획득을 위한 고대 그리스와 페르시아전쟁, 수나라와 고구려전쟁, 조선과 일본 간의 전쟁 등을 비롯한 수많은 고대전쟁이 있다.[5]

2) 산업시대

산업시대(18~20C)에서 전쟁은 지상·해상·항공에서 실시된 3차원 전쟁으로써 유럽의 프랑스 대혁명으로 국민군대가 탄생하여 대군사화 되고, 영국의 제임스 와트의 증기기관차와 아크 라이트의 수력방적기 발명 등으로 시작된 산업혁명이 성공하면서 무기체계가 기계화되고, 화약이 중국에서 발명되어 유럽에서 기계와 화력이 접목되면서 새로운 무기체계가 등장하였다.

산업시대의 기계화된 무기는 소총, 기관총, 포병, 전차, 화생무기 및 핵무기, 항공기, 군함 등 반자동식 무기체계로 발전하여 전쟁을 주도하였다. 특히 이 시기에는 전쟁을 계기로 여성들이 무기제작과 참전에 직접적·간접적으로 참여(그림 1.13)하였으며, 그 보답으로 참정권을 획득하기도 하였다.

예컨대 영국이 제1차 세계대전(1914~1918)을 치를 때 여성들은 인력난 극복에 큰 역할을 했다. 1918년 7월 당시 임금 노동자로 일한 여성은 731만 명을 넘었다. 여성들은 선반을 조작하고 트럭 엔진도 정비했다. 가죽공장·설탕정제소·고무공장에서 일했고 심부름 다니던 소년들을 대신해 배달 소녀들이 등장했다. 10만 명 이상이 농경부대에 지원해 농산물 수확에 기여했다. 군용 말과 노새도 훈련시켰다. 여성들은 경찰·버스 안내원·지하철 경비원 등 남성들의 영역에 진출했을 뿐 아니라 독립할 수 있을 정도로 돈을 벌어 술집에 놀러가기도 했다.

입대를 선택한 여성도 있었다. '여성육군지원군단'은 사무원·전화교환

---

5) 조영갑, 『세계전쟁과 테러』(선학사, 2011) 참조.

그림 1.13 무기제작과 여성활동 제1차 세계대전 때 영국 여성들이 무기공장에서 포탄에 화약을 채워 넣는 일을 하고 있다.

원·요리사·운전사 등으로 일하면서 전쟁터로 빠져나간 남성들의 빈자리를 메웠다. 전쟁이 끝날 무렵 여성육군지원단 대원은 4만 명에 이르렀다. 간호사로 근무하는 여성들도 있었는데 대부분은 무보수 의용군지원부에 소속돼 일하거나, 응급처치 간호의용군으로 봉사했다. 그렇지만 더 용감한 여성들은 최전방에서 싸울 수 없다는 사실에 불만을 품었다. 전방과 가장 가까운 곳에서 일했던 여성들은 포탄에 폭약을 채워 넣는 일을 맡은 사람들이었다. 그들은 '카나리아'라고 불렸는데 폭약의 화학물질이 손과 얼굴을 노랗게 물들였기 때문이다. 런던 인근 울리치 무기 공장의 경우 전쟁이 시작될 무렵 열 명의 여성이 고용돼 있었지만 전쟁이 끝날 무렵에는 2만 4,000명으로 늘었다.

영국 여성들은 전쟁 기간에 중대한 공헌을 했고, 그것은 견고한 남녀차별성의 장벽을 허물어뜨리는 역할을 했다. 여성들은 전쟁이 끝난 후 남성 노동자들과 함께 그들의 공헌에 대한 보상을 받았다. 1918년 2월 선거법 제1차 개정에서 30세 이상의 여성들에게 처음 선거권이 주어졌다. 그리고 20세 이상 남녀가 평등 선거권을 갖게 된 것은 1928년의 제5차 선거법 개정에 의해서였다. 영국 남녀는 100년간의 험난한 투쟁 끝에 이 값진 권리를 얻어냈다.[6]

---

6) 중앙일보, 2009. 9. 3.

그림 1.14 인천상륙작전 1950년 6·25 전쟁에서 인천상륙작전이 3차원 전쟁(지상·해상·항공)으로 실시되어 북진할 수 있는 결정적 전환점이 되었다.

이같이 지상·해상·항공의 3차원 전쟁과 무기체계 발전(그림 1.14)은 군사전략도 대량파괴 및 무차별 대량살상을 위한 섬멸전략과 전격전전략을 비롯해서, 전쟁을 사전에 자제시키기 위한 억제전략과 전쟁이 일어났을 때는 승리하기 위한 방위전략 등으로 발전하였다.[7]

또한 작전술은 독일 후티어의 돌파공격전술 및 프랑스 구로우의 종심방어전술이 제병협동작전술로 진화되었다가 다시 공지합동작전술(ALO)로 발전하였다.

지휘구조는 수직적·계층적 지휘구조가 되었으며 유·무선을 통해 병력과 화력 중심의 대부대를 집중하여 전쟁을 수행하였다.

전쟁사례는 전쟁이 장기전으로 수행되었던 제1차 세계대전, 제2차 세계대전을 비롯해서 6·25전쟁, 베트남전쟁, 걸프전쟁 등이 있다.

3) 지식정보화 시대

지식정보화 시대(21C~현재)에서 전쟁은 지상·해상·항공·우주·사이버에서 실시한 5차원 전쟁(그림 1.15 , 그림 1.16)으로써 지식·정보의 상대적 지배성과 독점성, 그리고 첨단과학 기술력으로 컴퓨터에 의한 자동화된 무기체계로 정밀재래무기, 정밀유도무기, 무인무기 그리고 이지스 군함과

---

7) 조영갑, 『국가안보학』(선학사, 2011), pp. 203~232.

그림 1.15 우주·항공의 위성 및 정찰기

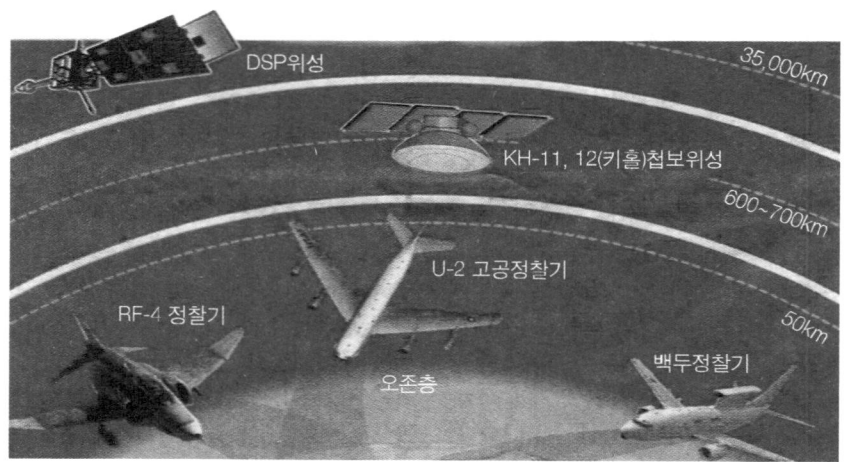

그림 1.16 첨단무기체계도 서해상에서 북한군 공격에 대한 한국군의 첨단무기체계로 5차원 전쟁(지상·해상·항공·우주·사이버)의 개념도

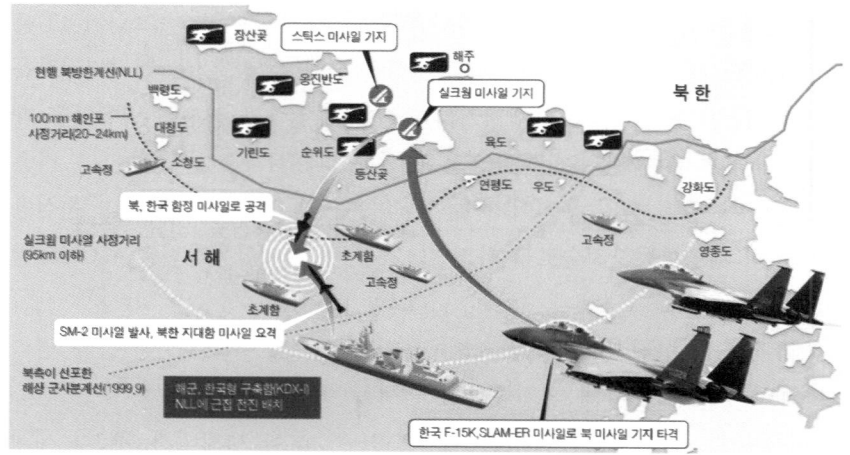

스텔스 전투기 등이 전쟁의 승패를 결정하는 시대가 되었다.

군사전략은 전쟁에서 정확한 지식·정보(C4ISR)와 정밀유도무기(PGM)에 의해 표적 급소만을 공격하여 중추신경을 순식간에 마비시키는 외과수술적 정밀공격으로써, 파괴의 탈대량화와 살상의 최소화로 진행된 단기전으로 승패를 결정하는 새로운 전격전 개념인 충격과 공포군사전략 등이 적용되고 있다.8)

---

8) 조영갑, 『세계전쟁과 테러』(선학사, 2011), pp. 363~367.

예컨대 산업시대 전쟁은 지상·해상·항공의 3차원에서 외곽(야전에 배치된 부대)부터 공격하여 안쪽(전쟁지도부가 있는 전략적 중심지역)으로 접근해가는 축차적인 지상군 중심 군사전략이었다.

그러나 지식정보화 시대 전쟁은 지상·해상·항공·우주·사이버의 5차원에서 가장 안쪽(전쟁지도부가 있는 전략적 중심지역)을 먼저 공격하고 다음으로 바깥쪽(야전에 배치된 부대)으로, 또는 전 전장지역을 동시에 공격하는 병행적 접근전략으로써 충격과 공포군사전략이 적용되고 있다. 즉, 충격과 공포군사전략은 적의 급소가 된 핵심지향적인 전략적 지휘구조를 먼저 제거하거나 타격함으로써, 적의 전투력이 지휘가 없는 상태 혹은 명령흐름이 단절된 상태가 되게 하여 전방에 배치된 전투부대가 전투기능을 발휘할 수 없도록 하는 새로운 중심마비전이 되는 것이다. 여기에서 마비전이란 물리적인 것보다는 심리적인 것으로서, 연이은 누적적인 타격으로 적을 섬멸하는 것이 아니라 단기전으로 중추신경을 찌름으로써 모든 근육을 동시에 마비시키는 것을 말한다.

이것은 모든 시스템에는 중심이 있는데, 그 핵심적 중심이 마비 혹은 변화하게 되면 주변 시스템도 따라 변화된다는 국가체계별 타격의 5개 전략적 동심원 모델이론이 적용된 충격과 공포군사전략인 것이며, 이를 수행하기 위한 작전술은 신속결정적 작전술(RDO)을 적용하고 있다. 따라서 산업시대 전쟁부터 발전시켜 왔던 억제전략과 방위전략을 비롯한 다양한 군사전략은 충격과 공포군사전략과 더불어 계속 유용하고, 작전술은 공지합동 작전술(ALO)에서 신속결정적 작전술(RDO)로 발전(표 1.3)하였다.

이와 같은 산업시대 전쟁에서 지식정보화 시대 전쟁의 큰 갈림길이 된 것은 2000년 9·11테러로부터 시작된 2003년 이라크전쟁이 결정적인 전환점이 되었다.

이라크전쟁은 전쟁의 형태, 무기체계, 군사전략과 작전술을 5차원 전쟁이란 새로운 방향으로 바꿔 놓았다.

지휘구조는 군사혁신(RMA: Revolution in Military Affairs)으로 수평적·네트워크적이며, 컴퓨터화된 자동화 무기 및 장비로 정보−탐지−타격−평가의 복합체적·동시적·전전장화적 기능으로 수행하게 되었다.

지식정화시대 전쟁의 무기체계는 ① 노동집약적인 반자동화된 단순무기체

표 1.3 군사전략과 신속결정적 작전술의 개념

구 분	걸프전(1991)	이라크전(2003)
작전술의 기본요건	• 중무장 지상군 중심의 군사전략 : 3차원 전쟁, 재래무기체계 • 공지합동작전(airland operation) • ALO 기본요건 적/지형/기상 중심 + 병력우위/제파식 기동작전 + 대량화력전 + 종심전장 확대작전 : C3I	• 충격과 공포군사전략 : 5차원 전쟁, 정밀무기체계 • 신속결정적 작전술(rapid decisive operation) • RDO 기본요건 지식 · 정보중심 (전투지휘의 기본지식) + 신속결정적 기동작전(RDM) (기동) + 효과기반작전(EBO) (화력) + 네트워크 중심작전(NCW) : C4ISR (지휘/통제)
작전술의 적용	ALO 개념 • 축차적　　• 점진적 • 선형적　　• 소모전적 • 대칭적　　• 병력 중심적 * 양적 우세, 적 군사력 공격 * 기존 적용해 온 합동, 연합작전 개념	RDO 개념 • 동시적　　• 병행적 • 분권적　　• 효과에 기초 • 비대칭적　• 핵심 지향적 * 질적 우세, 적 능력 공격 * 현재 적용된 합동, 연합작전 개념

계에서 자본집약적인 자동화된 복합무기체계로 전환되었는데, 그것은 지상무기체계의 다양한 정밀무기, 해상무기체계의 이지스 군함, 항공무기체계의 스텔스 전투기 등장 등으로 화력, 기동성, 정밀성, 생존성이 증가하는 추세로 발전하고, ② 생리적 에너지에서 화학적 에너지, 핵에너지, 그리고 광학에너지를 이용하는 첨단기술로 발전되고 있으며, ③ 자동화, 전자화, 무인화 추세로 발전되고, ④ 계열화, 공통화, 표준화 추세로 발전하고, ⑤ 민군겸용 기술발전 추세로 진화하고 있다.

이와 같이 인간은 끊임없는 전쟁 속에서 개인 · 조직 · 국가의 안전과 번영을 추구하기 위해 과학기술화된 첨단무기체계로 군사력을 강화하고, 군사력을 효과적으로 운용하여 전쟁을 억제하기 위해서, 혹은 전쟁에서 승리하기 위해서 안보정책이나 국방정책, 군사전략 및 작전술을 발전시키고 있다.

3. 현대과학기술 발전과 무기체계

인간은 태초부터 생존의 욕구를 위해 또는 적을 지배하여 번영하기 위해서 끊임없이 전쟁을 치러 왔으며, 이러한 전쟁에서 승리하기 위해 보다 발전된 과학기술력을 동원하여 그 시대의 첨단과학무기를 만들어 사용하여 왔다.

인류역사상 최초로 중국에서 발명된 흑색화약과 나침판의 출현은 전쟁에서 성벽의 절대적 가치를 저하시켰고, 증기기관과 대포의 발명은 대형철제 군함을 탄생시켜 바다를 제패하게 하였다. 또한 전차와 항공기의 발달은 제1차 세계대전 이후 기관총과 대포를 전쟁의 주역에서 물러나게 하였으며, 전자공학과 컴퓨터의 발전은 전쟁을 정밀 자동화시켜 5차원 전쟁형태로 변화시켰다.

예컨대 제1차 세계대전 및 제2차 세계대전을 계기로 각종 기관총, 전차, 화생방무기, 화포, 통신기, 핵무기, 항공모함 등 무수한 병기가 발달하였고, 특히 항공기의 출현은 현대전쟁으로 하여금 전방이나 후방, 군인과 민간인의 구별이 없는 종심지역 공격이 가능하게 하여 국가총력전으로 변환케 하였다.

그리고 21세기 현대전쟁에서는 더욱 다양한 지상군의 첨단 기동·화력, 가공할 정밀유도무기, 해군의 이지스함과 핵잠수함 및 핵항공모함, 공군의 스텔스 전투기 및 폭격기를 비롯한 군사인공위성, 전자통신장비, 첨단 무인무기 및 다양한 인공지능(AI), 로봇, 그리고 사이버의 무기화 등이 등장하였으며, 그 사례는 다음과 같다.

1) 첨단과학기술과 지상무기체계

현대 지상군 작전에서 기동과 화력은 전쟁의 승패를 결정하는 가장 중요한 지상무기체계가 된다. 지상군 작전에서 기동의 왕자는 전차가 되며, 화력의 왕자는 대포가 된다.

한국군은 최첨단화된 K-2 전차(그림 1.17)를 전력화하여 기동성·화력성·생존성을 보장함으로써 지상작전의 성공을 확대하고 있다. 또한 K-9 155밀리 자주포는 첨단화된 화력체계로 화력전투 및 화력지원을 보장하고 있다.

그림 1.17 최첨단 기동무기체계로서 K-2 전차의 사격 장면

그림 1.18 최첨단 화력무기체계로서 K-9 155밀리 자주포 사격과 탄두·신관·장략

| 탄두 | 신관 | 장략 |

　　지상의 화력 무기체계인 155밀리 자주포(그림 1.18) 사격과 탄약·신관·장략으로 구성되어 있다. 포병화력은 관측소−사격지휘소−전포대사격의 3각 체제로 운용한다. 그리고 표적에 따라 다양한 탄두와 장략 및 신관을 선택하여 효과적으로 파괴 및 제압한다.

2) 첨단과학기술과 해상무기체계

미 해군은 최첨단 연안전투함(littoral combat ship)인 인디펜던스함(LCS2, Independence)을 전력화하였다.

3,000톤급의 인디펜던스함은 삼동선 선체를 갖고 있는 점이 외관상 두드러진 특징으로 최대 시속 40노트의 속력을 낼 수 있는 연안전투함이다.

또한 미국은 러시아가 대함 미사일을 개발하게 되자 제2차 세계대전 때에 일본군의 가미카제 공격처럼 큰 위협요소가 됨에 따라 이에 대응수단을 고민한 끝에 제우스 신의 방패란 뜻으로 이지스(AEGIS) 무기체계를 개발하였다.

이지스함의 아버지로 불리는 웨인 메이어 미 해군제독은 1970년 이지스함 개발과 건조과정의 책임자가 되었다. 미 의회가 이지스함 한 척당 10만 달러 이상의 예산이 소요된다면서 제동을 걸고 나섰으나 그는 우직하게 밀어붙여 1983년 첫 번째 이지스함인 타이콘데로를 탄생시켰다. 이지스함은 세계 해군 역사상 처음으로 도입된 대공전·대함전·대잠함전·대지상전 상황까지 종합대응할 수 있는 통합전투체계로 혁명적 발전을 가져왔다.

미 해군은 2006년 이지스 무기체계 개발에 노력한 공로를 인정하여 이지스 구축함에 웨인메이어호를 명명하였으며, 오늘날 이지스함은 최첨단 해군무기체계로 해상전투를 지배하고 있다.

미국 핵항공모함 니미츠함급(조지워싱턴함·칼빈슨함 등)은 길이 332.9m, 폭 76.8m, 만재 배수량 9만 3,000톤으로 최대 속도가 30노트이며, 6,000여 명의 승조원과 80여 대의 전투기를 탑재하고 세계의 어느 곳에서도 작전을 수행할 수 있다.

그림 1.20 미국 해군 이지스 존 매케인 구축함 통합전투체계로 통합전투수행을 함.

그림 1.21 잠수함 발사 핵미사일(SLBM, 왼쪽)과 바닷속에서 발사하는 핵 잠수함 (오른쪽)

그림 1.22 움직이는 해군기지 미핵 항공모함 니미츠함급(조지워싱턴함·칼빈슨함·링컨함·레이건함 등)

〈나미츠함 제원〉
- 길이: 332m
- 너비: 76m
 (축구장 3배)
- 속력: 30노트
 (56km/h)
- 탑재항공기: 80여 대

3) 첨단과학기술과 항공무기체계

현대 항공기 최첨단 무기체계는 고고도 무인 정찰기인 글로벌 호크 등이 있으며, 스텔스 기능을 가진 전투기(그림 1.24) F-22 랩터와 F-35 라이트닝이 있다. F-22 랩터의 1대당 가격은 1억 4,300만 달러(약 1,350억 원)가 되며, F-35 라이트닝은 6,000만 달러(580억 원)로써 값은 싸도 수직 이착륙과 공군과 해군이 함께 쓸 수 있는 통합전투공격기이다. 그리고 이 전투기들은 자동유도기능을 갖춘 최첨단 무기들을 탑재하여 공격할 수 있는 최고의 항공무기 체계가 된다.

노스롭그루먼의 최첨단 스텔스 폭격기(X-47B)(그림 1.23)는 B-2 스텔스 폭격기를 대체할 가오리연 형태로서, 조종사 통제 없이도 항로를 변경하여 폭격할 수 있는 무인 스텔스는 1만 2,000m 이상의 고도에서 최대 3,200km 까지 초음속으로 비행할 수 있다. 핵무기를 포함한 총 604~1,207톤의 무기를 탑재할 수 있는 이음속 항공기를 개발한 것이다. 미 공군은 B-52 폭격기, B-1 폭격기, 그리고 B-2 스텔스 폭격기 등을 운용하고 있다. 이 중에 B-2 스텔스 폭격기는 미국의 유일한 스텔스 폭격기로 공중급유를 받으며 44시간 비행이 가능하기 때문에 지구상에 어떤 표적도 공격가능하다.

아파치공격헬기(AH-64D)는 최첨단 기종으로 목표에 대한 첨단탐지 및 식별 거리가 강화되고 조종석의 지도표시장치가 디지털로 바뀌어 타격력과

그림 1.23 미국의 최첨단 스텔스 폭격기(X-47B)는 자율임무수행 능력을 갖고 있음

그림 1.24 정찰기, 공격기, 폭격기 스텔스 기능,통합항공전자체계, 첨단센서 융합을 통해 살상력, 생존력, 제공력을 보장하는 다목적 최첨단 전투기

글로벌 호크

길이 ······ 13.4m(폭 35.3m)
최대 이륙중량 ·········· 11t
작전거리 ···· 2만 2,000km
특징 ···· 20km 상공서 정찰

F-35

길이 ··················· 15.7m
최대 이륙중량 ········ 22.7t
작전거리 ···· 1,100km 이상
특징 ················· 스텔스

F-22

길이 ··················· 18.9m
최대 이륙중량 ·········· 38t
작전거리 ···· 2,960km 이상
특징 ················· 스텔스

생존성을 확보하며, 어떠한 지형에서도 사격(그림 1.25)이 가능하고, 물자수송헬기(UH-60)는 필요한 물자 및 장비를 이동시킬 수 있다.

　이와 같이 현대과학기술 발전은 지상・해상・항공무기체계를 최첨단화하고 있다.

대형 공격헬기 아파치 가디언(AH-64E)
※ 아파치 1개 대대(18대)는 한 번 출격에
적 전차 최대 288대 파괴 가능

롱보우 레이더
(화력 통제 레이더)
256개 목표물 움직임 추적해
16개 우선 파괴 목표 지정

30mm 기관포
분당 최대650발 발사.
최대 1200발 탑재

스팅어(AIM-92A)
공대공 미사일 4기도 탑재 가능

헬파이어(AGM-114)
공대지 미사일

히드라 로켓

그림 1.25 아파치 헬리콥터의 공격무기(왼쪽)와 UH-60의 물자수송 모습(오른쪽)

4. 민군 겸용기술과 무기체계

과학자 프랭클린(Benjamin Franklin)은 "인간이란 도구를 만들어 사용하는 동물"이라고 정의하고, 인간은 자신의 생존과 번영을 위한 필요성 때문에 전쟁도구 혹은 생활도구를 만들었으며, 이것은 현대 과학기술의 시작이 되었다고 말했다.

인간이 도구를 발명하기 위해 태동한 과학기술은 응용목적에 따라 국방과학기술과 민수과학기술로 구분할 수 있으나 모든 과학기술의 80% 이상이 사실상 민군겸용기술이라고 할 수 있다.[9]

과학기술은 일반적으로 1950년대까지는 전쟁을 위한 군수수요에 따라 국방과학기술이 주축이 되어 기술혁신을 주도하고, 또한 무기개발에 최신 과학기술을 총동원하였기 때문에 국방과학기술의 우월은 곧 그 국가 과학기술력의 우위를 의미하게 되었다.

그 사례로써 1950년대까지만 하여도 전자계산기, 원자력, 특수재료, TV 및 제트항공기 등은 가격이 엄청나게 비싸 군사용에 국한되었으나, 1960년

---

9) 국방대학교, 『안보관계용어집』(2009), p. 475.

대부터는 민간기술 혁신과 민수수요 제품의 대량생산과 가격인하로 대량소비가 가속화됨에 따라 민수과학기술이 과학기술의 혁신을 선도하여 오다가, 2000년대부터는 과학기술은 다시 민군겸용기술 방향으로 발전하고 있다.

그렇다면 민군겸용기술이란 무엇인가?

민군겸용기술이란 현재 보유하고 있지 않은 기술을 민과 군이 공동으로 연구 개발하여 겸용할 수 있는 기술, 그리고 민과 군이 각각 보유하고 있는 기술 중에서 상호 전환하여 활용할 수 있는 기술이라고 정의할 수 있다.[10]

민군겸용기술의 내용은 방위산업을 위한 국방기술과 민수산업 경쟁력을 위한 민수기술에 동시에 응용될 수 있는 기술, 과정, 제품의 세 가지 차원에서 ① 민군겸용기술, ② 민군겸용공정, ③ 민군겸용제품 등을 포함하게 된다.

민군겸용기술의 구분은 기술개발 주체와 기술성격에 따라 ① 군에서 개발된 기술을 민수분야에 이전 및 활용(Spin-off), ② 민에서 개발된 기술을 군사 분야에 이전 및 활용(Spin-on), ③ 민과 군이 함께 필요로 하는 기술을 공동개발하는 기술(Spin-up)로 구분(그림 1.26)하고 있다.

그리고 민군겸용기술 전략은 국방과 민간 분야의 연구개발 자원을 총체적으로 동원하고, 첨단과학기술을 가장 효과적으로 획득하여 활용할 수 있는 저비용·고효율의 기술개발 전략이 되어야 한다.

미국은 1993년부터 민군겸용기술을 강력히 추진해 오고 있으며 러시아, 중국, 이스라엘, 일본 등도 적극 추진하고, 한국도 1998년부터 민군겸용기

그림 1.26 민군 겸용 기술의 개념

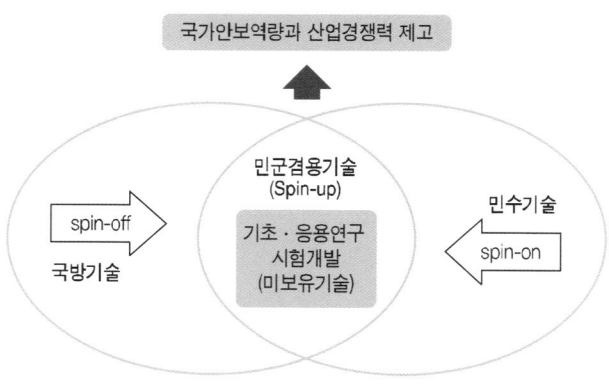

---

10) 국방대학교, 『안보관계용어집』(2009), pp. 475~476.

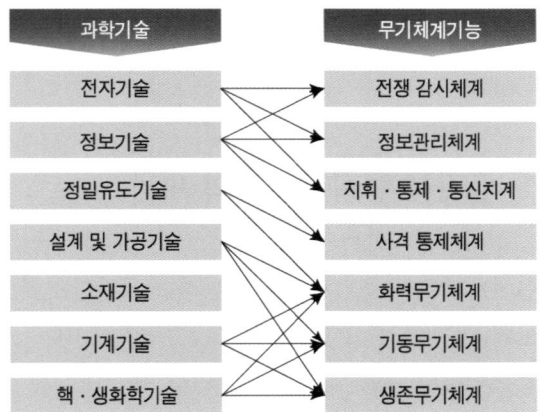

그림 1.27 과학기술과 무기체계 기능의 상관관계

술사업 촉진법을 제정하여 2000년대 현재 국가기술의 새로운 성장동력으로 발전시켜 나가고 있다.

　민군겸용기술은 국방의 무기체계와 민수의 생활용품에 상호응용(그림 1.27)되어 더욱 발전하고 있다.

　과학기술은 국가안보와 직결된 국방과학기술이면서 민수산업기술로 전환되어 파급효과가 큰 민군겸용과학기술로 사용되고 있다. 예컨대 과학기술인 전자기술, 정보기술, 정밀유도기술, 설계 및 가공기술, 소재기술, 기계기술, 핵 및 생화학기술 등은 무기체계인 전장감시체계, 정보관리체계, 지휘통제통신체계, 사격통제체계, 화력무기체계, 기동무기체계, 생존무기체계 등의 발전에 기여하고, 여기에서 파생된 첨단기술은 다시 민수산업기술로 전환되어 사용되고 있다.

　그 반면에 과학기술이 민수산업기술에 영향을 미치고, 여기에서 파생된 기술이 국방과학기술(방위산업기술)에 영향을 미쳐 첨단무기체계 발전에 기여하기도 한다.

제3절 무기체계의 획득관리

1. 무기체계 획득관리의 개념

현대국가에서 무기체계 획득관리는 국가안보에 직접적인 영향을 미치기 때문에 국방의 중요한 정책이고 전략이 된다.

그렇다면 무기체계 획득관리란 무엇인가?

무기체계 획득관리란 소요가 창출된 군에게 필요한 무기체계를 효율적으로 개발·생산·공급하기 위해 체계적으로 계획·조직·통제 및 조치하는 제반활동이라고 정의할 수 있다.[11]

> 인류역사가 시작된 이래 모든 전쟁에서 한 국가를 구출한 무기체계는 항시 존재하여 왔다. 고대 그리스시대 무쇠검은 페르시아의 청동검을 이길 수 있었고 일본의 조총은 조선의 칼과 활에 승리하였으며, 이순신장군의 거북선은 평면병선을 격침시켰다. 그리고 2003년 5차원 전쟁으로 진행된 이라크전쟁에서는 미국의 첨단무기에 의해 이라크군의 재래무기는 전투다운 전투 한번 해보지 못하고 5주 만에 전쟁에서 패배하고, 사담 후세인 대통령은 권좌에서 쫓겨나 마침내는 전범이 되어 사형 집행으로 사라지게 되었다.

무기체계 획득관리단계는 무기체계획득을 위한 소요제기-소요결정-연구개발 대상사업기관 설정-시험평가-도입방법 및 기종결정-집행하는 순서로 진행하게 되고, 또한 무기체계를 획득할 때는 여러 사항을 고려해야 한다.

먼저 무기체계획득은 그 나라의 자연환경인 지형·기후·자원과 정치적·경제적·군사적·과학기술적 요인 등을 고려하여 선정하게 된다. 그 사례를 보면 중동전쟁에서 아랍연합군 측의 러시아 무기체계인 전차와 이스라엘 군 측의 미국 무기체계인 전차의 대결에서 문제를 알아 볼 수 있다.

아랍연합군은 광활한 지형과 추운 계절이 고려된 러시아제 전차를 획득하여 중동전쟁에 투입하였으나 자연환경이 전혀 다른 중동의 사막지형과

---

11) 국방대학교, 『안보관계용어집』(2009), pp. 444~445.

높은 기후에 부적합한 러시아제 전차는 성능을 발휘할 수가 없었으며, 그 결과는 참담한 패배뿐이었다.

그 반면에 이스라엘군은 미국제 전차를 획득하여 높은 기후와 사막지형에서 기능을 발휘할 수 있도록 개조 및 운용하여 작전을 수행함으로써 중동전쟁에서 승리할 수 있었다.

이 같은 교훈은 무기체계획득이 외국에서 수입한 첨단무기라고 하더라도 자국의 상황에 맞도록 무기를 개조 및 운용할 수 있어야 한다. 다음은 무기체계 획득관리는 장기적인 안보정책과 국방정책 및 군사전략을 고려하여야 한다.

국가의 가용한 국방자원은 한정되어 있는데 어떤 무기체계는 과잉상태이고, 또 어떤 무기체계는 과소상태라면 국가안보는 물론 경제발전에도 크게 위협을 받게 된다. 따라서 비용과 효과를 상대적으로 고려해서 안보상황, 경제상태, 국방정책 및 군사전략이 조화를 이루도록 복합적이고 체계적인 무기체계 획득관리가 되어야 한다.

2. 무기체계 획득관리의 원칙

무기체계 획득은 어떤 유형을 어떤 방법 및 과정을 거쳐서 얼마만큼 획득해야만 국가안보와 국가이익을 최대한 보장할 것인가에 대한 원칙을 적용해야 하는데, 그 내용을 알아보면 다음과 같다.

1) 무기 국산화 비율의 향상

무기체계 획득관리 대안으로써 가장 바람직스러운 원칙은 자국의 자체생산이 된다. 그러나 개발도상국가의 입장에서는 주어진 제약조건이 많으므로, 이를 어떻게 극복하고 국산화비율을 향상시키느냐에 무기체계 획득관리의 초점을 두게 된다. 따라서 군사적 · 경제적 · 기술적 원칙에서 단계적으로 국산화비율을 향상시키는 방법은 단기적으로는 취약할지 모르지만 장기적으로는 유리한 접근이 된다.

2) 무기획득 비용절감관리

무기체계 획득비용이 거액화됨에 따라 가용한 국방자원의 제한으로 경제성을 고려하여 결정해야 한다.

무기획득 비용절감을 위해서는 무기체계의 전 수명에 걸쳐 종합관리 개념을 갖고, 무기에 부수된 군수지원체계를 망라해서 비용절감방법을 모색하여 최적화하도록 노력하는 것이다.

3) 성장동력으로서 무기수출

무기를 자체 생산하여 다른 국가에 수출할 수 있는 능력은 자국이 필요한 다른 무기체계를 획득할 수 있는 중요한 전략이 되며, 또한 무기 수출은 과학기술과 경제발전의 성장동력 역할을 할 수 있다.

오늘날 강대국가는 자본집약형의 첨단고급무기를 생산하고, 개발도상국가는 노동집약형의 단순재래무기를 생산하여 상호 교류할 수 있고, 다른 한편으로 무기 수출은 방위산업 발전과 경제적 이익을 얻을 수 있다.

즉, 제2차 세계대전 후에 세계의 무기수출 국가는 미국과 러시아를 비롯해 영국·프랑스·중국·독일·이스라엘 등이 되며, 한국도 무기 수출을 위해 방위산업을 발전시키고 있다.

4) 국가이익의 추구

무기체계 기술에는 국가이익을 상징하는 고도의 비밀성이 존재하기 때문에 협조에 분명한 한계가 내재하게 된다. 따라서 무기체계 획득관리는 비록 초기에 획득단가가 높더라도 단기적 관점에서 경제적 손해를 감수하고 구매하더라도 장기적 안목에서는 국가적 이익에 부합할 수 있도록 해야 한다. 이는 국제사회에 하나의 보편타당성 있는 원칙이며 정당한 가치로 여겨지고 있다.

5) 무기체계 획득기구의 운용

현대군대가 정규군 개념이라면 정규군을 무장시키는 무기체계에 관한 연구, 획득, 운용 등의 전담기구가 상설운용 되어야 한다. 무기체계를 어떻게 자국의 실정에 부합되게 발전시키고, 또한 기존전력을 합리적으로 확장시킬 것인가를 해결하기 위해 과학적이고 체계적인 무기체계 획득기구를 운영해야 한다.

오늘날 어느 국가를 보더라도 원자력 연구소, 국방과학기술연구소를 비롯한 다양한 실험연구소 및 평가기구 등이 설치되어 운용되고 있다. 즉, 일반적으로 자원이 희소하고 기술축적이 취약한 나라일수록 중앙집권적 통제로 단순기구를 설치 운용하여 단순 명료한 목표 아래 무기체계 획득을 발전시켜 나가고 있다.

6) 방위산업 발전의 기여

무기체계 획득관리의 생산성, 능률성, 경제성, 기술성, 자족성을 높여나기 위해 방위산업을 국가의 핵심산업으로 발전시켜 나가는 데 기여할 수 있어야 한다.

3. 무기체계 획득관리의 유형

무기체계를 획득할 수 있는 유형은 ① 연구개발 방법을 통한 자체생산(make), ② 기술도입을 통한 공동생산(co-production) 및 합동생산(joint production), ③ 직수입 방법을 통한 해외구매(buy) 등으로 구분하고 있다.

오늘날 기술수준이 높고 국방가용자원이 많은 선진국가는 대부분의 무기를 자체생산에 의해 획득하고, 개발도상국가는 기술과 자본을 해외구매와 공동생산에 의존하며, 기술수준은 높으나 자본이 비교적 적은 국가는 협조된 노력에 의해서 무기를 개발 및 생산하는 합동생산에 의존한다.

1) 연구개발 방법

(1) 개 념

연구개발이란 새로운 또는 수정된 학설이나 법칙의 실용을 위한 기술적 조사 분석, 기술에 관한 검토, 새로운 도안 그리고 이의 성과 또는 경험적 지식을 이용한 설계, 시험 및 평가하여 자체 생산하는 것으로써, 개발형태에 따라 독자개발과 모방개발로 분류한다.

진정한 의미의 연구개발은 무기체계를 연구개발, 실험 및 평가하고 생산하여 자국의 방위요소를 충족함은 물론 그 여력을 수출하여 국가발전의 성장동력 역할을 할 수 있는 생산형태가 된다.

따라서 연구개발을 통한 무기체계는 일반적으로 자국의 안보상황에 부합된 무기체계를 적시에 필요한 수요만큼 획득할 수 있다.

즉, 자국의 지형적 특성에 적합하고, 자국의 전략·전술에 알맞은 무기체계획득이 가능하며 국방의 주체적인 자주성을 확보할 수 있다.

또한 국가산업의 생산능력을 팽창시키고 이익을 증대시키며 기업이 성장할 수 있는 기회를 제공하는 등 경제적·기술적 파급효과를 얻을 수 있다.

그러나 개발도상국가는 연구개발 비용이 해외구매보다 많이 들며 소요시간이 해외구매보다 훨씬 길고 연구개발의 실패위험성이 클 수 있다.

(2) 연구개발단계

연구개발단계는 개념형성단계, 선행개발단계, 실용개발단계 그리고 생산배치 및 운용단계 등 네 단계로 구분할 수 있으며, 각 단계별 주요내용은 〈표 1.4〉와 같다.

표 1.4 연구개발단계

단 계		내 용
개념형성단계	탐색개발	• 기초연구 및 선행연구 병행 • 개발과제 이전에 개발가능성 확인 • 중장기 합동기획문서에 제시되어 있거나 소요 제기 이전의 기술적 기습에 대비하는 연구
선행개발단계	선행개발	• 군 요구성능(ROC) 확정 • 선행기술시험, 운용시험실시 • 실용개발여부 확정
실용개발단계	실용개발	• 확정된 군 요구 성능에 따라 개발시제품 개발 • 실용기술시험, 실용운용시험 실시
생산 · 배치 및 운용단계	배치 및 운용	• 무기체계 채택여부 결정 • 생산된 무기 및 장비를 군에 배치운용

(3) 연구개발의 장 · 단점

연구개발을 통해 생산된 무기체계는 일반적으로 다음과 같은 중요한 장단점을 가지고 있다.

① 장 점

첫째, 자국의 실정에 부합되는 무기체계를 획득할 수 있다.

둘째, 산업의 생산능력(기계, 시설)을 팽창시키고 이익을 증대시키며 기업이 성장할 수 있는 기회를 제공한다.

셋째, 연구개발을 함으로써 고용인구가 증가하고 기업이윤 및 유효수요를 창출하고 기업의 재투자 기회를 증진시켜 국가경제에 효과적 파급효과를 유발한다.

넷째, 기술축적의 기회를 제공하고 획득된 국방과학기술을 민간부분에 파급시켜 민수제품의 질을 향상시키고 국제경쟁력향상에 기여한다.

다섯째, 자체생산무기체계로 무장된 군대는 사기가 높고 일반적으로 국민전체의 안보의식이 높아지게 된다.

② 단 점

첫째, 개발도상국가는 자체생산비용이 외국에서 무기를 직수입할 때보다도 많이 든다. 따라서 무기수입국가는 수입단가가 저렴한 것을 이유로 무기를 수입하고 수출국가는 비용이 저렴하다는 이유로 판매촉진수단으로 사용하고 있다.

둘째, 무기획득에 소비되는 시간이 직수입보다 훨씬 길다. 따라서 선진국가는 순수자체개발을 할 때 기존무기의 차기세대를 5~10년 앞서서 구상하고, 개발도상국가에서는 군사소요의 긴급성을 이유로 직수입에 의존한다.

셋째, 연구개발의 실패위험성이 크고 연구개발비용이 많이 든다.

2) 기술도입 생산 방법

(1) 개 념

기술도입 생산이란 외국에서 이미 개발 완료되어 생산 중인 무기기술을 도입하여 국내에서 생산하는 것을 말하며, 기술도입 및 생산방법에 따라 합동생산, 공동생산, 조립생산으로 구분한다.

기술도입 생산은 국가 간의 협조에 의한 생산방식으로서 개발할 기술이 없는 무기체계획득과 이에 관련된 기술을 이식할 목적으로 개발도상국가가 특허료 및 기술이전료를 지불하고, 그 대신에 무기생산에 필요한 기술자료, 생산기술을 도입한다.

기술도입 생산이 성립되는 시기는 기술제공국가로서는 그 무기가 기술적·군사적인 비밀가치가 거의 없어서 유통에 따른 안보상의 문제가 없으며, 정치·외교적, 경제적 측면에서 해외 판매보다 유리하다고 판단할 때가 된다.

그 반면에 기술도입국가는 연구개발을 통해서 무기체계의 일부 또는 전부를 획득하고 싶으나 기술수준이 미약해서 선진국가의 도움을 받고 싶을 때, 그리고 장기적인 안보정책과 경제적인 파급효과를 고려할 때 이루어지지만, 특허료가 고액이고 계약내용이 일방적으로 제공국가에게 유리하게 이루어지기 쉬우며 기술제공국가 입장에서 볼 때 무기수출시장을 축소시킬 수도 있다.

(2) 기술도입 생산단계

기술도입 생산단계는 선정단계, 확정 및 선택단계, 획득·배치 및 운용단계

표 1.5 기술도입생산 단계

단 계	내 용
선정단계	• 군 요구 성능 충족여부 검토 • 업체와의 접촉 • 기술제공 범위정도 및 수준 • 계약조건
확정 및 선택단계	• 계약체결 • 설비시설 • 장비 및 기술도입
획득 · 배치 및 운용단계	• 소량생산 • 부대시험 • 부대배치 · 운용

의 3단계로 나누어 진행되며 각 단계에서 진행될 주요내용은 〈표 1.5〉와 같다.

(3) 기술도입생산의 장 · 단점

① 장 점

첫째, 기술수준이 미약해서 선진국가의 기술적 도움을 받고 싶을 때 기술이전 및 축적기회를 얻게 된다.

둘째, 비록 기술도입생산이 직수입보다 비용이 많이 든다고 해도 장기적인 관점에서 직수입보다 우월한 파급효과를 얻을 수 있다.

셋째, 대량수요무기인 경우 직수입비용보다 저렴하다.

넷째, 민족적 보호주의 감정을 무마시킬 수 있다.

다섯째, 기술제공국가와 정치 · 경제 · 군사적인 유대를 강화할 수 있다.

여섯째, 연구개발의 위험성 및 모험성을 배제할 수 있다.

일곱째, 연구개발보다 획득기간이 짧다.

② 단 점

첫째, 면허료 및 기술의 이전료가 많이 든다.

둘째, 기술제공국가의 기술횡포가 심하고 국가 간의 마찰이 발생할 수 있다.

셋째, 일반적으로 직수입인 경우보다 획득비용이 고가이다.

넷째, 기술제공국가의 수출제한이 심하다.

3) 해외 구매방법

(1) 개 념

해외구매는 외국에서 연구개발 생산된 무기체계를 자국의 국방예산으로 직접 구매 획득하는 것이다. 해외구매는 구매선, 무기인도조건, 수송방법 또는 구매조건에 따라서 세부적으로 분류할 수 있으나 크게 대외군사판매구매(FMS: Foreign Military Sales)와 상용구매(CS: Commercial Sales)로 구분한다.

예컨대 대외군사판매구매는 미군의 물자조달 가격으로 우방국가에게 공급하는 방식으로 무기 및 기술을 이전하는 것을 말하며, 상용구매는 정부와 정부 간 계약된 대외군사판매 방식을 통한 무기 및 기술을 이전한 것이지만, 어떤 경우에는 무기생산업체가 다른 국가정부와 직접 판매 계약을 맺어 무기 및 기술을 이전하기도 한다.

(2) 해외구매단계

해외구매단계는 타당성분석, 수입 준비 및 계약, 수입배치 등이 선정단계, 확정 및 채택단계, 획득·배치 및 운용 단계별로 이루어지며 주요내용은 〈표 1.6〉과 같다.

표 1.6 해외구매 단계

단 계		내 용
선정단계	타당성 분석	• 도입선 접촉 • 구매조건 • 획득 후에 군수지원
확정 및 채택단계	수입준비 및 계약	• 계약협상 • 제공요청 • 계약체결
획득·배치 및 운용단계	수입배치	• 무기도입 • 부대시험 • 부대배치

(3) 해외구매 장 · 단점

① 장 점

첫째, 해외 구매 시는 개발도상국가의 입장에서 볼 때 획득단가가 연구개발 및 기술도입생산보다 훨씬 저렴하다.

둘째, 군사적으로 결정된 무기체계획득 요구사정이 절박할 때, 해외구매는 유일한 획득원이 될 수 있다.

셋째, 연구개발의 실패위험성을 배제할 수 있다.

넷째, 무기수출국가와 정치 · 경제 · 군사적인 유대가 강화될 수 있다.

② 단 점

이미 앞에서 알아 본 연구개발 생산의 장점을 획득할 수 없다.

4. 무기체계 획득방법의 결정

무기체계 획득방법의 결정은 〈표 1.7〉과 같은 장단점을 종합 분석하여 연구개발, 기술도입생산, 해외구매를 합리적인 의사결정을 통하여 이루어지도록 해야 한다.

그리고 안보정책 · 국방정책 · 군사전략과 가용자원, 국가의 전력구조, 방위산업의 기업능력과 기술수준 및 발전전망 등을 정확하게 종합분석하고 예측해서 무기체계의 획득방법을 결정해야 한다.

표 1.7 무기체계 획득방법과 종합분석

구 분	연구개발	기술도입생산	해외구매
장 점	• 자주국방의 주체성 • 기술 · 경제적 효과	• 기술격차 일부 단축 • 경제적 파급효과	• 요구 성능, 시기충족 • 구매가격 비교적 저렴
단 점	• 연구개발 위험(성능, 시기, 가격) • 개발생산 투자필요	• know-how 획득곤란 (기술의 예속화) • 생산시설 투자필요	• 부품획득 곤란 시에 장비 가동율 저하 • 장비유지의 해외의존

제4절 방위산업과 무기체계

1. 방위산업의 개념

1) 방위산업의 정의

현대국가에서 국가목표는 국가를 보위하고 영구적 독립을 보존하며 국민의 자유와 권리를 보장하고 복지사회를 실현하는데 있다. 이 같은 국가목표를 달성하기 위해서는 국내외정세변화에 대비한 안보정책과 국방정책에 따라 군사력 증강에 필수적 요소인 방위산업이 필요하다.

그렇다면 방위산업이란 무엇인가?

방위산업이란 국가방위를 위하여 군사적으로 소요되는 무기체계(무기, 장비, 기타)를 개발하여 생산하는 산업(기업 및 기관)이라고 정의할 수 있다.[12]

방위산업에 대한 개념은 논자에 따라 여러 가지 용어로 사용되고 있다. 방위산업 (defense industry)이라는 용어와 유사한 것으로 널리 혼용되고 있는 전쟁산업 (war industry), 병기산업(weapons industry or arms industry) 그리고 군 수산업(armaments industry or ammunition industry) 등이 있다. 이들 각 용어가 함축하고 있는 의미는 사실상 그 용어의 사용자가 설정하고 있는 기준에서 차이가 있을 뿐이기 때문에 방위산업으로 포괄하여 사용하고 있다.

즉, 방위산업은 일반 민수산업과는 다르게 국가안보에 필요한 방위산업 물자로써 안보정책, 국방정책, 군사전략 및 전술에 알맞은 무기ㆍ장비ㆍ기타를 개발 및 생산하는 기업 혹은 기관인 것이다.[13]

2) 방위산업의 중요성

현대국가에서 방위산업이 중요한 요인을 알아보면 다음과 같다.

---

12) 국방대학교, 『안보관계용어집』(2009), pp. 327~328.
13) 방위산업물자(방산물자)는 군용으로 공급하는 무기ㆍ장비ㆍ기타로써, ① 군용규격이 정하여진 물자, ② 군용에 전용하는 물자, ③ 군이 생산을 지도하는 물자, ④ 군사용으로 연구개발 중이거나 연구개발의 필요가 있다고 인정하는 물자, ⑤ 군사기밀이 요구되는 물자 등이 있다.

첫째, 탈냉전시대에 따라 무기 공급원이 다원화되었다고 하지만 무기판매 국가들은 전쟁 잠재력이 높은 국가에 대해 자국의 이익에 부합되지 않을 경우에는 언제든지 금수 조치를 취하는 등 정치적 압력수단으로 활용할 수 있기 때문에 전·평시를 막론하고 정치적 자주성을 확보할 수 없기 때문이다.

둘째, 군사적인 측면에서는 방위산업의 능력을 구비했을 때 군사적 독립성을 확보함과 동시에 국제적 주도권의 장악과 국가위상을 높일 수 있고, 독자적인 작전체계를 구축할 수 있다.

셋째, 경제적 측면에서는 양적인 투자 대 효과만 볼 것이 아니라 부가적 효과는 엄청난 것이다. 한국 방위산업의 역사를 보아도 그 동안 국가 산업 발전의 견인차적인 역할과 더불어 신기술 개발의 원천이 되어 왔다. 예컨대 그동안 외국에서 수입을 전적으로 의존하던 무기를 국내 생산함으로써 무역수지를 상당히 개선했으며, 방위산업 기술은 고도정밀기술이기 때문에 민간분야로의 파급효과가 더욱 컸던 것이다.

그리고 국내에서 생산한 방위산업 무기체계는 배치 후에 운영유지가 용이할 뿐만 아니라 차기세대 무기체계를 개발하는 초석으로 기여하고, 또한 생산능력이 있는 경우는 해외로부터 무기체계 구매협상에서 저렴한 가격에 획득할 수 있도록 국제 협상력을 높여 준다.

넷째, 특히 군사기술과 민간기술의 민군겸용기술 확대는 새로운 과학기술로 발전되어 국가발전의 성장 동력으로 작용하게 된다.

지식정보화 사회에서 첨단 정보·통신·과학 기술이 군사 분야에 접목되어 전쟁의 승패가 군사력의 양적 규모보다 정보·지식·기술의 지적 우위에 의해 결정되는 5차원 전쟁시대로 전환되었다. 그 예로 전장감시체계(ISR)−지휘통제체계(C4)−정밀타격체계(PGM)가 하나로 연결되는 네트워크 중심작전(NCW)양상으로 변화되었고, 첨단 국방과학기술의 보유 여부가 국가안보와 직결되며, 각 국가의 방위산업 능력이 곧 국가 행동의 자주성을 뒷받침하고 있다.

다섯째, 방위산업은 첨단과학기술이 집약된 산업이라는 것이다.

예컨대 일상생활 주변에서 흔히 볼 수 있는 전자레인지나 의사소통과 정보전달의 장으로 자리매김한 인터넷은 군사기술이 민수 기술로 파급되어 활용되고 있는 대표적인 사례가 된다. 전자레인지의 경우 미국의 대표적인 방위산업체 중 하나인 레이시온(Raytheon) 사의 레이더용 극초단파(microwave) 기술이 응용되어 개발된 것이고, 인터넷도 미국 국방부에서 국방연구기관과 방위산업체 등의 관련기관 간에 정보의 소통과 공유를 위해 개발한 정보교환기가 발전한 것이다.

이러한 사례에서도 볼 수 있듯이 국방과학기술의 발전이 민간과학기술의 발전을 선도해 왔으나, 오늘날에는 방위산업이 기존 첨단분야(금속, 기계, 전자 등)와 신규 첨단분야(IT, BT, NT 등)가 융합되어 민군겸용기술로써 국가 성장동력 산업으로 발전하고 있다.

세계 최고의 경쟁력을 보유하고 있는 한국의 정보통신기술(IT) 등이 국방과학기술과 접목되어 국가 성장동력 산업으로 발전하여, 국방 분야가 국민의 세금을 소비하기만 하는 것이 아니라 국가경제를 창출하는 산업으로 새롭게 자리매김한 것이다.

이와 같이 방위산업은 정치적 · 경제적 · 군사적 · 과학기술적으로 국가발전에 기여하게 되고, 또한 그것은 단순한 경제논리를 초월하여 방위산업에 투자된 비용은 국가안보란 생명보험에 가입한 것과 같은 것이다.

2. 방위산업의 특성

국가방위에 직접적으로 필요한 무기 · 장비 · 기타의 무기체계를 개발 및 생산하는 방위산업은 다른 민수산업에서 볼 수 없는 특수성을 지니고 있다.

방위산업의 특성은 그것을 육성 또는 개발하는데 기본적인 고려요소가 될 수 있기 때문에 민수산업과 방위산업의 특성을 비교하여 보면 〈표 1.8〉과 같다.

첫째, 국가가 유일한 수요자로서, 생산물량은 한정되어 있다.

둘째, 고도의 복합된 기술과 정밀성이 요구된다.

셋째, 생산준비와 막대한 투자의 회임기간이 장기간 소요되는 반면에 무기체계의 급속한 발전으로 기술의 단명성이 빠르게 진행된다.

넷째, 민수산업은 가격이 지배적 요소이지만 방위산업은 성능, 정밀성

표 1.8 방위산업과 민수산업의 차이점

구 분		민수산업	방위산업
투자	투자비 규모	시장원리의 적정투자	목표 우위의 대규모 투자
	투자비 회수	회임기간 최소화	회임기간 장기화
	기술정보	단순화, 정밀도 낮음	복잡화, 정밀도 높음
	투자 위험성	소요예측 판단으로 확률 낮음	무기체계 진부화 결심 등으로 높음
제품	목 표	기업이윤추구	성능 우위에 우선
	제조결정	시장성에 의존	무기체계에 의존
	신뢰성	수익성과 밀접한 관계	전투 시 군 사기에 영향
	형 태	단순	다양, 복잡
	정밀, 정확도	상대적으로 낮음	초고도
	단 가	저가, 경제성	고가, 비경제성
생산	연구기간	단기	장기
	비밀성	업체기밀	국가기밀
	시 설	단순, 한정	복잡, 무한
	물 량	예측에 의한 계획생산	정부계획에 의한 수주생산
구매	납 기	업체통제(경제성에 영향)	정부통제(전력에 영향)
	구매자 선정	가능(수요자 다수)	불가(정부 유일)
	가격	저가(시장성)	고가(정부 예측)
	계약	경쟁계약	수의 계약
	파급효과	국가 경제 윤택	기술집약산업 선도

자료 : 한국방위산업진흥회, 정책자료(2011) 참조.

및 적기 공급이 지배적 요소가 된다.

다섯째, 방위산업은 일단 유사시의 장비공급과 유지를 위하여 생산이 완료되었어도 생산시설을 임의로 철거할 수 없다.

여섯째, 방위산업의 생산활동은 국가안보와 직결되므로 민수산업과는 달리 군사비밀보호법에 의한 고도의 보안조치가 필요한 것이다.

이상과 같은 특성 때문에 선진 국가에서는 여러 업체에서 생산 가능한 경우를 제외하고는 경쟁계약을 지양하고 특정업체와 수의계약에 의존하고 있다.

한국의 경우에도 경쟁원리 적용이 어렵기 때문에 수의계약과 최소의 지명경쟁계약, 그리고 육성지원책(조세, 금융지원)을 강구하고 있다. 이는 국방의 전력증강을 위한 정부의 필요와 요구를 원활히 수행하기 위한 조치이며, 특히 한국은 기본병기 생산이 완료되어 앞으로의 무기체계는 고가화, 정밀화, 대형화됨에 따라 핵심기술의 전문적 개발과 생산시설의 효율적 활용을 위해서 최적의 생산능력을 보유한 업체를 선정하고 육성하여 방위산업 물자(무기, 장비, 기타)의 개발과 생산을 할 수밖에 없는 실정이다.

3. 방위산업과 무기체계

현대전쟁 양상 변화를 보면 전쟁의 수행방법은 끊임없이 진화를 계속해 가고 있으며, 이 같은 변화는 점진적이거나 급진적으로 나타나고 있다.

현대과학기술의 발전에 따라 방위산업 발전의 산물인 무기체계가 첨단화됨에 따라 전쟁양상도 지상·해상·항공·우주·사이버의 5차원 전쟁으로 진화되었다.

첫째, 첨단무기체계 발전은 정보의 중요성을 부각시켰다.

독일 군사전략가 클라우제비츠는 전쟁론에서 "전장에서의 안개와 마찰을 가장 슬기롭게 극복하는 지혜와 능력이 전쟁의 승패를 좌우한다"고 하였으며, 중국 군사전략가 손자는 "적을 알고 나를 알면 백전백승"라는 전략의 기본원칙을 제시하였다.

이는 정보전의 중요성을 표현한 것으로 정보전이 레이더와 탐지기술 등의 발전으로 원거리 표적을 식별할 수 있고 식별된 정보는 C4I와 연결되어 모든 전투 참여자에게 즉시 전파되고 공유되어 전장의 공간적 및 시간적 한계를 넘어 적의 정보기반 및 전투체계를 마비시켜 전쟁에서 승리할 수 있게 되었다.

둘째, 첨단무기체계 발전은 실시간 정밀타격력을 증대시켰다.

지금까지 재래무기는 사거리가 짧고 정밀성이 떨어지기 때문에 신속한 기동에 의한 병력 및 화력 집중이 강조되었으나, 현대전쟁에서는 아군의 부대가 소규모로 안전지역에 분산되어 원거리에 위치한 적의 전략적·전술적 표적을 실시간 또는 예정된 시간에 정밀유도무기(PGM: Precision Guided Munition)로 표적을 정확히 명중시킬 수 있도록 다양한 타격력을 발전시켰다.

셋째, 첨단무기체계는 전문화 및 지능화된 전문인력이 필요하게 되었다.

지금까지 전쟁이 2차원 전쟁 혹은 3차원 전쟁에서 5차원 전쟁으로 진화됨에 따라 전투원도 전문화 및 지능화되어야 하고, 군 조직도 수직적 조직에서 수평적 조직으로 변화됨에 따라 중간계층의 축소로 전문화된 핵심 인력구조가 전장을 운용하는 주체가 되었다. 즉, 절대 인원수에 의해 군사적 승패를 결정하는 시대에서 전문화 및 지능화된 창의적인 전문인력에 의해 전쟁 승패가 결정되는 시대가 되었다.

넷째, 첨단무기체계는 전쟁공간이 사이버 및 우주공간을 활용한 전쟁이 되었다.

현대전쟁의 공간이 지상·해상·항공·우주·사이버로 확대되어 우주 및 사이버가 전쟁의 승패를 좌우하는 중요한 공간으로 이용되고 있다.

우주공간은 인공위성과 같은 감시체계와 군사위성을 통하여 다양한 미사일 발사에 대한 조기경보 및 사격제원 제공 등으로 항공기, 함정, 전차, 개인전투원에 이르기까지 정확한 표적의 식별 및 타격을 할 수 있게 되었다.

이와 같은 전쟁의 양상에 적응하기 위해서는 자본집약적 정보화 군으로의 전력구조가 변화되고, 이에 맞는 무기체계를 개발하고 생산하기 위해 방위산업이 더욱 발전 및 확대되고 있다.

21세기 한반도 안보상황에 대처할 수 있는 새로운 국가안보정책, 국방정책, 군사전략 및 전술에 따라 한국도 방위산업을 선진국가 수준으로 발전시켜 나가야 한다.

4. 한국의 방위산업 발전과 무기체계

국가안보환경과 전쟁양상 변화에 따라 한국은 경제적이고 과학적인 무기체계 획득을 위해 국방연구개발 및 방위산업 정책을 발전시켜 왔다.

한국의 역사적 방위산업 발전과정은 각 시대별 안보정책·국방정책·군사전략에 따라 ① 고대국가의 방위산업, ② 국방체제 정립기의 방위산업, ③ 자주국방 추진기의 방위산업, ④ 자주국방 발전기의 방위산업으로 구분할 수 있다.[14]

1) 고대국가의 방위산업과 무기체계

한반도에서 고대국가는 고조선, 고구려·신라·백제의 삼국시대, 고려, 조선, 그리고 대한민국으로 발전되어왔다. 각 시대는 그 시대에 특정한 안보정책, 국방정책, 군사전략(표 1.9)을 실현하기 위하여 방위산업을 발전시켜 왔다.

한반도에서 고대국가부터 현재 대한민국이 있기까지는 930여 회에 이르

표 1.9 고대국가의 안보정책·국방정책·군사전략

구 분		안보정책	국방정책	군사전략	무기체계
고조선		홍익인간	선사정신	• 평시 : 제재적 억제전략 • 전시 : 수세·공세적 방위전략	• 돌, 몽둥이, 칼, 방패, 갑옷 등 • 활로서 맥궁, 각궁, 제궁 등 • 최무선의 화약 발명 • 천자화포, 신포, 신기전, 기타 • 거북선, 판옥선, 기타 ※ 2차원 전쟁의 고대 자연도구 무기체계
삼국시대	고구려	북수남공	상무정신	• 평시 : 거부적 억제전략 • 전시 : 공세적 방위전략	
	백제	부국강병	자위정신	• 평시 : 총합적 억제전략 • 전시 : 공세적 방위전략	
	신라	삼국 통일	화랑정신	• 평시 : 총합적 억제전략 • 전시 : 공세적 방위전략	
고 려		고구려 영토회복	북진정책	• 평시 : 총합적 억제전략 • 전시 : 수세적 방위전략	
조 선		민본·부국·강병	사대교린 정책	• 평시 : 총합적 억제전략 • 전시 : 수세적 방위전략	

※ 고대국가에서는 안보정책·국방정책·군사전략 이론이 발전하지 못하고 정치와 군사가 통합된 개념으로써 건국이념, 국민정신 혹은 군사사상 등으로 표현하고 있음. 여기에서는 고대국가의 건국과 흥망과정을 종합하고, 현대적 의미로 재해석하여 안보정책·국방정책·군사전략으로 정립했음.
※ 상세한 내용은 조영갑, 『국가안보론』(선학사, 2019) 참조

---

14) 상세한 내용은 조영갑, 『국가안보론』(선학사, 2019)을 참조할 것.

는 외침을 받고, 이를 방위하기 위한 방위산업(기업과 기관) 기술을 발전시켜 왔다.

고조선시대는 주먹, 돌, 몽둥이 등 원시적인 자연도구부터 ① 고구려의 맥궁은 탄력을 증가시키기 위하여 동물의 뿔로

만든 활로써, 그 성능이 뛰어나 중국에까지 알려졌고, ② 신라의 제궁 기술은 노사 구진천을 당나라까지 보내 신라의 제궁기술을 전수해 줄 정도로 우수하였으며, ③ 백제의 도검기술은 세계적인 기술수준으로 무쇠를 100번 단련한 백련철로 제조되었으며, 칠지도와 함께 일본으로 전수되었음을 기록을 통해 알 수 있다.[15]

이 시대에 활과 칼이 전쟁의 주요무기로 사용되었음을 감안할 때 한국의 고대국가들의 무기제조기술은 주변국가보다 뛰어났음을 알 수 있으며, 그 같은 우수한 무기제조기술은 고려시대로 이어져 발전하였다.

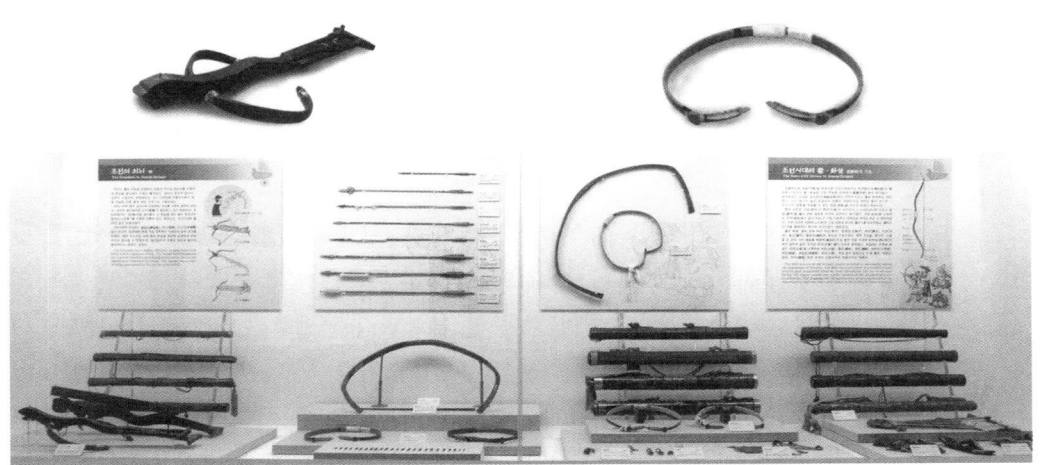

그림 1.29 조선시대 활 및 화살 쇠노기(연속 발사가 가능한 쇠뇌로, 장전·발사가 쉽기 때문에 부인 및 소년들도 사용이 가능)로 일명 부인노라고도 했으며, 그 옆은 각궁으로써 조선시대의 활 중에서 가장 대표적인 활이다.

---

15) 김기웅, 「삼국시대의 무기소고-고고학 자료를 중심으로」(한국학보, 1976).

그림 1.30 조선시대의 도검류

그림 1.31 조선시대 신기전화차 조선시대의 신기전 화차로, 화살 100발을 장전한 후에 동시에 혹은 연속적으로 쏠 수 있는 현대무기체계인 다연장 로켓포가 된다.

고려시대 초기에는 군기사라는 무기제조기관이 설치되어 우수한 무기를 생산하여 중국으로 수출하였고, 고려 말엽에는 무기개발 역사상 가장 빛나는 최무선의 흑색화약 개발로 사람의 근력으로 싸우던 근력무기시대에서 일약 화약병기에 의해 싸우는 새로운 시대를 열어 놓았다.

화약 발명이 전쟁의 승패를 가름하는 핵심이 되자, 조정에서는 화통도감이란 기관을 설치하고 대장군 및 2장군 화포 등 20여 종의 다양한 화약병기를 제조한 기원이 되어, 일본이 화약병기를 제조할 때까지 약 150여 년 동안 동양에서는 중국과 더불어 무기제조기술의 우위를 유지하였지만 이를 효과적인 실전적 무기체계로 접목시켜 발전시키는 데는 미흡하였다.

조선시대 초기에는 중앙에 군기감이란 기관을 두어 각종 무기를 제조토록하였으나, 왕실에서는 화약무기가 왕권의 도전에 이용될 것을 두려워하여 화약무기 개발에는 극히 소홀하였다.

그 후 세종대왕시대에 와서야 비로소 궁중에 사표국이라는 화약제조를 총괄하는 기관을 설치하여, 각종 화기의 규격을 제정하고 화약재료를 개선하여 새로운 화기를 개발하는 등 화약무기의 전성기를 맞게 되었다.

한국도 역사를 거슬러 올라가면 세계에 자랑할 만한 로켓 기술을 갖고 있다. 조선 시대에 사용된 다연발 화살인 신기전(神機箭)이다. 신기전은 긴 대나무의 앞부분에 종이를 말아 만든 통을 붙이고 통 속에는 화약을 넣는다. 화약을 넣은 종이통에 불을 붙이면 현대 로켓의 고체연료 엔진과 같은 원리로 하늘로 날아간다. 뉴턴의 제3법칙인 '작용과 반작용의 법칙'에 의해서다. 한쪽 방향으로 힘을 주면 그만큼의 힘을 반대 방향으로도 받게 된다는 물리학 법칙이다. 조선 시대에 뉴턴을 알았을 리는 없지만 신기전은 선조들이 작용과 반작용의 원리를 어느 정도 이해하고 있었다는 증거다. 조선왕조실록에는 세종 30년(1448년) 신기전에 대한 언급이 처음 등장하고, 중종 17년(1522년)과 18년(1523년) 왜구를 물리치는 데 신기전을 활용했다는 기록이 남아있다. 그렇지만 신기전의 로켓 기술은 후세에 계승되지 못했다.

이때 개발된 대표적인 화약무기로는 완구·천자화포·신포·백환화포·신기전·발화·주화 등으로 실로 다양한 개인휴대 및 대포가 개발되어 조

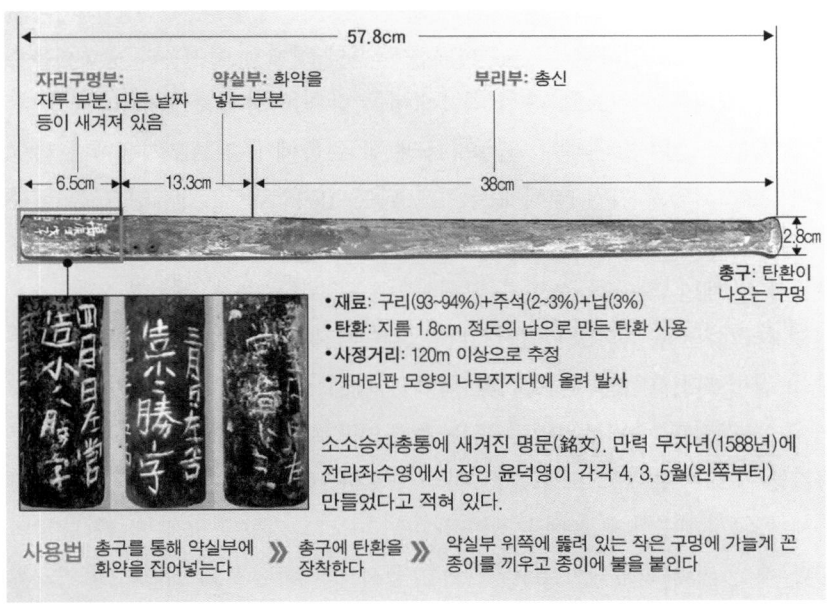

그림 1.32 소소승자총통 개인화기 1597년(선조 30년), 이순신 장군이 이끄는 조선수군이 단 13척의 배로 왜선 133척을 물리친 명량대첩에서 사용한 개인화기 '소소승자총통(小小勝字銃筒)' 3점이 전남 진도 오류리 해저에서 발굴됐다.

그림 1.33 조총 일본군(왜군)의 조총은 조선의 운명을 좌지우지했다. 임진왜란 초기 수세에 몰린 조선은 훈련도감을 세워 조총생산과 조총병 양성도 했다. 조선의 군사체제는 활을 쏘는 기병 중심에서 조총병 중심으로 변화했고, 과거시험에도 조총 사격술을 포함시켰다.

선시대 무기체계 발전의 전성기가 되었다.

이러한 역사적 사실로 볼 때 세종 때의 무기체계는 찬란한 과학기술 전반의 발전과 더불어 당시의 세계 수준에 비하여 결코 뒤지지 않을 만큼 첨단무기체계 수준이 높았다.

그러나 세종 때에 절정에 달했던 무기 개발은 다시 조정의 안이한 안보의식에 따른 무에 대한 경시풍조로 점차 쇠퇴하여 임진왜란을 초래하게 되었고, 그 결과로 육상전투에서 참패하고 국토가 유린되는 원인이 되었다. 다행히 이순신장군이 일본의 침략을 예견하고 스스로 개발한 거북선의 위력으로 지상전투와는 달리 해상전투에서 승리를 거둠으로써 전쟁을 마무리하는 큰 계기가 되었다.

임진왜란을 계기로 고조되었던 새로운 병기의 개발활동은 18~19세기의 계속된 전쟁으로 인하여 극도로 피폐한 국가의 경제적 어려움과 당파싸움으로 인한 정치적 혼란으로 다시 침체되어 국방력 약화의 큰 원인이 되었다.

예컨대 조선은 청나라와 일본의 동양 삼국 중에 무기제조기술이나 담당기관 기능 쇠퇴로 가장 열세에 놓이게 되어 병자호란 및 신미양요 등 국란을 겪게 되었고, 마침내 일본의 식민지국가로 전락함으로써 군대는 물론 무기체계 개발 및 획득으로써 방위산업은 존재할 수가 없었다.

일본군(왜군)은 1592년 임진왜란을 일으켜 불과 20일도 걸리지 않아 한양을 점령했다. 벼락같은 소리와 함께 눈에 보이지도 않은 총알이 날아오는 통에 조선의 주력무기였던 창과 활은 무력화됐다. 왜군의 신무기는 날아가는 새도 맞춘다고 조총(鳥銃)이라 불렀다. 이와 같은 조총은 조선의 군사체제와 사회변화에 결정적 영향을 미쳤다. 그 영향은 조선에 막대한 인명과 재산 피해를 입혔고, 1905년에는 을사조약을 강제로 체결하여 외교권을 빼앗은 후에 1907년 8월 1일 대한제국의 군대를 강제해산시켰다. 그리고 1910년에는 강압으로 대한제국을 식민지화하여 36년간 식민통치함에 따라 국가독립을 위해 일어섰던 선열들은 만주·중국·러시아·미국 등에서 독립운동을 전개하였다.

　1907년 8월 1일 대한제국의 군대가 해산된 후부터 1948년 대한민국의 군대가
창군되기까지 무려 41년간이란 공백이 생기게 되었다. 국가의 독립과 군대가 없어
진 공백기간에 한국군대는 의병군-독립군-광복군-대한민국 국군으로 발전하였다.

　즉, 일제 식민지에서 일본군에 대한 무장투쟁을 벌였던 항일의병군에서
독립군으로, 다시 독립군의 맥을 이어 받은 광복군의 무기체계는 매우 다
양하였다. 왜냐하면 독립군이나 광복군이 원하는 무기체계를 선택하는 것
이 아니라, 입수할 수만 있다면 어떠한 종류의 무기도 가릴 상황이 아니었

**그림 1.34 독립군 /
광복군의 복장과 무기**

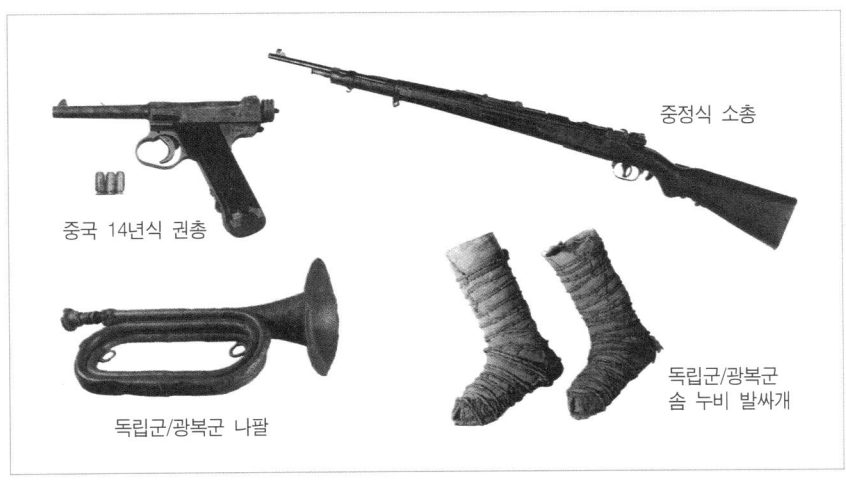

중국 14년식 권총

중정식 소총

독립군/광복군 나팔

독립군/광복군
솜 누비 발싸개

기 때문이었다. 따라서 임진왜란 때에 사용했었던 구식 화승총을 비롯해서 러시아령인 연해주 지역에서 무기구매가 비교적 쉬웠던 러시아제 무기, 그리고 중국군이 지원해 준 중국제 무기를 많이 이용(그림 1.34)하였다. 당시에 중국군의 주력 소총은 장개석 총통의 호를 따서 명칭된 중정식으로 불리기도 했던 민국 23식 소총이었고, 중국 14년식 권총 등이었다.

그러나 독립군 및 광복군이 사용했던 대부분의 무기들은 국내로 가져오지 못했는데, 그것은 1945년 8월 15일 광복 후에 독립군 및 광복군은 비무장 상태에서 입국해야 한다는 미국 군정사령부의 지시가 있었기 때문이었다.

2) 국방체제 정립기(1945~1961)의 방위산업과 무기체계

제2차 세계대전에서 일본이 항복함으로써 1945년 8월 15일 일본식민지로부터 해방된 한반도는 북한에는 조선이란 공산정부가 남한에는 대한민국이란 민주정부가 수립되었다.

이 같은 국가분단에서 발생한 갈등-분쟁-위기-전쟁은 남북한의 정부로 하여금 우수한 무기체계획득을 위해 치열한 군비경쟁을 불러 일으켰다.

한국은 안보정책·국방정책·군사전략의 변천과 특징에 따라 국방체제 정립기(1945~1961) - 자주국방 추진기(1961~1998) - 자주국방 발전기(1998~2000년대 현재)에 따라 방위산업이 발전(표 1.10)되었다.

한국은 신생독립국가로써 정치적·경제적·사회적·군사적으로 어려운 상황에서도 국가안전과 방위를 위해 노력하였다.

국방체제 정립기(1945~1961)는 일본식민지에서 해방되어 미군정을 거쳐 대한민국 정부가 수립된 시대이다. 초대 이승만 대통령은 국방체제를 정립해 나가면서 북진통일 안보정책과 의존적 자주국방정책을 추진하였다.

그러나 신생국가로 탄생한 한국은 사람을 제외한 소총, 철모 및 탄띠, 전투복, 대포를 비롯한 군수물자의 80% 이상을 미국의 무상원조에 의존하였으며, 특히 6·25전쟁으로 인해 진정한 의미의 방위산업은 존재할 수가 없었다. 다만 한국군을 건설하는 과정에서 국방부는 군수물자를 자체 생산하여 군 소요의 일부라도 충족시키려는 노력은 있었다.

그 사례로 국방부는 일본이 운용하였던 미약한 조병창을 인수하고 산하

표 1.10 한국의 안보정책·국방정책·군사전략 변천과 방위산업

구 분	안보정책	국방정책	군사전략	무기체계
국방체제 정립기 (1945~1961)	북진통일 정책	의존적 자주국방	• 평시 : 제재적 억제전략 • 전시 : 수세적 방위전략	• 미국의 무상군사 원조로 직수입된 무기체계를 획득·배치·운용 ※ 직수입 무기체계
자주국방 추진기 (1961~1998)	선건설·후통일 정책	독자적 자주국방	• 평시 : 거부적 억제전략 • 전시 : 공세적 방위전략	• 소총 및 박격포, 탄약, 방독면, 군용차량, 무전기 등 • 견인곡사포, 다련장, 천마·현무미사일 • 일부 군함 및 F-5/F-16 전투기 ※ 기본병기 및 일부정밀무기의 기술도입으로 공동생산 및 합동생산의 모방형 무기체계
자주국방 발전기 (1998~2000년대 현재)	국가 번영과 평화통일 정책	협력적 자주국방	• 평시 : 총합적 억제전략 • 국지전시 : 신축대응전략 • 전시 : 수세·공세적 방위전략 또는 공세적 방위전략	복합형 소총, 자주포, 다양한 정밀 미사일, 첨단기술의 전차 및 장갑차, 첨단기술의 스텔스 전투기와 이지스함 등 ※ 정밀무기 및 일부 첨단무기의 자체개발 무기체계

※ 조영갑, 『국가안보론』(선학사, 2019)에서 상세한 내용 참조.

에 병기행정본부를 설치하여 군수물자의 개발 및 생산에 들어갔으나, 전문인력, 연구 및 생산시설, 예산 및 기술 등 제반 여건이 너무 열악하여 주로 피복·식료품 및 개인 장비 등의 병참 분야의 일부 생산이 있었고, 무기분야는 소총탄·수류탄 및 지뢰 등 극히 일부분을 제조하였다.

그러다가 6·25전쟁 이후 군수품에 대한 대대적인 미국의 무상군사원조로 국산무기에 대한 소요가 사라져 국방부 조병창 요원들은 국방부 병기행정본부 산하에 창설된 과학기술연구소에 흡수되었다.

이 같은 우여곡절 끝에 과학기술연구소가 설치되었으나 한국군을 건설하기 위한 무기체계를 연구하고 생산할 수 있는 방위산업의 환경과 여건은 되지 못하였다. 따라서 한국은 한미상호방위조약에 의거 소총·대포를 비롯한 지상무기체계, 비행기를 비롯한 항공무기체계, 군함을 비롯한 해상무기체계 등을 미국에 전적으로 직수입에 의존하여 자주국방을 달성해 나갔기 때문에 방위산업은 존재할 수가 없었다.

3) 자주국방 추진기(1961~1998)의 방위산업과 무기체계

한국의 자주국방 추진기(1961~1998)는 방위산업의 태동 및 도약시기(1961~1980)와 쇠퇴 및 침체시기(1980~1998)로 구분할 수 있다.[16]

(1) 방위산업의 태동 및 도약시기(1961~1980)

1962년 북한 김일성주석은 무력에 의한 한반도 적화통일을 위한 4대 군사노선(표 1.11)의 선언과 북한군의 전쟁준비 완료, 1968년에 청와대 기습사건과 이어서 동해에서 미국의 정보수집함 푸에블로호 납북사건을 비롯하여 대남적화통일로 위협하고, 또한 자국의 안보는 당사국의 책임이라는 닉슨독트린 천명과 카터독트린에 의한 주한 미군의 철수 등으로 1970년대 한반도는 정치적·군사적 긴장이 고조되어 한국의 안보는 극도로 불안한 국면을 맞이하고 있었다.

표 1.11 북한의 독자적 군사정책으로써 4대 군사노선

노 선	정책목표
전군간부화	군을 정치사상적, 군사기술적으로 단련하여 유사시에 한 등급 이상의 높은 직무 수행
장비현대화	군대를 현대적으로 무기와 전투기술자재로 무장, 최신무기를 능숙하게 다루고 현대적 군사과학과 군사기술을 수행
전인민무장화	인민군대와 함께 노동자·농민을 비롯한 전체 근로자 계급을 정치사상적·군사기술적으로 무장
전국요새화	방방곡곡에 광대한 방위시설을 축성하여 철벽의 군사요새로 건설

이 같은 국가안보환경 변화에 대응해 박정희 대통령은 선건설·후통일 안보정책과 독자적 자주국방 정책실현을 위해 방위산업을 발전시켰다.

---

16) 김철환, 『방위산업의 이론과 실제』(국방대학교, 2002) 참조.

박정희 대통령은 한국의 방위는 일차적으로 한·미 연합전력에 바탕을 두지만 미국의 불확실한 대한 방위정책에 대비하여 최악의 경우 한국군 단독에 의한 방위태세를 갖추도록 하였다. 이를 실천하기 위해 1960년대는 우선 경제개발 5개년계획을 적극 실천하면서 방위산업을 육성하였는데, 그 실천은 소화기의 자급자족을 위해 1968년 한·미 국방장관회의에서 M-16 소총 생산 공장의 건설을 합의하는17) 한편 같은 해에 군복무를 마친 예비역으로 향토예비군을 창설하였다.

한국군 현대화 계획과 250만 향토예비군의 무장을 위해 무기 및 장비 연구개발을 위한 연구소 설립과 이를 생산할 방위산업체의 건설은 더욱 중요하였다.18)

1970년 1월 박정희대통령은 연두기자회견에서 1970년대는 한국안보에 중대한 시련기가 될 것으로 전망하면서 독자적 자주국방태세 완비를 역설하고, 이어서 1월 19일 국방부를 초도순시하는 자리에서 독자적 자주국방력의 배양을 위한 방위산업육성이 절실함을 강조하였다.

그리고 국방부 군수국에 방위산업 육성을 전담할 군수산업 담당관실을 신설하고, 방위산업 육성에 관한 보다 구체적인 지시가 경제기획원과 국방부 및 상공부 등 관계부처에 하달되었다.

그 주요 내용은 ① 장차 발전시켜야 할 방위산업의 종류 및 선정, ② 선정된 방위산업과 관련 있는 국내의 국영 및 민간산업 시설에 대한 실태조사, ③ 개발 대상 품목을 시제 생산할 기업체의 지정 및 추가시설의 소요파악, ④ 해당 기업체의 지원 방침 설정, ⑤ 방위산업 육성에 필요한 소요자금의 규모와 조달 방법 등이었다.

그러나 국가의 경제력 미약과 중화학 기반이 갖춰지지 못한 상태에서 선진국가의 전유물과 같은 방위산업을 건설한다는 것은 결코 용이한 일은 아니었다. 더욱이 방위산업을 육성하는 과정에서 재원조달 문제뿐만 아니라 추진 중인 경제개발 5개년계획과 배치되지 않고 상호 조화시키는 문제가

---

17) 1968년 5월 27일과 28일 양일에 걸쳐 미국의 워싱턴에서 열린 제1차 한·미국방장관회의에서 한국군의 현대화를 위해 한국의 M-16 소총의 완제품을 생산할 수 있는 공장 건설에 합의하였다.
18) 오원철, 『무기의 증언』(월간조선, 1994. 6), p. 458.

크게 대두되었다.

국가경제발전에 무리가 없는 방위산업 건설을 위해서 자본과 기술을 동시에 해결할 수 있는 방안으로 외국으로부터의 자본도입을 모색하고, 방위산업생산의 최적점을 민수품 중심에서 군수품에 대한 수요도 아울러 충족시켜 준다는 민군겸용기술 및 생산체계를 설정하고 추진하였다.

이 같은 박대통령의 방위산업 육성에 관한 전략 구상은 한마디로 "기존 민수산업을 활용한 방위산업의 기반구축"이라고 요약할 수 있다.

이것은 당시 세계 대부분의 국가들이 막대한 예산을 투입하여 군수전용의 방위산업 공장을 별도로 건설한 것과는 달리 군수품과 연관이 많은 기존의 중화학공업과 기계화공업을 최대한 활용하고 보완하여 최소한의 비용으로 방위산업을 육성 발전시키고자 한 것이었다. 그 사례로 각종 군용차량은 기아자동차 및 현대자동차 회사에, 총포는 한국기계회사에, 함정은 한국조선회사에, 전기통신기제는 LG전자에 그리고 탄약은 한국화약회사에 생산하도록 하고, 필요한 추가시설은 정부가 지원하여 생산하도록 하였든 것이다.

또한 방위산업체의 연구개발을 담당하고 군과의 가교역할을 수행할 국방과학연구소(ADD)는 한국과학기술연구소(KIST)와 긴밀한 연구협력을 통하여 기술개발에서도 민간부문과의 중복연구로 인한 자원낭비를 피하도록 하였다.[19]

이와 같이 박대통령은 방위산업을 민수공장에서 군수품을 동시에 생산할 뿐만 아니라 기술개발에서도 민수분야와 공동으로 개발하게 하는 철저한 민군겸용기술 활용정책을 시행하였다.[20]

미국을 비롯한 세계 각국이 국가안보 태세의 확립과 산업경쟁력의 강화를 위해 과거 군에서 군사보안을 이유로 민과 군이 다 같이 사용할 수 있는 첨단기술을 별도로 개발하고 제품을 생산하던 것을 민과 군이 공동으로 기술을 개발하고, 또 제품을 공동으로 생산함으로써 중복투자로 인한 예산낭비를 방지하기 위하여 민군겸용 기술 정책을 강력히 추진했던 것을 볼 때 박대통령이 방위산업을 구상함에 있어 민군겸

---

19) 국방과학연구소, 『국방과학연구소 약사』 제1권, 1980. 8. 6, p. 58.
20) 민군겸용기술정책은 민과 군이 공동으로 사용할 수 있는 첨단제품을 개발·생산하기 위해 민과 군이 필요한 기술을 공동으로 개발하고 제품의 생산도 같은 공장에서 생산하는 정책으로 국가안보와 산업경쟁력의 강화에 필요한 국가예산을 대폭 절약하는 데 그 목적이 있음.

표 1.12 방위산업 육성 기본 조직체계

구 분	담당기관/부처	임무/역할
총괄기관	청와대 제2경제 수석비서관	• 총괄 지휘 통제 • 방위산업 확대진흥회의 개최
획득정책	국방부 방산차관보(방산국)	• 무기획득 및 방위산업 관장 • 방산물자 지정
업체지원	상공부(방산국, 후에 방산과로 축소)	• 방산업체 지정 • 방산업체 지원사항
연구개발	국방과학연구소	무기체계 연구개발
생 산	방위산업체	무기체계 시제 및 양산

용기술정책을 방위산업의 기본 전략으로 삼았음은 참으로 놀라운 일이다.[21]

이 시기의 방위산업 육성에 관한 기본시스템은 정부(청와대), 국방과학연구소, 방위산업체간의 역할이 명확했고, 국가지도자의 방위산업 육성에 대한 확고한 의지가 있었기 때문에 일부 비효율적인 문제가 발생할 수 있었음에도 불구하고, 목표 지향적으로 방위산업을 건설할 수 있었다.

방위산업 육성의 기본시스템(표 1.12)은 청와대 제2경제수석비서관이 중화학공업과 방위산업을 총괄 지휘 통제하였으며, 국방과학연구소가 청와대의 관장 아래 무기개발의 중심적인 역할을 담당하였다.

즉, 정부는 국방부의 국방장기소요계획을 근거로 하여 계획과 정책을 담당하고, 국방과학연구소는 연구개발을 하고 방위산업체는 생산을 담당하는 체제가 되었다.

방위산업 육성을 제도적으로 뒷받침하는 가장 중요한 법인 군수산업에 관한 특별조치법이 1973년 2월 17일 제정 공포되었고, 독자적 자주국방을 조기에 달성하기 위한 투자사업 재원을 마련하기 위하여 1975년 목적세인 방위세가 신설되어 안정적으로 전력증강투자사업(율곡사업계획으로 명칭) 예산을 확보할 수 있었다.

그리고 미국이 기술이전이나 무기판매를 기피하는 무기 중에서 한국이 반드시 필요한 무기는 모방개발이 아닌 독자개발하고, 또한 핵무기 개발도

---

21) 오원철, 『한국형 경제건설』 제5권(기아경제연구소, 1996), pp. 25~26.

시행하였으나 미국의 강력한 반대로 도중에 무산되기도 하였다.

이 같이 독자적 자주국방정책을 위해 무기체계 개발 및 획득을 위해 기술기반 취약과 미국의 일부 간섭 등으로 어려움도 있었지만 국가 역량의 집중적인 노력 결과로 1970년대까지는 방위산업 발전에 큰 성과가 있었다.

요컨대 방위산업의 태동 및 도약시기에는 거의 모든 기본무기의 국산화에 착수하였으며, 범정부적인 추진 및 미국의 적극적인 기술 지원정책으로 한국의 방위산업은 기술도입 방법을 통한 공동생산 혹은 합동생산으로 급속한 방위산업이 발전하게 되었다.

(2) 방위산업의 쇠퇴 및 침체기(1980~1998)

한국의 방위산업은 태동 및 도약시기에는 강력하게 추진되어 많은 발전적 성과가 있었으나 1979년 10 · 26사태로 박정희대통령이 시해되고, 다시 일부 신직업주의 성향을 가진 군사정권 세력이었던 5공화국 전두환 정부(1980~1988)가 출범한 이후 제6공화국 노태우 정부(1988~1993), 김영삼 정부(1993~1998)까지는 민군관계의 갈등과 대립 등으로 정치적 · 사회적인 큰 변혁을 겪으면서, 지금까지 기술을 도입하여 공동생산 혹은 합동생산 방법보다는 외국에서 무기체계를 직수입하는 정책으로 전환됨에 따라 방위산업이 쇠퇴 및 침체기(1980~1998)가 되었다.

예컨대 1980년부터 1998년까지는 방위산업이 쇠퇴 및 침체기가 되었는데, 그 원인은 ① 전두환 정부(군사쿠데타로 집권)의 정통성 확보를 위한 미국 지지를 획득하기 위해 미국이 요구한 국방과학연구소의 주요무기체계 연구 및 조직의 축소 혹은 폐지가 영향을 미쳤으며, ② 1970년대까지는 국방비에서 국방과학기술에 대한 연구개발비가 3.5%가 되었으나 1980년대부터는 1.3~1.5% 수준으로 축소되었고, ③ 국방과학기술개발에 중요한 재원이었던 방위세가 1989년부터는 폐지되어 연구개발 재원확보가 어려웠으며, ④ 군에서 전력증강의 시급성을 내세워 첨단무기의 전부를 해외에서 긴급도입하게 되어 방위산업은 위축되었고, ⑤ 미국의 기술지원이나 기술자료 제공의 기피로 모방개발이 축소된 대신에 미국이 선별적으로 승인하는 무기에 대한 기술도입생산으로 한정되었고, ⑥ 또한 방위산업의 국내소요의 저조와 기술협력으로 얻어진 일부 무기 수출이 미국이 견제함으로써 방위산업체의 가동률이 50% 수준으로 추락함에 따라 방위산업이 쇠퇴 및 침체기에 접어들었다.[22]

결과적으로 자주국방추진기(1961~1998)의 한국방위산업은 첫째로 방위산업의 태동 및 도약기(1961~1980)에서 방위산업의 쇠퇴 및 침체기(1980~1998)로 전환하였다.

둘째로 자주국방 추진기의 방위산업은 처음에는 무단복제에 의해, 그 후에는 유·무상으로 제공하는 합법적인 미국의 기술도입을 활용하여 공동생산 및 합동생산한 것이기 때문에 일부의 독자적 자체개발을 제외하고는 대부분 모방개발이었다.

셋째는 한국방위산업이 외형상의 성과에도 불구하고 대부분의 국산무기가 연구개발을 통한 자체의 기술력으로 이루어낸 국산화가 아니고 외국의 기술지원에 의하여 얻어진 것이어서 기술 자생력을 갖추지 못하는 결과를 빚기도 하였으나, 그동안 방위산업기술 축적은 앞으로 독자적인 무기체계 개발을 위한 커다란 자산이 되었다.

넷째는 한국방위산업은 건설 초기부터 민수산업인 중화학 및 기계공업이 병행하여 육성됨으로서 민군겸용기술이 주도한 방위산업이 되었다.

4) 자주국방 발전기(1998~2000년대 현재)의 방위산업과 무기체계

세계는 탈냉전화로 강대국가의 질서 재편과 국가이념이나 국가동맹보다는 자국이익 중심의 시대로 전환하였다. 그리고 한반도에서도 1998년은 건국 이후 최초로 여야 간에 정권교체로 김대중 정부가 출범함에 따라 그 동안 남북한의 냉전적 관계가 탈냉전적 관계로 발전되었다.

한국이 자주국방 발전기(1998~2000년대 현재)로 전환됨에 따라 동맹국가 및 주변국가의 협력관계 증진, 남북한의 관계발전에 따라 국가번영과 평화통일안보정책(햇볕정책을 기조로 한 다양한 평화통일정책의 포괄정책), 협력적 자주국방정책, 그리고 평시는 총합적 억제전략, 전시는 수세·

---

22) 김철환, 『방위산업의 이론과 실제』(국방대학교, 2002), pp. 24~53.

공세적 방위전략 혹은 공세적 방위전략 추진과 함께 국가성장 동력으로써 방위산업을 발전시켜 나가게 되었다.[23]

이 같은 상황변화에 따라 한국은 1998년 방위산업의 새로운 발전을 위해 ① 민군겸용기술사업 촉진법을 재정하고, ② 국가적 중점사업으로 육성한 정보기술력(IT)을 무기체계에 접목시켜, ③ 적극적인 방위산업 정책 추진으로 재도약의 전기를 마련했으며, 노무현 정부, 이명박 정부, 박근혜 정부, 그 후 현재 정부에서도 방위산업은 국가성장산업으로 계속 발전시켜 나가고 있다.

첫째, 독자적인 연구개발을 통한 첨단 국방과학기술 확보 및 자체생산을 위해 노력하고 있다. 국방과학기술의 첨단화를 필요로 하는 무기는 우리 스스로 만들어 쓴다는 원칙 아래 우선 국내개발로 자체생산이 요구되는 주요 대상 과제를 선정 개발함과 아울러 연구개발체계와 관련제도를 개선하여 방위산업을 발전시키고 있다. 이를 위해 방위산업이 미래지향적인 국방정책발전과 독자적인 국방과학기술에 부응할 수 있는 업무활성화 및 국가 차원에서의 연구개발을 할 수 있는 투자증가, 생산업체 보호 및 민간기술 도입 등으로 폭넓게 다변화하고 있다.

둘째, 현대전쟁을 위한 첨단무기체계 획득을 위해 매진하고 있다.

현대전쟁은 지상·해상·항공·우주·사이버의 5차원 전쟁 양상으로 고도의 첨단 지휘, 통제, 통신, 정보, 컴퓨터의 C4ISR 체계와 원거리 정밀타격 및 고속기동력에 바탕을 둔 단기속결전이 요구되기 때문에 첨단무기체계를 연구·개발·배치·운용할 수 있는 방위산업으로 발전시키고 있다.

즉, 화력은 결정적 파괴를 위해 장사정화 및 정밀도를 확보하고, C4ISR은 실시간에 정확히 탐지할 수 있는 고성능 전장감시 및 탐지체계와 병행하여 정확하게 작전을 지휘통제 할 수 있는 능력을 향상시켜 인명 및 자원의 피해 손실의 최소화와 전쟁 조기종결을 위해 방위산업을 발전시키고 있다. 따라서 현대 방위산업은 민군겸용기술이 확대된 첨단과학 무기체계로 정밀유도무기, 스텔스기술, 순항미사일, 전술탄도미사일, 미사일방어체계, 위성감시체계 및 C4ISR 체계 등을 계속 발전시켜 나가고 있다.

---

23) 조영갑, 『국가안보학』(선학사, 2011), pp. 327~250.

셋째, 방위산업을 민군겸용기술로 확대시켜 국가발전 성장동력으로 추진하고 있다.

한국의 방위산업은 수요 측면에서 내수 의존도가 지나치게 높았다. 한국의 방위산업 매출 중에 내수 의존도는 평균 약 90~95% 수준으로, 군의 전력화 계획 변동에 따라 업체의 방위산업 부문 경영성과가 크게 좌우되고 있는 실정이며, 한국의 무기 수입규모는 크지만, 무기 수출규모는 크지 않다. 이는 방위산업 수출비중을 높이려면 대량생산에 따른 가격 및 품질 경쟁력을 갖추고 있는 방위산업의 선진국가 수준으로 발전해야 한다.

한국 방위산업은 군의 한정된 수요에 비추어볼 때 방위산업 수출을 통한 신규해외수요를 발굴하지 못할 경우는 규모의 경제를 달성하는 데 실패하여 국제시장에서의 품질 및 가격 경쟁력 확보에서 뒤쳐질 가능성이 높은 만큼 지나친 내수 의존을 탈피하고 방위산업이 수출 중심의 방위산업 육성 정책을 수립하여 추진해 나가는 것이 중요하며, 그 세부내용을 알아보면 다음과 같다.[24]

(1) 방위산업의 경제성장 동력화

국방부는 방위산업이 국가 경제성장의 새로운 견인차 역할을 할 수 있도록 방위산업의 새로운 경제성장 동력화로 추진하고 있다. 지금까지 국방부는 국방과학기술의 민수이전, 방산수출 등을 통해 국가 경제에 많은 기여를 해왔다.

예컨대 1998년부터 2007년까지 우수한 국방과학기술의 161개 분야를 민간업체 및 민간기관에 이전하고, 방위산업 수출은 1998년 1.47억 달러에서 2014년에는 36억 1천만 달러로 비약적인 성장을 하였다. 방위산업 수출액 변화추이에서 방위산업 수출 실적은 〈그림 1.35〉, 〈표 1.13〉과 같다.[25] 이러한 방위산업 분야 수출실적은 2020년대에도 한국방위산업의 수출경쟁력과 방위산업이 국가경제에 기여할 수 있는 성장동력 산업임을 보여주고 있다.

---

24) 국방부, 『국방백서』(2008~2020), pp. 171~174.
25) 국방부, 『국방백서』(2008~2020), pp. 172~174.

**그림 1.35 방위산업
수출액 변화추이**

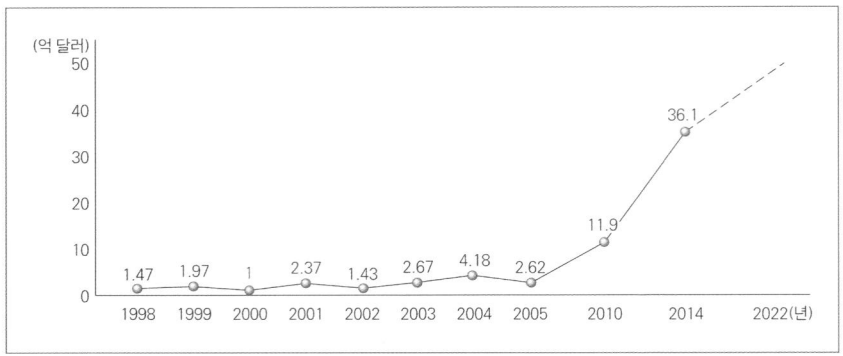

표 1.13 연도별 방위산업 수출 실적

연 도	금액(억불)	주요품목	주요국가
2003	2.7	자주포 부품, 잠수함 창정비, F-15K 부품, 탄약류	인도네시아, 미국, 터키, 말레이시아, 베네수엘라 등 27개국
2004	4.2	상륙정, 자주포 부품, F-15K 부품, 항공기 정비, 장갑차부품, 탄약류	인니, 미국, 터키, 말련, 베네수엘라 등 31개국
2005	2.6	F-15K 부품, 자주포 부품, KT-1 훈련기, 2.5톤 군용표준차량	미국, 터키, 인니, 태국, 등 34개국
2010	11.9	KT-1훈련기, K-3 자동소총 및 탄약, 5/4톤 군용표준차량, A-10 주익 제작용역 등	터키, 필리핀, 미국, 파키스탄 등 46개국
2014~2022 년대	36.1	첨단 무기를 비롯한 화력 및 총포, 기동장비, 함정 및 항공, 탄약분야, 기타	미국, 터키, 인니, UAE, 필리핀, 말련, 호주, 독일, 중동국가, 남미국가 등 74개국

① 국방연구개발 활성화를 통한 성장기반 확충

방위산업이 국제적인 경쟁력을 갖추고 국가 경제발전에 순기능적인 역할을 하기 위해서는 국방과학기술의 역량을 강화하는 것이 무엇보다 중요하다.

이를 위해 국방비에서 차지하는 국방연구개발 예산 비중수준을 높여 나가고 있고, 또한 국방과학기술의 민간이전 촉진, 국방연구개발에 산·학·연 참여확대 등 개방형 연구개발을 활성화시키며, 국방과학기술의 국제협력을 강화하여 방위산업을 더욱 발전시켜 나가는 것이다.

② 방위산업체 경영 여건개선

방위산업은 국가적 차원의 중·장기투자가 요구되는데, 그것은 막대한 설비 투자를 수반하는 자본집약적 산업인 동시에 국가가 유일한 수요자로서 수요와 시장이 한정되기 때문이다. 국방부는 이러한 방위산업의 특수성을 고려하여 방위산업체의 경영 여건을 개선하기 위한 정책을 발전시키고 있다.

첫째는 방위산업을 육성하기 위한 금융지원 정책을 강화하는 것이며, 둘째는 경영합리화와 원가절감 노력을 계약단계에서 적절히 보상해 주어 자발적 경영혁신 노력을 유인하는 제도를 마련한 것이다.

셋째는 무기체계 부품의 국산화율을 높이기 위해 노력한 것이다.

국산화종합계획을 수립하여 무기체계 부품의 국산화를 체계적이고 지속적으로 추진할 수 있는 기반을 마련한 것이며, 앞으로 첨단핵심부품의 국산화 개발을 확대할 수 있도록 개발 자금 지원정책 등을 발전시켜 나가는 것이다.

③ 정부 차원의 방위산업 수출 지원체계 구축

방위산업 수출은 민간분야 수출과 달리 정부 차원의 판매 외교와 후속 부품의 안정적인 공급 및 기술 지원에 대한 정부의 보장이 필요한 경우가 많다.

특히 대규모 방위산업 수출의 경우에는 구매국가에서 산업협력, 현지투자 등의 요구가 증가하고 있어 정부 차원의 수출 지원정책이 필요하다.

국방부는 방위산업 수출시장 다변화를 위하여 국가별로 차별화된 수출전략을 수립하여 시행하고 있다. 국방 분야의 무기체계 획득 및 수출 전문가들로 구성된 방위산업 수출지원 전문조직을 구성하여 국가별 맞춤형 수출지원 서비스를 제공할 수 있도록 발전시키고 있다. 그리고 정부관계 부처가 공동참여로 방위산업을 위한 수출지원협의회(방산물자교역지원센터)를 운영하여 방위산업 수출에 따른 대응구매, 수입국가의 요구조건 검토 등 방위산업 수출과 관련된 긴급현안문제를 조정할 수 도록 제도화하였다. 21세기에 국가발전과 국가이익을 위해 국가 간 방위산업협력 협정체결을 더욱 확대(표 1.14) 발전시켜 나가는 것이다.

표 1.14 국제방위산업협력 협정체결 현황

구 분	국 가
아시아	뉴질랜드, 말레이시아, 베트남, 인니, 태국, 방글라데시, 필리핀, 호주, 인도, 파키스탄, 기타
유 럽	네덜란드, 독일, 프랑스, 스페인, 영국, 이태리, 기타
독립국가연합(CIS)	러시아, 루마니아, 우크라이나, 기타
중 동	터키, 이스라엘, 기타
북 미	미국, 캐나다
남 미	베네수엘라, 콜롬비아, 기타

자료 : 국방부, 『국방백서』(2008~2020) 참조.

(2) 국방과학기술 역량 강화

① 국방과학기술 현황

한국의 국방과학기술은 국방과학연구소를 중심으로 많은 성과를 이루어 왔으나, 아직도 선진국가 수준에는 미치지 못하고 있다. 주요 무기체계의 핵심기술은 국외도입에 의존하고 있고, 첨단무기에 대한 자체 개발능력도 미흡한 실정이며, 지금까지의 무기체계 개발 주요 실적은 〈그림 1.36〉과 같다.[26]

그림 1.36 무기체계 개발 실적(국방과학 연구소 실적 기준)

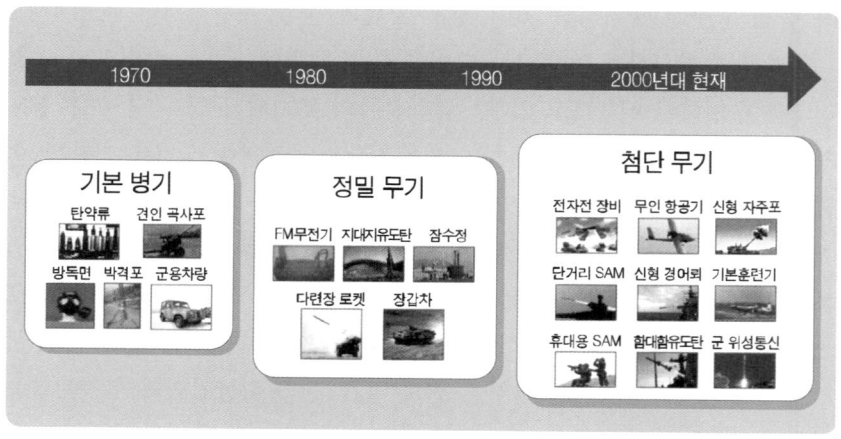

---

26) 조영갑, 상게서, pp. 174~177 참조.

② 국방과학기술의 비전과 목표

국방과학기술 비전은 세계 수준의 국방과학기술 역량확보가 되며, 국방과학기술 진흥정책 목표는 중기적으로는 첨단무기체계개발기술을 선진국가 수준으로 진입시키고, 장기적으로는 첨단무기체계 독자개발능력을 확대하는 것이다.[27]

③ 국방과학기술 진흥정책의 기본방향

국방과학기술 진흥 정책의 기본방향을 다음과 같다.

첫째, 국방과학기술 투자를 확대하고 국방연구개발 체제를 효율화하는 것이다.

국방부는 국방비 대비 국방연구개발비의 비중을 선진국가 수준으로 높이며, 전력투자비를 전력획득비와 국방연구개발비로 분리하여 별도로 배정하고 국방연구개발비를 우선적으로 고려하는 것이다.

연구개발 사업의 영역을 분리하여 국방과학연구소는 핵심기술 및 첨단 전력분야에, 방위산업체는 일반 전략분야에 역량을 집중할 수 있도록 하고, 또한 국방과학기술 기획 및 평가체계를 구축하여 연구개발에 대한 평가를 내실화하는 것이다.

둘째, 목표지향적인 국방연구개발을 추진한 것이다.

이것은 미래 무기체계에 적용하는 핵심기술과 현존 무기체계의 운용 효율성을 높일 수 있는 기술에 역량을 집중하는 것이다. 그 예로 국방부는 효과 중심의 네트워크 중심작전(NEW) 수행 개념을 구현하기 위한 무기체계(시스템 복합체계, 전략무기, 무인화 전투체계 등) 분야의 핵심기술을 선별하여 집중 투자하고, 또한 현존 무기체계의 성능을 개량하고 운용비용을 절감하기 위한 기술개발도 병행하여 추진하는 것이다.

그리고 방위산업 선진화(표 1.15)를 위해 민군겸용 기술개발과 핵심부품 국산화로 선진화 3대 전략목표 및 생산·수출 추진하여 방위산업의 선진국가가 되는 것이다.

---

27) 선진권 진입의 의미는 미국·러시아·영국·프랑스·중국·독일·이스라엘·이탈리아·기타의 세계8대 강대국 수준의 국방과학기술 수준을 보유하는 것을 말한다.

표 1.15 방위산업 선진화 3대 전략

전략분야	전략목표
패러다임 변화	• 연구 및 개발 추진체계 개편 • 융합형 국방 연구 및 개발 추진 • 국방 연구 및 개발 예산제도 개선
수출 산업화	• 방산 전문기업 육성 및 수출환경 조성 • 효율적인 정부지원체계 구축 • 수출을 위한 제조 및 제품 개발
민간자원 활용	• 민군 파트너십 지원체제로 개편 • 우수 민간기술 활용

셋째, 개방형 연구개발을 활성화하는 것이다.

국방과학기술은 국가 과학기술 기본계획과 연계하여 발전시켜 나가는 것이다. 그동안 폐쇄적으로 운용해 온 국방과학연구소 중심의 연구개발에서 탈피하여 민간과의 교류를 증진시켜 나가는 것이다. 연구개발에 산·학·연의 참여를 확대하고, 국방과학기술의 민수 이전을 더욱 활성화하여 발전시켜 나간 것이다. 민군이 공동으로 활용할 수 있는 민군겸용 기술개발을 확대하고, 탈석유화 시대에 대비하여 저탄소 녹색성장과 관련된 기술을 개발하기 위해 민간과의 협력을 더욱 강화해 나간 것이다.

넷째, 국방과학기술 연구개발 기반을 확충해 나가는 것이다.

국방과학기술의 연구 및 실험 시설을 첨단화 및 현대화하고, 연구 인력에 대한 처우 개선방안을 마련하여 우수 인력을 확보하는 것이다.

다섯째, 국방과학기술과 관련된 국제협력을 강화해 나가야 한다.

국방과학기술 선진 국가와는 절충교역,[28] 기술인력 교류, 공동 연구 등 교류를 확대하여 기술 경쟁력을 향상시켜 나가는 것이다. 그리고 개발도상 국가와는 상호 이익을 달성할 수 있도록 방위산업의 기술수출과 기술이전을 통한 공동생산과 합동생산 등을 계속적으로 확대해 나가야 한다.

요컨대 한국은 21세기 방위산업을 성장동력으로 발전시켜 국가안보와 국가이익에 기여할 수 있도록 지상무기체계·해상무기체계·항공무기체계 등을 발전시켜 나가야 한다.

---

28) 절충교역 : 외국으로부터 군사장비, 물자 및 용역을 획득할 때 그 대가로 기술이전 및 부품 역수출 등의 일정한 반대급부를 요구하는 조건부 교역을 말한다.

2

Modern Weapons
System Theory

지상무기체계

제1절 기동무기체계

1. 전 차

기동이란 적보다 유리한 위치에 부대, 물자 또는 화력을 이동시키는 것으로써, 전차는 주요 기동무기체계이다. 전차(일명 탱크)란 "무한궤도형 주행장치에 의한 기동력, 장갑차체에 의한 방호력, 그리고 일정 수준의 화력을 겸비하는 지상 전투차량"을 뜻한다.

1) 등장배경

지상전에서 인간의 도보 속도보다 빠른 무기를 만들겠다는 것은 오래 전부터 계속되어 왔다. 기원전 3,500년 무렵 이집트, 메소포타미아, 페르시아 등지에서 말의 힘으로 움직이는 전차(chariot)가 처음으로 등장하였으며, 그 후 병사가 직접 말을 타고 싸우는 기마병(cavalry)이 그 자리를 대신하게 되었다. 12~13세기 칭기즈칸의 몽골 제국은 기마병의 힘으로 세계 최대의 정복국가가 되었으며, 같은 시기인 중세 유럽에서도 중(重)장갑의 기사(knight)들이 전장을 지배했다. 그러나 영국과 프랑스 사이의 백년전쟁(1337~1453) 기간이었던 크레시전투(1346), 아쟁쿠르전투(1415)에서 기사

그림 2.1 고대 이집트의 전차 공격력과 방어력을 갖추면서도 기동력까지 가진 기동 무기에 대한 갈망은 수천 년 전부터 존재했다.

그림 2.2 레오나르도 다 빈치가 스케치한 인력 전차 모형

의 갑옷을 관통할 수 있는 장궁(long-bow)의 활약으로 기사의 시대는 막을 내리기 시작했다.

여기에 화약무기가 등장하면서 기마병은 총과 대포의 화력 앞에서 제압당하게 되었고, 지상전의 중심도 기동력보다 화력으로 옮겨졌다.

제1차 세계대전(1914~1918)은 전쟁 역사상 유례가 없을 정도로 치열한 전선교착 및 참호전으로, 전투력의 인적·물적·시간적 소모를 가져왔다. 영국·프랑스 중심의 연합군과 독일군은 북해에서 스위스 국경까지 장장 800km에 달하는 긴 참호진지를 구축하며 대치했다. 양측의 참호는 철조망과 콘크리트를 통해 요새화되어 있었을 뿐만 아니라, 기관총 및 장거리포 등을 비롯한 무시무시한 화력으로 무장하고 있었다. 전선 돌파를 시도하려는 진격은 상대측의 요새에서 퍼붓는 총탄세례로 인해 막대한 사상자만을 남긴 채 번번이 실패로 돌아갔다. 특히 1916년의 베르덩 전투(2~12월)와 솜므 전투(7~11월)의 경우 각각 70만 명, 107만 명의 장병들이 죽거나 부상당했을 정도였다.

이와 같은 참호전의 참상 앞에 경악한 참전국가들은 전선의 교착상태를

그림 2.3 제1차 세계 대전 당시 사용된 영국군 전차

타개할 수 있는 신무기의 개발을 필요로 하게 되었다. 당시 영국 육군의 공병장교였던 에드워드 스윈턴도 그 가운데 한 명이었다. 스윈턴은 농업용 트랙터를 바탕으로 적의 총탄에도 견딜 수 있는 6~12mm 두께의 금속장갑, 캐터필러(무한궤도 형태의 주행장치), 그리고 기관총과 소형 포를 탑재하는 차량 개발을 건의했다. 그러나 이 무기를 실제로 운용하게 될 육군은 이를 받아들이지 않았고, 대신 윈스턴 처칠(이후 제2차 세계대전에서 영국 수상)이 장관으로 재직하던 해군에서 수용되어 지상 군함(landship)이라는 기묘한 명칭으로 개발되었다. 그 이후에 실전 투입을 앞두고서는 보안 유지를 위해 식수 저장용 물탱크라는 위장명칭이 붙었는데, 이것이 오늘날 전차를 지칭하는 명칭으로 '탱크(전차)'가 쓰이게 된 기원이 되었다.

전차가 처음 지상전에서 사용된 것은 전선 교착상태가 지루하게 이어지고 있던 1916년 9월 솜므 전투였다. 당시 영국군이 동원한 초기 전차는 10대가 채 안되었고, 자주 고장이 나는 등 여러 가지 결함을 안고 있었다. 그렇지만 소총과 기관총의 탄환을 막아낼 수 있는 장갑만으로도 독일군의 참호진지를 넘어서 거침없는 진격이 가능했으며, 이에 놀란 독일군은 혼비백산한 나머지 달아나기 일쑤였다.

솜므 전투는 지상전에서 전차의 잠재력을 확인시킨 첫 번째 사례였다. 이어 영국군은 1917년 2월 20일 캉브레 전투에 300대가 넘는 전차를 전선에 투입하여 하루 동안 6km가 넘는 전선을 돌파하는 전과를 올렸다. 보병부대만을 투입했다면 수개월에 걸쳐, 수백만 발의 포탄을 소모하며, 훨씬 많은 사상자를 내고서야 가능했을 일이었다.

제1차 세계대전이 막바지에 이르던 1918년 8월 8일 아미엥 전투에서는 400대 이상의 전차를 앞세운 영국, 프랑스 연합군이 불과 하루 만에 약 20km에 달하는 전선돌파에 성공하였고, 이에 전의를 상실한 독일은 3개월 후인 11월 11일 휴전에 동의했다.

전차가 전쟁에서 처음 사용된 것은 제1차 세계대전이지만, 지상전의 주력무기로서 명실상부하게 자리 잡은 것은 제2차 세계대전(1939~1945)부터였다. 제1차 세계대전 이후 주요 국가들은 전쟁에서의 교훈을 바탕으로 보다 우수한 성능의 전차를 개발하였는데, 특히 활발한 노력을 기울였던 나라는 독일이었다. 독일은 패전 이후 연합군의 대표적인 신무기였던 전차의 위력을 재평가하였고, 아돌프 히틀러(1889~1945)가 영도하는 나치스의 집권 이후 가속화된 군비확장에서도 전차 전력을 집중적으로 강화한 것이다. 이 시기에 가장 주목할 만한 기술적인 성과는 자동차 산업의 발전에 힘입은 내연기관의 성능 향상이었다. 제1차 세계대전 전차의 주행속도는 보병이 걷는 속도와 비슷한 시속 6km에 불과했지만, 이제 30~50km까지 상승하면서 기동 무기로서의 효과가 더욱 강화된 것이다.

이전보다 강력해진 전차의 힘은 제2차 세계대전이 시작되면서 유감없이 발휘되었다. 1939년 9월 1일 독일군은 전차들을 선봉에 앞세우고 국경을 넘어 폴란드를 침공하였고, 삽시간에 폴란드 국토 전체를 유린하며 수도 바르샤바를 포위했다. 폴란드는 개전 18일 만에 독일에 완전히 점령당하고

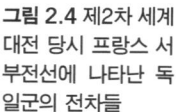
그림 2.4 제2차 세계대전 당시 프랑스 서부전선에 나타난 독일군의 전차들

말았다. 독일이 해를 넘긴 1940년 5~6월의 서부전선에서 프랑스, 영국 연합군을 제압할 수 있었던 것도 전차를 앞세운 기동력의 우세 덕분이었다.

　제2차 세계대전에서 독일이 구현해 낸 전차 중심의 전격전(blitzkrieg)은 지상전에서 기동력의 가치를 부활시켰으며, 21세기 현대 전쟁에서도 지상전에서 주력무기로 운용되고 있다.

2) 특성 및 분류

(1) 특 성

무기체계로서 전차의 가치는 기동력, 화력, 방호 능력이라는 세 가지의 기능을 동시에 갖춘 특성을 갖고 있다. 이 가운데 가장 대표적인 기능이라고 할 수 있는 기동력은 단순히 기계동력의 힘으로 발생되는 시속 수십 km의 고속 주행능력만을 뜻하지 않는다. 평야뿐만 아니라 험준한 야지는 물론 여러 가지의 천연·인공적인 장애물, 참호, 습지, 경사지 등의 지형적인 제약을 극복하며 움직일 수 있는 능력도 포함된다. 전통적으로 바퀴 대신 캐터필러가 전차에 탑재되어온 것도 지형에 구애받지 않고 기동하는 데 유리하기 때문이다.

　전차가 보유하는 화력은 상층부에 탑재되는 주포, 그리고 이를 통해 발사

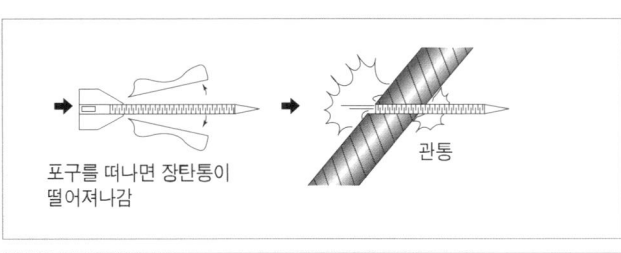

그림 2.5 포탄의 장갑 관통 원리

포구를 떠나면 장탄통이 떨어져나감

관통

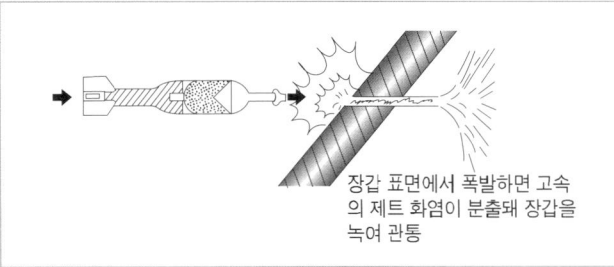

장갑 표면에서 폭발하면 고속의 제트 화염이 분출돼 장갑을 녹여 관통

되는 포탄의 파괴 및 살상력을 통해 발휘된다. '최고의 대전차 무기는 전차'라는 말이 있듯이, 전차의 화력은 1차적으로 적 전차를 파괴하는 데 목표를 둔다. 일반보병이나 경장갑차량, 요새화된 진지, 시설물에 대한 공격도 가능하지만, 적 전차에 대한 공격에 비해서는 부차적인 임무라고 할 수 있다.

전차의 대표적인 무장인 포탄은 크게 대전차고폭탄(HEAT: High Explosive Anti-Tank), 운동에너지탄(KE: Kinetic Energy)으로 구분한다. 대전차고폭탄은 포탄 내부에 폭약을 내장하여 적 전차의 장갑에 명중할 때 폭발하고, 이때 발생하는 화학적인 힘을 통해 장갑을 관통하는 방식이다.

운동에너지탄은 내부에 폭약이 없는 대신 예리한 장갑관통용 탄심, 즉 관통자를 내장하는 날개안정분리 철갑탄(APFSDS: Armor Piercing Fin Stabilized Discarding Sabot)의 형태가 일반적이다. 이는 포탄이 빠른 속도로 명중하여 적 전차와의 충돌 과정에서 일어나는 관통자의 운동에너지로 적 전차의 장갑을 관통하기 위한 것이다. 그리고 보조무장으로 소구경 기관총, 연막탄 발사장치 등을 보유한다.

전차의 방호능력은 피격 시에 차체, 혹은 탑승한 전투원들의 안전을 보장하는 장갑(裝甲)의 기술적인 우수성 여부에서 결정되며, 구체적으로는 장갑소재의 기계적 강도, 장갑의 형상 및 기하학적 배열을 통해 적의 공격을 방어할 수 있는 능력인 것이다. 다만 장갑이 지나치게 강화될 경우 전차 전체의 무게가 증가하고, 결과적으로는 주행속도를 비롯한 기동력을 희생시킬 수 있는 문제가 발생한다. 따라서 포탑의 정면처럼 실전에서 피격의 가능성이 높은 일부 방향의 장갑을 중점 강화하는 것이 보통이다.

(2) 분 류

제2차 세계대전까지만 해도 전차는 용도에 따라 세 가지로 분류되었다. 화력과 장갑 수준이 가볍고 대량생산에 유리한 경(輕)전차, 균형잡힌 기동력과 화력·장갑을 갖춘 중(中)전차, 그리고 강력한 화력에 견고한 장갑까지 함께 보유하는 중(重)전차로 구분하였다. 그러나 제2차 세계대전 이후 대부분의 국가들은 주력전차(MBT: Main Battle Tank)라는 단일화된 유형의 전차만을 개발하여 운용하고 있다.

그림 2.6 제2차 세계대전 당시 사용되었던 일본의 4식 경전차(왼쪽), 미국의 M4 '셔먼' 중(中) 전차(가운데), 그리고 독일의 '티거' 중전차(오른쪽)

주력전차의 개발 이후 전차의 분류는 세대 기준으로 이루어지고 있다.

제1세대는 제2차 세계대전 직후인 1950년대에 개발된 전차들이며, 전후의 교훈을 바탕으로 여러 가지의 기술적인 개선을 적용시켰다. 90/100mm의 주포를 탑재하여 화력을 보다 강화시켰으며, 100~200mm 두께의 장갑을 갖추어 방호력도 대폭 향상되었다. 피격 가능성을 낮출 수 있는 차체 면적의 축소, 적 포탄이 명중하더라도 이를 튕겨내는 경사각·원통 형태의 설계가 보편적으로 적용된 것도 중요한 특징이다. 제1세대에 해당하는 전차로는 러시아의 T-54/55, 미국의 M47/48 패튼, 영국의 센츄리온 등이 대표적이다.

제2세대 전차는 미국·유럽 중심의 자유주의 진영, 러시아가 주도하는 공산주의 진영 사이의 냉전이 격화되고 있던 1960년대에 개발되었다. 무장

M48(미국)
- 최고속도(시속) : 48km
- 주행거리 : 463km
- 장갑 : 120mm
- 무게 : 45톤
- 주포구경 : 90mm

T-55(러시아)
- 최고속도(시속) : 55km
- 주행거리 : 501km
- 장갑 : 203mm
- 무게 : 40톤
- 주포구경 : 100mm

센츄리온(영국)
• 최고속도(시속) : 34km
• 주행거리 : 450km
• 장갑 : 152mm
• 무게 : 51톤
• 주포구경 : 105mm

과 방호능력 강화를 위한 노력이 계속되면서 주포 구경은 110~120mm 내외까지 증대되었고, 장갑두께와 전체 중량도 계속 늘어났다. 동력기관은 일반적인 자동차에서 사용하는 가솔린에서 디젤 엔진으로 바뀌었다. 또한 그동안의 전차 주포의 형태는 안정적인 사격을 강조하는 강선포가 대부분이었지만, 제2세대 전차부터는 주포 내부에 강선을 파지 않음으로써 사격시에 포탄에 대한 마찰을 최소화하는 활강포가 등장하기 시작했다. 활강포의 도입은 이전보다 빠른 속도로 포탄을 사격할 수 있게 하였고, 그만큼 화력 효과는 강화되었다. 러시아의 T-62/64, 미국의 M60 '패튼', 프랑스의 AMX-30, 독일의 레오파트가 대표적인 유형이 된다.

제3세대 전차는 냉전 후기부터 탈냉전에 이른 1970년대 이후부터 등장한 다양한 기술혁신을 적용시켜 탄생한 전차이다. 제3세대 전차는 새로운 위협으로 등장한 대전차 유도무기로부터 생존성을 유지할 수 있도록 기존의 금속재 장갑을 넘어서는 반응·복합장갑이 사용되기 시작했다.

반응장갑은 그 자체가 폭발성을 갖추어 피격되더라도 폭발력으로 인해 적 포탄의 파괴력을 약화시키도록 하는 원리다. 복합장갑은 기존의 금속재 장갑판 내·외측에 세라믹, 유리섬유, 방탄용 강판 등의 신소재를 사용하는 다중 구조로 이루어지며, 이를 통해 적 포탄의 파괴·관통력을 약화시키는 것이 목적이다. 반응·복합장갑의 사용으로 전차의 방호능력은 300~500mm 이상으로 대폭 강화되었다.

M60(미국)
• 최고속도(시속) : 48km
• 주행거리 : 480km
• 장갑 : 150mm
• 무게 : 52톤
• 주포구경 : 105mm

T-62(러시아)
• 최고속도(시속) : 50km
• 주행거리 : 450km
• 장갑 : 240mm
• 무게 : 40톤
• 주포구경 : 115mm

AMX-30(프랑스)
• 최고속도(시속) : 65km
• 주행거리 : 600km
• 장갑 : 80mm
• 무게 : 36톤
• 주포구경 : 105mm

레오파트 I(독일)
• 최고속도(시속) : 65km
• 주행거리 : 600km
• 장갑 : 70mm
• 무게 : 42톤
• 주포구경 : 105mm

　이처럼 보강된 생존성과 더불어 전차 고유의 기능인 기동력을 십분 발휘하기 위해서는 더욱 강력한 주행성능을 낼 수 있는 동력기관의 발전이 요구되었다. 그 결과 제3세대 전차는 제2세대 전차의 디젤 엔진보다 내구성과 가속성이 우수한 가스터빈 엔진을 사용하게 되었다. 이는 전차의 최고 주행속도 자체는 물론, 야지에서의 주행속도까지 시속 40km 수준으로 높이는 성과를 거두었다.

　특히 20세기 말부터 군사 분야에서도 첨단 정보통신 기술의 효과를 적극적으로 수용하려는 움직임이 활발해졌는데, 전차 역시 예외는 아니었다. 제3세대 전차는 적외선 및 레이저, 열추적 영상기능을 갖춘 거리측정, 조준장비를 사용하여 날씨와 밤낮에 구애받지 않는 임무수행이 가능하다. 또한 고도의 전자기술을 적용한 표적의 자동추적장치, 탄도컴퓨터 등을 갖추어

그림 2.7 차체 표면에 폭발형 반응장갑을 부착한 전차

명중률을 비약적으로 향상시켰다.

사격통제장치는 사격 과정에서의 안정성을 강화시키는 방향으로 발전했으며, 이제 전차는 이동 중에도 표적을 정확하게 공격 및 명중시킬 수 있는 능력을 가졌다.

제3세대 전차의 기술적인 우위는 1991년의 걸프전쟁 막바지에 벌어진 100시간 동안의 지상전 당시 미 육군이 수적으로 우세했던 이라크의 기갑부대를 상대로 압승을 거두면서 여실히 입증되었다. 오늘날 대표적인 제3세대 전차는 미국의 M1A1 에이브람스, 러시아의 T-72/80, 영국의 챌린저, 프랑스의 르클레르, 이스라엘의 메르카바를 들 수 있으며, 21세기 제4세대 전차는 세계 주요국가에서 더욱 첨단화된 주력무기로 발전하고 있다.

M1A1(미국)
• 최고속도(시속) : 67km
• 주행거리 : 465km
• 장갑 : 미상
• 무게 : 67톤
• 주포구경 : 120mm

T-80(러시아)
• 최고속도(시속) : 70km
• 주행거리 : 386km
• 장갑 : 미상
• 무게 : 42톤
• 주포구경 : 125mm

르클레르(프랑스)
- 최고속도(시속) : 71km
- 주행거리 : 550km
- 장갑 : 미상
- 무게 : 54톤
- 주포구경 : 120mm

챌린저(영국)
- 최고속도(시속) : 59km
- 주행거리 : 450km
- 장갑 : 미상
- 무게 : 62톤
- 주포구경 : 120mm

메르카바(이스라엘)
- 최고속도(시속) : 64km
- 주행거리 : 500km
- 장갑 : 미상
- 무게 : 65톤
- 주포구경 : 120mm

90식 전차(일본)
- 최고속도(시속) : 70km
- 주행거리 : 350km
- 장갑 : 미상
- 무게 : 50톤
- 주포구경 : 120mm

3) 운용개념

전차의 가장 두드러지는 특징은 빠른 주행속도, 험준한 지형에 대한 극복 능력 등을 포함한 기동력이다. 이는 전차가 본질적으로 공세적인 성격의 무기임을 뜻한다. 실제로 전쟁의 역사에서 전차는 기습 및 공세작전의 선봉으로 활약해 왔다. 1940년 5~6월 독일의 전격전, 1967년 6월 이스라엘의 6일 전쟁, 1991년 걸프전쟁의 승패를 결정지은 미군 주도 다국적군의 100시간 지상전, 그리고 2003년 이라크 전쟁에서 달성된 미군의 바그다드 진격과 포위, 그리고 함락이 그 중요한 사례다. 그러나 전차를 단순히 보병부대의 지원을 위한 보조적인 용도로 운용하는 경우의 효과는 제한적이었던

그림 2.8 1991년 걸프 전쟁 당시의 전차 기동작전

것으로 나타났다.

　이에 따라 오늘날 많은 국가들이 전차를 주로 여단, 혹은 사단·군단급의 독립적인 기갑부대로 편성하여 집단적으로 운용하고 있으며, 해당 부대들은 자국의 최신형 주력전차를 다수 보유하는 경우가 일반적이다. 개전 초부터 신속하게 적진을 돌파하고, 전방에서의 적 군사력 파괴뿐만 아니라 후방으로 깊숙이 진격함으로써 적의 정치·경제·군사적인 핵심을 직접적으로 포위, 제압하는 공세적인 작전을 펼치는 데 유리하기 때문이다. 방어작전의 경우에도 전차는 고정된 상태로 전방을 침입한 적을 저지하는 '지역방어'가 아닌, 후방에서 일종의 예비 타격부대로 대기하다가 전투력이 소모 및 약화된 적을 상대로 결정적인 시점에 투입되는 '기동방어'를 담당한다. 전쟁에서 전세가 역전될 경우에 반격을 주도하는 것도 전차를 주축으로 한 기갑부대의 역할이다.

4) 발전추세

냉전이 종식된 1990년대를 기점으로 전 세계적으로 강대국 사이의 대규모 전면전쟁이 발생할 가능성은 과거 어느 때보다 낮아졌다. 따라서 각국은 신형 전차를 개발하는 것보다 기존 주력전차의 성능 개량을 선호하는 추세가 되고 있다. 한편으로는 국가 간의 전면전쟁보다 실재적인 위협으로 떠오른 다양한 무장단체 및 테러 집단과의 저강도 분쟁, 특히 시가전에서 나타난 교훈을 반영하는 기술발전을 지향하고 있다.

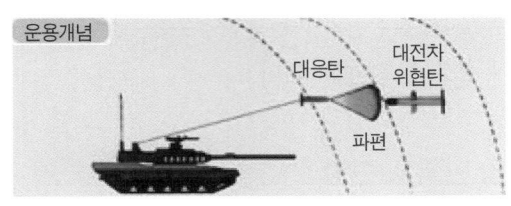

그림 2.9 전차의 능
동형 방호체계 개념

21세기 제4세대 전차들의 기술적 발전은 다음과 같은 양상으로 발전하고 있다.

첫째, 컴퓨터와 정보통신기술의 효과를 극대화하여 전투력의 연동화 및 복합화를 강화하고, 기능 자동화를 구현한다. 내부에 탑재되는 전자장비들은 전술용 지휘통제체계로 다른 전차, 또는 전장지휘소와 연결되어 서로 다양한 전장정보를 실시간에 가깝게 공유할 수 있게 될 것이다. 이는 적보다 한발 앞선 유리한 시간, 공간에서 전투를 수행하는 데 기여할 뿐만 아니라 보병, 포병, 장갑차, 항공기 등과의 원활한 합동작전 수행을 지원하는 역할을 해줄 것이다.

둘째, 자동장전장치가 실용화되면서, 포탑 전체의 기능을 자동화한 무인 포탑 개발 등으로 이 경우 현재 네 명(전차장, 포수, 운전수, 장전수)인 전차 승무원도 두 명 이내로 줄어들 수 있을 것이다.

셋째, 방호 기능에서는 장갑 성능을 강화하여 피격시의 생존성 유지에 주력했던 소극적인 개념을 뛰어넘어 아예 적의 공격이 성공하지 못하도록 만드는 능동형 방호체계로 생존성을 증대하고 있다. 이것은 새로운 위협으로 부각된 대전차미사일과 로켓탄을 염두에 둔 것인데, 피격되기 전에 이들의 움직임을 미리 탐지하고 회피하거나 교란, 대응 파괴하는 방식이다. 러시아의 아레나-E, 이스라엘의 트로피(TROPHY) 체계가 대표적 사례가 된다.

넷째, 화력 기능의 경우 주포 구경이 현존하는 120mm보다 크게 확대될 가능성은 낮은 편이다. 그보다는 대전차미사일, 로켓모터와 유도장치를 부착하는 정밀유도포탄 등을 탑재하여 원거리에서 보다 정확한 사격능력 확보를 추구할 것이다. 지상전에서 전차의 대표적인 천적이라고 할 수 있는 항공기(공격용 헬리콥터)에 대해서도 제한적인 대공공격이 가능한 단거리

유도탄, 혹은 대전차 교전임무를 겸하는 이중 용도의 유도무기를 탑재하는 추세로 발전하고 있다.

5) 한국의 현황

1950년 6·25전쟁 당시 한국군은 단 한 대의 전차도 없이, 제2차 세계대전에서의 맹활약으로 유명해진 러시아제 T-34 전차를 앞세운 북한군의 남침에 밀려 개전 3일 만에 수도 서울이 함락되는 수모를 겪어야만 했다. 이후 전쟁기간 동안 미국으로부터 M36 잭슨 경전차, M4 '서먼' 중전차를 지원받아 겨우 절대적인 열세를 모면하였고, 휴전 이후인 1959년부터는 90mm 주포의 미국제 M47 전차 460여 대를 제공받았다. 그렇지만 6·25전쟁 당시 북한의 전차에 국토 대부분이 유린당했던 뼈저린 경험을 극복하기에는 아직 부족한 수준이었다.

1971년 주한 미 육군 제7사단의 철수로 주한미군의 규모는 6만 명에서 4만 명으로 감소하였고, 이를 계기로 한국은 1970년대 자주국방 정책의 기치 아래 독자적인 군사력 건설을 위한 자체역량 확보에 박차를 가했다. 그 가운데는 그동안 전적으로 미국제 무기의 도입에 의존해야만 했던 주요 무기의 국산화도 포함되어 있었다. 당시 한국군이 보유한 최고 수준의 전차는 제1세대인 미국제 M48 계열이었는데, 이들은 90mm 주포로 무장하여 화력이 부족하다는 평가를 받았다. 이에 따라 M48 계열 전차의 주포를

그림 2.10 6·25전쟁 당시 서울에 등장한 북한군의 T-34 전차로써 전쟁 초기 한국군이 가장 두려워했던 무기

그림 2.11 한국 육군의 미국제 M48 계열 전차

105mm로 교체하고, 여기에 국산 사격통제장치를 탑재함으로써 전투력을 제2세대 수준으로 강화했다.

　1980년대에는 한국의 독자적인 전차 개발에 착수하였다. 유사시 북한의 남침으로부터 휴전선 전방지대와 수도권을 방어하는 수준을 넘어, 적진을 향하여 과감하고 신속하게 반격하는 공세적 방위전략, 즉 '입체 고속기동전'의 수행을 위해 북한의 주력 전차들을 능가하는 우수한 국산전차를 개발한 다는 것이었다. 그 결과 에이브람스 전차의 개발로 유명한 미국 제너럴 다이 내믹스의 주도로 설계 및 개발된 K-1 전차가 1987년부터 실전배치하였다. K-1 전차는 105mm 강선포, 고성능의 사격통제장치, 복합장갑 등을 갖춘 제3세대 전차로 높은 기동력과 정확한 사격능력, 그리고 우수한 전천후 임무수행 능력을 자랑하는 명실상부한 한국군의 주력전차이다.

그림 2.12 K-1 전차의 사격장면 한국군의 K-1전차 사격

그림 2.13 한국의
K-2 '흑표' 세계 최고
수준의 기술력을 갖춘
한국군 주력 전차

　　2001년부터는 120mm 활강포, 신형 복합장갑 등을 탑재하며 전투력이
한층 강화된 개량형 K1A1 전차가 양산되어 실전배치하였다. 1990년대에는
러시아로부터 경제협력 차관의 현물상환 방식으로 30여 대의 T-80 전차도
도입했다. 현재 한국의 전차 보유수량은 약 2,300대로 3,800대를 보유한
북한보다 수적으로는 여전히 열세다. 하지만 한국이 1,300대가 넘는 K-1
계열을 비롯하여 과반수가 제3세대 전차인 반면, 북한은 이미 구식화된 제
1세대 T-54/55와 제2세대 T-62가 대다수다. 실질적으로는 이미 한국의
전차 전력이 북한을 앞지른 것이다.

　　2007년에는 한국의 전차 K-2 '흑표'가 구형 M48 전차를 대체하기 위해
개발된 것으로 설계부터 생산까지 90%에 이르는 국산화율을 자랑하는 진
정한 의미에서의 첫 국산 전차가 되었다.

　　무엇보다도 시속 50km의 야지 주행능력, 하천 잠수 및 도하능력, 자동장
전장치, 적 표적에 대한 자동탐지 및 추적기능, 적의 대전차미사일에 대한
교란 및 요격능력을 포함하는 능동형 방호체계, 그리고 전술용 지휘통제체
계 탑재 등 현존하는 최첨단의 기술력을 적용했다는 점에서 가장 큰 의미
를 갖는다. 21세기 한국군의 전차 무기체계는 기존 군사 선진국가들의 주
력전차를 능가하는 세계 최고수준의 전차를 개발하여 전력화하기 위해 노
력하고 있다.

2. 장갑차

장갑차는 "비교적 경량의 장갑차체를 갖추고, 내부에 소규모의 보병들을 탑승 및 이동시킬 수 있는 지상 전투차량"을 뜻한다.

1) 등장배경

제1차 세계대전에서 처음 전차가 등장했을 당시에 특히 주목을 받았던 것은 바로 빗발치는 총탄사격 속에서도 기동이 가능하도록 금속제 장갑을 보유했다는 점이었다. 그러자 전차가 고속 기동을 통해 적진을 제압한 후에도 이를 신속하게 확보할 수 있는 능력이 요구되었고, 이는 기본적으로 보병이 담당해야 할 성격의 임무였다. 그렇지만 도보에 의존하는 일반보병의 이동속도로는 기동력이 우수한 전차와의 원활한 협동작전이 곤란했고, 결국 보병이 전차와 함께 제대로 된 협동작전을 수행하기 위해서는 차량을 통해 보병부대를 이동시켜 전차에 버금가는 기동력을 제공해야만 했다. 그리고 해당 차량은 전차처럼 일정 수준의 장갑 방호능력도 갖추어 전장에서 보병의 안전을 보장할 필요가 있었다.

최초의 장갑차는 제1차 세계대전 중에 초기형 전차 내부에 30명을 탑승시키도록 개조한 형태가 되었다. 장갑차가 전차와 구분되는 별개의 특징을 갖는 무기로 개발 및 운용하기 시작한 것은 제2차 세계대전부터이다. 전차 주도의 전격전을 성공시킨 독일을 시작으로 영국과 미국, 러시아 등 연합국에서도 차례로 독자적인 형태의 장갑차를 개발해낸 것이다. 이 시기의 장갑차는 대부분 일반 차량의 바퀴, 전차의 캐터필러를 함께 사용하는 반

그림 2.14 제2차 세계대전에서 사용된 독일제 SdKfz-251(왼쪽)과 미국제 M3 (오른쪽) 장갑차 반궤도식 형태를 채택한 것이 특징이다.

그림 2.15 병력수송
용 장갑차(APC)의
대표격인 미국제
M113(왼쪽)과 보병
전투용 장갑차(IFV)
의 시초인 러시아제
BMP-1(오른쪽)

궤도식 형태로 만들어졌다. 그러나 차량의 윗면은 장갑이 설치되지 않아서 탑승한 보병들이 적의 공격에 노출되는 것이 단점이었다. 제2차 세계대전 시절의 장갑차는 단순히 트럭 형태의 수송차량에 최소한의 장갑 방호능력만을 부여했던 것이다.

오늘날과 같이 차량 전체가 장갑화되어 내부의 탑승보병들에 대한 완전 방호기능을 갖춘 형태의 장갑차는 제2차 세계대전 이후에 개발되었다. 장갑차는 개발 초기부터 보병부대를 전장으로 안전하게 수송하는 능력에 주안점을 둔 병력수송용 장갑차(APC: Armoured Personnel Carrier)가 각광을 받았으며, 자체 무장은 적의 보병과 맞설 수 있는 소구경의 기관총 정도로 한정되었다. 그렇지만 1967년 러시아는 73mm 기관포, 대전차미사일로 무장하는 BMP-1 장갑차를 공개하여 세계 각국을 놀라게 했다.

2000년대 현재는 보병 수송능력뿐만 아니라 일정 수준의 전투력까지 겸비하는 보병전투용 장갑차(IFV: Infantry Fighting Vehicle)가 APC와 더불어 장갑차의 양대산맥으로 자리 잡은 것이다.

2) 특성 및 분류

(1) 특 성

장갑차는 기동력을 중심으로 화력, 방호능력까지 갖춘 무기이면서 전차에는 없는 보병의 탑승, 수송기능을 함께 보유하고 있다. 보통 장갑차에 탑승하는 보병의 수는 한 개 분대에 해당하는 10명이 되며, 장갑차의 최우선적인 기능은 역시 탑승보병에 대한 기동력의 제공이고, 화력이나 장갑 방호능력 수준은 전차에 비하면 낮은 편이다. 이에 따라 장갑차는 차체의 무게

그림 2.16 장갑차 내부의 보병탑승용 공간(왼쪽)과 보병들의 하차 모습(오른쪽)

가 30톤을 넘지 않는 것이 일반적이다.

주행장치로 캐터필러만을 사용하는 전차와 달리, 장갑차는 캐터필러와 바퀴를 주행장치로 사용하는 형태가 공존하고 있다. 캐터필러로 움직이는 궤도형 장갑차는 야지를 비롯한 험준한 지형에서도 우수한 기동력을 발휘할 수 있는 특성을 갖고 있다. 그 반면에 바퀴로 이동하는 차륜형 장갑차는 평야지대 및 포장도로에서 운용하는 데 유리하고, 보통의 자동차와 유사한 형태이므로 생산·유지 측면에서도 경제적이라는 장점을 갖는다.

(2) 분 류

오늘날 장갑차 분류는 수행하는 임무의 성격에 따라 병력수송용장갑차(APC), 보병전투용장갑차(IFV)로 양분하는 방식이 널리 통용되고 있다. APC는 보병의 신속하고 안전한 수송에 우선순위를 두고 개발 및 운용함으로 화력과 장갑 방호능력의 수준은 상당부분 제한적이다. 따라서 전차, 포병을 비롯한 적의 중무장 위협과 직접적으로 대치할 가능성이 상대적으로 적은 지역, 임무를 위해 운용되고 있다. 수색 및 정찰, 기지방어, 그리고 후방지역에서의 신속한 적 침투대응 작전 등에 운용한다.
IFV는 보병 수송능력 못지않게 장갑차 자체의 전투력을 강조한다.

전차와 함께 전장에서 기동하는 과정에서는 중무장을 갖춘 적과 상대해야 할 가능성이 높아지며, 스스로의 생존을 확보하는 차원에서라도 상당한 수준의 화력 및 방호능력이 요구되기 때문이다. 이를 반영하여 IFV는 수십 mm 구경의 기관포, 대전차미사일 등 경전차에 버금가는 화력을 보유하고, 장갑에 의한 방호능력도 APC에 비해 향상되었다. 1991년 걸프전쟁에서는 미 육군의 M2/3 브래들리 IFV가 M1A1 에이브람스 전차보다도 많은 이라크군 전차를 파괴하여 화제가 되기도 했다.

① 병력수송용 장갑차(APC)

M113(미국)
• 최고속도(시속) : 67km
• 주행거리 : 480km
• 탑승규모 : 11명
• 장갑 : 12〜38mm
• 무장 : 12.7mm

스트라이커(미국)
• 최고속도(시속) : 100km
• 주행거리 : 500km
• 탑승규모 : 9명
• 장갑 : 14.5mm
• 무장 : 12.7mm 기관총, 40mm 유탄발사기 등

BTR-80(러시아)
• 최고속도(시속) : 80km
• 주행거리 : 600km
• 탑승규모 : 7명
• 장갑 : 미상
• 무장 : 14.5mm 기관총

73식 장갑차(일본)
• 최고속도(시속) : 70km
• 주행거리 : 300km
• 탑승규모 : 9명
• 장갑 : 미상
• 무장 : 7.6/12.7mm 기관총

② 보병전투용 장갑차(IFV)

M2/3(미국)
- 최고속도(시속) : 66km
- 주행거리 : 480km
- 탑승규모 : 6명
- 장갑 : 25mm
- 무장 : 25mm, 기관포, 대전차미사일

BMP-3(러시아)
- 최고속도(시속) : 72km
- 주행거리 : 600km
- 탑승규모 : 7명
- 장갑 : 35mm
- 무장 : 30mm 기관포, 100mm 강선포, 대전차미사일

워리어(영국)
- 최고속도(시속) : 75km
- 주행거리 : 660km
- 탑승규모 : 7명
- 장갑 : 미상
- 무장 : 30mm 기관포

마더(독일)
- 최고속도(시속) : 65km
- 주행거리 : 500km
- 탑승규모 : 7명
- 장갑 : 20~25mm
- 무장 : 20mm 기관포, 대전차미사일

③ 상륙용 장갑차

APC와 IFV보다 수량 측면에서는 소수지만, 해군 소속 상륙부대(해병대)가 보유하는 상륙용 장갑차도 빼놓을 수 없는 존재이다. 이 장갑차는 제2차 세계대전 당시 태평양전쟁에서 자주 벌어졌던 도서지역 상륙작전을 위해 미국이 개발한 궤도형 상륙차량(LVT: Landing Vehicle Tracked)에서 유래한 것이며, 1950년 6·25전쟁에서도 인천상륙작전과 서울 수복을 위한 한강 도하작전 등에서 큰 활약을 거두었다. LVT는 상륙부대를 해안의 상륙지점까지 이동시킬 정도의 성능만을 갖출 뿐이었고, 화력과 장갑 방호능력은

LVTP
• 최고속도(시속) : 48km(해상 11km)
• 주행거리 : 306km
• 탑승규모 : 34명
• 장갑 : 6~16mm
• 무장 : 8mm 기관총

AAVP-7
• 최고속도(시속) : 64km(해상 13km)
• 주행거리 : 480km
• 탑승규모 : 25명
• 장갑 : 45mm
• 무장 : 25mm 기관포, 40mm 유탄발사기

APC 정도로 미약했다. 해안지역을 넘어 육군과 함께 내륙에서 작전을 수행하기에는 부적합했던 것이다.

따라서 미국은 1980년대에 들어 LVT보다 화력 및 장갑 방호능력이 대폭 강화된 상륙강습장갑차(AAV: Amphibious Assault Vehicle)를 개발하여 전력화하였다. AAV는 상륙작전 이후에도 내륙 지역으로 이동하여 장거리 정찰 및 수색, 지상전투, 그리고 점령지역 내에서의 통제권 확보 등을 포함하는 더욱 다양한 임무를 수행할 수 있는 것이 특징이다. 병력수송 규모는 한 개 소대급인 20~30명 내외로 육군의 장갑차보다 많이 탑승시킬 수 있다.

3) 운용개념

전차는 높은 기동력과 화력, 방호능력을 겸비하는 우수한 무기체계이지만, 전투 과정에서 확보해낸 목표지점 및 영토를 스스로의 힘만으로 점령하고 통제할 수는 없기 때문에 보병이 동반하여 수행해야 할 임무가 된다. 이 점에서 장갑차는 전차와 함께 움직이면서 협동작전을 펼치는 것이 1차적인 임무라고 할 수 있다. 다시 말해 전차가 우월한 화력과 기동력을 앞세워 적을 원거리에서 제압한 후, 해당 지역에 대한 점령을 안정적으로 마무리할 보병부대의 신속하고 안전한 투입은 장갑차가 담당하는 것이다. 보병수송 외에도 장갑차는 보병의 '하차 후 교전', 보병이 탑승한 상태에서 자체무장을 통해 단독으로 전투를 벌이는 '탑승전투' 등의 다양한 작전을 수행할 수 있다.

다양한 장갑차 가운데 화력과 방호능력이 우수한 IFV는 주로 여단, 혹은 사단·군단급의 독립부대로 편성하는 경우가 많은데, 이를 '기계화보병'이라고 한다. 기계화보병 부대는 다수의 탱크를 보유하는 기갑 부대와 함께 전방에서 전투를 수행함으로써 지상전에서 기동전력의 선봉을 담당한다. 반면 APC는 IFV보다 전투력이 상대적으로 부족하므로 독립부대로 조직화되기보다는 일반 보병부대 소속으로 운용되며, 기동력의 우세를 이용한 수색 및 정찰, 적 침투에 대한 신속대응이 대표적인 임무다.

4) 발전추세

현대전쟁의 상황 변화로 21세기에 전차의 신개발, 생산 증대가 위축되면서 그동안 지상 기동전력에서 보완적인 역할을 했던 장갑차의 비중이 확대될 여지가 늘어났다. 명시적인 군사 위협이 희박하거나 다수의 주력전차를 보유하기 곤란한 보통국가에서는 지상 기동전력을 구성하는 데 있어서 장갑차가 전차보다 경제적인 선택이 될 수도 있기 때문이다. 그렇지만 이는 장갑차 역시 전차가 직면하고 있는 새로운 위협, 즉 무장단체와의 저강도 분쟁, 특히 시가전 형태의 근접전투에 효과적으로 대응할 수 있어야 한다는 과제를 안겨주었다. 이들은 앞으로 장갑차의 기술적인 발전에 직접적인 영향을 미치는 요소가 될 것이다.

첫째, 화력 기능에서는 IFV뿐만 아니라 APC도 대구경 포, 유탄발사기, 대전차미사일 등의 무장을 탑재함으로써 적 전차까지 공격할 정도의 무장을 보유한다.

그림 2.17 스트라이커 APC의 중무장형 105mm 포(왼쪽)와 대전차미사일(오른쪽)을 각각 탑재한 모습

둘째, 임무 및 위협의 성격에 맞추어 다양하게 무장을 변경할 수 있도록 탑재무장 설계는 계열화 양상으로 발전할 것이다.

셋째, 장갑 방호기능은 IFV와 APC 모두 기관총 수준의 소구경 탄보다 강력한 중구경 탄까지 막아낼 정도로 강화한다. 이를 위해 전차처럼 다중 적이고 복합적인 장갑, 나아가 대전차 유도무기를 방어할 수 있는 능동형 방호체계의 탑재도 가능하게 발전할 것이다.

5) 한국의 현황

한국군이 처음으로 보유한 장갑차는 미 육군에서 제2차 세계대전 때에 운용했던 반궤도식의 M2/3과 M8 그레이하운드 APC였다. 특히 37mm 기관총을 탑재한 M8 APC는 전차를 보유하지 못했던 당시 한국군에게는 매우 드문 중무장 기동무기로서 주목받기도 했다.

베트남전쟁 중이었던 1967년부터는 미국의 대외군사원조로 미국제 M113 APC를 제공받았는데, 이것이 사실상 한국군의 첫 장갑차라고 할 수 있다. M113 APC는 1970년대까지 주력 장갑차로 일선 부대에서 활약했으며, 1977년부터는 이탈리아제 6614CM 차륜형 APC를 KM900/ 901이라는 명칭으로 400대를 면허생산하여 수도권을 비롯한 대도시 지역에서 북한의 특수부대 침투를 저지 및 주요 군사기지 방어용으로 운용하였다.

1980~1984년 사이에는 최초의 국산 APC인 K200이 개발되어 1985년부터 양산되어 전력화되었다. K200은 최고속도 74km, 주행거리 480km의 기동능력과 함께 보병 9명을 내부에 탑승시키며, 7.6/12mm 기관총으로 무장

그림 2.18 1970년대 말에 면허생산된 KM900/901 차륜형 APC

하여 미국제 M113과 대등 내지 그 이상의 성능을 갖춘 것으로 평가받았다. 같은 시기에 개발된 K1 전차처럼 K200 역시 북한이 남침할 경우 휴전선 전방, 수도권 이북에서 저지하는 차원을 넘어 적극적으로 반격할 수 있는 입체 고속기동전을 수

그림 2.19 한국군의 주력 장갑차로 활약 중인 K200 국산 APC(왼쪽)와 해병대의 KAAV-7 상륙강습장갑차(오른쪽)

행하는 데 주축을 담당할 기계화된 기동전력의 강화 차원에서 만들어진 것이다. K200은 기계화 보병부대를 비롯한 육군의 주요 부대에서 운용하는 것 이외에 지휘용, 대공포 및 박격포 탑재형, 화생방 정찰, 구난용 등으로 전력화되었다. 그리고 1998년부터는 미 해병대의 AAV를 국내에서 면허생산한 KAAV-7 상륙돌격장갑차가 양산되어 해병대에서 배치되었다.

불과 수년 전까지만 해도 한국군의 장갑차는 절대다수가 APC였으며, IFV는 1990년대에 T-80 전차와 함께 경제협력 차관의 현물상환 방식으로 러시아에서 직도입된 BMP-3의 70여 대가 전부였다. K200을 비롯해서 자체무장이 소구경의 기관총 정도로 제한되는 APC는 전차 중심의 기갑부대와 함께 공세적인 기동작전을 펼치기에 분명 한계가 있었으며, 이에 따라 전차에 버금가는 화력과 방호능력을 보유하는 IFV 확대를 통해 기계화보병 전력을 대폭적으로 강화할 필요성이 제기되었으며, 그 결과물이 2007년에 개발을 완료한 K21 국산 IFV이다.

K21은 보병 아홉 명이 탑승하며, 최고속도 시속 70km에 주행거리는 450km에 이르고, 시속 7km 속도로 하천을 도하할 정도로 기동력이 우수하다. 특히 야지에서도 시속 40km 이상의 주행이 가능하여 전차와의 원활한 협동작전이 가능하다. 아울러 기존 장갑차들이 갖추지 못했던 40mm 기관포로 무장하여 적의 장갑차량, 전차에 대한 파괴뿐만 아니라 특정 공간 이내에 넓게 분포하는 적 병력과 표적의 제압, 그리고 근거리에서의 대공교전 등을 수행할 수 있는 복합기능탄을 장착한다. 앞으로 첨단 국산 중거리 대전차미사일까지 탑재된다면 K21의 화력은 더욱 강화된다. 이러한 기능들은 모두 동급의 군사선진국들이 보유한 다른 IFV보다도 우수한 세계 최고수준으로 평가된다.

그림 2.20 세계 최고 수준으로 보병전투용 장갑차로 평가받는 K21 국산 IFV

K21 국산 IFV는 기계화보병부대를 중심으로 배치되었다. 기존의 주력 장갑차였던 K200 APC는 앞으로 일반 보병부대 소속으로 전환되어 노후화된 M113을 대체한다.

21세기 한국군은 보병부대의 기동력과 전투력을 강화하기 위해 IFV와 APC를 발전시켜, 대구경포, 박격포, 대전차 미사일 등을 탑재하고 첨단화하여 전력화한다.

그림 2.21 한국 방위산업체들이 생산하는 차륜형 APC의 차량들

3. 공병 · 전술지원차량

1) 등장배경

공병(Combat Engineering)이란 "평시와 전시에 아군의 작전 수행을 용이하게 만들고, 적의 이동을 방해하기 위하여 군사적 목적의 건설, 파괴 관련 임무를 수행하는 군 인력 및 부대"라고 정의할 수 있다. 쉽게 말하자면 전쟁터의 기술자들인 것이다. 공병의 기원은 기원전 1,000년 오리엔트를 최초로 통일한 아시리아제국이 전투부대 내에 하천의 도하, 적 요새의 파괴를 담당하는 부대를 설치한 데서 유래를 두고 있다. 고대 유럽을 재패했던 로마 제국에서도 해외원정 병력을 위한 병영설치, 교통로의 개설 등을 위해 다수의 공병을 운용한 것으로 전해진다. 오늘날까지 남아있는 로마 시대의 도로들의 상당수가 로마 공병에 의해 건설되었다.

고대에서 중세에 이르기까지 공병은 적의 요새를 공격하는 공성전을 주로 담당했다.

이에 따라 투석기(catapult) 등의 공격용 무기들이 공병으로 운용되었으며, 화약의 발명으로 대포가 가장 효과적인 성을 공격하는 무기로 부각되었을 때도 포병은 상당기간 동안 공병의 일원으로 활동하였다. 17세기 이후 포병이 독립하자 공병의 임무는 대포의 공격으로부터 성곽, 요새의 방어를 강화하는 수세적인 임무를 수행하게 되었다.

공병은 전쟁의 역사에서 오랫동안 존재해왔지만, 병과의 특별한 구분이 없던 과거에는 건축, 토목 등의 기술을 지닌 일반 병사들이 지휘관의 필요

그림 2.22 공병부교 설치 설치된 공병부교를 이용해 전차들이 한탄강을 도하하고 있다.

에 따라 별도로 차출되어 공병에 해당하는 역할과 임무를 수행했다. 그러나 19세기에 들어서 전쟁이 점차 전면전 양상을 띠게 되고 상대적으로 군대가 조직화됨에 따라 방어진지 구축·보수, 교량 건설, 측량, 지도 제작 등의 토목 임무를 전문적으로 수행하는 공병이 개별 병과로 독립하여 21세기에도 그 같은 임무를 계속 수행하고 있다. 그리고 전쟁에서 기동수단으로써 필요한 다양한 전술차량들이 함께 발전하고 있다.

2) 특성 및 분류

(1) 공병무기

공병 임무의 성격도 '비전투 임무를 수행하는 기술자 집단'에서 전장에서의 기동이 점차 중요시됨에 따라 전투부대 개념으로 성격이 변모하기 시작했다. 제2차 세계대전 초기인 1940년 유럽 서부전선에서 세계를 경악시켰던 독일의 전격전이 성공했던 것도 공병의 역할이 매우 컸다. 당시 독일은 프랑스, 영국 연합군이 천연 요새라고 여겼던 아르덴 삼림지대에 전차, 장갑차들을 투입했는데, 공병부대들의 활약으로 도하 및 돌파로 확보를 신속하게 달성하여 기습적인 전선 돌파에 성공했던 것이다.

오늘날에는 군사작전뿐만 아니라 민간의 건설 및 토목공사 지원, 자연재해 구조, 복구, 해외 분쟁지역에서의 재건지원 등에도 공병부대가 주역을 담당하고 있다. 1990년대 이후 활기를 띠고 있는 한국군의 해외파병에서 병력의 다수를 차지하는 부대도 바로 공병부대였다. 2001~2007년 아프가니스탄의 다산 부대, 2004~2008년 이라크 북부 아르빌의 자이툰 부대, 2010년대 이후 현재 세계 각 지역에서 유엔평화유지군 활동(PKO) 등이 대표적이다.

공병을 "가장 먼저 전장에 투입하고, 가장 나중에 후퇴하는 병과"라고 일컫는다.

아군이 적진을 향해 공격하고 전진을 해야 할 때는 적이 설치한 각종 장애물을 제거하거나 자연적인 장애요소들을 돌파하고, 방어 및 퇴각 시에는 후퇴를 위한 교통로를 복구하고 지뢰와 장애물을 설치하면서 아군을 지원해야 하기 때문이다.

공병은 몇 가지 기준에 의해서 분류될 수 있는데, 주로 임무의 성격에

그림 2.23 기동작전을 위한 전투공병 장비들 미국제 '그리즐리' 장애물 제거용 장갑차량(왼쪽)과 국산 전차를 바탕으로 개발된 교량전차(오른쪽)

따라서 '전투공병'과 '시설공병'으로 분류된다. 전투공병은 주로 최전방과 전투 현장에서 전투부대의 기동이나 방어를 위한 임무를 직접적으로 지원하며, 실제 전투에 투입되는 경우도 적지 않다. 반면 시설공병은 상대적으로 안전한 후방에서의 기지 건설 및 유지관리, 도로 및 교량 건설 등 민간 토목회사와 큰 차이가 없는 업무를 담당한다. 민간분야 지원을 위한 임무나 해외 분쟁지역 내에서 재건임무를 담당하는 것도 주로 시설공병이다.

다음으로 공병의 기능별 분류는 기동기능, 대기동기능, 그리고 방어기능 등의 세 가지가 있다.

첫째, 기동 기능이란 아군 전투부대의 이동을 위한 교통로를 확보 및 개척하는 것으로 전투공병의 가장 전형적인 임무에 해당하는 동시에, 가장 위험한 임무라고 할 수 있다. 장애지역의 돌파, 보급 및 진격을 위한 주요 교통로의 개설과 복구, 그리고 도로와 교량의 가설 등이 포함된다.

기동 지원을 위해 전투공병 부대가 돌파해야 할 장애물이란 자연(하천, 삼림)과 인공(지뢰, 방벽, 참호, 철조망)적인 것 모두를 의미한다. 이를 위해 사용되는 장비에는 임시부교, 교량탑재형 차량, 장애물 제거차량(COV: Counter-Obstacle Vehicle) 등이 있다. 적의 공격에 노출될 수 있는 최전선에서 사용된다는 특징 때문에 주로 전차, 장갑차를 개조한 장갑차량의 형태가 다수를 차지한다.

둘째, 대기동 기능은 적의 기동을 저지, 방해하기 위한 인공적인 장애물을 구축하는 것을 뜻한다. 여기에는 철조망, 방벽의 설치도 포함될 수 있겠지만, 가장 효과적인 방법은 역시 지뢰(land mine)를 매설하는 것이다. 지뢰란 지표면 밑에 설치하여 접근, 혹은 접촉하는 물체를 폭발시키는 무기를 뜻하는데, 그 대상에 따라서 대인지뢰와 대전차지뢰로 구분한다. 지뢰를 매설하는 방법은 병사가 직접 손으로 설치하는 것이 고전적이지만, 오

그림 2.24 매설되어 있는 대전차지뢰(왼쪽)와 미국제 M93 살포형 지뢰(WAM, 오른쪽)

늘날에는 대포, 항공기, 폭탄, 혹은 특화된 살포장비 등을 사용하여 빠른 시간 내에 광범위한 지역을 대상으로, 많은 수를 매설하는 방식이 널리 사용되고 있다. 과거에는 한번 매설되면 오랫동안 작동되는 구형 재래식지뢰가 다수를 이루었지만, 비인도성 문제와 더불어 임무수행의 유연성을 제약하는 단점 때문에 점차 도태되어 가는 추세에 있다. 대신 일정시간이 지나면 자동적으로 폭발기능을 상실하는 지능형 지뢰가 각광을 받고 있다.

셋째, 방어 기능은 전방의 적의 공격에 따른 피해를 최소화하기 위해 요새

그림 2.25 건설임무를 수행하는 미국제 M9 '에이스' 장갑공병차량

및 병영을 구축하거나 유지하고, 폭발물을 제거하고, 후방 지역에서 군용 지원시설을 건설하는 임무에 해당한다. 따라서 전투공병보다는 시설공병을 위한 임무라고 할 수 있다.

(2) 전술지원차량

군사 부문에서 전술지원차량이란 인적, 물적 자산의 수송에 필요한 전술적인 기동을 달성하기 위하여 운용하는 차량을 뜻한다. 전차나 장갑차를 비롯한 장륜형보다는 주로 민간 차량을 개조하는 형태가 일반적이다. 이는 군사적인 용도에 특화된 개별 차량을 따로 개발하는 것보다 경제적인 생산 가격, 유지비, 정비소요 등을 달성하기 위한 것이다. 다만 군용 차량이므로 내구성, 기동성, 수송에의 적합성, 악천후 극복능력 등을 강화하도록 개량

시킨 것이다.

일반적으로 전술지원차량을 분류하는 방식은 다음과 같다.

첫째, 전방과 후방이라는 활동공간 기준이다. 전방 지역에서 운용되는 경우에는 험준한 지형, 생존성에 대한 필요성이 높기 때문에 내구성 및 기동성에 중점을 둔 개량을 적용한 전투차량이 있다. 상대적으로 전투에 덜 노출되는 후방 지역의 전술기동차량은 민간의 상용차량을 그대로 운용하기도 한다.

둘째, 수행하는 임무 기준이다. 구체적으로는 부대 지휘, 통신중계, 소부대 병력 및 군용물자의 수송, 연료급유, 장거리 수색정찰, 경무장(기관총, 무반동포, 대전차미사일), 부상자 후송, 구급, 대량살상무기 탐지 및 제거차량 등으로 구분한다.

셋째, 차량의 규모와 무게 기준이다. 미 육군의 경우 1~2톤 이하의 소형급, 2~5톤 내외의 중형급, 그리고 10톤 이상의 대형급으로 분류하고 있다.

소형급 전술지원차량은 전방 지역에서의 원활한 기동에 유리하며, 장거리 수색정찰이나 부대 지휘차량, 탄약운반, 통신중계, 구급, 경무장형이 대부분이다.

중형급은 보다 확대된 탑재능력을 바탕으로 후방이나 도시 지역에서, 소부대 병력 및 군용물자의 수송을 주로 담당한다.

대형급의 경우 견인포를 끌고 가거나 그 자체가 발사무

기(다연장로켓포, 지대공미사일)의 탑재 및 수송차량으로 개조되기도 한다.

3) 발전추세

21세기 현대무기체계가 대부분 자주화 및 장갑화로 발전함에 따라 제병협동작전과 기동부대의 기동성을 보장하기 위해 공병무기체계와 전술차량지원은 필수적인 요소가 되었다. 지상작전 지원장비로써 공병무기체계와 전술지원차량의 발전추세는 전쟁양상의 변화에 따라 ① 기동성 향상, ② 다목적 운용성 확보, ③ 장갑화로 전투지역에서 장애물 제거 및 통로 개척, ④ 운용개념을 다양화 한 방향으로 발전시키는 추세에 있다.

제2절 화력무기체계

1. 소화기

화력이란 부대 또는 무기체계에 의해 발사되는 사격량이나 사격능력으로써, 소화기, 대포 등은 중요한 화력 무기체계이다.
소화기란 "병사 개개인, 혹은 2~3명의 소수 인원이 전장에서 부여된 임무를 수행하기 위해 휴대 및 운반하면서 조준 및 지향 사격으로 개인의 생명을 보호하고, 적을 제압하는 무기"를 통칭한다. 도구시대에는 주로 칼과 창, 활을 포함하는 개념이었으나, 화약무기의 개발 이후에는 보병용 소화기를 의미하는 것으로 통용된다. 권총이나 소총, 기관총, 그리고 유탄발사기 등이 여기에 해당한다.

1) 등장배경

소화기는 대포보다 약 1~2세기 가량 늦은 14세기 이후에 처음 개발되었다.

그림 2.28 초기 소화기인 화승총(왼쪽)과 머스킷 소총(오른쪽)

대포를 보병이 휴대 가능한 크기로 축소한 손대포(hand cannon)가 그 시초였다. 16세기경에 고안된 화승총(matchlock)이 오늘날 통용되는 총의 형태를 갖춘 첫 소화기였는데, 일반적인 대포처럼 심지에 불을 붙여서 화약을 폭발시키면 그 반발력으로 탄환을 발사하는 방식이었다. 따라서 병사가 항상 불씨를 휴대해야 했으며, 맑은 날씨에서만 사격이 가능하다는 단점이 있었다. 17세기에 등장한 머스킷 소총은 수석식(flintlock) 격발장치를 채택하여 이 문제를 해결했다. 방아쇠를 당기면 부싯돌이 움직여 불꽃을 일으키고, 그 불꽃으로 화약을 폭발시키면서 탄환이 발사되는 원리로 작동하는 것이다. 덕분에 병사들은 비가 내리는 악천후에도 소총을 사용할 수 있게 되었다. 18세기부터는 소총에 대검을 부착하여 보병의 기본무장은 창에서 소총으로 완전히 대체되었다.

　19세기 이전까지 사용되었던 화승총, 머스킷 소총은 모두 총구에 탄약을 장전하는 전장식의 형태를 채택했다. 이에 따라 탄환 1발을 사격하는 데만 1분가량의 시간이 소요되어 보병 한 사람이 발휘할 수 있는 화력의 전투효과는 크게 제한적이었다. 그러던 것이 1820년에 프로이센의 요한 드라이제가 일명 '바늘총'이라는 신형 강선소총을 개발하면서 큰 변화를 일으켰다. 바늘총은 뒤쪽의 탄창에서 탄환을 장전하도록 설계된 후장식 소총으로 재장전을 위한 시간이 크게 단축되었고, 따라서 같은 시간 동안에 사격할 수 있는 탄환의 수량도 훨씬 늘어났다. 그리고 총신 내부에 나선형의 홈, 즉 강선을 파놓아서 탄환이 일직선에 가까운 보다 안정적인 궤도로 비행하도록 만들었다. 이는 종전의 화승총, 머스킷 소총보다 훨씬 먼 거리에서, 정확하게 표적을 명중시킬 수 있음을 뜻했다. 1866년 프로이센은 오스트리아와의

그림 2.29 요한 드라이제가 개발한 후장식 강선소총 '바늘총'이라고 부르기도 했다.

그림 2.30 최초의 기관총인 개틀링 포(왼쪽)와 제1차 세계대전 당시 기관총의 사용 장면(오른쪽)

보오전쟁에서 다수의 보병들을 바늘 총으로 무장시켜 7주일 만에 대승리를 거두었고, 그 후 여러 국가들이 바늘 총과 유사한 후장식 강선소총을 개발하면서 보병의 표준무장으로 자리 잡았다.

미국에서 남북전쟁이 계속되고 있던 1862년에는 리처드 개틀링이 분당 200발의 탄환을 연속해서 발사할 수 있는 최초의 기관총(machine gun)을 만들었다. 발명자의 이름을 따 '개틀링 포(gatling gun)'라고도 불리는 이 무기는 여섯 개의 총신을 묶어 회전하면서 탄환을 자동적으로 장전 및 사격하는 방식으로 작동되는 것이 특징이다. 영국의 히람 맥심은 1884년 하나의 총신만으로 작동되는 형태의 기관총을 개발했는데, 이것이 오늘날 사용되는 기관총으로 발전했으며, 현대 전쟁에서도 유용한 무기가 되고 있다. 맥심 기관총은 영국과 트란스발 공화국 사이의 보어전쟁(1899~1902)과 일본과 러시아의 러일전쟁(1904~1905)에서 처음으로 본격 사용되었고, 제1차 세계대전 및 제2차 세계대전에서는 대표적인 방어용 화력 무기체계로서 그 위력을 증명해냈다.

2) 특성 및 분류

(1) 특 성

소화기는 공격보다는 병사 스스로를 방어하기 위해 최소한도의 화력만을 갖추는 개인방호용 화기(권총), 일정 거리 이내에서의 적 공격도 가능한 개인 휴대화기(소총), 그리고 개인 혹은 2~3명 정도의 인원이 운반ㆍ운용하며 분대급의 소규모 부대를 지원하기 위한 화력을 제공하는 지원 및 특수화기(기관총, 유탄발사기) 등으로 각각 나뉜다. 1차적인 용도는 적 병력이나 방호기능이 약한 경장갑차량을 공격하고 제압한다. 그리고 전투 간 자신을 보호하고, 보병부대가 부여된 임무를 달성하기 위해 마지막 수단으로 사용할 수 있는 무기인 것이다.

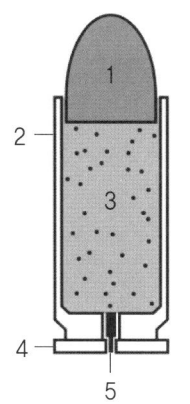

그림 2.31 현용 탄약의 일반적인 구조
탄자(1), 탄피(2), 장약(3), 테두리(4), 뇌관(5)으로 구성된다.

각종 소화기에 장착 및 발사되어 직접적으로 파괴와 살상 효과를 일으키는 탄약은 크게 다섯 가지 구성요소를 갖추고 있다.

첫째, 표적을 향해 비행하여 명중하는 탄자로 탄약의 맨 앞에 위치한다. 탄자의 소재는 비행과정에서 바람의 영향을 덜 받도록 납, 철과 같은 무거운 금속으로 만들어진다.

둘째, 탄약 외형의 대부분을 감싸는 원통 모양의 금속제 용기인 탄피가 있다. 탄피는 탄자가 발사된 후 자동 혹은 수동으로 버려지며, 셋째, 탄약이 비행할 때 추진제로 사용되는 장약이다.

넷째, 탄약의 바닥에 있는 테두리가 되며 다섯째, 장약을 점화시키는 뇌관이다. 뇌관은 탄피의 맨 뒷부분에 장치되며, 사수가 방아쇠를 당길 때 장약을 발화시키는 기능을 한다.

소화기가 가장 기본적으로 보유하는 공통적인 성능 특성은 탄환의 운동 및 폭발에 의한 물리적인 에너지를 표적에 전달하여 표적을 무력화시키는 파괴·살상 효과를 일으킨다. 이와 더불어 유효사거리, 사격속도, 정확도(명중률), 사용 편의성, 그리고 원활한 정비와 유지를 위한 신뢰성 및 운용성 등도 중요한 특성이라고 할 수 있다. 따라서 전투효과와 직접적인 연관성을 갖는 소화기 특성은 최대한 증대시키는 동시에 무게, 크기, 총기 및 탄약의 종류, 계열화, 훈련 및 정비시간은 가능한 한 감소시키는 방향으로 발전시키는 경향이다.

(2) 분 류

① 권 총

소화기 가운데 크기가 가장 작고, 휴대하는 데 편리한 것은 권총이 된다.

리볼버 권총
- 구경 : 9mm
- 탄환장전수량 : 5~8발
- 사례 : 콜트 파이톤(미국), 나강 M1895 (러시아)

자동권총
- 구경 : 9mm
- 탄환장전수량 : 12~17발
- 사례 : 콜트 M19(미국), PMM(러시아), 브라우닝 (벨기에)

권총은 주로 허리에 찬 상태로 휴대하며, 주로 근거리에서 사용되므로 사거리 측면에서는 미약하지만 명중률이 상대적으로 높고, 신속하게 사격하기에도 유리한 것이 특징이다. 권총의 종류는 미국 서부영화에서 자주 등장하는 탄창 회전방식의 리볼버(revolver) 권총, 오늘날 일반적으로 사용되는 자동권총의 두 가지로 구분한다. 두 권총을 구분하는 기준은 탄환의 연속사격에 필요한 힘을 어떻게 제공하느냐에 따른 것이다. 리볼버 권총은 방아쇠를 손으로 당길 때 고정된 형태의 탄창을 회전시켜 격발을 일으키지만, 자동권총의 경우 손잡이 부분에 부착된 분해가 가능한 탄창을 끼워서 탄환이 발사되는 반작용의 힘으로 자동적인 재장전이 이루어진다. 이 점에서 자동권총은 빠른 연속사격, 탄환의 장전수량 측면에서 유리하고, 리볼버 권총은 고장이 적어서 사용상의 신뢰성이 높다는 장점을 갖는다. 이론상으로 권총의 사거리는 최대 1,500m에 이르지만, 유효사거리는 100m보다 훨씬 짧은 것이 보통이다.

② 소 총
보병의 표준 무장으로 사용되는 소화기는 역시 소총이다. 제2차 세계대전 직후만 해도 구경 7.6mm 계열의 소총이 많았지만, 현대는 경량화된 5.4/5.5mm급이 일반화되어 있다. 오늘날의 주요 소총들은 사격할 때마다 탄피가 배출되며 연속적으로 사격할 수 있는 제2차 세계대전 시절의 반자동사격방식보다 발전된 자동사격방식을 채택하고 있으며, 이는 소총 1정의 탄약 장전수량과 시간당 발사속도 등의 전투효과를 크게 강화시켰다. 일반

M16(미국)
- 구경 : 5.56mm
- 무게 : 4kg
- 분당 발사속도 : 600발
- 초속 : 930m
- 탄환장전수량 : 20~30발

AK-47(러시아)
- 구경 : 7.62mm
- 무게 : 4.3kg
- 분당 발사속도 : 600발
- 초속 : 715m
- 탄환장전수량 : 30/40~70발

G36(독일)
- 구경 : 5.56mm
- 무게 : 3~3.6kg
- 분당 발사속도 : 750발
- 초속 : 920m
- 탄환장전수량 : 30발

F2000(벨기에)
- 구경 : 5.56mm
- 무게 : 3.8kg
- 분당 발사속도 : 850발
- 초속 : 900m
- 탄환장전수량 : 30발

적으로 잘 알려진 보병용 소총은 돌격소총(assault rifle)이라고도 불리며, 이 외에도 저격수의 정밀사격을 위해 조준 및 거리측정, 사거리 연장기능 등을 배가시킨 저격소총(sniper rifle)이 운용된다. 소총보다 작은 크기에 초속(탄환이 총구로부터 발사될 때의 속도)은 낮으면서 완전 자동사격 기능을 통해 발사속도를 높이고, 권총과 동급인 9mm 수준의 강력한 화력을 보유하는 기관단총(submachine gun)은 주로 짧은 시간에 압도적인 화력집중을 필요로 하는 대테러 작전을 수행하는 특수부대에서 널리 사용된다.

③ 기관총

기관총은 1분당 500~1,000발 가량의 탄환 사격규모, 400~800m의 초속, 그리고 2~5km 내외의 유효사거리 등을 특징으로 한다. 이는 권총이나 소총을 비롯한 다른 소화기가 발휘할 수 있는 화력 수준을 크게 능가하는 것이다. 다만 총기뿐만 아니라 양각, 혹은 삼각 받침대를 함께 설치해야 하는 구조를 갖추어 무게가 보병용 소총보다 약 3배 무거운 10kg 정도에 달하기 때문에 고정된 진지에서 운용하는 데 적합하다. 기관총의 분류는 소총과 유사한 7.6mm급의 경(輕)기관총, 7.6~12.7mm 이내의 범용기관총, 그리고 12.7mm 이상의 중(重)기관총 등으로 구분한다. 경기관총과 범용기관총은 보병부대에서, 중기관총은 일반 차량이나 전차, 장갑차 등을 위한 탑재무장으로 사용되고 있다.

M60(미국)
• 구경 : 7.62mm
• 무게 : 10.5kg
• 분당 발사속도 : 550발
• 초속 : 853m
• 유효사거리 : 1,100m

M2(미국)
• 구경 : 12.7mm
• 무게 : 38kg
• 분당 발사속도 : 550발
• 초속 : 930m
• 유효사거리 : 2,000m

RPK-47(러시아)
• 구경 : 5.45/7.62mm
• 무게 : 4.7kg
• 분당 발사속도 : 600발
• 초속 : 960m
• 유효사거리 : 1,000m

미니미(벨기에)
• 구경 : 5.56mm
• 무게 : 8.4kg
• 분당 발사속도 : 700~1,150발
• 초속 : 925m
• 유효사거리 : 300~1,000m

④ 유탄발사기

유탄발사기(Grenade Launcher)는 제2차 세계대전과 6·25전쟁에서 사용되었던 총류탄(銃榴彈)에 기원을 둔 것으로 수류탄처럼 내부를 화약으로 가득 채운 30/40mm급의 유탄을 장착하여 발사하는 소총, 기관총 형태의 무기인 것이다. 사람의 힘만으로 던지는 수류탄이 보통 50~60m를 날아가는 데 비해서, 유탄발사기는 수백 미터 밖의 표적을 공격할 수 있는 것이 장점이 된다.

M203(미국)
• 구경 : 40mm
• 무게 : 1.3kg
• 분당 발사속도 : 5~7발
• 초속 : 76m
• 유효사거리 : 400m

AGS-17(러시아)
• 구경 : 30mm   • 무게 : 31kg
• 분당 발사속도 : 400발
• 초속 : 185m
• 유효사거리 : 1,700m

GMG(독일)
• 구경 : 40mm
• 무게 : 29kg
• 분당 발사속도 : 340발
• 초속 : 241m
• 유효사거리 : 1,500m

3) 운용개념

소화기 가운데 권총, 소총은 보병을 비롯한 병사 개개인에게 필요한 전투력을 제공하는 기능을 한다.

권총의 경우 신속성과 명중률, 화력 수준에 비해 사거리가 짧으므로 공격보다는 스스로를 방어하기 위한 최후 수단으로 사용하게 되며, 소총은 권총을 크게 능가하는 수준의 사거리와 시간당 사격규모를 갖춘 무기라는 점에서 보병을 위한 가장 기본적인 무장인 것이다.

전장의 공격과 방어 임무에서 모두 적에 대한 제압, 살상효과를 발휘한다고 할 수 있다.

기관총과 유탄발사기는 권총, 소총보다 우월한 화력을 갖춘 무기이기 때문에 개인별 전투 차원을 넘어서 분대, 혹은 소대급의 소규모 부대를 위한 화력지원용으로 운용되고 있다.

제1차 세계대전을 통해 입증되었듯이, 기관총은 주로 고정된 위치에서 부대 방어태세를 고수 및 지속하거나 전차, 장갑차, 각종 차량에 탑재되어 지상 표적을 제압하고 대공요격을 위해 사용하는 데 적합한 무기가 된다. 유탄발사기는 적 병력뿐만 아니라 장갑 방호능력이 취약한 경장갑 표적을 제압하기에 유리하며, 사거리 상으로는 소총·기관총과 박격포 사이의 중간범위를 대상으로 유효하게 운용될 수 있다.

4) 발전추세

1990년대 냉전 종식을 계기로 세계는 과거만큼의 거대한 정규군을 필요로 하는 나라의 수가 크게 줄었으며, 상당수준의 병력과 무기의 보유수량 감축은 불가피해졌다. 이는 상대적으로 무기의 생산, 관리비용이 적게 소요되는 소화기도 예외가 아니다. 따라서 21세기는 각국에서 권총, 소총, 기관총, 유탄발사기 등으로 분류되었던 소화기들을 보다 효율적으로 운용하면서 전투력을 종전보다 배가시키기 위한 노력을 기울이기 시작했으며, 그 구체적인 발전 추세는 다음과 같다.

첫째, 대량생산을 통한 비용의 절감, 그리고 보급의 용이성을 위해 소총

급 이상의 주요 소화기들에 장착되는 탄약을 동일 규격으로 표준화 하고
있다.

둘째, 전장에서 보다 편리하게 운용할 수 있도록 소화기의 경량화를 촉
진한 것이다. 이를 위해 경합금과 복합재료, 합성수지 등의 소재가 종전의
금속제를 대체하고 있으며, 또한 총기의 소구경화 및 소형화로 발전하고
있다. 특히 소구경화 추세는 유효사거리를 단축시키는 대신에, 명중률을
향상시키는 데 기여하므로 전반적인 전투력을 강화시키는 효과를 기대할
수 있다.

셋째, 소화기의 기술적인 발전에 있어서 가장 야심적인 구상은 복합화기
의 개발이다. 즉, 두 개 이상 종류의 소화기를 일체화시켜 보병의 전투력
수준, 임무수행 범위를 획기적으로 강화하는 것이다.

여러 국가에서 제시되는 복합화기는 주로 소총, 유탄발사기의 기능을 하
나의 화기에 통합시킨 형태이며, 주야간 조준경과 열영상장비, 레이저 거리
측정기, 그리고 컴퓨터에 의한 첨단 사격통제장치 등을 갖추어 전장에서의
자연적 환경에 구애받지 않는 정밀교전에 유리하다.

표적의 바로 위에서 폭발하는 공중폭발탄(air-burst munition)을 새로이
장착하는 것도 또 다른 특징이다. 이것은 참호, 진지처럼 엄폐된 공간에
밀집하여 은신한 적 병력을 몰살시키는 데 매우 효과적이기 때문에 복합
화기는 보병 개개인도 일종의 첨단무기와 같은 전투력을 발휘하도록 하는
것이다.

오늘날 세계 주요 국가들은 보병용 복합화기의 개발에 많은 어려움을 겪

고 있는 실정이다. 대표격이었던 미국은 1990년대부터 미래형 소화기(OICW: Objective Individual Combat Weapon)라는 사업명으로 복합화기 개발에 나섰지만, 지난 2005년 최우선적으로 추진되었던 XM-29 미래형 소총의 개발사업을 중도 포기하고, 개발 난이도를 낮춰 분대지원화기로 복합화기인 XM-25를 전력화했다.

　XM-25는 효과적인 사격을 위해 레이저 거리측정기와 야간에도 적을 볼 수 있는 열영상장비, 정확한 사격을 위한 탄도컴퓨터를 장착하고, 정확성이 높기 때문에 불필요한 피해를 줄일 수 있고, 은폐 및 엄폐한 적의 머리 위에서 공중 폭발탄을 터뜨려 살상할 수 있다.

5) 한국의 현황

건군 당시 한국군이 처음으로 손에 넣었던 소화기로써 소총은 제2차 세계대전에서 널리 사용된 미국제 M1 반자동 소총이었다. 광복 직후만 해도 일제 식민통치 시절에 사용되었던 일본제 38식, 99식 소총이 주로 남아있었지만, M-1 소총을 확보하면서 이들을 대체할 수 있게 된 것이다. 1960년대에 이르러 M-1소총은 구식화되기 시작했지만, 당시 한국의 경제력으로는 보병부대 전체의 소총을 교체할 여유가 없었다. 결국 베트남전쟁에 파병된 전투부대들을 대상으로 당시 미국에서 전력화되기 시작했던 M-16 소총,

그림 2.33 한국군의 주요 소화기들 왼쪽 위부터 차례로 K-5 권총, K-2 소총, K-3 기관총, K-4 유탄발사기이다.

M-60 기관총을 일부 확보하는 것으로 만족해야만 했다.

1960년대부터 북한의 군사모험주의가 그 실체를 드러내고, 1971년에는 주한 미 육군 제7사단이 철수하면서 한국의 안보환경은 크게 위협받게 되었다. 미국의 안보공약 약화에 따른 방위력 공백을 극복하기 위한 대안이 절실해짐에 따라 한국은 자주국방 정책을 추진했다. 이에 따른 주요 무기의 국산화, 특히 가장 기본적인 소화기에 대한 자체개발 및 생산이 1차적인 과제가 되었다.

소총의 경우 1974년 M-16 소총의 국내 면허생산이 시작되면서 마침내 구식 M1 소총을 완전 대체할 수 있게 되었다. 1980년대 초에는 5.56mm 구경의 K-1 기관총을 양산하여 특수전부대에 보급하기 시작했는데, 이것이 한국 최초의 독자개발형 소화기였다. 1984년에는 역시 5.56mm 구경을 채택한 K-2 소총이 주요 보병부대를 대상으로 전력화하게 되었다. 육군의 주력 무장이 국산 K-2 소총으로 바뀌면서 M-16 소총은 후방의 예비군 부대를 위한 무기로 전환되었다. 권총은 6·25전쟁 시에 M-19 계열로 사용되다가 1989년부터 국산 K-5가 기존 M-19의 자리를 차지하기 시작했고, 분대급 화력지원용으로 5.56mm K-3 기관총과 40mm K-4 유탄발사기, 그리고 12.7mm K-6 중기관총도 차례로 전력화했다.

오늘날 한국의 개인화기 기술력은 세계의 주목을 받기 시작했다. 미국을

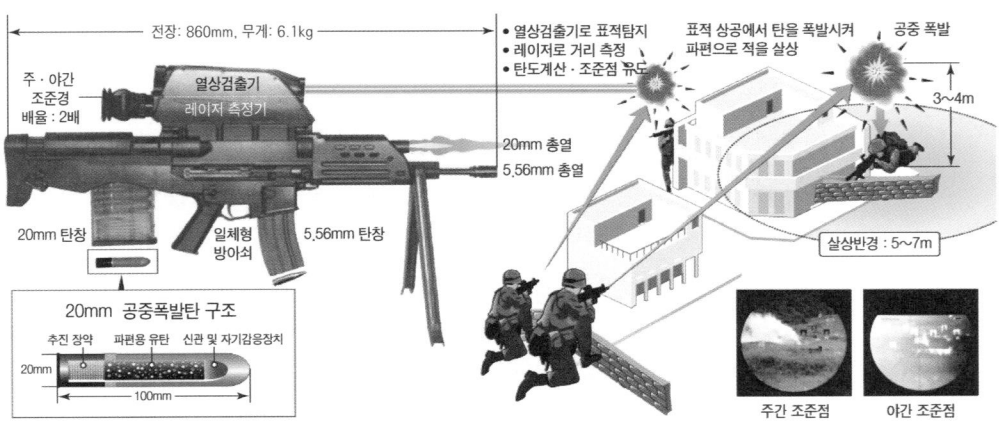

그림 2.34 K-11 복합화기의 특성

위시한 군사선진국들조차 만족스러운 성과를 내지 못했던 복합화기 개발에 성공한 것이다.

2000년대 현재 K-11 복합형 소총은 5.56mm 소총, 20mm 유탄발사기를 하나의 방아쇠를 이용하여 선택적으로 사격할 수 있는 이중 총열구조를 채택하며, 주야간 조준경과 레이저 거리측정기, 자동화된 탄도 계산 및 조준점 제어기능을 갖춘 첨단 사격통제장치 등 고도의 정밀 교전능력을 보유하였다. 무엇보다 적진 3~4m 상공에서 폭발하는 20mm 공중폭발탄의 장착, 운용능력을 처음으로 확보했다는 점에서 큰 의미를 갖는다. K-11 복합형 소총의 개발, 양산으로 한국은 세계 최초로 개인용 복합화기를 본격 전력화하는 기록을 세우게 되었다.[1]

2. 대전차무기

대전차무기는 "탱크, 장갑차 등 장갑 방호능력을 갖춘 적의 지상 기동무기를 파괴, 무력화하거나 기동을 방해함으로써 적 지상군의 기동력을 상실, 약화시키기 위해 사용되는 무기"를 뜻한다.

1) 등장배경

제1차 세계대전 중반에 전차가 개발되자 각국은 소총, 기관총의 탄환에도 견딜 수 있는 전차의 방호능력과 이를 앞세운 우수한 기동력에 경악했으며, 지상전의 새로운 강자로 등장한 이 신무기에 대항하기 위한 수단을 개발하려 애썼다. 초기에는 내구성이 높은 철심이 들어있는 대전차 총탄이 개발되었지만, 1930년대부터 대포가 전차 공격용 무기로 채택되어 사용했다.

대전차무기의 구경은 본래 30~50mm 수준이었지만, 제2차 세계대전 중에는 그 규모가 70~80mm 이상까지 증대되었다. 1942년 미국에서는 보병이 휴대할 수 있는 60mm 로켓발사형 대전차무기, 즉 M9 바주카포가 개발

---

1) 『중앙일보』, 2008. 7. 29.

되어 휴대용 대전차무기의 막을 열었다.

독일에서도 바주카포의 개발에 착안하여 판저슈렉, 판저파우스트 등의 휴대용 대전차무기를 개발했다. 그 후 바주카포보다 대구경인 90~100mm급의 로켓탄을 장착하는 무반동총이 새로운 대전차무기의 대열에 합류했다.

이처럼 제2차 세계대전이 끝날 무렵에는 대전차무기의 주력은 무반동총에서 보병이나 차량 등에 탑재될 수 있는 로켓무기로 전환되었다. 그러나 이들 대전차 로켓무기는 움직이는 표적을 상대로 운용되기에는 한계가 많았고, 사거리도 100~300m 내외에 불과했으므로 최대한 적 전차와 가까운 거리에서 교전해야만 했다. 이는 불가피하게 교전 과정에서 보병의 방어 취약성을 높이는 문제로 연결될 수밖에 없었는데 그 해답으로 제시된 것이 바로 미사일을 비롯한 대전차 유도무기(ATGW: Anti-Tank Guided Weapon)였다.

대전차 유도무기의 위력은 1973년 10월 제4차 중동전쟁을 통해 여실히 증명되었다. 6년 전에 벌어졌던 제3차 중동전쟁 당시 아랍진영의 대표국이었던 이집트는 이스라엘로부터 기습적인 공격을 받은 직후 이어진 전차 중심의 지상전에서 완패하며 시나이반도 일대를 점령당해야만 했다. 이에 대해 이집트는 군 재건의 일환으로 다수의 러시아제 무기도입에 역점을 두었는데, 그 가운데는 이스라엘이 자랑하는 대규모의 지상 기동전력에 맞서기 위한 최대사거리 3km의 AT-3 '새거' 대전차미사일도 포함되어 있었다. 이집트의 침공으로 제4차 중동전쟁이 시작된 첫날 100대의 전차를 보유한 이스라엘의 1개 기갑여단이 궤멸당했는데, 바로 이집트가 사용한 AT-3 대전차미사일에 의한 손실이었다. 이로써 대전차 유도무기는 그동안 지상전에

 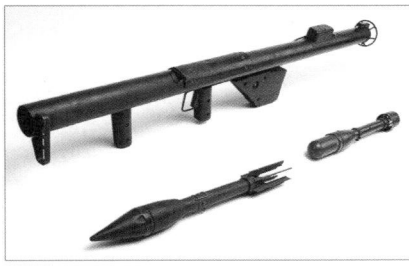

그림 2.35 제2차 세계대전에서 사용된 독일제 75mm PAK 40 대전차포(왼쪽)와 미국제 M9 '바주카' 휴대용 대전차로켓(오른쪽)

서 주도적인 비중을 차지해 온 전차에 대한 가장 위협적인 무기로 발전하고 있다.

2) 특성 및 분류

(1) 특 성

오늘날 대전차무기는 크게 전차를 비롯한 지상 기동무기의 장갑 방호기능을 파괴할 수 있는 로켓탄과 미사일의 두 종류로 구분하고 있다. 이들 두 무기의 차이는 공격하고자 하는 표적에 대한 유도기능을 갖추느냐의 여부에서 비롯된다. 일반적인 성능은 사거리, 파괴력 등에서 모두 대전차미사일이 대전차 로켓탄보다 우월한 경우가 많다. 그러나 대전차 로켓탄은 기술적으로 구조가 간단하여 대량생산에는 유리하기 때문에 실제로 배치 및 운용되는 수량에서는 대전차미사일보다 대전차 로켓탄이 훨씬 널리 사용되

그림 2.37 탠덤탄두를 장착하는 대전차 미사일의 내부 구조도

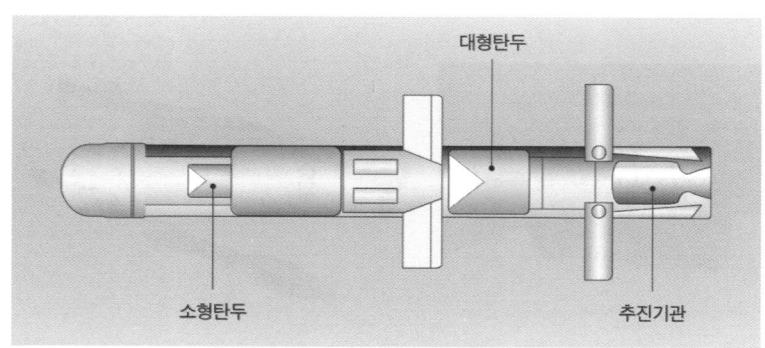

소형탄두   대형탄두   추진기관

고 있다.

대전차무기의 핵심은 적 기동무기의 차체, 특히 장갑을 무력화할 수 있는 탄두의 성능이다. 대전차 로켓탄이나 미사일에서 사용되는 탄두 다수는 전차 포탄으로도 널리 사용되는 HEAT 형태의 단일 고폭약을 사용하고 있다. 21세기 각국의 주력전차로 운용 중인 제3세대 전차는 종전의 금속재 장갑보다 방호능력이 향상된 반응 및 복합장갑을 탑재하는 경우가 많으며, HEAT 탄두는 이런 형태의 장갑을 관통하기에는 적지 않은 한계가 있다. 이에 따라 제3세대 탱크의 반응 및 복합장갑까지 관통할 수 있는 구조의 탠덤(Tandem, 직렬형태) 탄두가 개발되어 운용되고 있다. 탠덤탄두는 앞의 소형탄두가 표적과 먼저 충돌하면, 그 뒤에 설치되는 대형탄두까지 곧바로 폭발하여 적 전차의 강화된 장갑을 관통하는 원리를 채택하고 있다.

(2) 분 류

대전차무기는 대전차로켓탄과 대전차미사일로 구분한다.

① 대전차 로켓탄

유도기능이 없기 때문에 발사가 이루어지기 전에 표적을 정확하게 조준해야만 한다. 이러한 특징으로 인해 약 500m 내외의 근거리 교전을 위해 주로 사용되며, 적 전차에 대한 관통 및 파괴능력 자체도 낮은 편이다.

M72 LAW(미국)
• 구경 : 66mm
• 사거리 : 200m
• 관통력 : 355mm
• 탄두형태 : HEAT

RPG-7(러시아)
• 구경 : 85mm
• 사거리 : 500m
• 관통력 : 377mm
• 탄두형태 : HEAT/탠덤

판저파우스트3(독일)
• 구경 : 110mm
• 사거리 : 400m
• 관통력 : 693mm
• 탄두형태 : 탠덤

칼 구스타프(스웨덴)
• 구경 : 84mm
• 사거리 : 700m
• 관통력 : 400mm
• 탄두형태 : HEAT

② 대전차미사일

표적에 대한 유도기능을 보유하여 대전차 로켓탄보다 원거리인 수 km 밖
에 위치한 적 전차도 공격할 수 있다. 초창기에 개발된 대전차미사일은 사
수의 조종에 전적으로 의존하는 수동유도(passive guidance)방식을 채택했
는데, 이후 사수 혹은 관측자, 탑재체(차량, 전차, 항공기)가 레이저로 표적
을 지정하여 미사일을 유도시키는 반자동유도(semi-active guidance) 방식
이 개발되었다. 그러나 반자동유도 방식은 미사일을 유도시키는 과정에서

BGM-71 토우(미국)
• 구경 : 152mm
• 사거리 : 3.7km
• 관통력 : 800mm
• 탄두형태 : HEAT/탠덤
• 유도방식 : 반자동

FGM-148 제블린(미국)
• 구경 : 127mm
• 사거리 : 2.5km
• 관통력 : 750mm
• 탄두형태 : 탠덤
• 유도방식 : 자동

밀란(프랑스/독일)
• 구경 : 125mm
• 사거리 : 2km
• 관통력 : 970mm
• 탄두형태 : 탠덤
• 유도방식 : 반자동

AT-14 코넷(러시아)
• 구경 : 152mm
• 사거리 : 5.5km
• 관통력 : 1,200mm
• 탄두형태 : 탠덤
• 유도방식 : 반자동

스파이크(이스라엘)
• 구경 : 115/150mm
• 사거리 : 4~6km
• 관통력 : 900/1,000mm
• 탄두형태 : 탠덤
• 유도방식 : 자동

표적을 지정하는 병사, 탑재체가 노출되어 적의 공격을 받을 수 있다는 부담
이 있었다. 이에 따라 21세기에 개발되는 신형 대전차미사일은 발사 이후
미사일 내부에 탑재된 유도장치에서 직접 표적을 탐지 및 유도하는 자동유
도(active guidance)방식으로 발전하고 있다.

3) 운용개념

사거리가 상대적으로 짧고 사용하기에 간편한 무반동총과 대전차 로켓탄, 특히 휴대용은 중대급 이하의 소규모 보병부대에서 집중적으로 배치, 운용하고 있다. 오늘날에는 전차의 장갑 방호능력이 향상됨에 따라 지상전에서 대전차 로켓탄이 전차 공격에 효용성을 발휘할 수 있는 기회는 점차 희박해지고 있다. 그 대신 참호, 지하벙커, 요새처럼 비교적 견고한 적의 표적을 공격할 수 있는 화력수단으로 새로이 부각되는 추세다. 아울러 중소국가에서는 여전히 반응 및 복합장갑의 탑재기능이 없는 제1, 제2세대 전차가 다수 운용되고 있다는 점도 대전차 로켓탄의 군사적 가치를 과소평가할 수 없는 근거가 되고 있다. 실제로 러시아제 휴대용 로켓무기 RPG-7은 역시 러시아제인 AK-47 소총과 더불어 세계 각지의 주요 분쟁지역 내 무장단체들이 가장 선호하는 무기로써, 가장 많이 생산된 무기로 유명하다.

그리고 긴 사거리에서 발사할 수 있는 대전차미사일로써 사거리 2~5km의 중거리, 사거리 5~10km 이상의 장거리 대전차미사일로 구분하여 운용되는 것이 일반적이다. 중거리 대전차미사일은 주로 둘 내지 세 명의 보병으로 구성된 공격조가 운용하며, 대대급 보병부대 소속으로 편제된다. 양적으로는 지상전의 대전차 작전에서 다수를 차지하는 주력이라고 할 수 있다. 가장 사거리가 길고 고도의 기술이 적용되는 장거리 대전차미사일의 경우 보병 차원을 넘어 군용차량, 전차, 장갑차, 항공기 등에 탑재되는 형태로 운용되며, 연대 내지 사단의 작전범위에 해당하는 넓은 전장에서 사용된다.

그림 2.38 RPG-7 대전차 로켓무기로 무장한 아랍 군인들(왼쪽)과 장거리 대전차미사일을 운용하는 모습(오른쪽)

4) 발전추세

대전차무기 발전추세는 다음과 같다.

첫째, 경제성과 기술적인 단순함에서 유리한 대전차 로켓탄은 앞으로도 보통국가를 중심으로 많은 수가 운용될 것으로 전망된다. 이 같은 대전차 로켓탄은 발사대의 재사용성을 높이고, 점차 증가하고 있는 최첨단 전차를 공격할 수 있도록 단일 HEAT보다는 탠덤탄두의 장착을 더욱 선호할 것이다.

둘째, 전차 이외의 표적들을 제압할 수 있는 탄두까지 병행 개발하여 다목적 화력무기로서의 활용성을 높일 것이다.

셋째, 대전차미사일의 기술 발전에서 신형 전차들이 채택하기 시작한 능동형 방호체계를 무력화하는 방안이 최우선적인 과제가 될 전망이다. 여기에는 적 전차의 전자교란에 영향을 받지 않는 열영상 및 적외선(IIR: Imaging Infra-Red) 추적장치의 탑재, 초속 1km 이상의 비행속도로 적 전차의 회피 가능성을 최소화하는 초고속 운동에너지 탄두의 개발 등이 포함될 것이다.

넷째, 사거리는 보병의 가시권을 넘어서는 10km 이상까지 연장되어 지상군의 다른 화력지원용 무기들과의 연계되어 협동적인 운용이 보다 중요해질 것이다. 이는 대전차무기가 지금까지의 방어 목적을 넘어서 보다 공격적인 화력지원 수단으로 사용될 수 있음을 시사하고 있다.

5) 한국의 현황

한국이 대전차무기의 효용성을 체감했던 계기는 6·25전쟁이었다. 전쟁 시작부터 러시아제 T-34 전차를 앞세운 북한의 공격 앞에 후퇴할 수밖에 없었고, 미국으로부터 89mm 휴대용 대전차로켓무기, 즉 M20 수퍼 바주카를 긴급히 제공받으면서 간신히 대응능력을 확보할 수 있었다. 이러한 경험을 바탕으로 한국은 휴전 이후 미국제 57/75/90/106mm 무반동총을 대량 도입하였다. 다수의 친미국가에서 휴대용 대전차무기로 채용했던 M27 LAW 대전차 로켓탄도 베트남전쟁을 계기로 도입을 시작했다.

이같은 무반동총, LAW 로켓탄은 모두 사거리 1km 미만의 단거리 교전

그림 2.39 한국군의 대전차무기인 미국제 토우(TOW) 미사일의 차량탑재형(왼쪽)과 러시아제 메티스-M 휴대용 대전차미사일(오른쪽)

만이 가능하다는 결정적인 한계를 갖고 있었으며, 한국의 지상 기동전력은 북한과 비교하여 양적, 질적으로 모두 불리했다. 북한과의 기동전력 격차를 보완하기 위해서는 중·장거리 대전차무기의 확보가 요구되었다. 이에 따라 1970년대 중반 이후 1980년대까지 다수의 미국제 토우(TOW) 대전차미사일이 도입되었는데, 주로 차량이나 공격헬리콥터에 탑재되어 운용 하였다. 특히 1980년대 이후에 도입된 개량형 토우(토우-2)는 반응장갑을 무력화할 수 있는 탠덤탄두 구조를 채택하여 1980년대 이후 북한이 양산한 천마호 등의 신형전차에 대해서도 충분한 대응능력을 갖춘 것으로 평가받는다.

1990년대는 노후화된 LAW의 후속 무기로 독일제 판저파우스트3을 직도입하였고, 러시아에서는 T-80 전차, BMP-3 장갑차와 함께 경제협력 차관의 현물상환 방식으로 사거리 1.5km의 AT-13 '메티스-M' 중거리 대전차미사일을 도입하였다. 2010년 11월 23일 북한의 연평도 포격 직후에는 사거리 25km 첨단 대전차미사일을 직도입하여 백령도, 연평도 등 서해 5도에

그림 2.40 국산 중거리 대전차미사일의 모형

배치하여 서해 전방해역의 절벽 동굴진지에 다수 배치되어 있는 북한 해안포를 정확하게 공격, 제압하기 위해 전략화 했다.

21세기 한국은 주요 군사선진국들과 대등한 기술력을 적용하는 사거리 2km 이상, 관통력 1,000mm 내외 수준의 국산 중거리 대전차미사일을 개발하여 대대급 이하의 보병부대, K-21 보병전투용 장갑차 등에 운용하고, TOW를 비롯한 구형 대전차무기들을 완전히 대체한다.

3. 박격포

박격포란 "포구로부터 포탄을 장전, 발사되는 소형 곡사화기"를 뜻한다.

1) 등장배경

단거리에서 자연적·인공적인 장애물을 사이에 두고 대치하는 적을 공격하기 위한 화포를 개발하려는 노력은 14세기부터로 거슬러 올라간다. 1313년 독일의 베르트홀드 슈바르츠는 커다란 원형 모양의 탄환을 발사할 수 있는 절구통 모양의 포를 고안하였으며, 1451년에는 오스만투르크 제국이 비잔틴 제국의 수도 콘스탄티노플을 함락시키기 위한 전투 당시에 모하메드 2세의 착안으로 유사한 무기가 개발되었다고 전해지기도 한다.

이들은 모두 높은 성벽으로 이루어진 적의 요새를 공격하려는 목적에서 개발되었다는 것이 공통점이다. 1592년 발발한 임진왜란 당시 조선군이 사용했던 완구도 이와 유사한 무기라고 할 수 있는데, 세계 최초의 내폭형 탄환으로 유명한 비격진천뢰도 바로 완구를 이용하여 발사되었다.

그림 2.41 제1차 세계대전에서 박격포 사격을 준비하는 병사들의 모습

오늘날 잘 알려진 구조의 전통적인 박격포는 20세기 초에 프랑스에서 개발된 60mm 박격포와 독일에서 개발된 81mm 박격포가 대표적이다. 지금과 같은 형태로 전장에서 개발 및 운용되기 시작한 것은 러일전쟁(1904~1905), 제1차 세계대전(1914~1918)부터가 된다. 대규모의 보병부대들이 장기간에 걸쳐 참호전을 치러야 했던 두 전쟁에서는 요새화된 참호 속에서 은신하고 있는 적을 제압할 수 있도록 정확하고, 강력한 파괴 및 살상력을 발휘할 수 있는 무기가 각광을 받았는데, 박격포는 이러한 조건을 잘 충족시켜 주었기 때문이다. 이들 두 전쟁을 계기로 박격포는 소규모 보병부대들에게 유용한 화력지원용 무기로서, 그 가치를 인정받았으며, 제2차 세계대전(1939~1945)에서는 참전국이었던 독일과 미국, 영국, 프랑스, 러시아, 일본 등에서 여러 종류의 박격포가 개발되어 전력화되었다.

박격포는 보병의 휴대가 가능한 50/60/80mm 혹은 120mm 형태가 다수를 차지했지만, 200mm가 훨씬 넘는 대구경의 박격포가 실전에서 쓰이기도 했다. 통계에 따르면 제2차 세계대전 당시 지상전에서 발생한 사상자의 약 절반은 박격포에 의한 것이었다고 하며, 오늘날 현대전쟁에서 박격포는 계속 유용하다.

2) 특성 및 분류

(1) 특 성

박격포의 특성은 다음과 같다.

첫째, 박격포는 기술적인 측면에서 볼 때, 매우 단순한 무기다. 포탄을 장전하여 발사, 비행시키는 '포신', 포신을 일정한 위치로 조절하고 고정시켜주는 '포다리', 포격 시에 발생하는 충격력을 지면에 전달 및 흡수하게 해주는 '포판' 등 세 가지의 부품으로만 구성되어 있기 때문이다.

둘째, 포탄 사격의 방법도 간단하다. 포구를 통해 박격포탄을 넣으면, 미끄러져 떨어진 박격포탄은 포신 맨 아래쪽의 공이(Firing Pin)에 부딪치고, 공이는 박격포탄의 뇌관을 때려 발화시킴으로써 추진제를 폭발시키는데 그 힘으로 박격포탄이 발사되는 것이다. 이처럼 간단한 포격방식 덕분에 박격포는 짧은 시간 이내에도 여러 발의 포탄을 사격하는 데 유리하며, 따라서

그림 2.42 일반적 박격포(60mm, 왼쪽)와 박격포탄(120mm, 오른쪽)

집중적인 화력지원에 유리하다.

셋째, 박격포에서 발사되는 포탄은 45°가 넘는 고(高)사각 형태의 탄도를 따라서 비행한다. 그 결과 박격포탄은 포격지점과 표적 사이에 위치하는 각종 장애물(산, 하천, 건물)을 피하기에 유리하며, 표적을 향해 수직 방향으로 낙하하므로 폭발에 따른 살상범위 및 효과도 동급 이상 구경의 대포에 버금간다. 예를 들자면 120mm 박격포탄의 살상력은 155mm 대포로 발사되는 포탄의 65~85%에 해당할 정도가 된다.

대부분의 박격포는 포신 내에 강선을 파놓지 않는 활강식 포열을 채택하고 있다. 그렇기 때문에 박격포탄은 발사 후 안정적인 비행을 위해 날개를 부착하는 특성이 있다. 그리고 박격포탄에 사용되는 뇌관의 종류로는 순발, 지연, 공중폭파형 등이 있으며, 일반적인 폭약뿐만 아니라 조명탄, 연막탄의 발사도 가능하다.

(2) 분 류

박격포의 종류는 구경을 기준으로 60mm급 이하를 경(輕)박격포, 80mm 내외의 중(中)박격포, 그리고 100mm가 넘는 중(重)박격포 등으로 분류하는 것이 일반적이다. 박격포의 성능을 판가름하기 위한 주요 요소는 무게, 사거리, 연속발사속도인데, 무게와 사거리가 박격포의 구경과 비례하는 반면, 연속발사속도는 반비례한다.

① 경(輕)박격포

M224(미국)
• 무게 : 21kg
• 구경 : 60mm
• 사거리 : 3.5km
• 분당 연속발사속도 : 20~30발

L9A1(영국)
• 무게 : 6.2kg
• 구경 : 51mm
• 사거리 : 750m
• 분당 연속발사속도 : 8발

② 중(中)박격포

M252(미국)
• 무게 : 42kg
• 구경 : 81mm
• 사거리 : 5.7km
• 분당 연속발사속도 : 12~20발

2B14(러시아)
• 무게 : 41.9kg
• 구경 : 82mm
• 사거리 : 4km
• 분당 연속발사속도 : 20발

L16(영국)
• 무게 : 35.3kg
• 구경 : 81mm
• 사거리 : 5.6km
• 분당 연속발사속도 : 12발

③ 중(重)박격포

M120(미국)
• 무게 : 144kg
• 구경 : 120mm
• 사거리 : 7.2km
• 분당 연속발사속도 : 4~16발

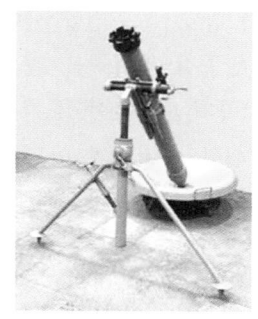

2B11(러시아)
• 무게 : 210kg
• 구경 : 120mm
• 사거리 : 7.1km
• 분당 연속발사속도 : 15발

MO-120-RT-61(프랑스)
• 무게 : 582kg
• 구경 : 120mm
• 사거리 : 8km
• 분당 연속발사속도 : 6~10발

3) 운용개념

박격포는 보병부대에 편제되어 공격 시나 방어 시에 다양한 탄종으로 즉각적이고 융통성 있게 사용할 수 있는 곡사화기이다. 박격포(표 2.1)는 그 구조가 매우 단순한 만큼 사용하기에 편리하며, 단기간의 훈련으로도 상당한 수준의 전투력 강화효과를 얻을 수 있다. 충분한 정비지원을 받기 힘든 일선의 소규모 부대에서도 손쉽게 운용할 수 있음은 물론이다. 특히 사람의 힘만으로 운반이 가능할 정도의 기동성은 전술급 보병부대의 자체적인 화력지원 무기로서 박격포의 가치를 더욱 부각시킨다. 상위 제대의 포병부대로부터 좀처럼 화력지원을 제공받기 곤란한 산악지대에서의 전투, 도심지 내부에서 벌어지는 시가전의 경우 박격포는 고사각 포격능력을 통해 고지 후방이나 참호, 고층건물 사이에 은신하는 적을 상대로, 단기간 내에 효과적으로 집중적인 화력을 집중할 수 있도록 해준다.

경(輕)박격포는 보병이 휴대하기에 적합하여 주로 중대급 부대 내에서, 소대를 위한 화력지원 임무를 담당하도록 편성되어 운용하고 있다.

중(中)박격포는 주로 대대급 부대에서 중대 단위의 전투를 지원하는데

그림 2.43 차량탑재 방식으로 운용되는 미국제 '드래곤 파이어'(왼쪽 위), 러시아제 2S23(오른쪽 위), 스웨덴제 AMOS 120mm 중(重) 박격포(아래)

표 2.1 박격포 제원

구 분	무 게				사거리(m)		발사속도(발/분)		살상 범위 (직경)	비고
	전체	포신	포리치	포판	최대	최소	최대	지속		
60mm	18.0	5.5	6.0	6.5	3,590	67	30	20	27m	HE
81mm	42	15.5	12.5	14.5	6,325	78	30	10	40m	〃
4.2"인치	278.08	70.9	103.6	113.58	5,650	72	18	3	34m	〃

운용되고, 가장 규모가 큰 중(重) 박격포는 보병이 운반하기에는 무거우므로 주로 차량탑재, 혹은 일반적인 대포와 다름없는 형태로 운용되고 있다. 특히 차량탑재 방식의 자주박격포는 전차와 장갑차를 포함하는 기갑, 기계화보병부대에 대한 효과적인 근접화력지원을 제공하는 역할을 한다.

4) 발전추세

포병부대의 임무가 보병을 위한 간접적인 화력지원에서 적의 원거리 표적 제압 및 타격으로 점차 변화하면서 이제 보병부대 스스로 화력지원 능력을 확보해야 할 필요성이 증대되고 있다. 이에 따라 박격포 자체의 구조는 거의 변화가 없지만, 각국에서는 이전보다 우수한 전투력을 발휘할 수 있는 박격포의 성능향상, 기술적인 발전 노력이 진행 중이다.

첫째, 대구경화와 더불어 사거리 연장을 통해 화력을 강화한다. 사거리를 연장하기 위한 방법으로는 포열 길이의 증가, 박격포탄 약실 압력의 증가를 통한 포구속도의 증대, 그리고 RAP탄을 비롯하여 박격포탄의 추진력 강화를 위한 보조수단 등을 발전시키고 있다.

둘째, 발사속도를 증대하고 있다. 자동장전장치를 부착하거나, 쌍열·다연장 방식으로 다수의 박격포탄을 동시에 발사할 수 있도록 발전시키는 것이다.

셋째, 다목적 근접신관을 이용한 일정 고도에서의 공중폭발, 파편효과 강화용 재질 혹은 충전폭약의 사용, 분산탄 등을 사용하여 살상력을 강화시킨다.

넷째, 기동성의 증대를 위해서 박격포를 경량화 시킨다. 박격포의 부품으로 강철 대신 알루미늄이나 마그네슘 합금, 복합재료 등의 가벼운 소재를 사용하고, 포신 두께를 최적화하거나, 포신·포판 사이의 완충장치 설치를 통해 포판을 소형화하는 방안이 가능하다.

다섯째, 사격통제장치를 자동화한다. 위성항법체계(GPS), 혹은 관성항법장치(INS)를 이용하여 좌표의 식별에서부터 탄도계산, 각종 사격제원(탄약의 종류, 발사각도 포함) 등을 도출하는 일련의 과정들을 자동화함으로써보다 신속하고, 정확한 포격을 가능토록 만든다는 것이다.

5) 한국의 현황

한국군은 건군 당시 미국이 제2차 세계대전에서 사용했던 M1 81mm와 M2 60mm 박격포를 교육훈련용으로 도입하였고, 6·25전쟁 이후에는 M2의 개량형인 M19 60mm 박격포를 도입했다. 1966년에는 베트남 파병 부대를 대상으로 당시로서는 신형인 M29/A1 81mm와 M30 107mm 박격포가 전력화되었다.

1970년대는 자주국방 역량의 강화를 위한 무기국산화 일환으로 60/81mm 박격포 역시 국산화되었는데, 각각 KM19와 KM29/A1박격포로 명명되었다. 이름에서 알 수 있듯이 동일 규격의 미국제 박격포를 모방한 것이었다.

그 후 1980~1990년대에는 순수 자체기술로 KM181 60mm와 KM187 81mm 박격포가 개발되어 2000년대 현재까지도 육군의 주력 박격포로 운용하고 있다. 각각의 사거리는 3.6km와 6.3km로 미 육군이 보유 중인 동급의 박격포와 대등한 성능을 자랑하고 있다.

M30 107mm 박격포는 1980년대부터 K200 병력수송용 장갑차를 기반으

그림 2.44 한국군에서 주력으로 사용되고 있는 국산 KM 181 60mm 경(輕) 박격포(왼쪽)와 KM 187 81mm 중(中) 박격포(오른쪽)

그림 2.45 120mm
국산 자주박격포

로 한 K281, K242 장갑차에 탑재되어 자주박격포로 운용되지만 앞으로 정
밀유도탄약의 운용, 디지털화된 사격통제체계를 갖춘 120mm 국산 자주박
격포를 개발하여 전력화한다.

  21세기 한국은 산악지형의 광범위한 분포, 높은 인구밀도에 따른 도시화
를 비롯한 한반도의 자연적·인공적 지리조건을 고려할 때, 박격포는 한국
지상군에게 매우 유용한 무기로서 사용할 수 있는 잠재력이 큰 것으로 평
가된다.

4. 대 포

대포는 "화약의 폭발력을 이용하여 탄환을 발사하는 고정식, 이동식의 중·
대형 화기"를 뜻한다.

1) 등장배경

화약이 군사무기로 전용되기 시작하면서 가장 먼저 발전된 것이 바로 화약
의 폭발력을 이용하여 탄환을 멀리 발사하는 대포였다. 전쟁에서 대포가
처음 사용된 것은 프랑스와 영국의 백년전쟁 중인 1346년 크레시전투였는
데, 초창기에는 주로 적의 성곽이나 요새를 파괴하기 위한 성을 파괴하고
공격하는데 널리 쓰였다. 1453년에는 오스만투르크군이 동원한 750mm 구

그림 2.46 1453년 콘스탄티노플 함락의 주역이었던 오스만투르크의 청동대포(왼쪽)와 19세기 후장식 야전포의 효시가 된 암스트롱 대포(오른쪽)

경의 초대형 청동대포를 동원하여 비잔틴제국의 수도 콘스탄티노플 성벽을 집중 포격으로 함락시켜 그 위력을 증명해냈다. 같은 해에 벌어졌던 카스티옹전투에서도 수백문의 대포를 앞세운 프랑스가 영국을 격파하고, 백년전쟁을 승리로 종식시켰다. 이로써 대포는 지상전의 새로운 주력무기로 자리 잡기 시작했다.

16세기부터는 말과 소의 힘으로 끌 수 있는 사거리 200~500m의 75/100mm 견인포(towed artillery)가 등장하여 전장에서 대포를 동원 및 운용하는 것이 한층 편리해졌다.

대포를 제조할 때 사용되는 재료도 초기에 쓰였던 청동보다 견고한 철제로 바뀌어 이전보다 폭발력과 사거리를 증대시킬 수 있게 되었다.

대포의 성능은 산업혁명으로 각종 기계의 대량생산 능력이 비약적으로 높아진 19세기에 결정적인 발전을 이루었다. 포구에 직접 포탄을 장전했던 전장식은 후장식으로 바뀌었고, 포신 내부에는 강선을 새겨 넣었다. 단순히 무거운 금속, 돌덩이에 불과했던 포탄도 내부에 장약과 뇌관 등을 장착하여 그 자체가 파괴·살상 효과를 발생시킬 수 있도록 발전되었다.

이같은 후장식 강선대포는 종전보다 사격속도, 사거리, 파괴력 등을 크게 증대시켜 화력지원 효과를 크게 높이는 데 기여했다. 1855년 영국의 윌리엄 암스트롱이 개발한 것을 시작으로 다른 나라의 군대에서도 유사한 대포를 개발하기 시작하게 되었다.

대포의 기술적인 발달에 따른 화력의 비약적인 강화는 지상전에서 기동력을 완전히 압도하는 경지에 이르렀으며, 이후 제1차 세계대전 당시 기관총과 더불어 참호전으로 대표되는 전선교착을 야기하는 결과를 가져왔다. 심지어 전쟁 말기에는 독일에서 프랑스의 수도 파리를 직접 공격할 수 있도록

그림 2.47 제2차 세계대전 당시 독일의 105mm 자주포(왼쪽)와 러시아의 132mm 다연장로켓포 '카츄샤'(오른쪽)

사거리가 무려 130km나 되는 210mm 초대형 대포, 즉 파리 대포(Paris Gun)를 만들기도 했다.

　제2차 세계대전부터는 이동차량에 대구경 포를 탑재하는 자주포(self-propelled gun)가 새로운 유형의 주력 대포로 등장했다. 전차와 장갑차를 주축으로 하는 지상 기동전력이 지상전을 주도하기 시작하면서 화력지원을 제공하는 대포 역시 이들과 대등한 기동력을 갖추어야 할 필요성이 제기된 것이다. 최초의 자주포는 1920년 독일에서 개발되었고, 그 후에는 미국을 비롯한 세계 각국에서 자주포가 포병 전력의 주축을 차지하기 시작했다.

　역시 제2차 세계대전을 통해 처음 등장한 러시아의 132mm 로켓포 카츄샤는 다연장로켓포(multiple rocket launcher)의 효용성을 널리 인식시켰다. 21세기 대포는 더욱 첨단화, 장거리 무기체계로 발전하고 있다.

2) 특성 및 분류

(1) 특 성

대포는 앞서 소개한 소화기, 대전차무기, 박격포 등보다 무기 자체의 규모나 화력지원의 효과 측면에서 월등하게 큰 것이다. 따라서 다른 화력무기들과는 달리 병사 개개인이 다룰 수는 없으며, 반드시 여러 인원들이 하나의 팀을 이루어 운용해야 하는 것이 특징이다. 대포를 이용하여 특정한 표적을 공격하기 위해서는 다음과 같은 과정을 거쳐야 한다.

　첫째, 표적의 특성, 위치, 방향, 속도, 기상조건 등을 알아내고, 이를 바탕으로 하여 사격제원을 산출해야 한다. 둘째, 사격제원에 의거하여 대포의 사격 방향, 사격각도를 지정하며, 셋째, 포탄을 장전하여 장전구를 폐쇄한

그림 2.48 포병 화력 지원 105mm 곡사포와 다양한 탄약

다. 그리고 넷째, 추진제 역할을 하는 포신 내부의 장약을 폭발시켜 포탄을 발사하고, 발사된 포탄은 포신 내의 강선에 따라 회전하면서 일정한 탄도로 비행하여 표적에 명중하는 것이다. 이상과 같이 복잡한 과정을 거쳐서 공격하고자 하는 표적에 관한 사격제원을 산출하더라도, 단 한발로 특정 표적을 정확하게 명중시키기는 매우 어렵다. 그러므로 대포에 의한 공격은 일정한 범위 이내에 화망을 구성하여 여러 발을 집중적으로 사격하는 경우가 일반적이다.

대포에서 발사하는 포탄 가운데서 가장 일반적인 것은 고폭탄(HE: High Explosive)인데, 표적에 명중하거나 표적 상공에서의 폭발로 인한 파편, 폭풍발생의 효과로 파괴·살상 효과를 일으키는 원리이다. 특정 효과의 강화를 위해 고폭탄에 일정 기능을 추가시키는 경우도 있는데, 로켓보조 추진탄(RAP: Rocket Assisted Projectile)과 공기항력 감소탄(BB: Base Bleed), 그리고 이중목적 개량탄(DPICM: Dual Purpose Improved Conventional Munition), 조명탄 등이 여기에 해당한다. RAP탄과 BB탄은 일반 포탄의 아랫면에 보조추진용, 혹은 공기저항 감소를 위한 장치를 부착한 것으로 포탄의 사거리를 약 30% 증대하는 효과가 있다. DPICM탄은 보통의 고폭탄 대신 수십 개의 자탄을 장착한 것으로, 건물이나 시설과 같은 견고한 표적보다는 적의 장갑차량, 병력에 대한 제압효과를 위해 사용된다.

(2) 분 류

오늘날 각국에서 운용되고 있는 대포는 수송수단을 기준으로 ① 병사 및 차량의 힘으로 움직여야 하는 견인포, ② 전차와 유사한 장갑차량 상부에 포신을 탑재하는 형태를 취한 자주포, ③ 수십 발의 로켓탄을 동시다발적으로 사격할 수 있는 다연장로켓포 등 세 가지로 구분하고 있다.

① 견인포

M119(미국)
• 무게 : 2.1톤
• 구경 : 105mm
• 사거리 : 14~19km
• 사격규모(1분당) : 3~6발

M198(미국)
• 무게 : 7.1톤
• 구경 : 155mm
• 사거리 : 22~30km
• 사격규모(1분당) : 2~4발

2A36(러시아)
• 무게 : 9.7톤
• 구경 : 152mm
• 사거리 : 28km
• 사격규모(1분당) : 6발

FH-70(영국, 독일 등)
• 무게 : 7~9톤
• 구경 : 155mm
• 사거리 : 24~30km
• 사격규모(1분당) : 3~6발

② 자주포

M109 팔라딘(미국)
- 무게 : 27.5톤
- 구경 : 155mm
- 사거리 : 18~30km
- 분당 사격규모 : 4발
- 시간당 이동속도 : 56km

2S19(러시아)
- 무게 : 42톤
- 구경 : 152mm
- 사거리 : 약 30km
- 분당 사격규모 : 8발
- 시간당 이동속도 : 60km

PzH 2000(독일)
- 무게 : 55.3톤
- 구경 : 155mm
- 사거리 : 36~40km
- 분당 사격규모 : 8발
- 시간당 이동속도 : 60km

G6(남아프리카)
- 무게 : 47톤
- 구경 : 155mm
- 사거리 : 30~39km
- 분당 사격규모 : 4~8발
- 시간당 이동속도 : 85km

③ 다연장로켓포

M270 MLRS(미국)
- 무게 : 24.7톤
- 구경 : 227mm
- 사거리 : 45km
- 분당 사격규모 : 12발
- 시간당 이동속도 : 약 60km

BM21 그라드(러시아)
- 무게 : 42톤
- 구경 : 122mm
- 사거리 : 40km
- 분당 사격규모 : 80발
- 시간당 이동속도 : 75km

BM30 스머치(러시아)
• 무게 : 43톤
• 구경 : 300mm
• 사거리 : 70km
• 분당 사격규모 : 12발(38초 기준)
• 시간당 이동속도 : 60km

애스트로스 2(브라질)
• 무게 : 20톤
• 구경 : 127/180mm
• 사거리 : 10~35km
• 분당 사격규모 : 16/32발
• 시간당 이동속도 : 90km

3) 운용개념

대포는 다른 화력무기를 크게 능가하는 수십 km의 사거리, 포탄의 파괴·
살상 효과로 인해 지상전에서 가장 유용한 화력지원 수단으로 관측소(FO)
─ 사격지휘소(FDC) ─ 전포대(FB)의 3각 체제로 운용한다. 따라서 직접적
인 전투가 벌어지는 전방지역뿐만 아니라 적의 증원부대, 혹은 주요 지휘
통제 및 보급지원 기능 등이 다수 위치하는 후방지역까지 공격할 수 있다
는 점에서 큰 가치를 갖는다. 아울러 대포에 의한 공격은 대부분이 적의
가시거리를 벗어난 원거리에서 운용된다는 점에서 적 병력에 대한 물리적
파괴는 물론, 심리적인 제압 효과까지 거둘 수 있다.

앞서 소개한 세 가지의 대포 운용으로써 견인포는 과거 포병전력의 주축
이었으며, 관리상의 용이성과 경제성 등에 따라 앞으로도 양적으로는 가장
다수를 차지할 것이다. 그러나 병사나 이동차량 등의 수단에 의존하여 이
동해야 하므로 기동성은 자주포, 다연장로켓포보다 떨어질 수밖에 없다.
따라서 오늘날에는 보병의 비중이 큰 일반 보병 및 공수 부대 예하에 견인
포를 배치하여 화력지원 제공을 담당하도록 하고 있다.

자주포는 좁은 범위에서 상대적으로 소수의 표적을 공격하는 반면에, 다
연장로켓포는 넓은 공간에 배치되어 있는 대규모의 적 병력이나 차량, 시
설을 한꺼번에 제압하는 데 큰 효과를 거둘 수 있다. 이들은 차량탑재 형태

로 운용되므로 견인포에 비하면 지형, 기상조건으로 인한 작전상의 제약을
덜 받는다. 또한 사격 직후에는 작전지역으로부터 재빨리 이탈할 수 있어
서 적의 대응공격에 대한 생존성을 높이는 데도 유리하다. 그 결과 자주포
와 다연장로켓포를 여단급 이상의 독립부대로 편성하여 군단이나 야전군
직속으로, 혹은 동급 규모의 기갑 및 기계화 보병부대와 함께 이동하면서
원거리 화력지원을 담당하여 운용한다.

4) 발전 추세

대포의 발전 추세는 다음과 같다.

첫째, 대포의 구경이 표준화되고 있다. 종전에는 90/105/155/175/203mm
등의 다양한 구경을 갖춘 대포를 제작해 왔지만, 지나치게 많은 종류의 포
구경은 관리적 측면에서 매우 비효율적이라는 단점을 갖고 있기 때문이다.

미국을 비롯한 친서방 국가들의 경우 105mm와 155mm, 궁극적으로는
155mm로 표준화가 적극적으로 진행되고 있다. 러시아나 동유럽 국가들은
152mm가 대포의 표준구경으로 자리 잡는 추세지만, 여전히 다양한 구경의
대포를 혼용하고 있다.

둘째, 사격 과정에서의 반응성을 높이는 노력이 이루어지고 있다. 이것
은 표적을 식별, 확정한 후 사격하기까지 걸리는 시간을 최대한 단축시키
는 것을 핵심으로 한다. 전술용 지휘통제체계 탑재를 통한 외부 정보수집
자산(포병용 레이더, 항공기)과의 연동성 강화, 자동장전장치의 채택, 사격
통제장치의 자동화, 그리고 하이브리드 엔진 탑재 등으로 경량화되어 신속

그림 2.49 자동장전
장치, 사거리연장형
정밀포탄 등의 신기
술을 적용하는 미 육
군의 155mm 자주
포(NLOS-C, 왼쪽)
와 NLOS-C로 발
사되는 M982 엑스
칼리버 정밀유도포탄
(오른쪽)

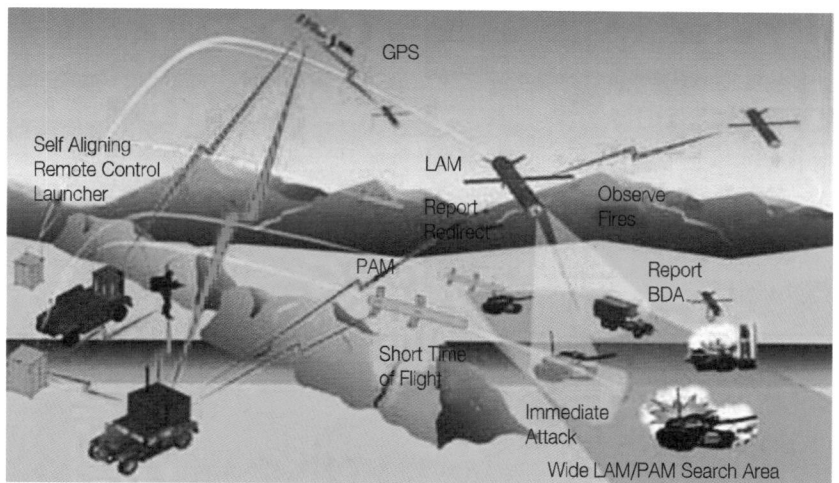

그림 2.50 미 육군의 미래형 다연장발사체계(NLOS-LS)와 정밀공격탄(PAM), 체공형공격탄(LAM) 운용개념

한 기동을 하게 될 것이다.

셋째, 포탄의 성능을 향상시키고 있다. 관성항법장치(INS)나 위성항법체계(GPS) 등으로 유도되는 정밀유도포탄, 파괴하고자 하는 표적의 종류, 형태를 직접 인지하며 추적 및 공격할 수 있는 지능형 포탄, 그리고 RAP탄과 BB탄 방식을 겸비하여 사거리를 더욱 증대시킨 복합추진탄의 개발을 통해 종전보다 먼 거리의 표적을, 훨씬 정확하게 명중시킨다는 것이다.

다연장로켓포는 기존의 무(無)유도 로켓탄뿐만 아니라 정밀유도 기능과 더불어 적 포병, 장갑차량, 연안으로 접근하는 적 군함, 그리고 요새화된 각종 군사시설 등 다양한 표적을 공격할 수 있는 사거리 수십km의 미사일을 동시 다발적으로 운용하는 능력도 갖추게 될 것이다. 미 육군이 대당 15발 규모의 미래형 다연장발사체계(NLOS-LS)의 탑재, 사격용으로 개발 중인 정밀공격탄(PAM : Precision Attack Munition), 체공형 공격탄(LAM : Loitering Attack Munition)이 대표적이다.

5) 한국의 현황

한국의 대포 개발역사는 14세기 말의 고려시대 최무선이 흑색화약의 개발에 성공하면서 시작되었다. 200여 년 후에 발발한 임진왜란에서는 조총(유럽에서 전래된 화승총을 토대로 일본이 자체생산)을 앞세운 일본의 침략으

그림 2.51 초기 한국
군의 주력 대포로 운
용됐던 미국제 M102
105mm 견인포(왼
쪽)와 M110 203mm
자주포(오른쪽)

로 전쟁 초반에는 큰 위기를 맞기도 했지만, 그 후 조선은 다양한 종류의 대포를 제작 및 운용하였다. 특히 임진왜란의 전세를 결정적으로 역전시켰던 1593년 2월의 행주대첩에서 대활약한 화차(火車)는 100발의 로켓추진식 화살, 즉 신기전(神機箭)을 탑재 및 발사할 수 있는 세계 최초의 다연장로켓포였다.

1948년 건군 당시에 한국군이 보유했던 대포는 제2차 세계대전에 사용되었던 미국제 M102 105mm 견인포가 대표적이다. 이 대포는 6·25전쟁 초기에 북한의 소련제 T-34 전차에 맞서 싸우기 위한 전투에서도 사용되었으며, 전쟁 기간과 휴전 이후를 통틀어 2,000문 이상을 추가 도입하였다.

그림 2.52 1970~
1980년대부터 주력
으로 자리 잡은 국내
생산형 대포들
KH-179 155mm
견인포(왼쪽 위), K-
55 155mm 자주포
(오른쪽 위), 130mm
다연장로켓포 구룡
(아래)

그림 2.53 1990년대부터 2000년대에 한국 포병전력의 주력을 차지하고 있는 국산 K-9 155mm 자주포(왼쪽)와 다연장로켓포(오른쪽)

대구경포로는 휴전 이후 M114 155mm 견인포, M107 175mm 직사포와 M115 203mm 견인포를 제공받았다. 1960년대에는 베트남전쟁을 계기로 M110 203mm 자주포를 도입하기도 했다.

1970년대의 자주국방 정책에 발맞추어 대포의 국산화, 자체생산도 큰 폭으로 강화되었다. 1973년 3월 미국제 105mm 견인포를 역설계 방식으로 생산한 것을 시작으로 1978년 최초의 국산 견인포 KH-178이 개발되었고, 이듬해에는 155mm 견인포를 국산화한 KH-179의 개발을 시작하여 1983년부터 생산에 들어갔다. 이들 두 견인포는 동급의 구형 미국제 견인포를 대체하였다. 1981년에는 총 36열의 130mm 로켓탄을 장착하여, 사격하는 자체개발형 다연장로켓포 '구룡'을 전력화하여 현재 운용하고 있다. 1985년부터는 미국제 M109 155mm 자주포를 K-55라는 제식명칭으로 국내 면허 생산하여 전력화하였다.

표 2.2 견인포 주요 제원

구 분	중량 (kg)	포신 (kg)	최대 사거리 (km)	강선 (조)	발사속도		포구초속 (m/s)	비 고
					최대	지속		
105 (M101A)	2,258	482	11,274	36	10	3	470.4	
155 (KH-179)	6,855	2,774	24/30	48	4	2	826	RAP탄
155 (M114A1)	5,760	1,735	14.6	48	4	1	564	

표 2.3 자주포 주요 제원

구 분	승무원 (명)	중량 (t)	항속 거리 (km)	속도 (km/h)	최대 사거리 (km)	발사속도		탄약 적재		비 고
						최대	지속	포탄 (발)	MG50 (발)	
K-55	6	25	349	56.3	18/24	4	1	36	500	RAP탄
K-9	5	47	360	60	30/40	6	2	48	1000	RAP/HE/BB탄

　　그동안 북한과의 양적 격차를 축소하는 데 초점을 두었던 한국의 포병전력 건설은 1990년대에 들어서 새로운 도전에 직면하였다. 사거리가 40~60km에 달하는 북한의 170mm 자주포와 240mm 방사포(다연장로켓포의 북한식 제식명칭)가 휴전선 인근에 집중 배치되면서 서울을 비롯한 수도권이 직접적으로 위협받게 되었고, 유사시 이들을 제압할 수 있는 고성능의 대구경포 확보가 시급해진 것이다. 이에 따라 1990년대 말부터 2000년대 현재 국산 K-9 155mm 자주포, 미국제 M270 227mm MLRS 다연장로켓포가 차례로 전력화되었다.

　　K-9 자주포는 약 40km의 사거리, 자동장전장치와 자동화된 사격통제체계의 탑재, 15초 동안 최대 3발을 급속 포격 및 최초 3분 동안에 분당 6발 내외의 연속포격이 가능한 빠른 작전반응능력, 50(가로)×50(세로)m에 달하는 제압범위, 그리고 시속 67km의 이동속도 등 우수한 화력과 기동성을

그림 2.54 K9 자주포가 표적을 향해 불을 뿜고 있는 모습

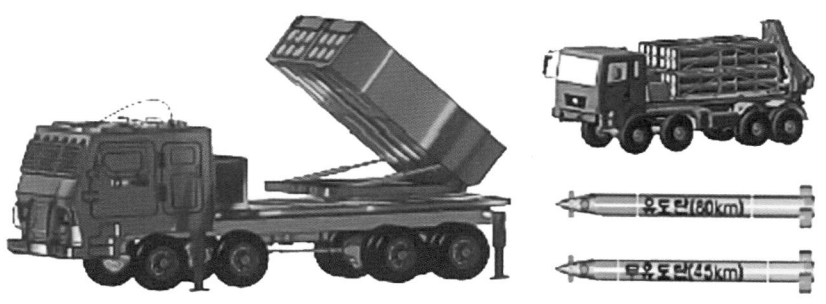

그림 2.55 국산 230mm 다연장로켓포와 포탄

웅도탄(80km)

무유도탄(45km)

갖추고 있다. 미국이나 독일을 비롯한 주요 군사선진국들의 자주포와 동급 내지 이상의 성능이다. K-9 자주포는 2010년 11월 23일 북한의 연평도 포격에서 처음 실전에 동원되었으며, 총 80발의 대응 포격을 통해 북한 해안 포대 주변의 지원시설, 병력에 상당한 피해를 가하는 전과를 거두었다.

이같이 한국군은 K-9 자주포를 생산 및 배치하여 전력화했으며, 특히 북한의 연평도 포격을 계기로 서해 5도 지역에 K-9 자주포를 확대 배치했다. 또한 K-9 자주포는 우수한 성능을 바탕으로 해외 수출도 하고 있는데, 이미 터키에 K-9 자주포가 T-155 '푸트나'라는 명칭 아래, 현지 조립생산 형식으로 수출되었다.

그뿐만 아니라 다연장로켓포(MLRS)는 1분 내에 사거리 40~60km의 로켓

그림 2.56 불 뿜는 다연장로켓포 다연장로켓포는 한 번에 로켓 12발을 장전, 발사할 수 있다. 다연장로켓포에서 발사된 M26 로켓탄두는 공중에서 644개의 자탄으로 퍼져 축구장 3배의 면적을 초토화할 수 있다.

탄 12발을 발사(그림 2.56)하는데, 여기에는 축구장 3배 면적을 초토화할 수 있는 수백 개의 자탄이 내장되어 있다. 걸프전쟁 당시 이라크군은 미 육군 MLRS의 공격을 '강철의 비(Steel Rain)'라고 부르며 두려워했을 정도였다.

21세기 한국군은 K-9 자주포를 비롯해서 다연장로켓포를 80km 이상의 최대사거리에 GPS 유도기능을 추가한 정밀유도 로켓탄과 첨단 다연장포를 발전시켜 나가고 있다.

지상 방공무기는 "적의 항공기, 미사일 등 다양한 공중위협으로부터 아군의 군사 및 민간시설, 인력을 방호하기 위한 지상배치 무기"를 뜻한다.

1. 등장배경

20세기에 이루어졌던 군사적인 신기술 개발 가운데서도 가장 획기적인 것은 항공기였다.

그동안 인간에게 불가능의 영역처럼 여겨져 온 하늘에서, 빠른 속도로 움직이는 항공기는 지상에 고정되어 있던 보병, 대포, 기동차량에게 매우 심각한 위협으로 인식되기에 충분한 무기였다. 항공기의 군사력은 실제 전투가 벌어지는 전방뿐만 아니라 비전투 지원기능, 심지어는 다수의 민간인들이 거주하는 후방지역까지 위협할 수 있었다. 이에 따라 적과 대등한 규모 및 성능의 항공기를 확보하는 것과 더불어, 지상에 배치되어 적 항공기를 상대로 교전할 수 있는 무기를 개발할 필요성이 생겼다.

전쟁 역사에서 대공포(Anti-Air Artillery)의 시초는 제1차 세계대전 중에 기관총을 항공기 공격용으로 사용한 것이었다. 진정한 의미에서 최초 대공포는 독일에서 개발한 25mm 대공포였다. 포신에 강선을 새겨 넣어 정확도를 높이고, 85°의 고각 방향으로 대공 사격이 가능했으며, 사거리는 700m에 달했다. 제2차 세계대전에는 항공기의 군사적 비중이 양적, 질적으로 증가하면서 대공포 역시 사거리나 파괴력 등을 강화시켜야 했다. 그 결과 12.7mm급에서 100mm급 이상까지 보다

그림 2.57 제2차 세계대전 당시 영국의 94mm 대공포

그림 2.58 러시아제 SA-2(왼쪽)와 미국제 나이키 허큘리스 (오른쪽) 냉전시대를 대표하는 지대공 미사일이다.

다양화된 구경의 대공포가 생산 및 배치되었다.

　러시아의 경우 1940~1960년대 사이에 구경 12.7/14.5/23/37/57/85/100/130mm 등의 대공포를 개발하기도 했을 정도였다. 그러나 대공포는 아무리 구경이 확대되고, 파괴력이 커지더라도 사거리가 수 km를 벗어날 수 없다는 기술적인 한계가 있었다. 이를 넘어서 비행하는 중·대형 항공기, 특히 지상 부대에게는 최대 위협이라고 할 수 있는 폭격기에게는 거의 속수무책인 것이었다.

　지상 방공전력의 위력은 1950년대 지대공미사일(SAM: Surface-to-Air Missile)이 개발되면서 한층 강화되었다. 이제 대공포의 사거리를 크게 벗어나는 고도에서 비행하는 항공기도 지상으로부터 공격받을 수 있게 되었다. 1960년대의 베트남전쟁에서 미 공군은 남베트남에서 준동하는 베트콩 게릴라 세력을 지원하는 북베트남을 저지하고자 수차례의 공습을 실시했지만, 북베트남이 대규모로 구축한 러시아제 대공포와 SA−2 지대공미사일은 이를 효과적으로 저지·교란하였다. 세계 최강을 자랑하는 미 공군이 베트남 상공에서 좀처럼 제공권을 확보하지 못하는 이변이 일어난 것이다. 1973년 10월의 제4차 중동전쟁에서도 비슷한 양상이 나타났다. 6년 전 6일전쟁의 경험으로 이스라엘과의 공중전이 불리함을 깨달은 이집트, 시리아는 러시아제 SA−2/3/6 지대공미사일과 ZSU−23 23mm 대공포를 혼합 배치하는 방식으로 이스라엘의 전투기들을 다양한 고도에 걸쳐 요격했으며, 총 18일 동안의 전쟁기간을 통틀어 이스라엘 전투기 100여 대를 격추시키는 전과를 올림으로써, 2000년대 현재도 방공무기체계 중요성이 증대되고 있다.

2. 특성 및 분류

1) 특 성

지상 방공전력은 전통적인 형태라고 할 수 있는 대공포, 그리고 1950년대부터 새롭게 추가된 지대공미사일로 구분할 수 있다.

먼저 대공포는 공중을 비행하는 표적, 즉 항공기를 상대하므로 일반적인 대포보다 높은 각도로 운용된다. 또한 표적인 항공기를 직접적으로 명중시키기 위해 직사 형태로 탄환을 발사하는 등, 구조상으로는 대포보다 기관총에 더 가깝게 운용하는 특성을 갖고 있다. 물론 빠른 속도로 움직이는 항공기를 불과 몇 발의 사격으로 명중시키는 것은 매우 어려울 수밖에 없으므로, 대신 적 항공기의 예상 비행경로에 걸쳐 다수의 대공포탄을 연속적으로 사격하는 방식이 이용된다. 이를 탄막(curtain fire) 형성이라고 부른다.

다음으로 지대공미사일은 지상의 발사대에서 설치 및 운용한다는 점을 제외하면, 기술적으로 대공포와 차이가 많다. 우선 로켓추진 방식으로 비행하여 음속 이상의 빠른 속도를 내며, 대공포로는 도달할 수 없는 10km 이상의 거리에서 접근하는 항공기도 공격할 수 있다. 무엇보다도 대공포탄에는 없는 탄두의 유도기능을 갖추어 적 항공기를 향해 정확하게 비행하여 명중할 수 있다는 것이 가장 큰 차이점이다.

2) 분 류

대공포는 처음 개발되었을 당시만 해도 사수의 육안 관측에 의존하여 적 항공기를 추적하고 공격해야만 했다. 그 후 기술의 발전으로 레이더, 광학, 열영상 혹은 두 종류 이상의 탐지 및 추적장치를 동시에 운용하고, 자동사격통제장치를 사용하여 명중률과 발사속도의 향상과 반응시간 단축을 달성하고 있다. 오늘날 각국에서 운용되고 있는 대공포는 20/30mm급이 다수를 차지하고 있으며, 이동방식을 기준으로 견인식, 자주식으로 구분되는 것이 일반적이다.

지대공미사일은 미사일 자체뿐만 아니라 이를 탑재하는 발사대, 지휘통

M163 발칸(미국)
- 구경 : 20mm
- 사거리 : 2km
- 유효고도 : 1.2km
- 분당 사격규모 : 3,000발
- 형태 : 자주

ZSU-23(러시아)
- 구경 : 23mm
- 사거리 : 3km
- 유효고도 : 2km
- 분당 사격규모 : 1,000발
- 형태 : 자주

오리콘(스위스)
- 구경 : 35mm
- 사거리 : 4km
- 유효고도 : 4km
- 분당 사격규모 : 1,100발
- 형태 : 견인

게파트(독일)
- 구경 : 35mm
- 사거리 : 4km
- 유효고도 : 2km
- 분당 사격규모 : 1,100발
- 형태 : 자주

제시설, 그리고 적 항공기를 탐지 및 추적하는 레이더를 비롯한 정보수집 자산 등을 포함한 전투체계의 핵심으로서 운용되고 있다. 사거리는 10km 이하의 단거리, 10~50km 내외의 중거리, 그리고 50~100km 이상에 달하는 장거리 등 3가지로 구분한다.

탑재방식이나 발사대의 형태를 기준으로 할 때는 보병이 직접 운반 및 사격할 수 있는 단거리 휴대용, 그리고 고정·견인식 및 자주식으로 구분될 수 있다.

(1) 휴대용 지대공미사일

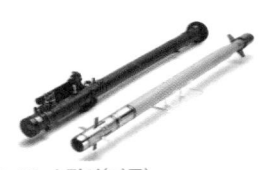

FIM-92 스팅어(미국)
- 무게 : 15kg
- 구경 : 70mm
- 사거리 : 8km
- 유효고도 : 5km
- 비행속도 : 마하 2.2

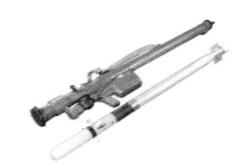

SA-16/18(러시아)
- 무게 : 10.8kg
- 구경 : 72mm
- 사거리 : 5.2km
- 유효고도 : 3.5km
- 비행속도 : 마하 2

미스트랄(프랑스)
- 무게 : 18kg
- 구경 : 90mm
- 사거리 : 6km
- 유효고도 : 3km
- 비행속도 : 마하 2.6

RBS-70(스웨덴)
- 무게 : 15kg
- 구경 : 106mm
- 사거리 : 8km
- 유효고도 : 4km
- 비행속도 : 마하 2

(2) 단거리 지대공미사일

MIM-72 차파랠(미국)
- 무게 : 86kg
- 구경 : 127mm
- 사거리 : 6km
- 유효고도 : 3km
- 비행속도 : 마하 2.5

SA-15(러시아)
- 무게 : 167kg
- 구경 : 235mm
- 사거리 : 12km
- 유효고도 : 6km
- 비행속도 : 마하 2

레이피어(영국)
- 무게 : 43kg
- 구경 : 133mm
- 사거리 : 8km
- 유효고도 : 3km
- 비행속도 : 마하 2.5

롤란드(독일)
- 무게 : 67kg
- 구경 : 163mm
- 사거리 : 8km
- 유효고도 : 5.5km
- 비행속도 : 마하 1.6

(3) 중·장거리 지대공미사일

MIM-23 호크(미국)
- 무게 : 584kg
- 구경 : 350mm
- 사거리 : 25km
- 유효고도 : 13km
- 비행속도 : 마하 2.4

MIM-104 패트리어트(미국)
- 무게 : 700kg
- 구경 : 410mm
- 사거리 : 160km
- 유효고도 : 24km
- 비행속도 : 마하 5

SA-6(러시아)
- 무게 : 599kg
- 구경 : 335mm
- 사거리 : 24km
- 유효고도 : 12km
- 비행속도 : 마하 2.8

SA-10/20(러시아)
- 무게 : 1,400kg
- 구경 : 450mm
- 사거리 : 90km 이상
- 유효고도 : 30km
- 비행속도 : 마하 4 이상

아스터 15/30(프랑스 등)
- 무게 : 310/510kg
- 구경 : 180mm
- 사거리 : 30/120km
- 유효고도 : 13/20km
- 비행속도 : 마하 3/4.5

애로우(이스라엘)
- 무게 : 1,300kg
- 구경 : 800mm, 90km, 50km
- 비행속도 : 마하 9

3. 운용개념

자국의 영공을 지키기 위한 방공(Air Defense) 임무는 크게 세 개 형태로 운용하고 있다.

① 고도 10km 이하의 저고도(Low-altitude)로써 레이더의 추적 및 탐지를 회피하려는 적 항공기나 미사일의 비행을 위해 주로 선택하고 있다.
② 고도 10~20km 사이의 중고도(Mid-altitude)로써 대다수의 항공기들이 일반적인 비행을 위해 선택하는 고도이다.
③ 고도 20km 이상의 고고도(high-altitude)로서 정찰기, 폭격기 등의 특수목적 항공기들이 해당 국가의 요격 시도로부터 생존성을 확보하기 위해 선택한다.

항공기는 비행 과정에서 연료를 절약하기 위해 기압의 영향이 적은 높은 고도를 선호하며, 따라서 적 영공에 접근하기 이전의 상대적으로 안전한 공역에서는 대부분 중·고고도로 비행한다.

첫째, 저고도를 대상으로 하는 지상 방공전력은 사거리 10km 내외인 대공포, 휴대용 및 단거리 지대공미사일이 담당한다. 전방 지역, 주요 군사기지처럼 한정된 공간 이내에서 활동하는 적 항공기의 위협에 맞서는 것이 이들의 임무다. 특히 전차와 장갑차를 다수 보유하는 여단/사단급 이상의 기갑, 기계화보병 부대는 전장에서 항공기 위협에 대비하기 위해 역시 기동력을 갖춘 자주식 대공포와 단거리 지대공미사일 부대를 예하에 편성하고 있다. 보병 혼자로서 조작할 수 있는 휴대용 지대공미사일은 세계 각국의 분쟁지역에서 다양한 규모의 무장단체들이 애용하는 무기이기도 하다. 실제로 1980년대 소련의 침공에 저항했던 아프가니스탄의 이슬람 게릴라들은 미국으로부터 스팅어 휴대용 지대공미사일을 비밀리에 공급받아 소련군의 항공기들을 곤경에 빠뜨리기도 했다. 최근에는 이들 휴대용 지대공미사일이 과격 테러 집단의 손에까지 들어가면서 민간 항공기를 겨냥한 테러용 무기로 악용될 가능성이 우려되고 있다.

둘째, 중고도와 고고도 방어를 담당하는 사거리 10~50km, 혹은 그 이상의 중·장거리 지대공미사일은 상대적으로 전방과 멀리 떨어진 후방지역에 배치되며, 저고도 담당전력보다 넓은 지역 차원의 지상 방공임무를 수행한다. 특히 고고도 요격능력을 보유하는 장거리 지대공미사일은 영공 밖에서 접근하는 적 항공기까지 요격할 수 있다는 점에서 일종의 공격용 무기에 해당한다. 적이 항공기의 빠른 비행속도를 앞세워 기습공격을 시도하는 데 부담을 가할 수 있는 것이다. 그뿐만 아니라 적 항공기가 영공에 접근하기 전부터 저고도 비행을 하도록 강요해서 보다 많은 연료소모를 유도하고, 결국 작전범위와 시간이 크게 축소된 적 항공기는 저고도 방공전력에 의해 요격당하거나 퇴각할 수밖에 없게 된다.

요컨대 잘 협조된 저고도와 중·고고도 지상 방공전력은 해당 국가의 영공을 위협하려는 적 항공기의 작전 수행을 다양한 범위에서 요격 및 교란할 수 있으며, 항공기 중심의 공군력을 보완하는 기능도 해낸다. 이 점에서 경제력이나 기술력 측면에서 고성능의 항공기를 다수 확보하기 곤란한 중소국가에서는 지상 방공전력이 영공 방어의 핵심 역할을 하는 경우가 적지 않다.

4. 발전 추세

저고도를 방어하는 단거리 지상방공 전력의 기술적인 발전은 다음과 같이 발전하고 있다.

첫째, 대공포와 휴대용, 혹은 단거리 지대공미사일을 하나의 발사체로 복합 운용하여 더욱 신속한 대응 및 교전이 가능하도록 한다.

둘째, 표적에 직접 명중해야만 파괴 및 살상 효과를 발생시킬 수 있는 기존의 근접뇌관형 탄환에서 AHEAD(Advanced Hit Efficiency And Destruction) 탄환이 대공포의 새로운 주력 무장으로 전환하고 있다. AHEAD 탄환은 단 1발의 폭발만으로도 넓은 탄막을 형성할 정도의 파편효과를 일으킬 수 있는 것이 특징이다. 따라서 사거리를 크게 증가시킬 수 있으며, 기존 항공기뿐만 아니라 보다 작고 비행속도가 빠른 표적(무인항공기, 순항미사일)에 대해서도 효과적인 교전이 가능하게 발전하는 추세이다.

셋째, 중·장거리 지대공미사일은 영토를 직접 겨냥하는 탄도, 순항미사일의 위협에 대응해야 한다는 새로운 도전을 맞이하고 있다. 지대공미사일에 의한 미사일 요격은 이미 냉전시대에 기술적으로 그 가능성이 입증되었지만, 본격적으로 주목받게 된 계기는 1991년 걸프전쟁 당시 이스라엘과 사우디아라비아를 공격하는 이라크 탄도미사일을 요격하기 위해 미국의 MIM-104 패트리어트(일명 PAC-2)가 배치 및 운용되면서부터였다. 본래 PAC-2는 항공기 요격을 위해 개발되었기 때문에 실전에서 탄도미사일을

그림 2.59 대공포와 단거리 지대공미사일을 함께 탑재하는 러시아제 SA-19 '퉁구스카'(왼쪽)와 AHEAD탄을 장착하는 독일제 '스카이레인저' 자주대공포(오른쪽)

그림 2.60 미국의 지상배치형 중간단계 요격미사일(GBI, 왼쪽)과 최종단계 요격미사일 발사대(THAAD, 중앙), 이스라엘의 아이언돔 요격 미사일(오른쪽)

직접 명중 및 요격하는 데 성공한 경우는 전체 30% 수준으로 나타났다. 이에 미국은 적 미사일의 탄두에 직접 명중시켜 파괴하는 초고속 운동에너지탄을 장착하는 개량형 패트리어트(PAC-3)를 개발, 배치하였다.

그리고 미국은 2001년부터 외부의 미사일 공격으로부터 영토를 지키기 위한 미사일 방어체제(MD: Missile Defense)를 구축하고 있다. MD의 주축은 고도 수백km나 되는 대기권 밖에서 적 미사일을 요격하는 사거리 1,000km 이상의 지상배치 중간단계 요격미사일(GBI: Ground Based Interceptor), 그리고 미국 영토의 상공에서 다가오는 적 미사일을 요격하는 사거리 수백km의 최종단계 요격미사일(THAAD: Terminal High-Altitude Air Defense)이다. 이들 역시 초고속 운동에너지탄에 의한 직접 명중 방식의 요격기능을 갖추고 있다. 미국뿐만 아니라 러시아의 SA-10/20, 유럽의 아스터 30, 2012년 이스라엘의 아이언돔을 비롯한 최근의 신형 지대공미사일은 대부분 미사일 요격기능을 겸비하도록 개발되고 있다.

21세기에는 장거리 미사일이 특정 국가만이 아닌 세계 주요 국가들의 공통적인 안보위협으로 등장했음을 반영한 결과라고 할 수 있다.

5. 한국의 현황

한국군이 최초로 운용했던 지상 방공무기는 6·25전쟁 직전에 미국으로부터 도입한 M2A1 40mm 대공포였는데, 사거리는 약 1.6km 수준이었다. 휴전 이후에는 미국제 M45 경대공포가 다수 도입되었는데, 12.7mm 기관총

그림 2.61 한국 지상 방공전력의 주력 위치를 지키고 있는 '발칸' 자주대공포(왼쪽)와 '호크' 중거리 지대공미사일(오른쪽)

4정을 차량에 탑재한 형태로 운용되었다.

　1960년대에는 미국제 '호크' 중거리 지대공미사일, 나이키 허큘리스 장거리 지대공미사일을 확보했다. 이로써 대공포 중심의 저고도 방공만이 가능했던 수준에서 벗어나 중·고고도를 대상으로 한 지상 방공전력까지 갖춘 것이다. 자주국방의 기치 아래 독자적인 군사력의 건설과 증강이 이루어졌던 1970년대에는 미국제 M167 20mm 발칸, 스위스제 35mm 오리콘 견인식 대공포가 확보되었다. 휴대용 지대공미사일도 미국제 레드아이를 최초로 도입한 이후에 미국제 스팅어도 도입했다. 1980년대에는 K200 국산 병력수송용 장갑차에 발칸 대공포를 탑재한 자주식 대공포를 전력화했다.

그림 2.62 1990년대 개발하여 2000년대에 전력화된 개발된 국산 저고도 방공무기들 '신궁' 휴대용 지대공미사일(왼쪽 위), '비호' 30mm 자주식대공포(오른쪽 위), '천마' 단거리지대공미사일(아래)

1990년대에는 저고도 방공무기들을 차례로 국산화하는 성과를 거두었다. 여기에는 두 가지 배경이 있었는데 첫째는 북한이 한국의 인구와 국가기능의 심장부인 서울 및 수도권에 특수전부대를 침투시키기 위한 주요 수송수단으로 손꼽히는 러시아제 AN-2 '콜트' 소형 수송기, 소형 헬리콥터에 대응할 수 있는 무기가 필요했기 때문이다.

둘째는 노후화된 기존의 대공포와 단거리 지대공미사일을 교체하기 위해서였다.

1999년부터 사거리 약 10km, 유효고도 5km의 단거리 지대공미사일 '천마'가 양산에 들어갔고, 30mm 자주식 대공포 '비호'도 비슷한 시기에 전력화되었다. 그리고 2006년에는 프랑스의 '미스트랄', 러시아의 SA-16/18을 참고하여 국산 휴대용 지대공미사일 '신궁'을 개발하여 배치하였다. 이들 가운데 천마와 신궁은 다른 군사선진국들이 개발한 동급의 무기와 대등하거나, 더욱 우수한 성능을 발휘하는 세계 최고수준으로 평가받고 있다.

오늘날 한국의 지상 방공전력은 미사일 방어능력 확보에 최우선적인 노력을 기울이고 있다. 지난 10여 년 동안 한국은 '차기 방공무기(SAM-X)'라는 사업명으로 구형 나이키 허큘리스를 대체하는 동시에, 미사일 요격기능을 겸비하는 장거리 지대공미사일 도입을 추진했다. 그렇지만 "미국 주도의 MD에 가담하려는 움직임"이라고 비판하는 국내 정치·사회권 일각의 논쟁으로 좀처럼 성과를 거두지 못해왔다. 그러나 2006년 7월과 2009년 4월에 강행되었던 북한의 탄도미사일 시험발사 사건으로 한국도 독자적인 미사일 방어능력을 확보해야 한다는 주장이 설득력을 얻게 되었다.

우선 걸프전쟁에서의 활약으로 유명해진 미국제 PAC-2/3 지대공미사일

그림 2.64 독자 개발된 '철매' 중거리 지대공미사일(M- SAM) 탄도미사일 요격능력도 겸비하였다.

이 2008년에 독일군 잉여장비를 들여오는 형식으로 직도입되어 48기(2개 방공대대) 규모가 실전배치 되고 탄도미사일 요격에 특화된 개량형 패트리어트, 즉 PAC-2/3도(그림 2.65) 전력화되었다. 또한 400~600km 밖에서 적 탄도미사일의 발사여부, 종류, 방향, 각도, 공격지점 등에 관한 정보를 제공하는 이스라엘제 '그린파인' 탄도미사일 조기경보레이더와 그린파인 조기경보레이더도 도입하여 '탄도미사일 작전통제소(AMD-Cell)'의 지휘 아래 편재되어 운용한다.

　그리고 호크 중거리 지대공미사일을 대체할 무기는 '지대공미사일(M-

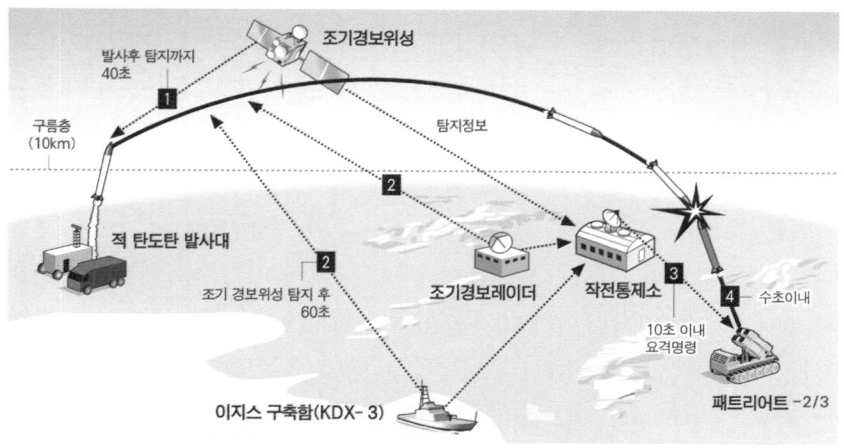

그림 2.65 한국형 미사일 방어체계(KAMD)요격개념도 KAMD는 한반도 지리적 특성을 고려해 하층 방어 위주의 방어체계이다. ① 미사일이 발사되면 조기 경보 위성탐지 ② 지상경보레이더와 해상 이즈함 탐지 ③ 탐지정보(발사지점, 비행방향, 탄착지점 등)는 작전통제소에서 통합분석하여 최적 요격부대 전달 ④ 패트리어트 부대는 표적정보 이용 요격임무 수행

SAM)'이라는 사업명으로 독자 개발된, '철매'라고 명칭된 미사일은 러시아의 SA-10/20을 참고로 개발하여 사거리 40km, 유효고도 15km 등의 성능을 갖춘 것이다. 한 대당 8발의 지대공미사일을 탑재 및 운용하는 이동식 발사대와 방공레이더, 그리고 지휘통제시설 등으로 구성된 것이 특징이다. 그 외에도 신궁 휴대용 지대공미사일을 비호 자주식대공포와 결합시키고, 약 40mm급의 AHEAD 탄환을 장착하는 복합형 단거리 지대공무기를 개발하여 전력화하는 등 21세기 방공무기체계도 더욱 발전하고 있다.

3

Modern Weapons
System Theory

해상무기체계

제1절 수상전투함

수상전투함은 "바다를 비롯한 수면 위에서 전투를 수행하기 위해 다양한 종류의 무장을 탑재, 운용하는 수상함정"을 뜻한다.

1. 등장배경

인간이 발명해낸 도구, 기계들의 대부분이 그러했듯이, 강과 바다를 항해하기 위해 만들어진 선박 역시 오래지 않아 군사용으로 사용되기 시작했다. 최초로 군함을 만들었던 주인공은 기원전 700년경에 당대 오리엔트 제일의 해상무역 세력이었던 페니키아 사람들이었으며, 그 후 이집트나 그리스를 비롯한 주변 국가들로 전파되었다. 고대의 군함은 사람의 힘으로 노를 저어 움직이는 노선(galley)의 형태를 취했다. 배의 항해능력은 곧 노의 수량에 비례했으며, 따라서 최대한 많은 수의 노를 탑재하기 위해 2단 혹은 3단 구조로 건조되었다.

2단 노선이 50개, 3단 노선의 경우는 170개의 노를 갖추는 것이 일반적이었다. 전투 방법은 뱃머리의 충각으로 적함과 부딪혀 침몰시키거나, 적함으로 접근한 후 전투원들을 이동시켜 백병전을 벌이는 방식이었다.

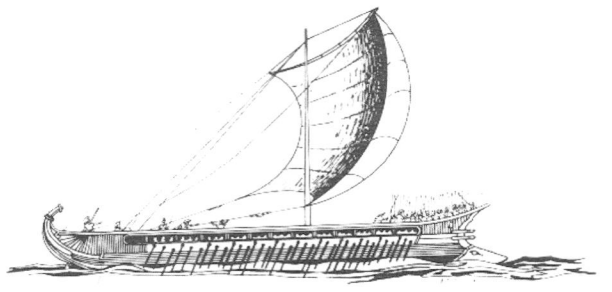

그림 3.1 고대 그리스에서 사용되었던 3단 구조의 노선

16세기가 되자 군함의 형태는 범선(galleon)으로 바뀌게 된다. 지상전에서 화약무기가 보급되면서 군함에도 대포가 탑재되기 시작했고, 사람의 힘에 의존하여 항해하는 노선은 대포를 탑재하면서 빠른 속도로 항해하는 데 어려움이 컸던 것이다. 이에 따라 무한정으로 사용할 수 있는 자연에너지, 즉 바람의 힘을 동력으로 하는 범선이 대안으로 등장한 것이다.

범선 형태의 군함은 바람을 받아 배의 추진력을 발생시키는 돛대와 돛으로 구성되었고, 주요 무장은 선체의 좌우로 탑재되는 다수의 함포(Naval Gun)였다.

유럽 기독교 연합해군이 오스만투르크 제국 이슬람군을 격파한 레판토해전(1571), 영국 해군이 스페인의 무적함대(Armada)를 크게 이긴 영국−스페인 해전(1588)을 계기로 범선은 명실상부하게 해전의 주력 군함으로 자리 잡았으며, 호레이스 넬슨(1758~1805) 제독이 지휘하던 영국 해군이 프랑스의 침공을 격퇴시켰던 트라팔가해전(1805)으로 대표되는 19세기 초까지 그 위치를 유지해왔다.

그림 3.2 트라팔가해전에서 넬슨 제독의 기함으로 활약했던 영국 범선 빅토리 함

산업혁명의 영향을 받았던 19세기는 다시금 군함의 형태를 변화시키는 계기였다. 우선 기계산업의 새로운 동력원으로 각광받던 증기기관을 이용하는 증기선이 개발되었다. 그 결과 바람의 방향과 세기에 의존하여 항해했던 범선 시절보다 자유로운 기동

그림 3.3 영국의 '드레드노트'급 전함(왼쪽)과 러일전쟁 당시 일본의 어뢰정(오른쪽)

이 가능해졌다. 철강 산업이 발전하면서 그동안 목재를 사용했던 군함의 재질은 훨씬 견고한 강철로 바뀌었다. 그리고 선체 양쪽에만 고정적으로 탑재되었던 함포는 회전 가능한 포탑 형태로 개발 및 탑재되어 이전보다 다양한 방향의 적함을 공격할 수 있게 되었다. 함포 자체의 파괴력이나 구경도 과거보다 훨씬 강력해졌다.

증기기관으로 움직이는 장갑함을 이용한 해전은 미국 남북전쟁 기간이었던 1862년 3월 남부연합과 북부 합중국 군함의 교전에서 처음 이루어졌다. 1906년 영국에서 건조된 '드레드노트'급 대형 전함(battleship)은 300mm의 대구경 포를 10문이나 탑재하는 막강한 화력을 보유했다. 이는 단일 무기로서 당대 최대 규모였으며, 거포를 탑재한 전함은 그 나라의 가장 강력한 무기로 인식되기에 이르렀다.

다른 한편 19세기 말부터는 수중에서 자체 추진방식으로 적 군함을 향해 발사되는 어뢰(torpedo)로 무장한 소형 어뢰정이 각국에서 개발되기 시작

그림 3.4 제2차 세계대전 당시 미 해군의 항공모함

했다. 어뢰정은 소형 선체로도 전함을 비롯한 대형 수상전투함을 상대로 치명적인 공격을 가할 수 있다는 점에서 해전에서 무시할 수 없는 무기로 주목받게 되었다.

제2차 세계대전은 항공모함(aircraft carrier)이 전함을 대신하여 해전의 새로운 1인자로 등장하는 계기가 되었다. 항공기가 해전에서도 그 위력을 발휘하면서 전함을 비롯한 기존의 대형 수상전투함들은 점차 취약점을 드러내기 시작했던 반면에, 항공기들을 탑재 및 발진시키는 항공모함은 다른 군함들의 이동속도와 항해범위, 함포 사거리 등을 훨씬 능가하는 원거리 공격능력을 갖춘 움직이는 해상기지가 된 것이다.

항공모함에 의한 최초의 공습은 1940년 11월 영국 해군의 이탈리아 타란토 항 공격이었는데, 이듬해인 1941년 12월 7일 하와이 진주만의 미 해군기지가 일본 항공모함에서 출격한 수백 대의 항공기에 의해 기습당하면서 더욱 유명해졌다. 그 후 태평양전쟁의 주요 해전에서도 미국과 일본의 해군력 핵심은 단연 항공모함이었으며, 특히 진주만 기습 6개월만인 1942년 6월 미드웨이해전에서 일본은 주력 항공모함 여섯 척 가운데 네 척을 한꺼번에 잃어 전쟁 전체의 주도권을 미국에게 빼앗긴 채 패전으로 치닫기도 했다. 2000년대 현재 항공모함은 강대국가들이 더욱 첨단화한 전략무기체계로 발전시키고 있다.

2. 특성 및 분류

1) 특 성

해군의 수상전투함은 선체 내부에 여러 가지의 무장을 다수 탑재하는 전투용 무기일 뿐만 아니라, 수십~수백 명 단위의 장병들이 탑승하면서 작전지휘, 정비, 훈련, 행정, 일상 활동 등의 업무를 수행하는 일종의 거주 공간이기도 하다. 따라서 단일무기 기준에서 전차나 대포, 항공기를 비롯한 타 군종의 것보다 월등하게 큰 규모를 갖추어야 하는 특성이 있다. 수상전투함의 전투력을 결정하는 각종 무장의 종류는 대함(anti-ship), 대공(anti-air), 그리고 대잠

그림 3.5 미국제 '하
푼' 대함미사일(왼쪽)
과 이탈리아제 '오토
브레다' 함포(오른쪽)
오늘날 수상전투함의
주력 대함 교전용 무
기는 대함미사일이
며, 함포는 보조적으
로 운용되고 있다.

(anti-submarine) 등의 세 가지로 구분된다.

수상전투함이 수행하는 최우선적인 전투임무는 역시 적 군함과의 해전
이다. 제2차 세계대전까지만 해도 해전에서의 기본 무장은 수백 mm 구경
의 대형 함포였지만, 그 후 대함미사일(Anti-ship Missile)로 바뀌었다. 1967
년 10월 이집트 해군이 러시아제 SS-N-2 '스틱스' 대함미사일을 발사하여
이스라엘의 주력함이었던 '에일라트'를 격침시킨 것이 대함미사일에 의한
최초의 전과였다. 미국, 유럽에서도 우수한 성능의 대함미사일을 차례로
개발했으며, 1982년 포클랜드전쟁에서도 아르헨티나 공군기가 발사한 사거
리 약 70km의 프랑스제 '엑조세' 대함미사일이 영국 해군의 군함 '셰필드'
를 격침시켜 해전에서 그 위력을 입증해냈다.

오늘날 각국 해군의 대함미사일은 적 군함의 가시권 밖인 100km 이상의
사거리로 운용되는 경우가 대부분이며, 적의 탐지 및 요격 시도를 회피하
기 위해 표적까지의 중간 유도과정에서 약 50m 이하의 저고도로 수면을
비행하는 '씨 스키밍(sea skimming)' 방식을 이용하는 것이 특징이다. 대함
미사일의 등장으로 함포는 근거리에서의 교전, 혹은 간접 화력지원을 위해

그림 3.6 수상전투함
의 함대공미사일(왼
쪽)과 근접방어용 기
관포(CIWS, 오른쪽)
의 사격모습

그림 3.7 수상전투함
에서 발사되는 어뢰
(왼쪽)와 대잠로켓
탑재형 어뢰(오른쪽)
의 발사모습

척당 한 문씩만 탑재되는 보조 무기로 바뀌었다. 구경도 100/120mm 이하
가 대다수인 실정이다.

제2차 세계대전 이후 해전에서 군함의 주요 위협은 바다뿐만 아니라 하
늘에서 날아오는 항공기, 혹은 대함미사일까지 포함되었으며, 이제 대공 교
전능력은 수상전투함의 생존성 확보를 위해 필수적으로 요구되는 기능이라
고 할 수 있다.

함대공미사일(Surface-to-Air Anti Missile)은 각 군함의 자체방어를 위한
사거리 10~20km 내외의 단거리, 전단 및 함대의 작전범위 이내를 방어할
수 있는 사거리 50~100km 이상의 중·장거리로 분류되는 것이 일반적이
다. 만약 함대공미사일이 적 항공기나 대함미사일을 요격하는 데 실패할
경우에는 이들을 약 1km 이내의 근거리에서 파괴하는 근접방어무기체계
(CIWS: Close-In Weapon System)를 사용하는데, 주로 20/30mm급 속사
기관포가 사용된다.

바다 속에서 군함을 위협하는 잠수함에 맞서는 기본무장은 역시 어뢰이
다. 구조가 간단하고, 항공기 폭탄처럼 투하 방식으로 근거리의 적 잠수함
을 공격하는 폭뢰(depth charge)로 널리 사용되고 있다. 어뢰를 로켓탄두
에 탑재 및 발사하여 수십km 밖에 위치하는 적 잠수함을 공격할 수도 있는
데, 미국제 ASROC(Anti-Submarine ROCket)이 대표적이다.

수상전투함의 추진기관은 재래식 디젤기관, 혹은 가스터빈 엔진으로 양
분되며, 여기서 발생되는 출력을 선체의 추진용 프로펠러(일명 스크루)에
전달하는 방식으로 군함이 기동하는 원리이다. 오늘날 각국의 주력 군함들
은 기동력과 연료 절약효과를 위해서 이들 두 기관을 병행하는 CODAG

(COmbined Diesel And Gas turbine), CODOG(COmbined Diesel Or Gas turbine)을 탑재하고 있다. 양쪽 모두 시속 10노트 수준의 저속 항해에서는 디젤기관만을 사용하지만, 시속 20노트를 넘는 고속 항해의 경우 CODAG은 디젤기관과 가스터빈 엔진을 함께 사용하는 반면 CODOG은 출력이 보다 큰 가스터빈 엔진만을 사용한다. 선체 내부에 소형 원자로를 탑재하는 핵추진 기관은 수개월 동안 외부의 연료지원 없이도 작전수행이 가능하여 재래식 추진기관을 사용하는 군함을 월등히 능가하는 기동력을 가지며, 주로 잠수함과 항공모함에서 사용하고 있다.

2) 분 류

수상전투함의 종류는 선체 규모를 기준으로 구분하는데, 함선 자체의 무게보다는 해당 군함을 바다에 띄웠을 때 밀어내는 물의 양, 즉 배수량이 기준으로 사용된다. 배수량은 다시 기준배수량, 만재배수량으로 구분되는데, 전자는 군함 자체로만 발생하는 배수량의 규모이며, 후자는 각종 무장과 승무원이 적재된 상태에서의 배수량 규모를 뜻한다.

이를 기준으로 할 때 수상전투함은 ① 중소형 규모 선체를 사용하는 연안전투함정, ② 대형 선체를 사용하는 대양전투함으로 분류할 수 있다.

연안전투함정은 다시 경비정(patrol boat), 초계함(corvette), 호위함(frigate)으로 나뉘며, 대양전투함은 구축함(destroyer), 순양함(cruiser), 그리고 항공모함(aircraft carrier)을 포함한다.

(1) 경비정

경비정은 배수량 수백 톤급의 소형 전투함정을 포괄하며, 작게는 배수량이 100톤에 못 미치는 경우도 있다. 선체 규모가 작아서 승무원과 탑재무장 규모가 매우 적으며, 항해속도는 빠른 편이지만 육상 기지로부터 멀리 벗어난 원해에서의 작전수행도 곤란하다. 따라서 자국 영토로부터 가까운 영해(territorial sea) 이내를 범위로 하는 협소한 해역에서 연안경비, 순찰, 국경 인근해역을 방어하는 임무를 주로 담당한다. 영토상으로 바다와 인접한 비율이 적고, 경제력이 미약한 국가에서는 주력함으로 다수 운용되는 편이

코마(러시아)
- 기준배수량 : 61톤
- 시간당 항해속도 : 44노트
- 항속거리 : 600해리
- 주요무장 : 25mm 함포, SS-N-2 '스틱스' 대함미사일

오사(러시아)
- 기준배수량 : 172톤
- 시간당 항해속도 : 38노트
- 항속거리 : 500해리
- 주요무장 : 30mm 함포, SS-N-2 '스틱스' 대함미사일

게파트(독일)
- 기준배수량 : 391톤
- 시간당 항해속도 : 40노트
- 항속거리 : 미상
- 주요무장 : 76mm 함포, '엑조세' 대함미사일, RAM 단거리 함대공미사일

스콜(노르웨이)
- 기준배수량 : 274톤(만재)
- 시간당 항해속도 : 45노트
- 항속거리 : 800해리
- 주요무장 : 76mm 함포, '미스트랄' 휴대용 지대공미사일

하야부사(일본)
- 기준배수량 : 200톤
- 시간당 항해속도 : 44노트
- 항속거리 : 미상
- 주요무장 : 76mm 함포, 90식 대함미사일

스텔스 미사일 고속정(중국)
- 기준배수량 : 220톤
- 시간당 항해속도 : 93km
- 항속거리 : 미상
- 주요무장 : 스텔스 기능, 30mm 기관포, 순항미사일 8기

며, 전투력 강화를 위해 미사일이나 어뢰, 100mm 이하의 함포로 중무장하는 경우도 있다.

(2) 초계함

초계함은 배수량 1,000~2,000톤 이내의 소형 수상전투함을 말한다. 경비정에 비해서는 선체 규모가 확대되었고, 구경 70/100mm 함포와 대함미사일을 기본 무장으로 탑재할 수 있어서 전투력도 향상된 것이 특징이다. 그러나 선체 규모의 특성상 작전범위는 영해 주변의 연안해역으로 제한될 수밖에 없다. 다수의 경비정을 주력함으로 운용하는 중소국가에서는 초계함이 최대 규모의 군함인 경우가 대부분이다.

사르5(이스라엘)
• 기준배수량 : 1,075톤
• 시간당 항해속도 : 20노트
• 항속거리 : 3,500해리
• 주요무장 : 76mm 함포, '하푼' 대함미사일, '바라크' 단거리 함대공미사일

카스투리(말레이시아)
• 기준배수량 : 1,500톤
• 시간당 항해속도 : 28노트
• 항속거리 : 미상
• 주요무장 : 100mm 함포, 30/ 57mm 대공포, '엑조세' 대함미사일

쿠크리(인도)
• 기준배수량 : 1,350톤
• 시간당 항해속도 : 25노트
• 항속거리 : 4,000해리
• 주요무장 : 76mm 함포, SS- N-2 '스틱스' 대함미사일, SA-7 단거리 함대공미사일

(3) 호위함

호위함은 배수량 2,000~3,000톤 내외의 중형 수상전투함이다. 구경 100mm급 함포와 대함미사일은 물론, 자체 방공을 위한 단거리 함대공미사일도 탑재 가능할 정도의 무장수용 능력을 갖춘 것이 특징이다. 영해 인근을 넘어 해당 국가의 주변 해역에서도 충분히 임무수행이 가능하며, 제한적인 대양작전에도 투입될 수 있다. 상당 수준의 경제력을 갖추고 있지만 명시적인 군사위협 대상이 적은 국가에서는 주력함의 지위를 차지한다.

Type-23(영국)
- 기준배수량 : 3,500톤
- 시간당 항해속도 : 28노트
- 항속거리 : 9,000해리
- 주요무장 : 114mm 함포, '하푼' 대함미사일, '씨 울프' 단거리 함대공미사일

안작(호주)
- 기준배수량 : 3,600톤
- 시간당 항해속도 : 27노트
- 항속거리 : 6,000해리
- 주요무장 : 127mm 함포, '하푼' 대함미사일, '씨 스패로우' 단거리 대함미사일

장카이(중국)
- 기준배수량 : 3,500톤
- 시간당 항해속도 : 30노트
- 항속거리 : 9,000해리
- 주요무장 : 100mm 함포, 30mm CIWS, YJ-83 대함미사일, HQ-7 단거리 함대공미사일

라파예트(프랑스)
- 기준배수량 : 3,200톤
- 시간당 항해속도 : 25노트
- 항속거리 : 4,000해리
- 주요무장 : 100mm 함포, '엑조세' 대함미사일, '아스터 15' 중거리 함대공미사일

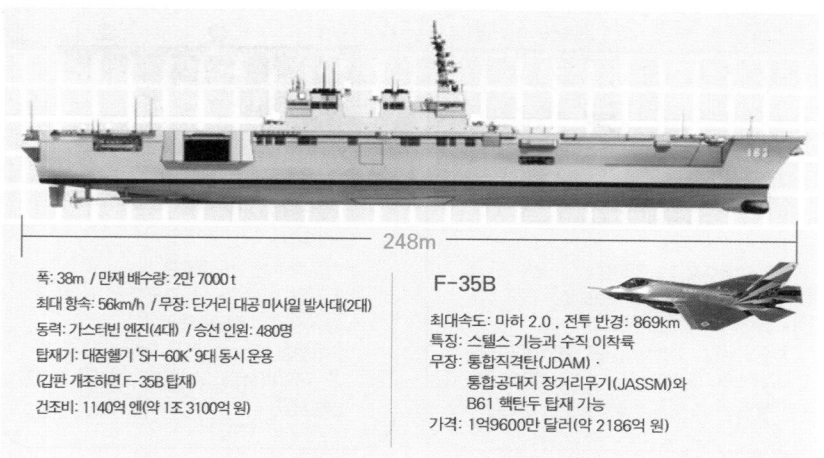

그림 3.8 일본 항공모함급 호위함 '이즈모' 일본은 항공모함으로 분류되는 호위함인 이즈모함을 전력화(2013. 8. 6.)했다. 이즈모함은 갑판만 개조하면 헬리콥터 9대, 스텔스 전투기 F-35B를 탑재할 수 있는 항공모함이 된 것이다.

폭: 38m / 만재 배수량: 2만 7000t
최대 항속: 56km/h / 무장: 단거리 대공 미사일 발사대(2대)
동력: 가스터빈 엔진(4대) / 승선 인원: 480명
탑재기: 대잠헬기 'SH-60K' 9대 동시 운용
(갑판 개조하면 F-35B 탑재)
건조비: 1140억 엔(약 1조 3100억 원)

F-35B

최대속도: 마하 2.0, 전투 반경: 869km
특징: 스텔스 기능과 수직 이착륙
무장: 통합직격탄(JDAM)·
통합공대지 장거리무기(JASSM)와
B61 핵탄두 탑재 가능
가격: 1억9600만 달러(약 2186억 원)

⑷ 구축함

구축함은 20세기 초 어뢰정의 공격으로부터 대형 전함을 연안에서 방어하는 임무를 담당하는 중형 수상전투함의 개념으로 처음 등장하였는데, 제2차 세계대전 이후 전함이 쇠퇴하자 그 뒤를 잇는 주력 군함의 지위를 차지하였다. 구축함으로 분류되는 군함은 보통 배수량 3,000~7,000톤 이상이 대부분이며, 함포와 대함미사일, 중·장거리 함대공미사일 등의 강력한 무장을 갖춘 대양 작전의 핵심이라고 할 수 있다. 강력한 경제력과 더불어 정치·군사적인 영향력 확대 및 유지를 추구하는 강대국의 해군에서는 대부분 구축함이 주력함으로 활약하고 있다.

알레이버크(미국)
• 기준배수량 : 7,000톤
• 시간당 항해속도 : 30노트
• 항속거리 : 4,400해리
• 주요무장 : 127mm 함포, 20mm CIWS, '하푼' 대함미사일, '스탠다드' 중·장거리 함대공미사일, '토마호크' 순항미사일

소브레메니(러시아)
• 기준배수량 : 6,200톤
• 시간당 항해속도 : 32노트
• 항속거리 : 4,000해리
• 주요무장 : 130mm 함포, SS-N-22 '모스키트' 대함미사일, SA-N-7 중거리 대함미사일

Type-45(영국)
- 기준배수량 : 7,200톤
- 시간당 항해속도 : 29노트
- 항속거리 : 7,000해리
- 주요무장 : 113mm 함포, 20mm CIWS, '아스터 15/30' 중·장거리 함대공미사일

작센(독일)
- 기준배수량 : 5,600톤
- 시간당 항해속도 : 29노트
- 항속거리 : 4,000해리
- 주요무장 : 76mm 함포, 27mm CIWS, '하푼' 대함미사일, '스탠다드' 장거리 함대공미사일

무라사메(일본)
- 기준배수량 : 4,500톤
- 시간당 항해속도 : 30노트
- 항속거리 : 미상
- 주요무장 : 76mm 함포, 20mm CIWS, 90식 대함미사일, '씨 스패로우' 단거리 함대공미사일

류성룡함(한국)
- 기준배수량 : 7,600톤
- 시간당 항해속도 : 30노트
- 항속거리 : 미상
- 주요무장 : 127mm 함포, 대공미사일, 어뢰, 대함, 대잠미사일

그림 3.9 미국은 해
상전투 흐름을 뒤바
꿀 게임체인저 차세
대 구축함 줌 우러트
를 취역시켰음

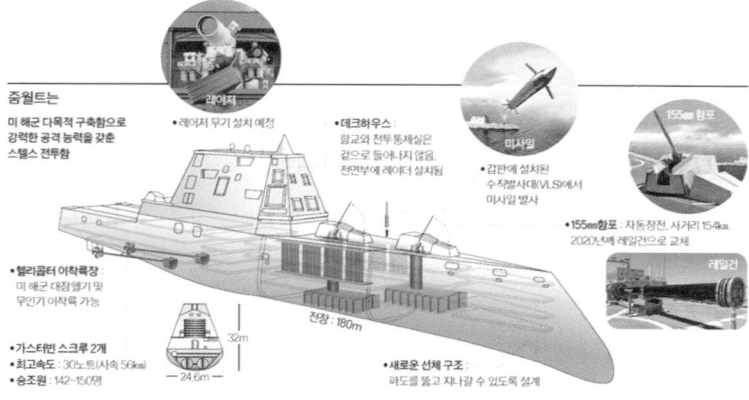

(5) 순양함

구축함의 시작이 연안에서 전함을 방어하는 것이었다면, 순양함은 대양에
서 전함에 대한 방어를 제공하기 위해 개발되었다. 해전에서 전함의 가치
가 약화되자 순양함이 전함을 직접적으로 대체하기에 이른다. 순양함은 배
수량 1만 톤을 넘는 초대형 군함이며, 오늘날 이런 형태의 수상전투함을 보
유하는 국가는 냉전 시절 세계의 패권을 다투었던 미국과 러시아뿐이다.

타이콘데로가(미국)
- 기준배수량 : 9,600톤(만재)
- 시간당 항해속도 : 32노트
- 항속거리 : 6,000해리
- 주요무장 : 127mm 함포, 20mm CIWS, '하푼' 대함미사일, '스탠다드' 중·장거리 함대공미사일, '토마호크' 순항미사일

키로프(러시아)
- 기준배수량 : 2만 4,000톤
- 시간당 항해속도 : 32노트
- 항속거리 : 무제한(핵추진)
- 주요무장 : 130mm 함포, 30mm CIWS, SS-N-19 대함미사일, SA-N-9 장거리 함대공미사일

(6) 항공모함

항공모함은 그 자체가 대단한 무장을 갖춘 것은 아니다. 자체무장은 주로 단거리 함대공미사일을 비롯한 방어용 무기가 고작이다. 그렇지만 척당 수십 대 이상의 항공기를 탑재함으로써 영토로부터 멀리 떨어진 대양에서 휘하 함대의 수상전투함들을 위한 해상 방공 능력을 제공해 주며, 필요할 경우 항공기들을 출격시켜 인근 지역을 공격할 수도 있다.

일반적으로 잘 알려진 배수량 약 10만 톤급의 대형 항공모함은 척당 80대 이상의 항공기(전투기, 정찰 및 초계, 구조용 지원기 포함)를 탑재할 수 있

니미츠(미국)
- 기준배수량 : 7만 8,000톤
- 시간당 항해속도 : 30노트
- 항속거리 : 무제한(핵추진)
- 주요무장 : 20mm CIWS, '씨 스패로우' 단거리 함대공미사일, 항공기 85대 탑재

쿠즈네초프(러시아)
- 기준배수량 : 6만 7,000톤
- 시간당 항해속도 : 30노트
- 항속거리 : 8,500해리
- 주요무장 : SS-N-19 대함미사일, SA-N-9 장거리 대함미사일, 항공기 50대 탑재

인빈서블(영국)
- 기준배수량 : 2만 700톤
- 시간당 항해속도 : 28노트
- 항속거리 : 7,000해리
- 주요무장 : 20mm 대공포, 30mm CIWS, 항공기 약 20대 탑재

샤를 드골(프랑스)
- 기준배수량 : 3만 8,000톤
- 시간당 항해속도 : 27노트
- 항속거리 : 무제한(핵추진)
- 주요무장 : '아스터 15' 단거리 함대공 미사일, 항공기 약 40대 탑재

는데, 미국에서만 운용 하고 있다. 그 외에 영국, 러시아, 프랑스, 중국, 인도, 스페인, 이탈리아, 인도, 브라질, 태국이 항공모함을 보유하고 있다. 그리고 항공모함 건조국가는 미국, 러시아, 영국, 프랑스, 일본, 인도 등이 되며, 주요국가의 항공모함 크기를 비교해 보면 다음과 같다.

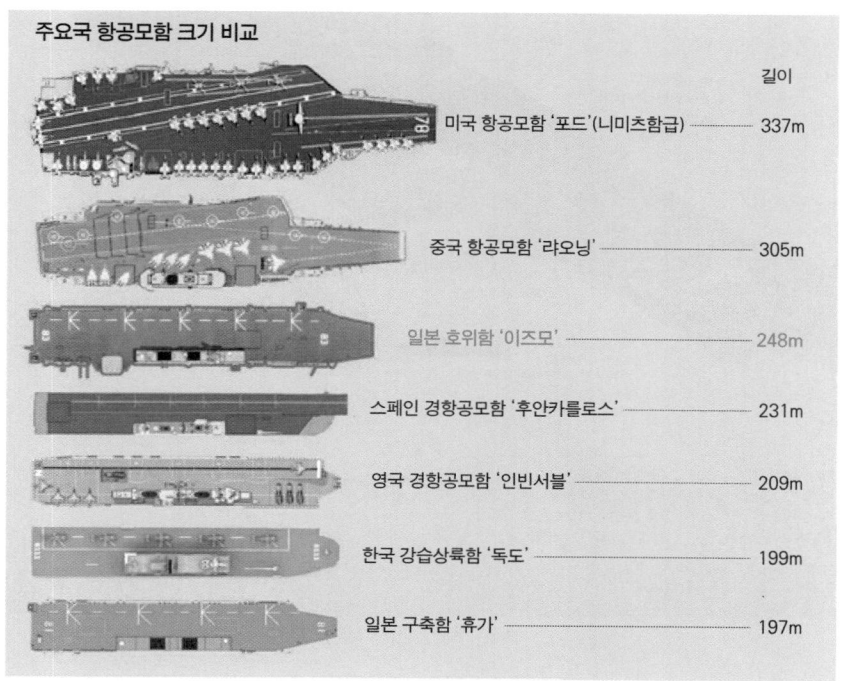

주요국 항공모함 크기 비교

	길이
미국 항공모함 '포드'(니미츠함급)	337m
중국 항공모함 '랴오닝'	305m
일본 호위함 '이즈모'	248m
스페인 경항공모함 '후안카를로스'	231m
영국 경항공모함 '인빈서블'	209m
한국 강습상륙함 '독도'	199m
일본 구축함 '휴가'	197m

비크란트(인도)
- 기준배수량 : 3만 7,500톤
- 시간당 항해속도 : 30노트
- 항속거리 : 미상
- 주요무장 : 전투기·헬기 30여대 탑재

중국 최초의 항공모함 '랴오닝'

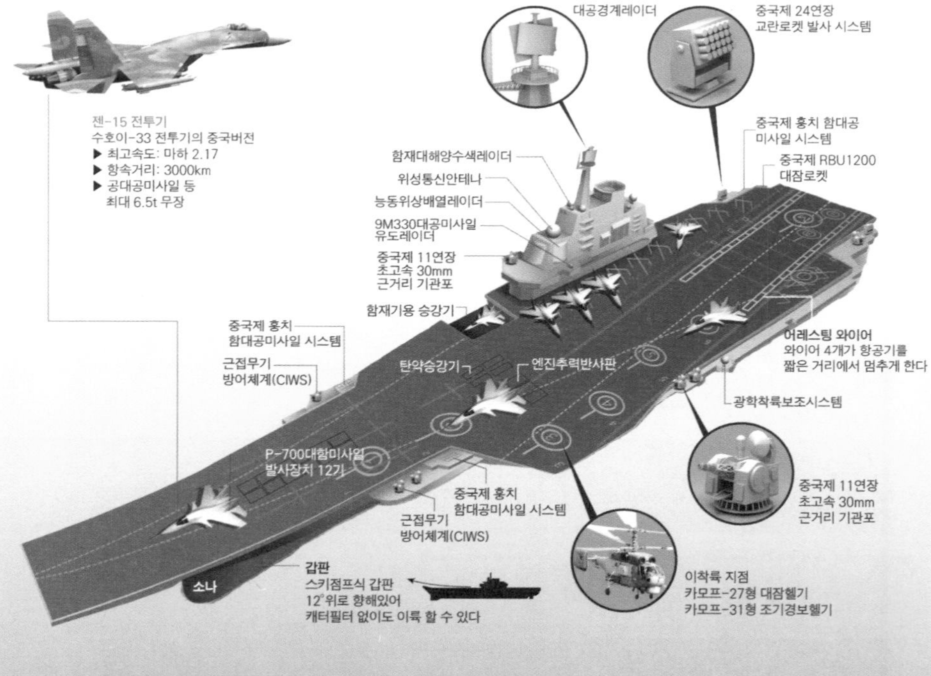

젠-15 전투기
수호이-33 전투기의 중국버전
▶ 최고속도: 마하 2.17
▶ 항속거리: 3000km
▶ 공대공미사일 등
   최대 6.5t 무장

대공경계레이더

중국제 24연장
교란로켓 발사 시스템

중국제 홍치 함대공
미사일 시스템
중국제 RBU1200
대잠로켓

함재대해양수색레이더
위성통신안테나
능동위상배열레이더
9M330대공미사일
유도레이더
중국제 11연장
초고속 30mm
근거리 기관포
함재기용 승강기

중국제 홍치
함대공미사일 시스템
근접무기
방어체계(CIWS)

탄약승강기

엔진추력반사판

어레스팅 와이어
와이어 4개가 항공기를
짧은 거리에서 멈추게 한다

광학착륙보조시스템

P-700대함미사일
발사장치 12기

중국제 홍치
함대공미사일 시스템
근접무기
방어체계(CIWS)

중국제 11연장
초고속 30mm
근거리 기관포

소나

갑판
스키점프식 갑판
12°위로 향해있어
캐터펄트 없이도 이륙 할 수 있다

이착륙 지점
카모프-27형 대잠헬기
카모프-31형 조기경보헬기

▶ 제원	
만재배수량: 5만9,000t	추진력: 증기터빈
길이: 304.5m	작전기간: 45일
폭: 35.4m	총 승조원 수: 2,600명
최고속도: 59km/h	최대 함재기 수: 50기

▶ 함재기		
수호이-33형 중형 전투기	카모프-27형 대잠헬기	카모프-31형 조기경보헬기
26기	20대	4대

자료: 중앙일보, 2011.8.11, 6면.

196

미국 핵 추진 항모 제럴드 포드함(CVN-78)

- 배수량: 10만1600t
- 속력: 30노트(56km/h)
- 승조원: 4천660명(기존 항모보다 25%감소)
- 탑재기: 75대(전투기 44대 포함)
- 항행거리: 사실상 무한대(20~25년)
- 주요 최신 기술: 전자기식 캐터펄트(EMALS), 최신형 강제착륙장치
  (AAG), 이중 대역 레이더(DBR), 함정 자체 방어시스템(SSDS) 등

칼빈슨함(니미츠급) 컨트롤타워

제럴드 포드함 컨트롤타워
니미츠급 항공모함보다 컨트롤타워가
작고 뒤쪽으로 위치해 더 넓은 공간을 확보

- 미 해군 사상 가장 큰 함정
  337m
  78m
  332.8m
  76.8m   칼빈슨함(니미츠급)

- 함재기 탑재력 **75**대 이상

주요 함재기

F-35C
라이트닝2

F/A-18E/F
슈퍼호넷
전투기 **44**대

EA-18G
전자전기
5대

E-2D 조기경보기
5대

MH-60R/S 헬기
19대

X-47 무인기

3. 운용개념

해군에서 가장 기본적인 전투력은 단연 수상전투함이다. 선체 크기와 임무 수행 능력은 함선의 종류에 따라 다르지만 함포, 어뢰, 미사일을 비롯한 각 종 무장을 탑재하는 수상전투함은 눈에 드러나는 그 존재만으로도 상대에 게 자국의 영해 혹은 주변해역에 대한 관할권 의지를 과시하는 효과를 발 휘한다. 따라서 실제 전투뿐만 아니라 봉쇄, 무력시위를 비롯한 다양한 임 무에 동원할 수 있다. 미국이 세계 주요 분쟁지역으로 가장 먼저 투입하는 군사력이 바로 항공모함 중심으로 편성된 대규모의 해상전투단이라는 사실 도 이를 반영한다. 그 자체가 발휘하는 막강한 전투력뿐만 아니라 거대한 군함들의 집합을 앞세워 정치·심리적 의지를 상대에게 전달하는 효과가

그림 3.10 세계 최강을 자랑하는 미 해군 해상전투단의 위용
수상전투함은 가장 위력적인 재래식 무력시위 수단으로 인식되고 있다.

있기 때문이다.

먼저, 배수량 수백 톤, 혹은 1,000~3,000톤 내외의 연안전투함정은 자체 무장과 선체의 규모, 기동력 등을 고려할 때, 자국 인근해역을 넘어서는 원거리 작전을 수행하기에 제약이 적지 않다. 따라서 지상배치 전투력(해안포, 지대함미사일, 항공기 등)과의 합동작전을 통해, 국경 전방해역이나 영해로 접근하는 적 해군력을 차단해내는 방어적인 임무를 주로 담당하고 있다.

다음으로 배수량이 수천~1만 톤을 넘는 대양전투함은 영해를 벗어나는 원해에서 자국의 정치·경제·군사적 이익을 지키도록 운용되는 경우가 대부분이다. 구체적으로는 도서지역 방어, 대륙붕과 배타적경제수역(EEZ: Exclusive Economic Zone) 이내의 해저자원 보호, 민간 무역선과 무역항로에 대한 호송, 그리고 적 인근 해역에서의 무력시위 혹은 직접적인 군사력 투사 등이 포함된다.

4. 발전 추세

수상전투함의 기술적인 발전은 선체뿐만 아니라 탑재 무장의 발전까지 포함하는 개념이라고 할 수 있다.

특히 다섯 가지의 발전 추세가 주목받고 있다. 첫째, 대함미사일은 마하 1 미만의 아음속(subsonic)이었던 비행속도를 마하 2 이상으로 높인 초음속(super-sonic) 대함미사일로 대체되기 시작할 것이다. 비행속도가 월등히 빠르다는 점에서 적 군함의 함대공 요격능력을 무력화하는 데 효과적이라는 강점을 갖는다. 초음속 대함미사일 개발의 선두주자는 러시아인데, 현재는 중국, 인도, 일본, 대만 등에서도 개발에 성공했거나 활발하게 진행 중이다.

둘째, 구축함급 이상의 대형 수상전투함에 탑재되는 함포는 150mm급으로 확대되고, 위성항법체계나 관성항법장치 등에 의한 정밀유도 기능을 갖춘 사거리 연장포탄을 운용하도록 발전될 것이다. 이는 함포의 사거리를 100km 이상까지 연장시켜 바다에서 지상으로의 화력지원 임무 수행이 가능토록 해준다는 점에서 주목된다.

셋째, 함대공 교전능력의 발전도 큰 폭으로 진전될 것이다. 미국, 러시아, 유럽 등 군사선진국의 해군은 주력 수상전투함의 함대공미사일 탑재수단으로 수직발사대(VLS: Vertical Launching System)를 채택하였으며, 이는 수십 기의 미사일을 평시부터 함께 탑재하는 원리다. 발사 후에도 미사일을 재장전하는 데 필요한 시간이 절약되므로 짧은 시간동안에 다수의 함대공미사일을 차례로 발사할 수 있으며, 한꺼번에 날아오는 다수의 적 항공기, 대함미사일을 상대로 동시에 교전 가능하다는 것이 최대 장점이다.

아울러 함대공미사일의 사거리도 신형 장거리 지대공미사일과 동급 내지 이상인 최대 수백km 수준까지 증대되고, 그 결과 수상전투함이 탄도미사일 방어를 위한 해상 요격임무에서도 주축을 담당하게 될 전망이다. 자국 영토를 노리는 적 탄도미사일의 발사기지 인근 해역으로 접근한 후 발

그림 3.11 러시아의 SS-N-22 '모스키트' 초음속 대함미사일(왼쪽)과 미해군이 개발 중인 지상 화력지원용 155mm 함포(오른쪽)

그림 3.12 수직발사
대(VLS)의 모습(왼
쪽)과 VLS에서 발사
되는 함대공미사일
(오른쪽)

사가 막 이루어진 초기단계에서 이를 함대공미사일로 요격하거나, 분쟁지역 내에서 아군 부대를 겨냥하여 발사된 중·단거리 탄도미사일을 요격하는 것이 여기에 해당한다. VLS는 함대공미사일뿐만 아니라 대잠로켓, 지상공격용 순항미사일 등의 다양한 유도무기도 함께 탑재가 가능하여 다양한 임무를 함께 수행하는 데도 유리하다.

넷째, 함정전투체계의 발전이다. 대함, 대공, 대잠 등의 개별 교전기능을 동시 통합적으로 운용하기 위해 필요한 것이 바로 함정전투체계이다. 컴퓨터를 이용하여 자동화된 정보의 구성 및 가시화를 군함 내부의 지휘통제팀에 제공하여 위협의 탐지와 평가, 자료처리, 관리, 그리고 정보수집, 지휘 및 결심, 다양한 탑재무기들에 대한 사격 통제, 운용준비평가 등을 포함하는 다수의 전투기능들을 하나의 체계로 통합시켰다고 할 수 있다. 오늘날 미 해군의 주력함인 '타이콘데로가'급 순양함, '알레이버크'급 구축함에도 채택된 이지스(Aegis: 그리스신화 속 제우스 신의 방패) 전투체계가 대표적이다. 수상전투함이 점차 복합화된 전투기능을 갖추어감에 따라 함정전투체계는 군함의 필수적인 기반 능력으로 자리 잡을 것이다.

다섯째, 추진체계는 통합전기추진체계(IEPS: Integrated Electric Propulsion System), 워터제트(water jet) 방식이 각광받을 전망이다. IEPS는 주기관을 구동하여 발전시킨 전력을 추진용 전동기, 주요 무장, 군함 내부의 장비들에 통합적으로 공급하는 방식이다. 현재 사용되는 가스터빈, 디젤 기관에 의한 프로펠러 추진은 후진 과정에서 소음이 크게 발생하고, 감속기 어장치 등의 복잡한 장비를 필요로 하지만, IEPS는 이를 해결한 것이다.

워터제트 추진기관은 프로펠러가 선체 내부에 탑재되어 해수를 끌어들인 뒤 고속으로 외부에 방출시키는 방식으로 작동되며, 그 때문에 선체 외부에 프로펠러를 장착하면서 발생하는 시속 20~30노트보다 빠른 시속 약 50노트의 항해가 가능하다. 여기에 해상기동을 방해하는 여러 장애물(그물, 부유물체)로부터도 안전하므로 주로 연안에서 임무를 수행하는 경비정, 초계함 등의 소형 전투함정의 추진기관으로 적합한 것이다.

5. 한국의 현황

한국의 수상전투함 전력은 세계적으로도 오랜 역사적 전통을 자랑한다. 16세기 말 임진왜란에서 일본의 침략을 격퇴해 냈던 주역도 해군이었다. 충무공 이순신 제독이 지휘하는 당시 조선 해군의 '판옥선'은 일본 함선보다 선체가 크고 견고한 판옥선을 주력함으로 보유했다. 판옥선은 함포를 다수 탑재하여 운용하는 데 유리하여 수병들의 조총이 고작이었던 일본 함선과의 해전에서 차례로 승리를 거두었다. 여기에 해전에서 적 함대의 전열을 돌파, 기선을 제압하는 돌격함으로 운용되었던 거북선은 선체 지붕을 철갑으로 덮어 세계 최초의 철갑선으로 기록되었다.

1948년 건군 당시 해군이 보유했던 군함이라고는 주로 제2차 세계대전 직후 일본 해군, 혹은 미군으로부터 인수한 배수량 수백 톤급의 경비함정

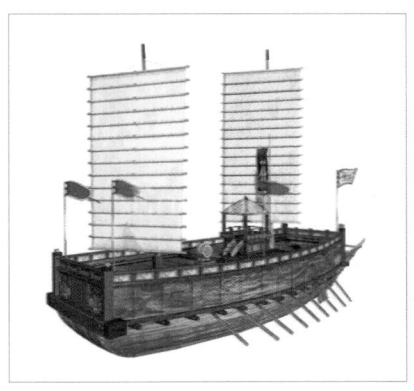

그림 3.13 임진왜란 당시 조선의 주력함으로 활약한 판옥선(왼쪽)과 거북선(오른쪽)

그림 3.14 한국 해군 최초의 군함 백두산함(왼쪽)과 초기 주력함이었던 기어링급 구축함(오른쪽)

정도가 고작이었다. 이에 해군은 전투임무의 수행이 가능한 군함의 도입이 시급함을 절감했으며, 이듬해 10월 해군 장병들의 모금과 정부 지원금을 모아 배수량 450톤의 항해용 실습선 한 척을 미국에서 구입하여 함포를 설치하는 등의 개량을 거쳐 초계함으로 개조했다. 이것이 한국 해군 최초의 수상전투함인 PC-701 백두산함이다. 백두산함은 1950년 6·25전쟁의 개전 당일 부산으로 침투하여 수백명 규모의 비정규전 부대를 침투시키려던 북한 수송선을 격침시키는 전과를 올렸다. 이 전투는 '대한해협해전'으로 기록되었으며, 6·25전쟁 초에 북한의 후방교란 시도를 저지함으로서 전선을 안정시키는 데 결정적으로 기여했다는 점에서 큰 의의를 갖는다. 휴전 이후 1960년대에 미 해군에서 퇴역한 '플레처(배수량 2,000톤)'급 호위함, '알

그림 3.15 다양한 전투함들

그림 3.16 한국 해군의 대양전투함으로 개발된 광개토대왕급(왼쪽)과 충무공 이순신급 구축함(오른쪽)

렌 M. 섬너(배수량 2,200톤)'급 호위함, '기어링(만재배수량 3,600톤)'급 구축함이 도입되어 해군의 수상전투함 전력은 양적으로 큰 성장을 이루었다.

자주국방의 기치 아래 이루어졌던 1970년대의 독자적인 군사력 건설정책에서 해군 역시 예외가 아니었다. 먼저 북한이 확보한 스틱스 대함미사일과 이를 탑재하는 러시아제 미사일정에 대한 대응책 마련이 필요해졌다. 1970년대 초에 소수 건조된 '백구'급 소형경비정은 해군이 처음으로 획득한 독자건조 전투함정이라고 할 수 있다. 이어서 해군은 프랑스제 엑조세와 미국제 하푼 대함미사일을 도입하기 시작하여 북한의 스틱스 대함미사일에 대한 견제전력으로 운용하기 시작했다. 1980년대에는 연안전투정의 국내 건조가 더욱 활발해졌다. 백구급을 개량한 '참수리(만재배수량 170톤)'급 고속정, 40/76mm 함포와 대함미사일까지 탑재하는 총 28척의 '동해(배수량 1,000톤)·포항(배수량 1,200톤)'급 초계함과 아홉 척의 '울산(배수량 2,100톤)'급 호위함의 개발 및 건조가 이루어진 것이다. 이들은 오늘날까지도 해군의 대표적인 주력 군함으로 운용 중이며, 특히 참수리급 고속정과 포항급 초계함은 1999년과 2002년 6월 서해 북방한계선(NLL)에서 벌어진 북한과의 연평해전에서도 활약했다.

1990년대에 한국 해군은 새로운 도전을 맞이하기 시작했다. 막대한 해저자원을 통한 경제적 가치가 걸려있는 대륙붕과 EEZ, 독도와 이어도를 대상으로 하는 일본·중국과의 도서영유권 갈등을 비롯한 한반도 주변해역에서의 해양관할권 문제가 대두된 것이다. 심지어는 한국의 대외무역 99.7%가 이루어지는 태평양, 동남아시아로의 해상교통로 보호, 원양 해역에서 활동하는 한국 어선의 안전문제 등 한반도로부터 수백 해리 이상 떨어진 범위까지도 지켜야 할 필요성이 제기되었다. 북한만을 상대할 수 있었던 연안전투함정 위주에서 벗어나, 한반도 주변과 그 이외의 해역에서도 장기간

그림 3.17 세종대왕급 이지스구축함의 기동 모습

지속적인 임무수행이 가능한 대양해군력의 건설이 절실해진 것이다.

대양해군력 건설을 위한 첫 성과물은 1990년대 말 건조된 '광개토대왕(배수량 3,800톤)'급 구축함이었다. 이 구축함은 VLS에 탑재되는 16기의 씨스패로우 단거리 함대공미사일, 네덜란드제 30mm 골키퍼 CIWS 등 최소한의 함대공 교전능력을 갖추어 대양임무 수행을 위한 기본적인 전투력을 확보한 것으로 평가된다.

2002년에 건조된 '충무공 이순신(배수량 4,400톤)'급 구축함은 해군의 진정한 대양작전 주력함이라고 할 수 있다. 충무공 이순신급은 VLS 탑재규모가 32기로 증가했을 뿐만 아니라, 사거리가 100km 이상인 SM-2 스탠다드 함대공미사일을 운용하여 군함 자체의 방어를 넘어 함대 전체를 대상으로 하는 광역방공 임무 수행이 가능해졌다. 2009년 3월부터는 동아프리카의 소말리아 해역에서, 해적으로부터 한국 민간선박들에 대한 호송 임무를 수행한 '청해부대'의 주축 전력으로 활약한다.

그리고 2007년에 1번함이 건조된 '세종대왕(배수량 7,700톤)'급 구축함은 128기 규모의 VLS에 탑재되는 SM-2 장거리 함대공미사일, 사거리 30km 이상의 국산 대잠로켓 '홍상어', 지상공격용 순항미사일 등을 운용하며, 다른 군함들의 2배인 16기의 대함미사일로 무장하였다. 2014년은 탄도미사일 요격 능력을 겸비하는 사거리 240km의 미국제 SM-6 ERAM(Extended Range Anti-air warfare Missile) 함대공미사일을 도입, 북한 탄도미사일에 대한 고도 100km 이내에서의 해상 요격임무를 수행했다. 무엇보다 세계적으로 그 우수성을 인정받고 있는 첨단 이지스 전투체계를 운용함으로써 하늘과 바다

의 표적 약 20개를 상대로 동시에 교전을 수행할 수 있게 되었다. 중국과
일본, 러시아 등 주변 강대국이 보유 중인 동급의 수상전투함까지 능가하는
전투력을 갖춘 것이다. 세종대왕급 이지스구축함 등을 계속해서 전력화하고
있다.

한국 해군의 수상전투함 획득은 선체를 자체 건조하는 수준을 넘어 탑재
무기와 설계, 함정전투체계까지도 독자 개발할 정도로 발전하였다. 2007년
1번함이 건조된 '윤영하(배수량 570톤, 2002년 제2차 연평해전에서 전사한
참수리급 고속정의 정장 윤영하 소령의 이름에서 유래)'급 미사일고속정은
76mm 함포와 사거리 100km 이상의 국산 대함미사일 해성을 탑재하여, 워
터제트 방식의 추진장치를 채택하여 참수리급보다 무장탑재 능력과 기동력

그림 3.19 기동전단 해군의 일반 전단은 수상함(보통 군함) 또는 잠수함 등 한 가지 함정으로 구성돼
있다. 그러나 기동전단은 수상함과 잠수함·항공기는 물론 원해에서 독립적인 작전을 수행할 수 있도록
군수지원함까지 더해진다.

양만춘함
- 톤 수 : 만재 3,900여 톤
- 전장 : 135.4m
- 전폭 : 14.2m
- 속력 : 최대 30노트
- 승조원 : 210여 명
- 무장 및 탑재 능력: 5인치 함포 1문, 근접방어무기체계 2문, 대공유도탄, 대함유도탄, 대함유도
  탄기만체계, 어뢰음향대항체계, 어뢰, 헬기 2대 등

이 모두 크게 강화되었다. 또한 윤영하급은 국산 함정전투체계를 탑재하는 사상 최초의 전투함정이란 점에서도 큰 의미를 갖는다.

그리고 차기호위함(FFX)은 단거리 함대공미사일과 헬리콥터의 탑재 기능을 새로이 확보하여 기존 울산급 호위함보다 높은 생존성, 입체적인 임무 수행능력과 작전범위를 확대한다.

한국 해군의 수상전투함 전력은 연안전투함정의 경우 기존의 동해·포항급 초계함, 울산급 호위함을 각각 대체할 윤영하급 미사일고속정, 2,300톤급 차기호위함, 광개토대왕급(을지문덕함·양만춘함) 구축함 등을 주력으로 하는 세 개 해역함대로 편성되어 동해·서해·남해에 분산배치 운용한다. 2010년 2월 1일 해군은 충무공 이순신급 구축함, 세종대왕급 이지스구축함 등을 포함하는 약 6척 규모의 제7기동전단(그림 3.19)을 창설했다. 이로써 한국 해군은 사상 처음으로 대양작전만을 전문적으로 수행하는 부대를 설치하게 된 것이다.

21세기 한국 해군은 충무공 이순신급보다 함대공 교전능력이 대폭 강화된 차기구축함, 배수량 2~3만 톤급의 중소형 항공모함 등을 갖추어 최대 3개의 기동전단으로 구성되는 기동함대를 건설하여 운용하게 된다.

제2절 잠수함

잠수함이란 "수중으로 잠수, 항해하면서 전투를 비롯한 다양한 군사 임무를 수행하는 함정"을 뜻한다.

1. 등장배경

물속으로 들어가 항해할 수 있는 배를 만들기 위한 노력은 오래 전부터 계속되어 왔다. 1624년 네덜란드의 물리학자 C. 반 드레벨이 수심 5m에서 항해할 수 있는 잠수정을 발명했다는 것이 첫 사례로 전해진다. 그리고 물속에서 자유롭게 떠오르거나 잠수할 수 있는 잠수함정은 미국 독립전쟁 기간이었던 1775년 D. 부시넬이 처음 개발했으며, 1864년에는 미국 남북전쟁 막바지에 남부연합 소속의 잠수정 H. L 헌리가 북부 합중국의 군함을 격침시켰는데 이것이 잠수함이 해전에서 전과를 거둔 첫 사례다.

19세기 말에 이르면서 주요 국가들의 해군은 잠수함을 정식 군함으로 배치하기 시작했다. 잠수함이 해전에서 본격적으로 운용되기 시작한 것은 제1차 세계대전부터였는데, 이때는 잠수함의 군사적인 실험이 거의 마무리된 시점이었다. 잠수함을 가장 효과적으로 운용했던 국가는 바로 독일이었다. 오늘날까지도 잠수함의 대명사처럼 기억되고 있는 중소형 잠수함, 즉 U-보트가 독일 해군의 것이었기 때문이다. 독일 U-보트는 제1차 세계대전(1914~1918)과 제2차 세계대전(1939~1945)에서 영국과 미국 등 연합국의 군함은 물론이고 무역물자를 수송하는 상선까지도 무차별적으로 공격하여 해상 경제활동을 마비상태로 몰아넣었다.

냉전 시대는 양대 초강대국인 미국, 러시아를 중심으로 잠수함의 수중 작전기간, 잠수심도를 향상시키기 위해 치열한 경쟁을 하였으며, 이 과정에서 원자력에 의한 무제한적인 항해능력을 보장받는 핵추진 잠수함이 개발되었다. 최초의 핵추진잠수함은 1955년에 진수된 미국의 '노틸러스'함이었

그림 3.20 두 차례의 세계대전에서 맹위를 떨쳤던 독일 해군의 'U-보트' 잠수함

그림 3.21 세계 최초의 핵추진잠수함인 미국의 '노틸러스'함

으며, 1960년대 이후에는 영국, 프랑스가, 2000년대 현재는 중국 등이 핵추진잠수함을 전력화하는 데 성공했다.

2. 특성 및 분류

1) 특 성

잠수함이 다른 군함들에 비해 확연히 구분되는 특성은 첫째는 바다 속으로 항해할 수 있다는 잠항(潛航) 능력이다. 따라서 잠수함은 필요할 때마다 바다로 들어가거나 떠오를 수 있는 능력이 반드시 요구되며, 이를 위해서 바닷물을 함 내부로 넣었다가 빼내는 원리를 사용한 것으로써 여기에 쓰이는 장치가 '부력전차(Ballast Tank)'이다. 잠항할 때는 바닷물을 부력전차 안으로 넣어 선체가 무거워지면서 잠수가 가능해지고, 떠오를 때는 압축공기로 부력전차 내부의 바닷물을 밀어내 선체를 가볍게 하는 방식인 것이다.

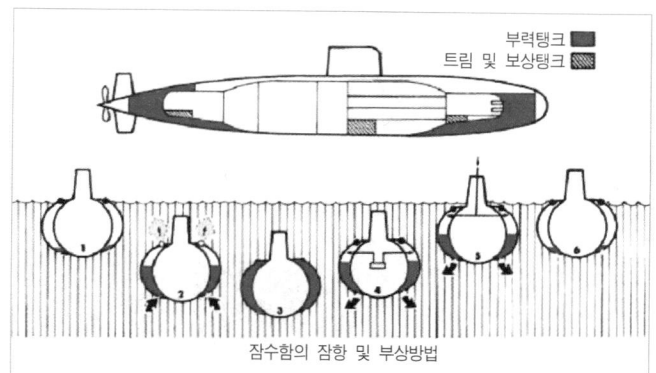

그림 3.22 잠수함의 잠항 원리와 부력전차

부력탱크 ■
트림 및 보상탱크 ▨

잠수함의 잠항 및 부상방법

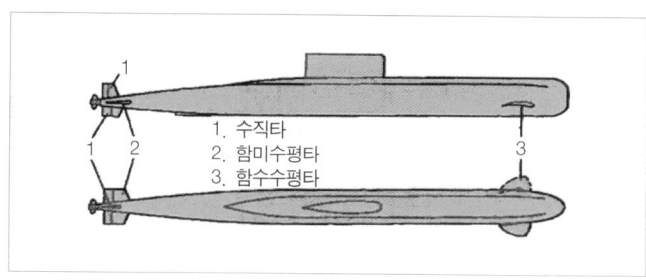

그림 3.23 잠수함의 선체 구조와 타기

1. 수직타
2. 함미수평타
3. 함수수평타

　수면 위에 떠서 움직이는 수상전투함과는 달리, 잠수함은 선체가 바다 속에 잠긴 상태로 항해를 해야 하는 특수한 조건에서 임무를 수행한다. 따라서 잠수함은 잠항하는 동안에 지속적으로 선체의 수평상태를 유지할 수 있는 별도의 장치가 필요한 것이다. 잠수함의 선체 앞과 뒤에 수평, 수직 상태로 설치되어 있는 세 개의 타기가 그것인데, 이들은 마치 항공기의 날개처럼 잠수함의 수심과 항해방향을 조절하는 데 사용된다.

　둘째는 잠수함이 항해할 때 동력을 제공하는 추진기관의 유형은 디젤기관으로 대표되는 재래식 추진과 핵추진으로 나뉜다. 재래식 추진방식은 디젤기관으로 구동되는 발전기가 생산한 전력을 잠수함 하부에 설치된 수백 개의 대형 축전지에 충전하여 그 전력으로 추진모터를 작동시켜 스크루를 돌리는 원리다. 핵추진 방식에서는 무제한적인 발전량을 공급해주는 원자로가 축전지의 역할을 대신하고 있다.

　셋째는 대부분의 수상전투함은 앞면에 뾰족한 선체로 되어 있지만, 잠수함은 곡선 형태의 선체를 취하고 있다. 이는 수중 항해과정에서 바닷물에

그림 3.24 재래식 추진방식(위)과 핵추진방식(아래)의 비교

엔진　　발전기　　배터리　　배전반

프로펠러　　추진모터　　함 조종장치　　보조배전반

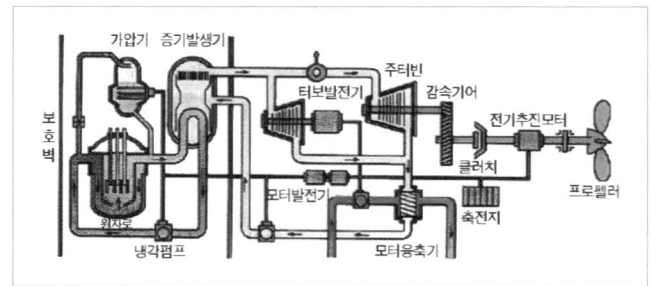

가압기　증기발생기

보호벽

주터빈

터보발전기　감속기어

전기추진모터

클러치

프로펠러

원자로

모터발전기

냉각펌프

모터용축기

축전지

의한 마찰저항을 최소화하기 위한 것이다. 제2차 세계대전까지만 해도 잠수함은 평시에는 해수면 위에 떠올라 항해하다가 적 군함을 발견했을 때만 잠항하여 수상전투함과 유사한 '시가(cigar)'형 선체를 채택했지만, 그 후 개발된 잠수함들은 수중에서의 작전수행 비중이 늘어남에 따라 눈물방울(teardrop)형 선체로 건조되고 있는 것이다.

넷째는 잠수함에 탑재되는 여러 무기들 가운데서도 가장 전통적이면서 기본적인 무장은 역시 어뢰다. 어뢰는 그 자체가 추진장치를 갖추어 적의 수상, 수중 표적을 향해 빠른 속도로 움직여서 표적과의 직접 충돌, 혹은 근거리 이내에서 폭발하도록 되어 있다. 장착되는 폭약의 양도 함포에서

그림 3.25 제2차 세계대전 당시의 시가형 잠수함(왼쪽)과 현재의 눈물방울형 잠수함(오른쪽)

그림 3.26 잠수함에서 발사되는 어뢰의 모습(왼쪽)과 잠수함 내부에 설치된 어뢰 발사관(오른쪽)

발사되는 포탄보다 많아서 구축함의 경우 단 한 발, 항공모함은 다섯 발 이상을 명중시켜서 격침시킬 정도의 파괴력을 발휘한다.

어뢰의 추진방식은 1950년대까지 열기관에 의한 것이 대부분이었지만, 오늘날에는 전지추진 방식의 어뢰도 다수를 차지하고 있다. 표적 유도기능의 경우 과거에는 정면의 표적만을 공격할 수 있는 일직선 추진어뢰, 또는 적함에서 발생하는 음파 신호를 따라가는 수동적 유도방식이 고작이었지만, 지금은 어뢰 스스로 음파를 보내어 표적을 탐지할 수 있는 음향추적 기능을 갖춘 어뢰도 사용되고 있다.

이러한 유도어뢰 가운데는 잠수함의 사격통제체계와 유선으로 연결되어 발사 후에도 지속적으로 표적 관련 정보를 제공받을 수 있는 선유도(Wire-guided) 어뢰도 있는데, 선의 종류는 금속제에서 광섬유 등이 있다.

어뢰 이외에 잠수함에 탑재되는 무기는 수중 발사형 대함미사일, 기뢰(Naval Mine), 대잠로켓 등이 있다. 다만 대잠로켓은 효용성 문제로 인해 오늘날 잠수함에서는 별로 사용되지 않는다.

2) 분 류

오늘날 잠수함의 종류는 추진방식을 기준으로 재래식 추진, 핵추진 방식으로 구분하는 것이 일반적이다. 대다수를 차지하는 것은 역시 재래식 추진 방식의 잠수함이다. 핵추진 방식에 비해서는 잠항기간, 항해속도, 항속거리 등이 크게 뒤지지만, 동력 발전량이 작으므로 항해 과정에서 나타나는 소음은 핵추진보다 적은 편이다. 따라서 적함에게 탐지당할 위험을 줄이는 데 유리하다. 선체 규모는 수중배수량 200~500톤 이하의 소형 잠수정, 배

209급(독일)
- 수중배수량 : 1,400톤
- 시간당 항해속도 : 22노트
- 항속거리 : 8,000해리
- 잠항심도 : 250m
- 주요무장 : 533mm 어뢰(발사관 8문), '하푼' 대함미사일

킬로(러시아)
- 수중배수량 : 3,000톤
- 시간당 항해속도 : 25노트
- 항속거리 : 6,000해리
- 잠항심도 : 300m
- 주요무장 : 533mm 어뢰(발사관 6문), SS-N-27 '클럽' 대함미사일

송(중국)
- 수중배수량 : 2,250톤
- 시간당 항해속도 : 22노트
- 항속거리 : 7,000해리
- 잠항심도 : 350m
- 주요무장 : 533mm 어뢰(발사관 6문), YJ-8 대함미사일

오야시오(일본)
- 수중배수량 : 4,000톤
- 시간당 항해속도 : 20노트
- 항속거리 : 미상
- 잠항심도 : 미상
- 주요무장 : 533mm 어뢰(발사관 6문), '하푼' 대함미사일

돌핀(이스라엘)
- 수중배수량 : 1,900톤
- 시간당 항해속도 : 20노트
- 항속거리 : 8,000해리
- 잠항심도 : 200m
- 주요무장 : 533/650mm 어뢰(발사관 10문), '하푼' 대함미사일, '뽀빠이' 순항미사일

로스엔젤리스(미국)
- 수중배수량 : 6,900톤
- 시간당 항해속도 : 33노트
- 항속거리 : 무제한
- 잠항심도 : 450m
- 주요무장 : 533mm 어뢰(발사관 4문), '하푼' 대함미사일, '토마호크' 순항미사일

오하이오(미국)
- 수중배수량 : 1만 8,000톤
- 시간당 항해속도 : 25노트
- 항속거리 : 무제한
- 잠항심도 : 300m 이상
- 주요무장 : 533mm 어뢰(발사관 4문), 탄도/순항미사일

아쿨라(러시아)
- 수중배수량 : 7,900톤
- 시간당 항해속도 : 35노트
- 항속거리 : 무제한
- 잠항심도 : 450m
- 주요무장 : 533/650mm 어뢰(발사관 4문), SS-N-15/16 대함미사일, SS-N-21 '켄트' 순항미사일

트라팔가(영국)
- 수중배수량 : 5,200톤
- 시간당 항해속도 : 30노트
- 항속거리 : 무제한
- 잠항심도 : 600m
- 주요무장 : 533mm 어뢰(발사관 5문), '토마호크' 순항미사일

트리옹팡(프랑스)
- 수중배수량 : 14,300톤
- 시간당 항해속도 : 25노트
- 항속거리 : 무제한
- 잠항심도 : 400m
- 주요무장 : 533mm 어뢰(발사관 4문), '엑조세' 대함미사일, 탄도미사일

수량 1,000~3,000톤 내외의 중·소형 잠수함이 주로 사용되고 있다.

핵추진 잠수함은 미국과 러시아, 영국, 프랑스, 중국 등에서 운용되고 있다. 원자력이 제공하는 무제한적인 동력으로 잠항기간, 항속거리에 있어서는 거의 제약을 받지 않으면서 항해할 수 있으며, 재래식 추진방식보다 월등히 높은 30노트급의 항해속도를 지속적으로 낼 수 있다. 어뢰나 대함미사일을 사격한 후 적함에게 위치가 노출되어도 재빨리 회피할 수 있기 때문에 생존성을 높이는 데 유리한 것이다. 그렇지만 동력 발전량이 재래식 추진방식보다 훨씬 크므로 항해 과정에서 많은 소음이 발생하며, 따라서 적에게 탐지당할 위험부담이 높은 것이 단점이다. 핵추진 잠수함은 보통 수중배수량 5,000~1만 톤 이상의 대형선체를 사용한다.

3. 운용개념

잠수함은 육안으로 식별할 수 없는 수중 공간에서 항해하는 군함이다. 이러한 은밀성은 상대에게 그 존재가 노출될 수밖에 없는 수상전투함이 결코 따라올 수 없는 잠수함만의 차별화된 강점인 것이다. 적함에게 위치를 좀처럼 드러내지 않으므로 생존성이 높으며, 적이 예상하지 못하는 시간과 위치에서 기습적으로 공격을 가하는 데 유리하다는 점에서 '바다의 게릴라'라고 할 수 있다. 그 결과 잠수함은 적은 수로도 보다 대규모의 적 해군력에게 기습적인 보복과 전력손실, 소모를 강요할 수 있다. 잠수함은 다수의 수상전투함을 확보하기 곤란한 중소국가에서 해군력의 격차를 보완할 수 있는 이상적인 대안으로 평가받는다.

수중배수량이 수백톤급인 잠수정, 혹은 1,000톤 내외에 불과한 소형 잠수함은 영해를 벗어나는 원거리에서 임무를 수행하기에는 부적합하다. 따라서 영해와 주변 해역에서 초계활동을 실시하거나, 이들 해역으로 접근하는 적 수상전투함이나 잠수함을 공격하여 연안전투함정을 지원하는 방어적인 작전에 투입되고 있다. 잠수정의 경우 적함과의 해전보다는 적진으로의 특수전부대 대원들을 수송, 침투시키는 비정규전 임무에도 자주 사용된다.

반면에 수중배수량 2,000톤 이상의 중·대형 잠수함은 원해에서 보다 적극적이고 공격적인 임무를 수행할 수 있다. 구축함급 이상의 대형 수상전투함들로 구성되는 해상 기동부대를 방어 및 지원하거나, 상대 국가의 해역으로 침투하여 적 해군기지 주변에서 주요 군함들을 상대로 출항 단계에서부터 차단, 추격, 습격을 실시하는 것이다. 민간항구 주변에 기뢰를 부설하여 봉쇄해버리거나, 과거 독일의 U-보트처럼 상대 국가의 민간 무역선박을 공격하여 경제활동에 타격을 가할 수도 있다. 장거리 탄도·순항미사일을 탑재하는 잠수함은 적 영토를 직접 공격하는 이동기지 역할을 하는 등 다양하게 운용할 수 있다.

4. 발전 추세

잠수함의 기술 발전에서 가장 큰 주목을 받고 있는 것은 공기불요 추진체계(AIP: Air Independent Propulsion)이다. 기존의 재래식 추진기관은 축전지에 동력을 충전하기 위해 평균 3일마다 수면으로 떠올라 공기를 보충해야만 했는데, 이 경우 잠수함이 적 군함이나 항공기 등에 노출되어 공격받을 위험이 커지는 문제가 있었다. 그러나 AIP는 외부에서의 공기보충 없이도 잠수함 내부에서 축전지의 충전으로 추진에 필요한 전원을 발생시킬 수 있도록 한 것이 특성이다.

그 결과 AIP 추진기관을 탑재하는 잠수함은 잠항기간이 최대 2~3주일이나 된다. AIP 추진기관의 개발은 재래식 잠수함도 핵추진 잠수함에 버금갈 정도로 원해에서, 장기간에 걸친 임무수행이 가능하도록 해준다는 점에서 큰 의미를 갖는다.

AIP의 종류에는 연료전지, 스털링 엔진, 폐쇄회로 디젤기관 등이 있다. 잠수함의 주요 무장인 어뢰는 초공동화(super-cavity) 어뢰의 개발이 주

그림 3.27 공기불요 추진체계(AIP)를 탑재하는 독일제 212급(왼쪽)과 프랑스제 스콜핀 잠수함(오른쪽)

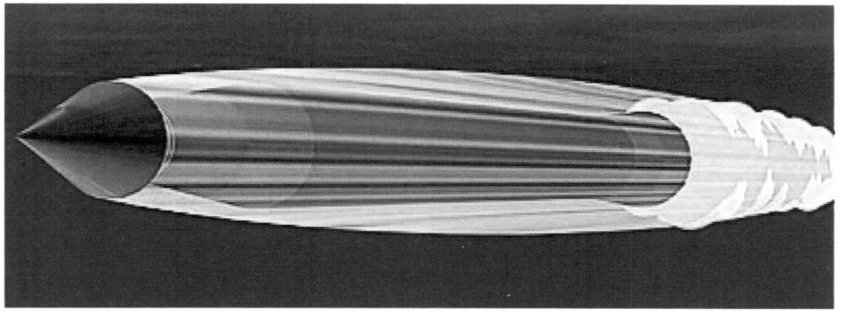

그림 3.28 초공동화 어뢰의 움직임을 묘사한 장면

목받고 있다. 열기관과 전지 추진방식을 사용하는 기존의 어뢰는 항해속도가 시속 60노트를 넘지 못하지만, 초공동화 어뢰는 일종의 수중 로켓추진체계를 탑재하여 시속 수백 노트급의 속도로 항해한다. 적 수상전투함과 잠수함이 회피하지 못할 정도의 빠른 속도를 내므로 어뢰의 명중 가능성을 급격히 높일 수 있는 것이다. 초공동화 어뢰는 러시아에서 개발된 시속 200노트의 '샤크발'이 첫 사례이며, 미국과 독일에서도 유도기능을 갖춘 초공동화 어뢰를 개발하여 전력화했다.

5. 한국의 현황

한국 해군이 잠수함정을 처음 확보했던 것은 1970년대의 일이다. 1970년대에 이탈리아의 코스모스 회사에서 개발한 MG110(수중배수량 118톤) 잠수정을 일곱 척 도입하였고, 1983년부터는 국방과학연구소의 주도로 '돌고래(수중배수량 175톤)'급 잠수정을 자체 개발하여 총 세 척을 건조했던 것이다. 이들은 모두 배수량 200톤 미만의 잠수정으로 해전보다는 유사시 북한 해군기지에 대한 정찰, 봉쇄, 기뢰부설, 그리고 특수전부대의 수송을 목적으로 전력화되었다.

북한은 1970년대부터 러시아제 '로미오(수중배수량 1,800톤)'급 잠수함을 보유하고 있었으며, 이후 자체 기술로 특수전부대 침투에 특화된 '유고(수중배수량 100톤)'급과 '상어(수중배수량 370톤)'급 잠수정을 운용해왔다.

한국 해군도 대응책을 필요로 했다. 이에 따라 1993년부터 독일제 209급 소형 잠수함을 국내 건조방식(1번함은 직도입)으로 전력화하기 시작했는데, 이것이 바로 '장보고(수중배수량 1,400톤)'급 잠수함이다. 건조된 장보고급은 최고속도 시속 20노트, 항속거리 1만 해리, 잠항심도 250m의 기동력을 발휘하며,

그림 3.29 한국 해군의 초창기 잠수함정이었던 돌고래급 잠수정

그림 3.30 한국 해군의 '장보고'급(왼쪽)과 '손원일'급 AIP 잠수함(오른쪽), 안중근함(아래) 안중근함은 2주 동안 물속에서 작전수행이 가능한 세계최고 수준의 디젤잠수함이다.

여덟 문의 발사관에서 533mm 어뢰를 탑재하고 발사할 수 있으며, 2000년부터 전력화된 후기형 세 척은 미국제 하푼 대함미사일도 운용 가능하다.

2006년부터는 독일제 214급 잠수함도 국내 건조방식으로 전력화하고 있다. '손원일(수중배수량 1,900톤)'급으로 명명된 이 잠수함은 연료전지 형태의 공기불요추진장치(AIP)를 탑재하여 2주일 이상에 걸친 장기간의 잠항이 가능해서 한반도 주변해역을 벗어난 원해에서도 효과적으로 임무를 수행할수 있다. 손원일급 잠수함은 동아시아에서 최초로 전력화된 AIP 잠수함으로써 실전배치했다.

한국 해군이 잠수함을 갖추게 된 것은 얼마 안 되었지만, 작전수행 능력은 이미 세계적으로 널리 인정받고 있다. 1990년대 말 이후 장보고급 잠수함이 미국과 태평양 지역의 주요 국가 해군들이 참가하는 환태평양 해상연합훈련(RIMPAC)에서 미 해군의 주력함들을 수차례씩이나 가상 격침시키는 전과를 올렸던 것이 그 대표적인 사례이다.

그리고 2013년 전력화된 안중근함(1,800톤급)을 비롯한 김좌진함은 물속에서 2주 동안 작전 수행할 수 있는 최고 수준의 디젤잠수함이다.

2000년대 현재 국산화된 전투체계, 지상공격용 순항미사일 등을 탑재하는 배수량 3,500톤급 국산 중(重)잠수함을 개발하여 전력화한다. 한국에게 잠수함 전력은 주변 강대국과의 총체적인 국력, 경제력 격차로 인하여 불가피하게 발생하는 해군력, 특히 수상전투함 전력에서의 양적 열세를 효과적으로 보완하는 동시에, 주변 강대국들을 상대로 강력한 견제력을 발휘하는 핵심 전략무기의 역할을 해낼 것으로 기대된다.

그림 3.31 3,500톤급 국산 중(重)잠수함의 예상모형

제3절 상륙·기뢰·지원함

1. 상륙함정

상륙함정(Amphibious Vessel)이란 "지상에서 군사작전을 수행하는 병력, 무기들의 수송을 해안으로 이동시키는 군용 함정"을 뜻한다. 군함의 무장수준이 함선들 사이의 육박전, 혹은 근거리 함포 등에 의존했던 노선 및 범선시대에는 군함의 내부에 수병 못지않게 많은 보병들이 탑승하여 실질적인 전투를 수행하였다. 이때까지만 해도 일반 군함과 상륙함 사이에는 이렇다 할 구별이 이루어지지 않았던 것이다. 그러나 산업혁명으로 기계공

그림 3.32 제2차 세계대전 당시 미 해군의 상륙작전 모습

업이 급속히 발전한 19세기에 들어서는 강철 선체, 대구경의 함포 등을 갖추는 강력한 수상전투함들이 등장하였고, 독자적인 해군 함정으로서의 상륙함이 등장하는 계기를 마련했다.

전쟁 역사에서 상륙함정이 처음 본격적으로 동원되었던 것은 제1차 세계대전 초기인 1915년 영국 해군이 터키 다다넬스 해협에서 실시한 갈리폴리 상륙작전에서였다. 비록 작전은 대실패였지만, 이후에 주요 상륙작전에서 상륙함정 개발과 운용을 위한 교훈을 제공하였다. 제2차 세계대전에서 상륙함정은 보다 빈번하게 활동하였다. 미국과 일본은 태평양 해역에서 핵심 도서해역을 장악하기 위해 수차례의 상륙작전을 펼쳤고, 유럽에서는 독일이 장악한 서유럽을 탈환하기 위해 영국과 미국 등의 연합국이 상륙작전을 계획하여 실시했던 것이다. 오늘날 사상 최대의 작전으로 불리는 1944년 6월 6일의 노르망디 상륙작전이었다. 그 후 1950년 9월 15일 6·25전쟁의 전세를 일거에 역전시켰던 인천 상륙작전을 통해 상륙작전은 다시 한 번 군사적 중요성을 인정받았고, 상륙함정의 가치도 확고해졌다.

그림 3.33 제2차 세계대전에서 사용되었던 소형 상륙정(왼쪽)과 미 해군의 공기부양정(오른쪽)

상륙함정은 선체와 탑재능력의 규모, 그리고 수행임무 등의 기준에 따라 다음의 몇 가지 종류로 분류한다.

첫째, 소규모의 병력과 군용 장비들을 해안까지 직접 수송하는 상륙정(LC: Landing Craft)이다. 대부분 배수량이 작게는 수십 톤에서 크게는 1,000톤 미만이며, 수송능력은 100~200톤 내외 수준이다. 상륙정은 대부분 항해속도가 느린 편이지만 선체 밑으로 고압의 공기를 방출시킨 후, 선풍기처럼 생긴 추진장치를 돌려 시속 30~50노트 이상의 고속항해가 가능한 공기부양정(LCAC: Landing Craft Air Cushion)도 운용되고 있다.

둘째, 배수량 수천 톤급의 중형 상륙함(LST: Landing Ship Tank)이다. 한 척당 한 개 중대급인 100여 명의 무장병력, 소수의 전차와 장갑차, 수송차량을 운반할 수 있으며, 상륙정의 모함 역할을 하기도 한다. 오늘날 세계 각국에서 가장 많은 수가 운용되고 있는 상륙함정의 유형이라고 할 수 있다. 그리고 LST는 선체 앞에 상륙용 장갑차를 발진시키는 문이 있고, 선체 뒤에는 대부분의 상륙병력과 수송물자가 위치하는 가운데 적 해안지역을 확보한 후 직접 해안으로 이들을 내려놓는 구조로 되어있다.

LST보다 선체가 확대되어 한 대씩의 상륙정, 헬리콥터 등을 탑재한 후 이들을 해안 근처에서 발진시킬 수 있는 상륙선거함(LSD: Landing Ship

Dock)도 있다. 선체 뒤쪽에 척당 다섯 대 내외의 헬리콥터가 동시에 이착륙할 수 있는 갑판을 보유하는 헬리콥터 상륙선거함(LPD: Landing Platform Dock)은 배수량 1만~2만 톤에 대대급인 500여 명 병력을 수송할 수 있다.

셋째, 상륙함 가운데서도 가장 대형화되고 강력한 전투력을 갖춘 상륙모함(LHD/A: Landing Helicopter Dock/Assault)이다. 선체 규모가 작게는 배수량 1만 5,000~2만 톤, 많게는 3만 톤을 넘고, 내부에는 연대급인 약 1,000명의 병력과 전투 및 수송차량, 상륙정뿐만 아니라 한 개 항공대대 수준인 20대에 가까운 고정익 항공기, 헬리콥터를 항공모함과 유사한 형태의 갑판에서 배치 및 운용할 수 있는 것이 특징이다.

주요 군사선진국에서는 LST를 상륙작전에서 병력보다 군용물자 해상수송을 위한 비전투 임무에 사용하고, 대신 상륙모함을 상륙함 세력의 핵심으로 강화하고 있다. 강대국들과 같은 규모의 대형 항공모함을 보유하기 곤란한 중급국가들에게는 경항공모함보다 큰 규모, 다목적 임무의 수행 능력 등과 같은 장점이 많아서 일종의 준(準)항공모함처럼 운용이 가능하다는 평가를 받고 있다.

그동안 상륙작전은 적의 장악 아래에 있는 해안을 확보하기 위해 소형 상륙정에서 보병, 전차, 장갑차 등을 내려놓은 후 기관총과 해안포의 사격, 그리고 지뢰와 기뢰 등의 장애물로 가득한 적의 저항을 분쇄하는 방식이었다. 그러나 이 경우 이미 만반의 대비를 갖춰놓은 적의 강력한 방어태세에 부딪히면서 작전의 성패 여부와 무관하게 대규모의 인명손실이 불가피하다는 단점이 있다. 이에 따라 상륙부대의 취약성을 높이는 해안에서의 혈전

그림 3.35 미 해군의 '와스프'급(왼쪽)과 프랑스 해군의 '미스트랄'급 상륙모함(오른쪽)

그림 3.36 기동헬리콥터와 공기부양정 등을 동원한 초수평선(OTH) 상륙작전의 수행

을 회피하고, 대신 적의 방어권에서 벗어난 거리의 바다로부터 곧장 상륙지점을 향해 상륙부대를 기동시키도록 상륙작전의 개념이 발전되었다. 이를 초수평선(OTH: Over The Horizon) 상륙작전이라고 한다.

이러한 초수평선 상륙작전을 수행하려면 크게 세 가지가 요구된다.

첫째, 적의 저항을 신속하게 돌파하며 상륙부대를 목표 지점으로 이동시킬 수 있는 고속 기동수단이다. 기동 및 수송용 헬리콥터, 공기부양정 등이 여기에 해당한다.

둘째, 필요할 경우 해안에서 적의 방어를 무력화하기 위한 화력지원을 제공하는 무장 항공전력이다. 예를 들면 공격 헬리콥터, 고정익 공격기 등이 있다.

셋째, 인원과 물자를 수송할 상륙함이다. 주로 상륙모함 수준의 대형 상륙함이 손꼽히며, 역시 일정 수의 헬리콥터와 공기부양정을 탑재하는 LPD는 초수평선 상륙작전 수행이 가능한 최소단위의 상륙함이라고 할 수 있다.

2. 기뢰함정

바다의 지뢰라고 할 수 있는 기뢰는 공 모양으로 만들어진 관 속에 다량의 폭약, 발화장치 등을 설치하여 적 군함을 폭발시키는 무기이다. 기뢰가 처음 개발된 것은 16세기였으며, 19세기 이후 미국 남북전쟁과 러일전쟁, 그리고 제1차 및 제2차 세계대전 등에서 군함의 기동에 큰 부담을 가하는 위협적인 무기로 활용되었다. 기뢰를 설치하는 범위는 주로 연안해역 이내에 집중되며, 수면 위에 떠다니면서 그 실체가 노출되는 부유기뢰, 그리고 수중 혹은 해저에 설치되어 바다에서는 보이지 않는 계류기뢰로 각각 구분한다.

기뢰가 적 군함을 파괴하는 방식은 두 가지로 나뉜다.

첫째, 선체와 직접 부딪히면서 발생하는 충격으로 폭발하는 접촉기뢰인데, 주로 부유기뢰와 계류기뢰에서 사용된다.

둘째, 적 군함이 다가올 때 엔진에서 발생하는 자기장, 추진장치의 소음, 수압의 차이 등을 감지하여 선체와의 접촉 없이도 폭발하는 감응기뢰이다. 감응기뢰는 제2차 세계대전에서 독일이 처음 개발했으며, 주로 해저기뢰 형태로 운용된다. 당연히 감응기뢰가 접촉기뢰보다 기술적으로 발전한 것이며, 운용되는 수량도 접촉기뢰에 비하면 적은 것이다.

기뢰함정은 이처럼 위협적인 기뢰를 운용하는 데 사용된다. 기뢰함정은 기뢰를 설치하는 기뢰부설함정(MLS: Mine Layers Ship)과 그 반대로 기뢰를 제거하는 소해함정(MCS: Mine Countermeasure Ship)으로 구분한다. 물론 일반 군함이나 잠수함, 항공기를 통해서도 기뢰 부설이 가능하지만, 탑재수량이 적으므로 대규모의 기뢰 부설을 통하여 적 해군력을 저지하려

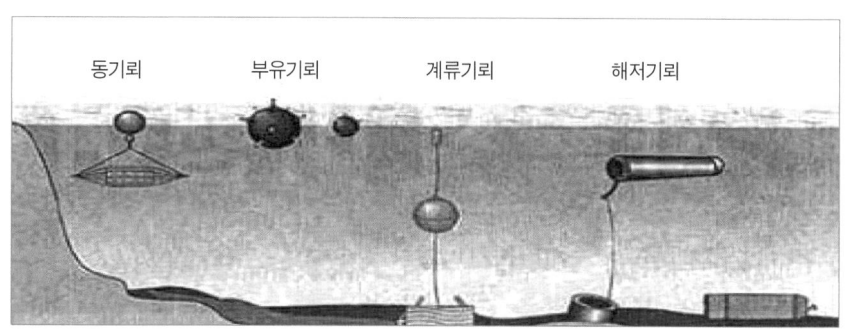

그림 3.37 기뢰의 설치방식

동기뢰　　부유기뢰　　계류기뢰　　해저기뢰

면 이에 특화된 함선이 필요하다.

기뢰부설함정은 척당 수백 기의 기뢰를 탑재하며, 발사기를 통한 자동 기뢰부설 기능을 보유하고 있다. 그리고 소해함정은 선체 앞부분에 견인식 케이블을 설치하여 수중에 설치되어 있는 계류 접촉 기뢰의 연결선을 끊어서 수면으로 끌어낸 후에 파괴한다. 또한 선체 및 엔진에서 발생하는 것보다 강력한 자기장, 소음을 발생시키는 교란 장치를 설치하여 해저의 감응기뢰를 자폭시킨다. 심해에 숨어있는 감응기뢰를 추적, 무력화할 수 있는 원격조종장비도 운용 가능하다. 소해함정의 선체는 주로 금속이 아닌 목재, 플라스틱으로 만들어지는데, 감응기뢰를 작동시키는 자기장 및 소음 방출을 최소화하기 위해서이다.

기뢰는 대규모의 해군력을 건설하는 데 제약이 많은 국가가 해군력이 강한 국가의 침범 위협으로부터 자국 영해와 주변해역을 방어할 수 있는 효과적인 무기로 운용된다.

대양으로의 해군력 투사능력을 갖춘 경우에도 지속적인 기동 능력을 보

224

장할 수 있도록 소해함정을 다수 운용하고 있다. 또한 적의 해군기지, 주요 항구 주변, 주요 해상무역항로 등에도 기뢰를 부설하여 해양활동 전반에 타격을 가할 수도 있다. 비록 기뢰함정 자체는 비전투 지원함정이지만, 방어와 공격 측면에서 모두 효과적인 무기로서 기뢰의 특징 때문에 해군에서 매우 중요한 무기체계 중의 하나가 된다.

3. 지원함정

지원함정(Auxiliary Ship)은 전적으로 비전투적인 성격의 지원 임무를 수행한다. 항해하는 군함들을 위한 탄약과 연료, 음식 등을 공급해주는 '보급함', 사고 및 피격으로 손상된 군함의 수리, 침몰한 함정의 인양, 그리고 승무원들의 구조를 위한 '구난수리함', 그리고 바다에서 발생하는 각종 정보를 수집, 분석하는 '정보수집함' 등이 여기에 해당한다.

그림 3.40 독일 해군의 '베를린'급 보급함(위)과 미 해군의 '다이버'급 구난수리함(아래)

4. 한국의 현황

한국에서 상륙 전력의 군사적인 가치는 매우 크다. 북쪽을 제외한 국토의 3면이 모두 바다로 둘러싸인 반도국가로서 영토 주변의 동·서·남쪽이 모두 바다와 접하는 해안선이며, 그만큼 상륙작전을 시도하기에 유리한 조건을 제공하기 때문이다.

　6·25전쟁의 전세를 개전 3개월 만에 역전시켰던 1950년 9월 15일의 인

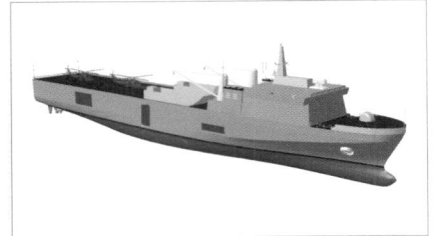

그림 3.41 한국 해군의 '고준봉'급 상륙함(왼쪽)과 4,500톤급 차기 상륙함(오른쪽)

천상륙작전이 그 대표적인 사례다. 오늘날 한국이 미국 다음으로 많은 세계 2위(약 2만 5,000명) 규모의 해병대를 보유하고 있는 것도 이러한 이유 때문이다. 따라서 이들 해병대를 상륙 지점으로 수송할 상륙함의 중요성 또한 클 수밖에 없는 것이다.

한국 해군의 상륙함정 세력은 휴전 이후인 1955~1959년 사이에 미국으로부터 도입한 '운봉(만재배수량 4,080톤)'급 중형 상륙함 8척이 시작이었는데, 제2차 세계대전 시절에 사용된 것으로 2006년에 모두 퇴역했다. 오늘날에는 '고준봉(배수량 2,600톤)'급 상륙함을 중심으로 배수량 100톤 내외의 소형 상륙정이 운용되고 있다. 고준봉급은 척당 약 240명의 두 개 중대급 병력, 700톤 중량의 차량, 그리고 네 척의 상륙정을 탑재하는 전형적인 LST 형태의 상륙함이다. 해군은 퇴역한 운봉급의 뒤를 잇는 상륙함을 건조하여 배수량 4,500톤에 탑승병력은 대대급인 700명, 차량은 물론 두 대 이상의 헬리콥터, 그리고 소형 상륙정을 탑재할 수 있는 것이 특징이다. 이 점에서 차기 상륙함은 LSD 내지는 LPD의 형태를 띨 것으로 전망되며, 제한적이나마 초수평선 상륙작전 수행이 가능하다는 평가를 받는다.

또한 2005년 한국 해군은 최초의 상륙모함인 '독도'(배수량 1만 4,300톤)함을 진수시켰다. 독도급 상륙모함은 700명의 대대급 상륙부대 병력, 전차 여섯 대, 상륙장갑차 일곱 대, 공기부양정 두 척, 그리고 6~8대의 기동·수송 헬리콥터 등을 탑재할 수 있는 것이 특징이다. 초수평선 상륙작전의 핵심 세력인 것이다. 4,500톤급의 차기상륙함의 전력화와 더불어 현재 독도급 상륙모함이 2~3척 이상으로 늘어나면, 현재 대대급 수준에 머물러 있는 한국 해병대의 독자적인 상륙작전 수행 역량을 여단급으로 확대시킬 수 있다.

그림 3.42 '독도'급 상륙모함의 항해 모습(왼쪽)과 독도급 상륙모함에서 발진하는 상륙장갑차들(오른쪽)

현재 동아시아 최대 규모의 군함으로 평가받는 독도급 상륙모함은 선체 자체의 규모가 유럽의 중급국가(이탈리아, 스페인)에서 보유한 경항공모함과도 동급 내지 이상일 정도이다. 이 점에서 잠재적인 항공모함이라는 평가를 받기도 한다.

독도급 상륙모함은 내부에 다른 군함들까지 지휘통제하기 위한 국산 지휘통제체계, 400km 이내의 표적 1,000개를 추적하는 스마트 방공레이더를 탑재하고, 이를 통해 해군의 주력 구축함들로 구성되는 기동전단 및 함대의 총지휘함 역할을 수행할 수 있다. 그러므로 장래에 한국 해군이 항공모함을 보유한다면, 독도급을 보다 개량, 확대시켜 상륙모함과 소형 항공모함의 기능을 겸비하는 다목적 전략수송함의 형태가 바람직할 것이다.

다음은 한국 해군의 기뢰함정으로써 '원산(배수량 2,500톤)'급 기뢰부설함, '강경(배수량 450톤)'급 소해함 '양양(730톤)'급 소해함이 대표적이다. 유일한 기뢰부설함인 원산급은 선체 후방에 두 개의 기뢰발사장치를 갖추어 500개 이상의 기뢰를 부설할 수 있으며, 소해작전에서는 다른 소해함들

그림 3.43 원산급 기뢰부설함과 양양급 소해함의 항해 모습

그림 3.44 한국 해군의 주력 지원함정인 천지급 보급함(왼쪽)과 청해진급 구난수리함(오른쪽)

그림 3.45 한국 기술로 제작한 최첨단 수상구조선인 통영함(위)과 군수지원함인 소양함(아래)

을 지휘하는 역할도 수행 가능하다. 강경급과 양양급 소해함은 해저 감응기뢰에 대응할 수 있도록 모두 선체를 유리섬유 복합재로 만들었다.

보급함으로는 1990년부터 전력화된 '천지(배수량 4,200톤)'급이 운용 중이며, 구난수리함은 수상전투함의 인양, 구조를 담당하는 '평택(배수량 2,930톤)'급, 그리고 잠수함의 수중 구조와 무장 및 물자보급 임무를 수행하는 '청해진(배수량 3,200톤)'급이 있다.

2010년 3월 26일 서해상에서 북한에 의한 천안함 폭침사건은 다양한 지원함정의 필요성을 증대시켰으며, 그 결과 2012년 9월 4일 수중 3,000m까지 탐지 가능하고, 기뢰를 제거할 수 있는 소나까지 정착한 최첨단 수상구 조선인 통영함이 배치되었다. 그리고 2018년 9월 7일 1만 톤급 군수지원함 소양함이 전력화되었다. 소양함은 다양한 보급품 1만 1,050톤을 적재하여 작전지속능력을 늘리고, 필요시 비군사적·인도주의적 작전수행도 할 수 있다. 21세기 전쟁양상에 따른 지원함 전력화를 발전시켜 나가야 한다.

Modern Weapons
System Theory

항공무기체계

제1절 전투·공격·폭격기

항공무기체계는 공중공간에서 공중 우세와 다양한 작전지원을 위해 전투·
공격·폭격기 등이 있다.

1. 등장배경

새처럼 하늘을 날고 싶다는 인간의 꿈을 실현하고자 노력했던 사람들은 오
래 전부터 존재했다. 예술가이자
과학자로서 16세기 르네상스 시대
를 대표했던 이탈리아의 레오나르
도 다빈치는 1505년 발표한 자신
의 논문에서 조류의 운동을 과학
적으로 분석하고, 이를 인간의 능
력으로 구체화할 수 있다고 주장
했다. 다빈치의 연구는 이후 많은
사람들에게 영향을 주었으며, 약 4
세기가 지난 1903년 미국의 월버·

**그림 4.1 제1차 세계
대전에서의 공중전
모습**

오빌 라이트 형제는 동력 장치에 의한 최초의 비행을 성공시키는 개가를 올렸다.

항공기는 개발된 지 10년 정도가 지난 제1차 세계대전 말부터 전쟁에 사용되기 시작했다.

처음에는 적진을 정찰하기 위한 용도로 쓰였지만, 점차 무장을 갖추면서 전투임무에 효과적인 무기로 발전하였다. 당시의 항공기는 기관총을 탑재하여 적 전투기와 공중전을 벌이거나, 소량의 폭탄을 싣고서는 손으로 직접 투하하여 지상의 적을 공격하는 방식으로 전투를 수행했다.

제1차 세계대전 이후에도 항공기는 기술적인 발전을 이어나갔다. 이중 날개를 채택했던 복엽기는 단일 구조의 단엽기로 바뀌었고, 보다 높은 출력을 낼 수 있는 고성능의 엔진 개발에 힘입어 항공기의 비행속도와 항속거리를 크게 증대시켰다.

항공기의 기체는 이처럼 크게 강화된 기동력을 감당할 수 있도록 나무와 천에서 금속재질로 바뀌었다. 미국의 비행사 찰스 린드버그는 1927년 역사상 최초의 대서양 횡단비행에 성공하여 항공기의 기술적 발전을 과시했다. 한편으로는 전투용 항공기가 세 가지 종류로 분류되기 시작했는데 ① 공중전을 담당하는 전투기(fighter), ② 적의 지상부대를 상대로 전술 단위의 화

그림 4.3 초창기의 제트 전투기로 유명한 러시아제 MIG-15 파곳(왼쪽)과 미국제 F-86 세이버(오른쪽)기 이들 두 기종은 6·25전쟁에서 치열한 공중전을 펼쳤다.

력지원을 제공하는 공격기(attacker), ③ 적 후방에 대규모의 공습을 가하는 폭격기(bomber)가 그것이었다.

항공기의 군사적 위력은 제2차 세계대전의 시작과 함께 입증되기 시작했다. 1939년 9월 1일부터 시작된 독일의 폴란드 침략에서 독일 전투기와 공격기들은 하루 만에 폴란드의 공군력을 완전히 궤멸시켰고, 지상부대에 대한 화력지원과 더불어 폴란드 주요 도시들을 무차별적으로 폭격하여 단기간 내에 폴란드의 전쟁수행 능력과 의지를 무너뜨렸다.

1940년 5~6월 서부전선에서도 독일 공군은 프랑스, 영국의 연합군을 상대로 승리하여 전차, 장갑차 중심의 지상 기동전력과 더불어 전격전 성공의 일등공신이 되었다.

그 후에도 항공기는 전쟁의 흐름을 좌우하는 역할을 해냈다. 프랑스가 독일에 항복하자 유럽에서는 영국만이 독일과 맞설 수 있는 유일한 나라로 남았는데, 1940년 8~10월 사이에 벌어진 공중전에서 영국이 독일을 물리치면서 연합국 반격의 기반을 마련한 것이다. 전세가 연합군의 우세로 역전된 1943년 이후부터 미국, 영국 등의 연합군 폭격기들은 독일과 일본 영토를 초토화시키며 전쟁수행을 위한 잔존 역량, 의지를 와해 직전으로 몰아넣었고, 이는 결과적으로 연합군의 승리를 앞당기는 역할을 했다. 특히 미국의 대형 폭격기 B-29 '수퍼 포트리스'는 1945년 8월 6일과 9일 일본 히로시마와 나가사키에 사상 최초의 원자폭탄을 투하한 것으로도 유명하다.

냉전시대에는 항공기의 주요 동력기관이 프로펠러에 의한 비행에서 제트(jet) 엔진으로 바뀌어 나갔다. 제트 엔진을 탑재하면서 프로펠러 항공기 시절에는 불가능했던 음속 이상의 고속비행이 가능해졌다. 6·25전쟁에서는 러시아의 MIG-15 '파곳', 미국의 F-86 '세이버' 전투기가 한반도 상공에서 치열한 공중전을 벌였는데, 이는 제트 엔진을 탑재한 전투기들이 실전에서 대결한 최초의 사례로 기록되었다. 1956년에는 미국이 최초의 공대공 미사일 AIM-4 팰콘을 실전배치했으며, 1958년 9월 대만 공군의 전투기가 미국제 AIM-9 사이드와인더로 중국 전투기를 격추시키면서 사상 처음으로 공대공미사일에 의한 전과를 기록하였다.

그리고 2000년대 현재는 스텔스기 및 무인기로까지 발전하고 있다.

2. 특성 및 분류

1) 특성

오늘날 군용 항공기에서 주로 사용되는 제트 엔진은 외부로부터 공기를 흡입한 후 내부에서 연료를 혼합하여 연소시키고, 이 과정에서 발생한 고온고압의 가스를 분사시키는 원리로 작동시켜 여기서 생기는 반작용을 항공기의 비행을 위한 동력으로 사용하는 특성을 갖고 있다. 따라서 프로펠러 방식보다 에너지 밀도가 높으며, 그만큼 빠른 비행속도를 발생시킬 수 있다.

먼저 제트 엔진은 다시 터보제트(turbo jet), 터보팬(turbo fan), 터보샤프트(turbo shaft), 그리고 터보프롭(turbo prop) 등의 네 가지로 구분한다. 전투기와 폭격기를 비롯한 고정익 항공기에서 사용되는 제트 엔진은 터보제트와 터보팬이다. 터보제트는 제트 엔진의 초창기에 개발된 1960년대 이전까지의 항공기들에서 주로 탑재되었으며, 현재는 이를 개량한 터보팬 엔진이 주로 사용된다. 터보팬은 같은 크기의 추진력을 발생시키는 데 요구

그림 4.4 전투기의 제트엔진을 시험하는 모습(왼쪽)과 전투기의 음속 돌파순간(오른쪽)

그림 4.5 공대공미사일을 탑재한 모습(왼쪽)과 발사 모습(오른쪽) ◈

되는 연료의 양을 절약할 수 있어서 효율성이 높다는 장점을 갖는다.

전투기가 탑재하는 무기는 크게 세 가지로 구분된다. 첫째, 하늘에서 적 항공기와 맞서 싸우는 공대공(air-to-air) 무기인데, 전투기의 가장 기본적인 무장이라고 할 수 있다. 둘째, 지상에 위치하는 표적을 공격하는 공대지(air-to-surface) 무기다. 그리고 셋째, 바다에서 적 군함을 공격하는 공대함(air-to-ship) 무기다. 공격기와 폭격기의 경우는 공대지 무기가 큰 중요성을 차지하며, 상대적으로 공대공 무기의 비중은 낮은 편이다.

과거 공대공 전투를 위한 기본 무장은 기관총이었지만, 현대는 20/30mm급의 기관포를 근접전에 대비하기 위한 보조무기로서 탑재하고 있을 뿐이다. 지금은 공대공미사일(AAM: Air-to-Air Missile)이 공중전의 주력 무기로 사용된다. 공대공미사일은 사거리 10~20km 이하의 단거리(short range), 사거리 50~100km 내외의 중거리(mid-range), 그리고 사거리 100km 이상의 장거리(long range)로 분류될 수 있다. 이들 가운데 중·장거리 공대공미사일은 적 전투기에 탑승한 조종사의 육안으로 식별 가능한 범위를 넘어서 벌어지는 가시거리 밖(BVR: Beyond Visual Range) 교전을 위한 것이다.

공대공미사일의 유도 방식은 적외선(IR: Infra-Red) 추적에 의한 ① 수동유도, ② 반자동유도, ③ 자동유도 등의 세 가지로 구분한다.

수동유도 방식은 적 전투기가 비행하면서 발생하는 열을 따라서 미사일을 유도하는 원리인데, 주로 단거리 공대공미사일의 유도에 사용된다. 초기에는 전투기 뒤쪽의 엔진 배기구에서 방출되는 열만 추적할 수 있었지만, 현재는 적 전투기의 모든 방향에서 열추적이 가능하도록 개량되었다.

반자동유도와 자동유도 방식은 BVR 교전을 위한 중·장거리 공대공미사일을 유도하기 위한 것인데, 적기에 대한 유도를 '항공기 탑재 레이더의

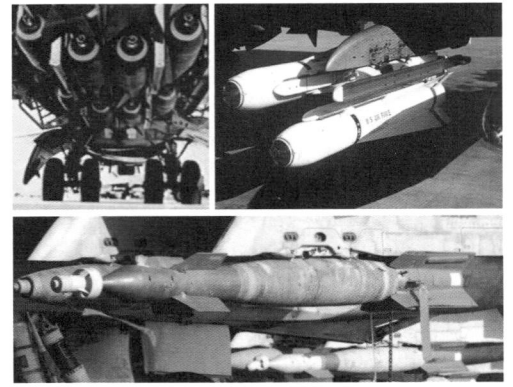

그림 4.6 항공기에 탑재되는 공대지 무기들로써 일반폭탄(왼쪽 위), 공대지미사일(오른쪽 위), 레이저 유도폭탄(아래)

지원을 받는 조종사'에게 의존하느냐 아니면 '미사일에 탑재된 자체 추적장치'를 통해서냐에서 차이점이 나타난다.

공대지 무기는 ① 일반폭탄, ② 유도폭탄, ③ 미사일 등의 세 가지를 들 수 있다. 가장 단순한 형태인 일반폭탄은 아무런 유도장치가 내장되지 않은 채 폭약과 뇌관만으로 되어 있으며, 표적 지점 아래로 투하하기만 하면 된다. 정확도보다는 많은 양을 특정지역 이내에 떨어뜨려 무차별적인 파괴, 살상 효과를 극대화하는 것에 초점을 두고 있다.

유도폭탄은 좀 더 높은 정확도가 요구되는 표적을 공격하기 위해 사용되는데, 수십 m 이내 범위에서 명중시키는 것이 보통이다. 조종사나 외부 요원이 표적을 레이저로 지정하면 이를 따라가는 레이저유도폭탄(LGB: Laser-Guided Bomb)이 다수를 차지하고 있다.

표적 상공에서 투하하는 폭탄과는 달리, 공대지미사일(ASM: Air-to Surface Missile)은 자체 추진기관을 통해 비행하므로 표적으로부터 다소 떨어진 거리에서도 사격할 수 있다는 것이 특징이다. 사거리 50km 이하의 단거리 공대지미사일은 주로 지상 화력지원을 위해 사용되며, 사거리 100km 이상의 장거리 공대지미사일은 보다 원거리에 위치하는 적의 핵심표적을 공격하는 데 사용된다.

공대함미사일의 경우 수상전투함이나 잠수함에 탑재, 운용하는 대함미사일을 전투기에 탑재할 수 있도록 개량한 것을 제외하면 큰 차이가 없다.

2) 분 류

(1) 전투기

제트 엔진이 개발된 이후 전투기(fighter)의 분류는 세대 기준으로 이루어지고 있다. 전투기가 개발된 시기, 적용된 화력통제장비, 무장운용능력, 기타 첨단기술의 적용 수준 등을 복합적으로 고려해 구분한다.

제1세대 전투기는 제2차 세계대전 이후 1950년대 중반까지 등장한 기종으로 프로펠러 방식보다는 비행속도가 빨라졌지만, 기관포 위주의 무장과 조종사의 육안에 의존하는 비행방식은 그대로였으며, 앞서 살펴본 F-86, MIG-15가 여기에 해당된다.

제2세대 전투기는 1950년대 중반부터 1960년대 초에 개발된 마하 1을 넘는 초음속 비행능력을 갖추기 시작한 최초의 전투기였다. 초음속 전천후 전투능력을 갖는 것이 특징이다. 또한 적외선 유도방식의 단거리 공대공미사일을 탑재하였고, 처음으로 거리측정용 레이더가 탑재되어 제한적이나마 공중에서 전천후 교전이 가능해졌다. 미국의 F-8 '크루세이더'와 F-104 '스타파이터', 러시아의 MIG-19 '파머'와 MIG-21 '피쉬베드', 프랑스의 미라지3/5, 스웨덴의 '드라켄'이 대표적이다.

제3세대 제트전투기는 1960년대 초부터 1970년대 사이에 등장했다.

그림 4.7 제2세대 전투기의 대표격인 러시아제 MIG-21 '피쉬베드'(왼쪽 위)와 제3세대 전투기에 해당하는 미국제 F-4 '팬텀'(오른쪽 위), 프랑스제 미라지 F1(아래)

F-15 이글(미국)
• 비행속도 : 마하 2.5
• 항속거리 : 3,900km
• 작전 행동반경 : 1,000km 이상
• 주요무장 : 20mm 기관포, AIM-9 '사이드와
  인더', 단거리 공대공미사일, AIM-120 '암람',
  중거리 공대공미사일, GBU-10/12/24 레이
  저유도폭탄

F-16 파이팅 팰콘(미국)
• 비행속도 : 마하 2
• 항속거리 : 4,000km
• 작전 행동반경 : 550km
• 주요무장 : 20mm 기관포, AIM-9 '사이드와
  인더', 단거리 공대공미사일, AIM-120 '암람',
  중거리 공대공미사일, AGM-65 '매버릭' 공
  대지미사일

MIG-29 풀크럼(러시아)
• 비행속도 : 마하 2.3
• 항속거리 : 2,100km
• 작전 행동반경 : 700km
• 주요무장 : 30mm 기관포, AA-11 '아처', 단
  거리 공대공미사일, AA-10 '알라모', 중거리
  공대공미사일, 일반 및 유도폭탄

SU-27/30 플랭커(러시아)
• 비행속도 : 마하 2.35
• 항속거리 : 3,700km
• 작전 행동반경 : 1,300km
• 주요무장 : 30mm 기관포, AA-11 '아처', 단
  거리 공대공미사일, AA-10/12 '알라모/애더',
  중·장거리 공대공미사일

비행속도가 최고 마하 2 수준으로 증대되고, 반자동 유도방식의 중거리 공대지미사일을 탑재하여 초보적인 BVR 교전능력을 갖추며, 공대지 무장도 본격적으로 탑재하기 시작한 것이 특징이다. 대표적인 기종으로는 미국의 F-4 '팬텀'과 F-5 '타이거 2', 러시아의 MIG-23 '플로거'와 MIG-25 '폭스배트', 프랑스의 미라지 F1, 스웨덴의 '비겐', 이스라엘의 '크피르', 일본의 미쯔비시 F-1 등이 있다.

오늘날 세계 각국 공군의 주력 기종은 대부분 1980년대부터 전력화되기

유로파이터 타이푼(유럽항공방위우주연합)
- 비행속도 : 마하 2
- 항속거리 : 3,790km
- 작전 행동반경 : 미상
- 주요무장 : 27mm 기관포, 공대공 · 공대지 · 공대함 미사일 무장

해리어(영국)
- 비행속도 : 음속 미만
- 항속거리 : 약 3,000km
- 작전 행동반경 : 550km
- 주요무장 : 30mm 기관포, AIM-9 '사이드와인더', 단거리 공대공미사일, AIM-120 '암람', 중거리 공대공미사일, 일반폭탄, 단거리 공대함미사일

라팔(프랑스)
- 비행속도 : 마하 2
- 항속거리 : 3,100km
- 작전 행동반경 : 920km
- 주요무장 : 30mm 기관포, '미카' 단거리 공대공미사일, '미티어' 중거리 공대공미사일, 유도폭탄, 대함/공대지미사일

시작하여 현재까지 진행된 제4세대 전투기다. 제4세대 전투기는 자동유도 방식의 중 · 장거리 공대공미사일을 탑재하여 완전한 BVR 교전능력을 확보하였고, 컴퓨터에 의해 비행과 사격통제 기능이 대폭 자동화되었다. 진정한 의미에서의 전천후, 다목적 전투기로 개발된 것이다.

제4세대 전투기의 기술적인 우수성은 1982년 6월 이스라엘의 레바논 침공에서 유감없이 증명되었다. 당시 이스라엘은 제4세대의 미국제 F-15 '이글'과 F-16 '파이팅 팰콘'을 동원했지만, 그 상대였던 시리아는 제2, 제3세대 기종인 러시아제 MIG-21/23으로 무장하고 있었다. 시리아는 80대가 넘는 전투기를 격추당했지만, 이스라엘 전투기의 손실은 거의 없다시피 했던 것이다. 1991년의 걸프전쟁과 2003년의 이라크 전쟁에서도 미국 중심의 다국적군이 보유한 제4세대 전투기들은 공대공/공대지 무장에서 기술적 우위, 전천후 임무수행능력을 앞세워 하늘과 지상의 이라크 표적들을 제압했다.

그리고 21세기 제5세대 전투기는 스텔스기화 및 무인기화로 진화하고 있다. 미국은 F-22 랩터 스텔스기, F-35 라이트닝 스텔스기를 실전 배치하였으며, 중국은 젠-20과 젠-31 스텔스기, 러시아는 Su-57 스텔스기를 전력화하고 인도, 일본, 한국, 유럽 국가들도 발전시켜 나가고 있다.

다른 한편으로 일부 강대국에서는 해군에서도 전투기를 보유하는 경우가 있는데, 이들은 대부분 항공모함 탑재용으로 운용된다. 기술적인 특징이나 무장능력 등에서는 공군 소속 전투기들과 큰 차이가 없지만, 항공모함의 갑판에 설치되는 짧은 활주로에서 이착륙이 가능하도록 상대적으로 기체가 작은 편이다. 영국의 '해리어' 전투기처럼 수직 이착륙 기능을 갖춘 경우도 있다. 그리고 대함미사일을 비롯한 공대함 무장능력을 기본적으로 갖춘다.

F-22(미국)
• 길이 : 18.9m
• 특징 : 스텔스 기능
• 실전배치 : 2005년
• 항속거리 : 3,218km
• 엔진 : 프랫 앤 휘트니사 엔진
• 주요무기 : 암람 및 사이드와
  인더 미사일, JDAM폭탄 등

젠-20(중국)
• 길이 : 약 21m
• 특징 : 스텔스 기능
• 실전배치 : 2013년
• 항속거리 : 4,000km
• 엔진 : 개량형 WS엔진
• 주요무기 : 장거리 순항미사
  일 등

Su-57(러시아)
• 길이 : 19.8m
• 특징 : 스텔스 기능
• 최대이륙중량 : 35,000kg
• 최고속도 : 마하 2.0
• 최대항속거리 : 3,600km
• 주요무기 : 장거리 미사일

(2) 공격기

공격기(Attacker)는 지상에 위치하고 있는 적 표적을 우선적으로 공격 및 제압하는 것을 주요 임무로 하는 항공기인 것이다. 공대공 무장능력은 자체 방어를 위해 기관포와 소수의 단거리 공대공미사일 등으로 제한되며, 대부분의 무장은 공대지 임무를 위한 일반폭탄·유도폭탄, 로켓포, 공대지 미사일을 탑재하고 있다. 그러나 지상에서의 근거리 화력지원을 제공하기 때문에 단거리 공대지 무기를 주로 사용한다.

A-10 썬더볼트(미국)
- 비행속도 : 시속 800km(음속 미만)
- 항속거리 : 4,000km
- 작전 행동반경 : 460km
- 주요무장 : 30mm 기관포, 70mm 로켓포, AIM-9 '사이드와인더', 단거리 공대공미사일, AGM-65 '매버릭' 공대지미사일, 일반, 유도폭탄

SU-25 프로그풋(러시아)
- 비행속도 : 시속 950km (음속 미만)
- 항속거리 : 2,500km
- 작전 행동반경 : 375km
- 주요무장 : 30mm 기관포, 57mm 로켓포, AA-8 '아피드', 단거리 공대공미사일, 일반, 유도폭탄

토네이도(영국, 독일 등)
- 비행속도 : 마하 2.2
- 항속거리 : 2,780km
- 작전 행동반경 : 미상
- 주요무장 : 27mm 기관포, AIM-9 '사이드와인더', 단거리 공대공미사일, AGM-65 '매버릭' 공대지미사일, 일반, 유도폭탄

(3) 폭격기

폭격기(bomber)는 적의 전방지대뿐만 아니라 후방까지 비행하여 대규모의 공습을 실시하여 적의 전쟁수행 역량과 의지를 총체적으로 약화시키는 것이 주요임무가 된다. 이 점에서 항공모함에 버금가는 무력시위 수단으로 이용되기도 한다. 무장탑재 규모가 전투기, 공격기보다 월등하게 많으며, 일반유도폭탄과 공대지미사일 등의 공대지 무장만을 대량 탑재하는 것이 일반적이다. 자체방어는 소구경의 기관포를 탑재하거나 전투기의 호위에 의존한다.

TU-95 베어(러시아)
• 비행속도 : 시속 920km(음속 미만)
• 항속거리 : 15,000km
• 무장탑재 규모 : 15톤
• 주요무장 : 23mm 기관포, 일반, 유도폭탄,
장거리 대함/공대지미사일

H-6(중국)
• 비행속도 : 시속 1,050km(음속 미만)
• 항속거리 : 6,000km
• 무장탑재 규모 : 9톤
• 주요무장 : 23mm 기관포, 일반, 유도폭탄,
장거리 대함/공대지미사일

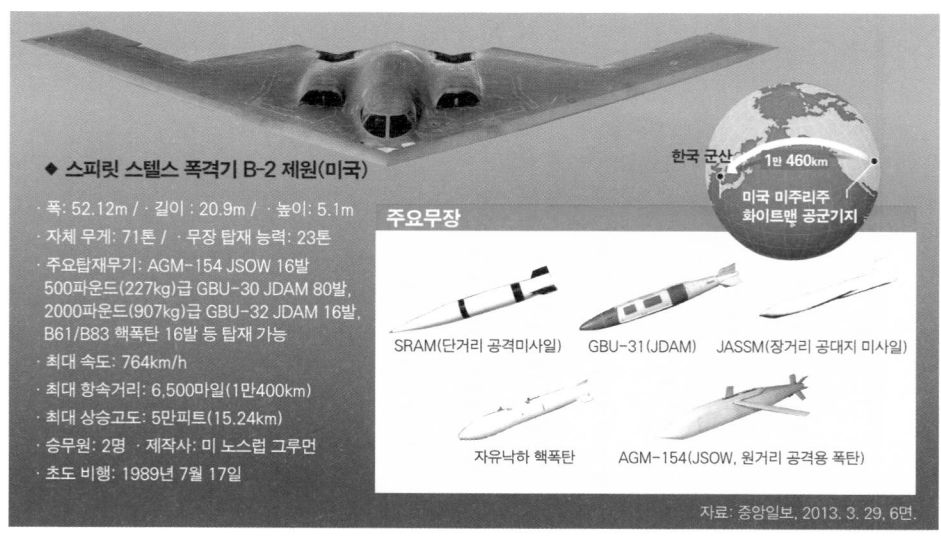

◆ 스피릿 스텔스 폭격기 B-2 제원(미국)
· 폭: 52.12m / · 길이 : 20.9m / · 높이: 5.1m
· 자체 무게: 71톤 / · 무장 탑재 능력: 23톤
· 주요탑재무기: AGM-154 JSOW 16발
500파운드(227kg)급 GBU-30 JDAM 80발,
2000파운드(907kg)급 GBU-32 JDAM 16발,
B61/B83 핵폭탄 16발 등 탑재 가능
· 최대 속도: 764km/h
· 최대 항속거리: 6,500마일(1만400km)
· 최대 상승고도: 5만피트(15.24km)
· 승무원: 2명 · 제작사: 미 노스럽 그루먼
· 초도 비행: 1989년 7월 17일

한국 군산 1만 460km
미국 미주리주
화이트맨 공군기지

주요무장

SRAM(단거리 공격미사일)   GBU-31 (JDAM)   JASSM(장거리 공대지 미사일)

자유낙하 핵폭탄   AGM-154(JSOW, 원거리 공격용 폭탄)

자료: 중앙일보, 2013. 3. 29, 6면.

◆ B-52폭격기(미국)
· 길이 : 48.5m
· 높이: 12.4m
· 승무원: 5명
· 날개폭 : 56.4m
· 무게 최대: 22만 kg
· 항속거리 : 15,000km
· 상승고도: 1만 7,000m
· 최고 속력 시속: 1,000km
· 폭탄적재량 최대: 2만 7,200kg

자료: 한국일보. 2013. 3. 20. 1면.

그림 4.8 미 공군의 전략 폭격기 B-52기는 '하늘을 나는 요새'라는 별칭이 있다. 24메가톤(Mt·1메가 톤은 TNT 100만톤 폭발력)급 수소폭탄 4발과 핵탄두 장착공대지 순항미사일 12발, 재래식 폭탄 35발 등을 탑재해 대량 폭격이 가능하다.

3. 운용개념

하늘은 자연공간 가운데서도 가장 물리적 제약이 적으며, 2차원인 육지와 바다로 직접 연결될 수 있는 3차원의 공간이다. 이러한 하늘에서 활동하는 항공기는 육지와 바다에 발이 묶이는 탱크, 장갑차, 대포, 군함을 훨씬 능가 하는 이동거리와 속도를 앞세워 보다 우월한 전투력을 발휘할 수 있는 무 기체계인 것이다. 그 결과 하늘에 대한 군사적 통제권을 차지하고, 동시에 육지·바다를 겨냥하는 군사력 동원을 위해 하늘을 사용할 수 있는 '제공권 (制空權: command of air)'의 확보는 현재뿐만 아니라, 앞으로도 공군의 최 우선적인 임무이자 전쟁에서의 승리를 위한 필수조건이 될 전망이다.

　항공기를 이용하는 전투 임무는 실제 전투가 벌어지는 공간을 기준으로 각각 공대공, 공대지 작전으로 운용한다. 먼저 하늘에서 이루어지는 공대공 작전은 구체적으로 다음과 같다.

① 평시 영공과 국경지역, 주요 분쟁지역 이내를 대상으로 비행을 실시하는 '정찰 및 초계(reconnaissance and patrol)' 작전이며, ② 영공을 침범하려는 적 항공기와 맞서 교전하는 '요격(Intercept)' 작전이고, ③ 적진으로 침투한 후 적 전투기들을 유인 및 격멸하는 '소탕(sweep)' 작전이며, ④ 공대공 교전능력이 미약하거나 거의 없는 공격기와 폭격기, 비전투 지원기를 방어하는 '호위(escort)' 작전이다.

하늘에서 지상의 표적을 공격하는 공대지 작전은 다음과 같이 운용하고 있다.

첫째는 지상전에서 적의 보병, 기동전력, 포병부대를 제압하기 위한 화력을 제공하는 '근접항공지원(CAS: Close Air Support)' 작전이며, 둘째는 적 공군의 활주로와 비행기지를 공격하여 공군력을 근원적으로 제거하는 '공세제공(OCA: Offensive Counter-Air)' 작전이며, 셋째는 적의 지상 방공자산(대공포, 지대공미사일, 레이더)을 파괴하여 지대공 위협을 감소시키는 '대공제압(SEAD: Suppression of Enemy Air Defense)' 작전이고, 넷째는 전후방을 사이로 연결되는 교통로, 보급 지원시설을 무력화하여 적의 작전수행 유지능력을 저하시키는 '항공차단(AI: Air Interdiction)' 작전이다. 다섯째는 적 영토 내부의 정치·경제·사회·군사적인 핵심 표적들을 직접 공격하여 전쟁수행을 위한 역량, 의지를 총체적으로 좌절시키는 '전략폭격(strategic bombing)'이다.

이같은 임무들 가운데 공대공 작전은 당연히 전투기의 임무이라고 할 수 있으며 이때 전투기들은 10대 내외 규모의 타격/호위편대(strike/escort package)를 구성하여 운용하고 있다. 그리고 근접항공지원이나 대공제압, 항공차단 작전은 전투기의 호위를 받는 공격기가 주로 담당하며, 가장 규모가 큰 전략폭격은 폭격기의 고유 임무로 인식된다.

4. 발전 추세

오늘날 전투기와 공격기, 폭격기는 단순히 하늘을 나는 동력장치가 아니라 첨단 전자·정보통신 기술의 집약체라고 할 수 있다. 2000년대 현재는 다른 군사무기들이 그러하듯이 이들 역시 비행기능과 무장에 있어서 컴퓨터에 의한 자동화, 정밀유도, 무인기, 스텔스 기능이 큰 폭으로 적용되어 전투력을 비약적으로 강화하고 있다. 그리고 이러한 추세는 앞으로도 지속, 강화될 전망이다.

전투기의 기동력을 비약적으로 발전시킬 것으로 전망되는 기술로는 추력편향(thurst vectoring) 노즐의 채택, 그리고 초음속순항(super cruise) 기능이다.

추력편향은 기체의 자체제어에 필요한 추진력인데, 비행방향의 전환에 필요한 회전반경을 줄여서 기동력을 향상시키는 것과 직결된다. 기존의 항공기는 추력편향을 할 때 기체 뒷부분의 보조날개에 의존했다. 그러나 최근 개발되는 전투기들은 엔진 배기구의 노즐 방향을 조절함으로써 보다 적은 연료를 소모하면서 높은 기동성을 발휘할 수 있도록 하고 있다.

기존 전투기들은 엔진 배기장치를 가동하는 동안에만 음속 이상의 비행이 가능했는데, 그 과정에서 배기구로부터 방출되는 열이 적 공대공미사일의 추적대상이 될 수 있다는 점이 문제였다. 그리고 초음속순항 기능은 배기장치를 가동하지 않더라도 항공기가 지속적으로 마하 1을 넘는 고속비행을 할 수 있도록 해준다는 특징이 있다. 이는 기존 전투기들을 크게 능가하는 기동력 발휘가 가능하게 한다.

그림 4.9 전투기의 추력편향 노즐(왼쪽)과 초음속순항 엔진의 시험 모습(오른쪽)

항공무장에 대한 기술적인 전망은 어떠할까?

기본 무장인 공대공미사일의 경우 항공기 못지않게 기동성 향상에 대한 요구가 강해지고 있다. 앞서 설명한 추력편향 노즐이 단거리 공대공미사일에도 채택되어 비행 유도과정에서의 방향 전환능력이 강화되고, 이에 따라 적 전투기의 회피기동을 무력화시켜 명중률을 크게 높일 것으로 기대된다.

중·장거리 공대공미사일의 경우는 기존의 로켓 엔진에 램제트(ramjet)

그림 4.11 지하시설 공격용 레이저 유도 폭탄의 명중 장면

엔진을 병용하게 될 것이다. 램제트는 공기흡입구, 압축기, 연소실, 터빈, 배기구 등으로 구성되는 터보팬 방식의 현용 제트엔진에서 압축기, 터빈을 뺀 것인데, 구조가 단순해서 적은 연료소모로도 빠른 비행속도를 낼 수 있다는 장점을 갖는다. 램제트 엔진의 탑재는 중·장거리 공대공미사일의 실질적 사거리를 크게 증대시키고, 이를 통해 수십 km 거리에서 이루어지는 BVR 교전에서 적 전투기가 회피할 수 있는 가능성을 크게 낮출 것이다.

1991년 걸프전쟁은 정밀유도무기의 효과를 전 세계적으로 과시한 최초의 대표적인 사례였지만, 당시 다국적군이 동원했던 공대지 무장에서 레이저 유도폭탄, 공대지 미사일 등의 정밀유도무기 비율은 채 10%에도 못 미쳤다. 그렇지만 12년이 지난

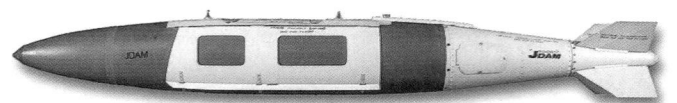

그림 4.12 위성항법
체계를 통해 정밀유도
되는 미국제 공대지
합동직격탄(JDAM)

2003년 이라크 전쟁에서는 미군의 정밀유도무기인 공대지 무장 사용량이
무려 70%에 육박할 정도로 늘어났다. 현대전쟁에서 공대지 무장에서도 정
밀유도무기가 양적, 질적으로 다수를 차지하게 된 것이다. 그 가운데서 다수
를 차지하는 레이저 유도폭탄은 정확도뿐만 아니라 지하관통 기능까지 갖추
어 땅 속 깊숙이 설치되어 있는 적의 핵심 군사시설(지휘통제소, 무기 저장시
설, 군수공장)을 공격할 수 있도록 발전되고 있다. 이라크전쟁에서 사용되었
던 일명 '벙커버스터(Bunker Buster)'란 별칭이 붙어 있는 미 공군의 GBU-
24/28이 대표적이다.

현대전쟁에서 공대지 무장의 새로운 발전 가운데 하나는 인공위성으로
부터 표적의 위치를 지정받아 정밀유도가 이루어지는 위성항법체계의 적용
이다. 현재 공대지 정밀유도무기의 다수를 차지하는 레이저 유도폭탄은 표
적의 지정을 조종사, 외부요원에게 의존하므로 날씨가 나쁜 악천후에서는
운용에 큰 지장을 받았다. 반면 우주 공간에서 활동하는 위성항법체계를
통한 유도는 기상조건에 따른 제약이 훨씬 적으며, 따라서 보다 자유롭게
운용될 수 있다. 2001년 아프가니스탄 전쟁과 2003년 이라크 전쟁에서 미
군이 대량으로 사용했던 합동직격탄(JDAM: Joint Direct Attack Munition)
은 일반폭탄에 위성항법 유도장치를 부착한 것인데, 오차범위 3m 이내에
서 지상 표적을 명중시킬 정도의 높은 정확성을 자랑한다.

아울러 향후 개발될 주요 공대지 무장은 적의 전투기, 적의 지상 방공전
력으로부터 격추당할 가능성을 줄일 수 있도록 이들의 요격범위 밖에서 발
사가 가능한, 최소 100km 이상 수준의 사거리 연장이 이루어질 것이다. 이
러한 원거리(Stand-off) 타격 기능은 공대지미사일은 물론, 레이저 및 위성
항법체계에 의한 유도폭탄에 사거리 연장용 활공날개를 추가 탑재하는 방
식으로도 가능하다.

이와 같은 공대지 무장의 정밀유도기능 강화는 수백, 수천발의 일반폭탄
을 투하해야만 겨우 제거할 수 있었던 지상의 표적을 소수, 혹은 불과 1발

그림 4.13 일반 유도 폭탄에 활공날개를 갖춘 '롱샷'의 탑재모습(왼쪽)과 비행모습(오른쪽)

의 정밀유도폭탄과 미사일로 파괴할 수 있도록 해주고 있다. 과거 전쟁에서 "1개의 표적을 파괴하는 데 몇 대의 항공기가 필요한가?"에 관하여 고민했던 공군 작전 담당자들이 오늘날 "한 대의 항공기가 몇 개의 표적을 파괴할 수 있는가?"에 관하여 고민하는 시대가 된 것이다.

21세기 전투기들은 공중전뿐만 아니라 그동안 공격기와 폭격기만의 전유물로 여겨져 온 공대지 임무의 수행 능력까지 기본적으로 갖춘 전폭기(Strike-Fighter)로 스텔스기화 및 무인기화로 발전하고 있으며, 앞으로도 그 추세는 강화될 전망이다. 그리고 미 공군의 주력 전폭기인 F-15E '스트

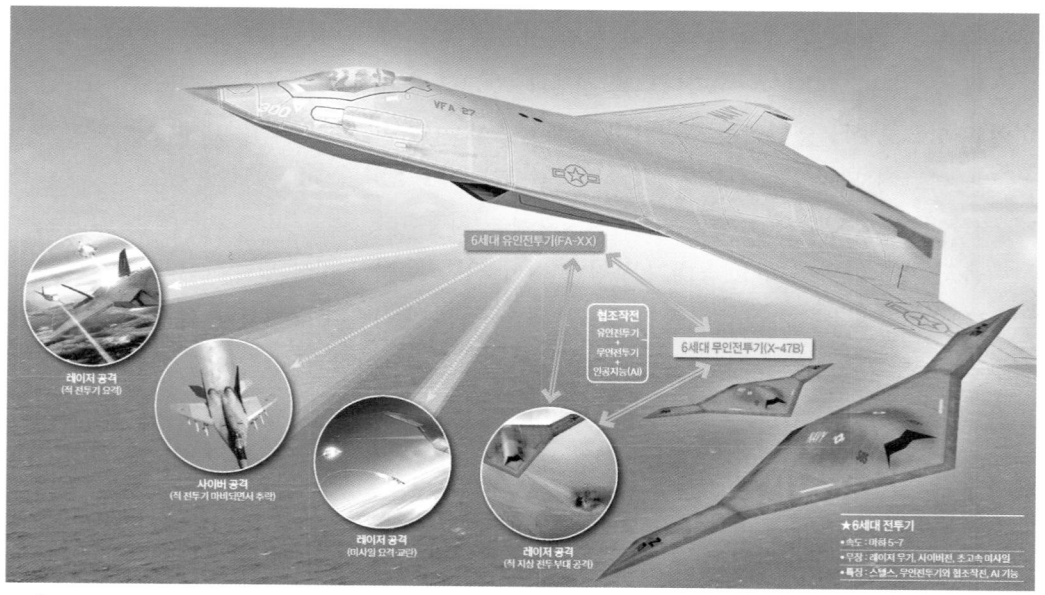

그림 4.14 6세대 전투기의 미래 공중 전투

라이크 이글' 한 대가 탑재할 수 있는 무장의 최대 규모가 제2차 세계대전 시절의 B-29 폭격기의 것을 능가하고 있다. 독립된 기종으로서의 공격기, 폭격기는 매우 드문 존재가 될 것이며, 특히 폭격기는 미국을 비롯한 극소수 강대국들만의 전유물로 남을 가능성이 있다.

5. 한국의 현황

한국 공군이 육·해군과 별개의 군종으로 독립한 것은 건군 이듬해인 1949년 10월 1일이었다. 그렇지만 1950년 6·25 전쟁이 발발했을 당시 한국 공군은 L-4/5 연락용 경비행기 12대와 국민헌금으로 구매한 T-6 훈련기로써 일명 건국기 10대 등 전투수행 능력이 거의 없는 22대뿐이었다. 개전 일주

그림 4.15 건군 당시 한국 공군이 보유했던 T-6 훈련기(왼쪽)와 L-4 경비행기(오른쪽)

일만인 1950년 7월 2일 제2차 세계대전에서 대표적인 주력 전투기로 활약했던, 프로펠러 비행 방식의 P/F-51 '무스탕' 10대를 미국으로부터 급히 도입했는데, 이것이 한국 공군의 첫 전투기가 되었다.

한국 공군은 휴전될 때까지 3년 동안 총 118대(P/F-51 79대 포함)의 항공기를 확보했으며, 전쟁기간 동안 공중전보다는 주로 육군을 위한 근접항공지원 임무를 수행했다. 휴전 이후에는 군사력 재건 및 증강계획에 따라 1955년부터 제1세대 제트전투기의 대표격인 미국제 F-86을 도입하여 본격적인 공중전 능력을 보유하는 제트 전투기의 시대를 열었다. 1965년에는 제2세대 전투기인 미국제 F-5A '프리덤파이터'를 도입했는데, 이는 한국 공군이 초음속 전투기를 확보한 첫 사례였다.

북한의 군사 모험주의와 주한미군 부분 철수로 자주국방의 중요성이 부각되었던 1970년대에는 공군의 전투기 전력도 양적으로나 질적으로 큰 성

그림 4.16 초창기 한국 공군의 주력 전투기였던 P/F-51 '무스탕(왼쪽)'과 F-86 '세이버' 초음속 전투기(오른쪽)

그림 4.17 1970~1980년대에 도입된 F-4 '팬텀'(왼쪽)과 F-5 '타이거 2'(오른쪽)

장을 이루기 시작했다. 우선 1968년 1월 북한의 1.21 청와대 침투미수 사건 이듬해인 1969년 제3세대 전투기 F-4 '팬텀'을 처음 도입한 후 1977년에 추가 도입이 이루어졌다. F-4는 당시 미국에서도 주력 기종으로 쓰이고 있던 전폭기였는데, 공대공 교전능력뿐만 아니라 북한의 후방 지역을 향해 대규모의 공습을 가할 수 있는 넓은 작전 행동반경과 대규모의 공대지 무장 탑재능력 등으로 큰 주목을 받았다.

F-4보다는 소형이지만, 대신 기동력이 뛰어난 F-5E/F '타이거 2'는 1974년 미국에서 직도입되기 시작했다. 1982년부터는 F-5E/F의 부품을 도입하여 국내에서 조립 생산한 '제공호'까지 추가되었다. 한국 공군의 F-5 계열 전투기 보유수량은 200대가 훨씬 넘으며, 북한과의 전투기 수량 격차를 좁히는 데 기여해온 것으로 평가받고 있다.

1986년에는 미국제 F-16 '파이팅 팰콘' 블록 32형 약 40대를 도입하여 제4세대 전투기 시대로 진입했다. 1995년부터는 개량형인 F-16 블록 52형을 KF-16이라는 제식 명칭으로 국내 면허생산했다. KF-16 전투기는 AIM-9 '사이드와인더' 단거리 공대공미사일과 더불어 사거리 50km 이상의 자동 유도식 AIM-120 '암람' 중거리 공대공미사일로 무장, 우수한 BVR 교전능력을 갖추며, 일반폭탄과 레이저 유도폭탄, 단거리 공대지미사일, 대함미사일 등의 다양한 공대지 무장까지 탑재할 수 있다.

F-16 계열 전투기의 전력화를 계기로 한국 공군은 북한에 대한 양적 열세를 질적 우세로 역전시키는 발판을 마련하게 되었다.

그리고 북한뿐만 아니라 주변 강대국들에 의한 잠재적 위협에 대해서도 전쟁 억지는 물론 승리와 직결되는 원거리 작전 및 정밀타격 임무를 수행할 수 있는 대형 전폭기가 확보되기에 이르렀다.

즉 2005년부터 도입된 F-15K '슬램이글'이다. 세계 최강의 전폭기로 명성을 떨친 F-15E '스트라이크 이글'을 개량한 F-15K는 마하 2.5의 최고 비행속도, 한반도에서 주변 강대국 내륙의 주요지역까지 포괄하는 1,000km 이상의 작전 행동반경, 13톤에 달하는 무장 탑재규모가 특징이며, 공대지 무장의 경우 일반폭탄뿐만 아니라 JDAM 위성항법유도폭탄, 지하시설 공격용 GBU-24/28 레이저 유도폭탄, 대함미사일 그리고 사거리 수백 km급의 공대지 순항미사일 등을 운용하는 막강한 전투력을 자랑한다. 단연 동아시아 최강의 전폭기라고 할 수 있다. 2019년 3월에는 제5세대 F-35A 스텔스 전투기를 도입하여 전력화했다.

국산 기종의 개발도 한국 공군의 전투기 전력 발전에 큰 힘이 되고 있다. 국내 최대의 항공우주업체인 한국항공우주산업(KAI)이 미국의 항공우주업체 록히드마틴과 공동개발한 T-50 '골든이글' 초음속 고등훈련기를 단거리

그림 4.19 F-15K '슬램이글' 전폭기의 편대비행 모습

그림 4.20 한국형 전투기(KFX) 형상도 비행 제어, 항공전자, 무장능력, 생존성을 위한 최첨단 성능과 스텔스 기능 전투기

공대공/공대지미사일, 일반 및 유도폭탄을 탑재하여 운용할 수 있도록 개량한 FA-50 국산 공격기를 성공리에 개발했다.

　FA-50의 개발은 한국이 독자적인 전투기 개발을 해낼 수 있는 기반을 제공했다는 점에서 큰 가치를 갖는다. 즉 21세기 한국 공군은 노후화된 제3세대 기종 F-4/5를 포함한 기타 전투기를 KF-16과 F-15K를 비롯한 제4세대급과 제5세대급의 F-35A 스텔스기와 F-22 랩터 수준의 스텔스기 첨단 전투기로 전력화하고 한국 공군은 최첨단 성능을 갖추는 차기 한국형 전투기(KFX)를 개발하여 전력화한다.

제2절 특수목적기

　특수목적기란 "공중에서 특화된 임무를 수행하기 위해 제작, 운용되는 군용 항공기"를 뜻한다. 구체적으로는 수송기, 정찰기, 공중 조기경보(통제)기, 해상초계기, 그리고 공중급유기 등으로 나뉜다.

1. 수송기

수송기(transport aircraft)란 군용물자와 병력을 전장으로 직접 운반하거나, 낙하산을 통해 공중에서 투하하는 등의 기능을 수행하는 군용 항공기라고

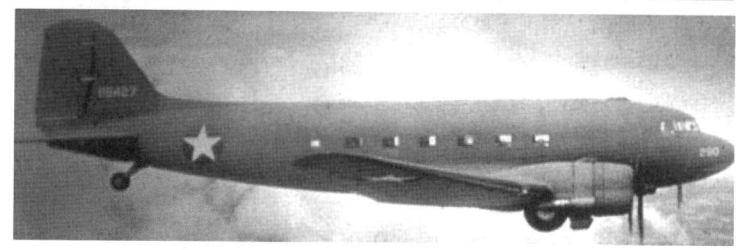

정의한다. 필요에 따라서는 부상당한 장병들의 후송, 간단한 무장 탑재를 통한 제한적인 공격임무 수행도 가능하다.

항공기의 기술이 초보적인 수준이었던 20세기 초에는 수송기의 역할이 전후방 사이의 연락, 제한적인 규모의 병력 및 군용장비 수송 정도에 그쳤지만 항공기의 기술 발달에 힘입어 수송기는 전장에서 보다 큰 기능을 수행할 수 있게 되었다. 제2차 세계대전에는 수송기에서 낙하산을 타고 투입되는 낙하산부대가 크게 활약했으며, 냉전 초기인 1948년 미국은 러시아의 베를린 봉쇄 시도에 맞서 수송기를 통한 장거리 물자공수를 실시하여 베를린이 고립 상태에 놓이는 것을 막아냈다.

수송기의 성능을 결정하는 두 개 기준은 수송규모, 그리고 비행거리다. 이들은 엔진의 성능이나 기체 크기를 통해서도 평가될 수 있는데, 서로 정비례하는 것이 일반적이다.

항속거리를 기준으로 약 2,000km 이하는 단거리 수송기, 약 2,000~6,000km 이내를 중거리 수송기, 그리고 6,000km 이상을 장거리 수송기로 각각 분류한다.

단거리와 중거리는 '중소형 수송기', 그리고 장거리는 '대형 수송기'로 분류되기도 한다. 보통 중소형 수송기의 경우 터보프롭 엔진에 의한 프로펠러를, 그리고 대형 수송기는 터보팬 엔진을 사용한다.

1) 중·소형 수송기

C-130 허큘리스(미국)
- 비행속도 : 시속 610km
- 항속거리 : 3,800km
- 수송규모 : 20톤(무장병력 64명)
- 엔진 : 터보프롭

AN-2 콜트(러시아)
- 비행속도 : 시속 258km
- 항속거리 : 845km
- 수송규모 : 2톤(무장병력 10여 명)
- 엔진 : 터보프롭

AN-24 코크(러시아)
- 비행속도 : 시속 500km
- 항속거리 : 2,400km
- 수송규모 : 5톤
- 엔진 : 터보프롭

CN-235(스페인, 인도네시아)
- 비행속도 : 시속 500km
- 항속거리 : 2,800km
- 수송규모 : 약 6톤(무장병력 45명)
- 엔진 : 터보프롭

2) 대형 수송기

운용개념 측면에서 보면 중·소형 수송기는 특정지역 이내의 전장을 대상으로 병력, 군용장비를 운반하는 전술용으로 많이 사용한다.

대형 수송기는 대양을 횡단하여 다른 대륙 및 지역으로, 대규모의 주요 수송 임무를 수행하는 전략 임무를 담당한다. 오늘날 이에 해당하는 수송기는 미국, 러시아 등의 소수 강대국에서만 보유하고 있다. 최근 개발되고 있는 신형 수송기들은 수송규모와 항속거리를 증대시키는 동시에, 전방의

C-17 글로브매스터3(미국)
• 비행속도 : 시속 830km
• 항속거리 : 9,800km
• 수송규모 : 77톤(무장병력 100여 명)
• 엔진 : 터보팬

IL-76/78 캔디드(러시아)
• 비행속도 : 시속 850km
• 항속거리 : 7,300km
• 수송규모 : 85톤
• 엔진 : 터보팬

A400M(유럽)
• 비행속도 : 시속 780km
• 항속거리 : 4,800~6,900km
• 수송규모 : 37톤(무장병력 116명)
• 엔진 : 터보프롭

윈-20 수송기(중국)
• 비행속도 : 시속 700km
• 항속거리 : 7,800km
• 수송규모 : 66톤
• 엔진 : 미상

소형 활주로에서도 이착륙이 가능하도록 개발되는 추세다. 전략, 전술용 수송임무의 수행 능력을 동시에 갖추도록 하는 것이다.

공수(airborne)부대라고도 불리는 낙하산부대는 수송기를 적극적이고 공세적으로 운용하는 대표적인 사례이다. 이는 확보하고자 하는 지역 상공에서 수송기를 통해 경보병이나 소구경포, 심지어는 차량을 투하시켜 신속한 병력전개를 달성하는 것이다. 이 같은 작전은 상대적으로 적의 방어태세가 취약한 후방, 민간지역이나 주요 군사시설(대형기지, 지휘부) 등을 재빨리 점령하여 적의 조직적인 방어능력을 마비시키고, 공포와 불안심리를 부추기는 정치·심리적인 효과를 얻기 위해서이다. 오늘날 많은 국가들이 정규

그림 4.22 수송기에서 낙하하는 공수부대원들

전, 혹은 비정규 특수임무 수행을 위한 여단 및 사단급 이상의 낙하산부대를 보유하고 있는 것도 이러한 가치 때문이다.

2. 정찰기

정찰기(reconnaissance aircraft)란 적의 군사적 동향이나 능력을 판단하는데 필요한 각종 정보들을 수집, 확보하기 위한 임무를 수행하는 군용 항공기로 정의한다. 앞서 살펴보았듯이 항공기가 처음 전쟁에서 동원되었던 초기에는 주로 정보수집 임무만을 수행했으며, 따라서 정찰기는 군용 항공기들 가운데서도 그 역사가 가장 오래되었다고 할 수 있다. 항공기의 기술적 발전, 전투 효과가 증대되는 가운데서도 항공기에 의한 정찰은 여전히 그 중요성을 인정받고 있다.

정찰기는 크게 두 가지 종류로 분류된다. 전방과 그 주변의 좁은 범위에 대한 군사정보를 수집하는 전술정찰기, 그리고 적의 후방지역이나 지속적인 경계가 요구되는, 총체적인 정치·경제·군사역량 평가와 직결되는 특정 중요목표를 대상으로 정보수집 임무를 수행하는 전략정찰기가 있다. 전술정찰기는 주로 저고도에서 비행하며, 기체의 크기나 비행범위가 작으므로 중소형의 민간 항공기, 전투기를 약간 개조하는 경우가 많다.

그 반면에 전략정찰기는 적의 요격 위협을 최소화할 수 있도록 중·고고도에서, 장시간 동안, 넓은 범위에서의 비행이 요구됨에 따라 설계 및 제조상으로 보다 특화될 수밖에 없다.

1) 전술정찰기

RF-4(미국)
- 비행속도 : 마하 1.2
- 항속거리 : 3,500km
- 비행고도 : 10~15km
- 임무 : 영상정보 수집

EP-3(미국)
- 비행속도 : 시속 570km
- 항속거리 : 4,400km
- 비행고도 : 8.6km
- 임무 : 신호·전자정보 수집

2) 전략정찰기

U-2 드래곤플라이(미국)
- 비행속도 : 시속 805km
- 항속거리 : 1만 300km
- 비행고도 : 25km
- 임무 : 영상정보 수집

RC-135(미국)
- 비행속도 : 시속 933km
- 항속거리 : 5,500km
- 비행고도 : 15km
- 임무 : 실시간 영상정보 수집

20세기 후반 인공위성이 새로운 정보수집 자산으로 부각되면서 정찰기의 가치가 약화될 것이라는 주장을 펴는 사람들도 있었다. 고도 수백 km의 우주공간에서 활동하는 인공위성은 적 영공 침범에 따른 외교적 마찰 부담도 적고, 적의 요격 가능성으로부터도 훨씬 자유롭기 때문이다. 전 세계를 범위로 하는 정보수집에서도 인공위성이 크게 유리하다.

그렇지만 인공위성에도 단점은 있다. 고정된 궤도상으로만 활동하므로 정보를 수집하려는 대상, 지역에 관한 시간대, 각도가 제한을 받는다. 위성의 수명은 짧지만 이를 개발, 관리하는 데 요구되는 비용은 상당히 많이 든다.

그 반면에 정찰기는 필요한 시간, 장소에서, 필요로 하는 정보를 수집할 수 있다. 따라서 정보수집 대상에 관한 운용상의 융통성, 접근성이 높으며, 유지비용 역시 인공위성보다는 저렴한 편이다.

21세기 정찰기는 인공위성과의 상호보완적인 측면에서 앞으로도 중요한 정보수집 자산으로 운용하게 된다.

3. 공중 조기경보 · 통제기

현대전쟁에서 가장 잘 알려진 정보수집용 자산은 역시 레이더, 그 가운데 서도 지상기지에 설치되는 레이더일 것이다. 그렇지만 지상배치형 레이더에게는 한 가지 취약점이 있다. 레이더는 하늘에서 다가오는 적의 항공기, 미사일 등을 탐지 및 추적하기 위해 전파를 방사하는데, 전파는 직진성만을 갖는다. 문제는 지구가 둥글다는 사실에 있다. 다시 말해서 직진하는 전파로는 둥근 지표면 너머, 즉 지평선과 수평선 밖의 표적을 탐지하기가 어려운 것이다. 이는 산악지형이 많거나, 레이더 탐지를 회피하기 위해 저공으로 비행하는 적 항공기나 미사일의 침투가 성공할 우려를 높이게 된다.

이에 따라 항공기에 지상배치형 레이더와 동급 내지 이상 수준의 장거리 레이더를 탑재하는 새로운 정보수집용 항공기, 즉 공중 조기경보(통제)기가 등장했다. 전쟁에서 공중 조기경보(통제)기가 처음 전과를 거둔 것은 1971년 동파키스탄(오늘날의 방글라데시) 독립 문제를 놓고 충돌했던 인도와 파키스탄의 전쟁이었다. 당시 인도 공군은 러시아제 TU-126 '모스'를 운용하여 원거리에서 접근하는 파키스탄 항공기들을 미리 탐지하고 추적해서 공중전을 유리하게 이끌 수 있었다. 1982년 이스라엘의 레바논 침공 당시 이스라엘 공군이 별다른 피해 없이 80대가 넘는 시리아 전투기들을 격추시키는 일방적 승리를 거두었던 비결 가운데 하나도 미국제 E-2 '호크아이'가 후방 공중에서 제공하는 조기경보 능력이었다.

공중 조기경보(통제)기는 항공기의 상부에 접시 모형이나 막대 형태로, 혹은 항공기 전 · 후 · 좌 · 우 방향에 장거리 레이더를 나누어 탑재한 것이

그림 4.23 대표적인 초창기 공중 조기경보통제기인 러시아의 TU-126 '모스' 1971년 인도-파키스탄 전쟁에서 활약했다.

일반적이다. 그 결과 공중 조기경보(통제)기는 공통적으로 360° 전 방향에 걸친 탐지 및 추적기능을 갖추도록 개발한 것이다. 이를 통해 지상배치형 레이더로는 탐지 및 추적이 어려운 적 항공기와 미사일의 저공침투 및 산악지형에서의 비행에 대응할 수 있는 능력을 갖추는 것이다.

공중 조기경보(통제)기는 조기경보기(AEW: Airborne Early Warning)와 조기경보통제기(AEW&C: Airborne Early Warning & Control)로 나뉜다.

조기경보기는 주로 탑재된 장거리 레이더를 통하여 수집해낸 적 항공표적에 대한 탐지, 추적 정보를 지상의 관제, 지휘통제기지로 전달하는 소극적 기능을 담당한다.

조기경보통제기는 기체 내부에 상당 규모의 항공 지휘통제 시설과 관련 요원들을 탑승시켜서 독자적으로 한 개 비행대대급(항공기 10여 대) 규모 아군 항공기들의 임무까지 하달하여 관장하는 하늘의 관제탑 역할까지 수행하는 적극적 기능을 담당하는 것이다.

1) 공중 조기경보기

E-2 호크아이(미국)
• 비행속도 : 시속 604km
• 항속거리 : 2,580km
• 비행고도 : 9km
• 탑재규모 : 6톤
• 탐지범위 : 550km(특정방향 기준)

엠브라에 R-99(브라질)
• 비행속도 : 시속 834km
• 항속거리 : 3,019km
• 비행고도 : 11km
• 탑재규모 : 5톤
• 탐지범위 : 반경 350km 이상

2) 공중 조기경보통제기

대형 항공기 기반의 조기경보통제기는 마치 항공모함처럼 소수 강대국만의 전유물로만 인식되어 왔으며, 경제력이 부족한 중소국가는 단순히 정보수집 기능만을 보유하는 조기경보기로 만족할 수밖에 없었다. 그러나 1990년대에 들어서는 상대적으로 저렴한 중형 항공기를 기반으로 조기경보통제기를 개발하는 사례가 나타나기 시작하여 앞으로는 보다 많은 나라에서 조기경보통제기를 운용할 수 있을 것으로 전망된다.

그리고 2000년대 현재 또 다른 새로운 추세는 지상에서 조기경보 임무를 담당하는 지상 조기경보(통제)기의 개발이다. 강력한 지상전력을 갖춘 적과 상대해야 하는 국가라면 적의 공군력뿐만 아니라 고성능의 장거리 지상감시 레이더와 자체 지휘통제시설 탑재 항공자산을 통해 기갑, 기계화보병, 포병 등 지상전력의 동향을 실시간에 가깝도록 탐지, 추적함으로써 필요한 시간과 공간에서 효과적으로 대응할 수 있는 능력을 요구받게 된다. 그 사례로써

E-3 센트리(미국)
- 비행속도 : 시속 855km
- 항속거리 : 7,400km
- 비행고도 : 12km
- 탑재규모 : 70톤
- 탐지범위 : 반경 500km 이상

A-50 메인스테이(러시아)
- 비행속도 : 시속 800km
- 항속거리 : 6,400km
- 비행고도 : 12km
- 탑재규모 : 95톤
- 탐지범위 : 반경 400km

팰콘 707(이스라엘)
- 비행속도 : 시속 973km
- 항속거리 : 6,920km
- 비행고도 : 10km 이상
- 탑재규모 : 80톤
- 탐지범위 : 반경 400km

그림 4.24 중형 항공기 기반의 조기경보통제기인 미국제 E-737(왼쪽)과 이스라엘제 G550(오른쪽)

그림 4.25 지상 조기경보(통제)기로 분류될 수 있는 미국제 E-8 '조인트스타즈'(왼쪽)와 영국제 ASTOR(오른쪽) 기체 하부에 지상감시레이더를 탑재하고 있다.

이라크 전쟁에서 수백km 범위의 이라크 육군전력에 대한 추적, 탐지임무를 수행했던 E-8 '조인트스타즈'가 대표적이며, 영국의 아스토라(ASTOR)도 유사한 임무를 수행한다.

4. 해상초계기

해상초계기(maritime patrol aircraft)는 넓은 해역에 대하여 적 해군의 수상·수중전력 침범을 정찰, 추격, 그리고 필요할 경우에 파괴하는 임무를 수행하는 군용 항공기라고 정의할 수 있다.

자국의 영토에서 바다와 인접하는 면적이 넓거나, 해양활동에 대한 국가 경제 활동의 비중이 큰 국가라면 영해 및 주변해역에 대한 방어를 전적으로 군함들에게 의존하기는 곤란하다. 특히 수중에서의 활동을 통한 높은 생존성, 치명적인 기습 효과를 발휘하는 잠수함의 위협에 대응하기에는 더더욱 큰 문제가 따를 수밖에 없다.

이 점에서 짧은 시간 이내에 군함보다 우월한 기동 속도, 항속거리, 작전

P-3 오라이언(미국)
- 비행속도 : 시속 750km
- 항속거리 : 9,000km
- 무장탑재규모 : 9톤
- 탑재무장 : 일반폭탄, 324mm 어뢰, '하 푼' 대함미사일AGM-65 '매버릭', 단 거리 공대지미사일

IL-38 메이(러시아)
- 비행속도 : 시속 650km
- 항속거리 : 9,500km
- 무장탑재규모 : 5톤
- 탑재무장 : 일반폭탄, 어뢰, 폭뢰

아틀랜틱(프랑스)
- 비행속도 : 시속 650km
- 항속거리 : 8,000km
- 무장탑재규모 : 3.5톤
- 탑재무장 : 일반폭탄, 어뢰, 폭뢰

행동반경으로 움직일 수 있는 항공기는 훌륭한 해상 광역초계용 무기가 될 수 있는 것이다. 바다에서 해상초계기의 상대는 적의 군함, 그 가운데서도 특히 수중에서 활동하는 잠수함이다. 해상초계기가 임무 수행을 위해 운용하는 장비는 다음의 다섯 가지이다.

① 항공기 뒷부분에 꼬리 모양으로 탑재되어 잠수함을 탐지하는 자기변 화탐지장치
② 수상전투함정을 해상에서 탐색하기 위한 레이더
③ 밤에도 적함을 찾아낼 수 있는 적외선 탐지장치
④ 수중에 투하되어 잠수함의 항해 음향신호를 측정하는 해저음향부표
⑤ 적 군함을 공격 및 파괴하기 위한 무장으로 어뢰, 폭뢰, 대함미사일 등을 포함

그림 4.26 터보팬 엔진을 탑재하는 미국제 P-8 '포세이돈'(왼쪽)과 일본제 XP-1 해상초계기 (오른쪽)

　해상초계기는 기체 자체가 첨단 기술을 요구받는 경우가 아니기 때문에 민간 항공기나 군용 수송기를 개량하는 방식으로 개발되고 있다. 2000년대는 아예 수송기와 해상초계기를 공용 기체 형태로 동시에 개발하여 개발기간의 단축과 비용절약 효과를 추구하는 추세이다. 그 예로써 2007년 일본에서 차기 수송기 C-X와 함께 개발된 차기 해상초계기 XP-1는 대표적인 사례다.

　최근에는 해상초계기의 엔진을 기존의 터보프롭 방식 프로펠러보다 출력이 높은 터보팬으로 바꾸어 항속거리를 증대시키려 하여 주목받고 있다. 이 경우 해상초계기는 단순히 영해와 주변해역 이내에서 적의 군함을 저지하는 수준을 벗어나 대양에서 해상 기동부대를 엄호하기 위한 원거리 대함·대잠 추적, 소탕, 혹은 일정 수준의 공격 임무까지 수행하는 보다 공격적인 무기로 운용될 수 있다.

5. 공중급유기

공중급유기(aerial refueling tanker aircraft)는 공중에서 항공기의 연료를 재보급하고, 이를 위한 기술적인 장치를 갖추도록 설계 및 제작된 군용 항공기라고 정의한다.

　공중급유는 1920년대 말부터 개념적으로나마 고안되기 시작되었는데, 제2차 세계대전 종전 이후부터 실현 단계에 들어갔다. 냉전시대의 양대 초강대국인 미국과 러시아는 서로 상대편의 진영과 영토에 자신들의 군사력

KC-135 스트라토탱커(미국)
- 비행속도 : 시속 933km
- 항속거리 : 2,419km
- 탑재규모 : 90톤
- 급유 방식 : 플라잉 붐

KC-10 익스텐더(미국)
- 비행속도 : 시속 996km
- 항속거리 : 7,032km
- 탑재규모 : 160톤
- 급유 방식 : 플라잉 붐

IL-78 마이다스(러시아)
- 비행속도 : 시속 850km
- 항속거리 : 7,300km
- 탑재규모 : 85톤
- 급유 방식 : 프로브 앤 드로그

VC-10(영국)
- 비행속도 : 시속 933km
- 항속거리 : 9,412km
- 탑재규모 : 90톤
- 급유 방식 : 프로브 앤 드로그

을 효과적으로 투사할 수 있도록 폭격기, 수송기의 원거리 전개능력 향상을 필요로 했는데, 여기서 공중급유는 필수적인 능력이었기 때문이다.

공중급유기가 하늘에서 비행하는 항공기에게 연료를 공급하기 위한 방식은 ① 플라잉 붐(flying boom), ② 프로브 앤 드로그(probe & drogue)의 두 가지가 있다.

플라잉 붐은 마치 막대 파이프를 꽂아 넣듯이 항공기 상체의 수유구로 공급장치를 넣는 방식이다. 이런 방식은 한 번에 한대씩만 급유 받을 수 있고, 반드시 급유를 받는 항공기에 처음부터 수유구가 설치되어야만 연료 재보급이 가능하며 미 공군이 운용하는 항공기에서 쓰인다.

이에 비해 프로그 앤 드로그는 마치 주유소의 호스처럼 생긴 공중급유기의 삼각플라스크 모양 공급장치를 항공기에 부착시킨 수유대와 결합시킨

후 연료를 재보급하는 방식이다. 한번에 두 대 이상의 항공기를 동시 급유할 수 있으며, 기존 항공기에 수유대만을 부착하는 간단한 방식으로 공중급유 기능을 부여한다는 것이 장점이다. 미 해군 소속의 항공기와 기타 주요 국가들이 이 방식을 채택하고 있다.

이 같은 공중급유기 자체는 아무런 무장을 탑재하지 않는 비전투 지원 항공기에 해당한다. 그렇지만 실제로는 공군의 전투력을 크게 강화하는 데 결정적인 기여를 하고 있다. 먼저 전투기들이 출격 후 연료를 소모하여도 곧바로 재보급을 받을 수 있다면 작전수행 시간이 연장될 것이다. 이는 행동반경을 비롯한 전투기의 작전범위까지 확대시키는 효과로 이어진다. 그리고 일반적으로 전투기가 출격할 때 무장 탑재규모가 많을수록 연료공급량이 줄어드는 문제가 생기는데, 공중급유가 가능하다면 많은 무장을 탑재한 상태로 출격해도 충분한 양의 연료공급을 보장받을 수 있다. 다시 말해 비행 과정에서 무장탑재와 연료공급 규모를 함께 극대화할 수 있으므로 전투력은 더욱 강화되는 것이다.

그렇다면 앞으로의 공중급유기는 어떻게 발전할 것인가?

첫째, 수송기와 공중급유기의 역할을 겸비하는 방향으로 개발될 전망이다. 대부분의 공중급유기는 중·대형 수송기를 바탕으로 개발된 것이므로, 필요시에 연료저장 공간을 비우고는 병력과 군용물자를 운반하도록 할 수 있게끔 한다는 원리이다.

둘째, '플라잉 붐'과 '프로브 앤 드로그' 방식의 급유장비를 함께 탑재하여 동시 급유가 가능한 항공기의 수를 늘리고 있다.

셋째, 공중급유기에 통신 및 지휘통제 장비의 탑재까지도 가능하도록 하여 공중 조기경보(통제)기에 준하는 역할 수행이 가능하게 될 것이다.

6. 한국의 현황

1) 수송기

한국 공군이 수송기를 운용하기 시작한 것은 제2차 세계대전에서 사용되었던 미국제 C-54 '스카이마스터'를 1965년에 17대 도입하면서부터였다. 1973년에는 미국제 C-123 '프로바이더' 15대를 도입하기도 했다. 공군은 C-54와 C-123의 후속 기종으로 1990년대부터 미국제 C-130 '허큘리스' 중형 수송기 12대, 스페인제 CN-235 소형 수송기 20대 등 총 32대의 수송기를 보유 중이다.

이들 기종은 모두 항속거리가 2,000~3,000km급의 중소형 수송기여서 임무수행 범위가 한반도 이내로 제한된다는 것이 한계다. 이에 따라 갈수록 증대되고 있는 한국군의 해외군사활동(UN 평화유지활동, 분쟁지역 재건지원 등), 특수전부대의 기동력 향상을 효과적으로 지원할 수 있도록 항속거리 및 탑재능력이 보다 확대된 신형 수송기를 도입해 전력화하고, 그 기종은 미국제 C-130J '수퍼 허큘리스', 우크라이나제 AN-70, 그리고 유럽제 A400M 등이 있다.

그림 4.27 한국 공군의 주력 수송기인 CN-235(왼쪽)와 C-130 '허큘리스'(오른쪽)

2) 정찰기

정찰기는 25대가 운용 중인데, 17대는 F-4 전투기를 개조한 RF-4로 주로 전선지역에 대한 영상정보 수집을 담당하는 단거리 전술용이다. 나머지 8대는 1990년대 말부터 전력화된 '금강' 영상정보 정찰기, '백두' 신호정보 정찰기가 2000년대

그림 4.28 한국 공군의 호커 800 금강·백두 정찰기

현재도 운용하고 있다. 금강과 백두는 미국제 호커 800 민간 항공기에 관련 정보수집 장비를 탑재한 것으로 휴전선 남쪽 40~50km에서 고도 10km로 비행하면서 평양~원산 이남의 북한 군사동향 관련 영상정보의 수집, 그리고 북한 거의 전역에 걸친 통신감청 임무를 수행한다.

3) 해상초계기

한국 해군은 1996년 이후 8대의 P-3 '오라이언' 해상초계기를 운용하기 시작했다. P-3 해상초계기의 도입은 해군이 수상, 수중, 그리고 항공의 입체화된 작전 수행능력을 완비하게 되었다는 점에서 큰 주목을 받았다. 그렇지만 불과 8대만으로는 한반도 주변해역에서 대잠 추적 및 소탕 작전을 펼치기에 어려움이 많다는 지적이 꾸준히 제기되어 왔다. 이에 따라 2010년에 8대의 P-3가 추가 도입되었고, 21세기 한국 해군의 해상초계기 필요성은 더욱 증대되고 있다.

그림 4.29 한국 해군의 P-3 '오라이언' 해상초계기

4) 공중 조기경보(통제)기 및 공중급유기

한국 공군은 공중 조기경보(통제)기와 공중급유기를 전력화하는 것이다. 미국제 E-737 피스 아이(Peace Eye: 평화의 눈) 조기경보통제기는 보잉의 중형 민간항공기 737기의 기체에 다기능 레이더, 지휘통제용 장비 등을 탑재하여 반경 370km 이내 범위를 대상으로 3,000개의 항공표적을 탐지, 추적하고, 항공기들에게 임무 관련 지휘를 내릴 수 있다.

한반도 중부에서 비행할 경우 한반도 거의 전체에 걸친 조기경보와 항공력 지휘통제가 가능한 것이다. 이 점에서 E-737은 한국군의 전시 작전통제권 전환에 따른 정보능력 자립화에 있어서 핵심 전력으로 평가받는 중요한 무기체계이다.

공중급유기 도입은 공군 전투기의 작전능력 확대뿐만 아니라 필요할 경우에는 대형 수송기의 역할까지 병행하도록 한다. 한국 공군은 2018년에 공중급유기 유럽 에어버스사의 A330MRTT를 도입하였으며 최대 111톤의 연료를 실을 수 있다.

그림 4.30 E-737 '피스 아이' 공중 조기경보통제기의 특징
원반형 레이더를 장착한 '공중조기경보기'와 달리 주사 배열 레이더를 장착해 한 번에 360도 감시가 가능하다. 기존 조기경보기의 감시·정찰기능에 지휘기능까지 추가한 것이다.

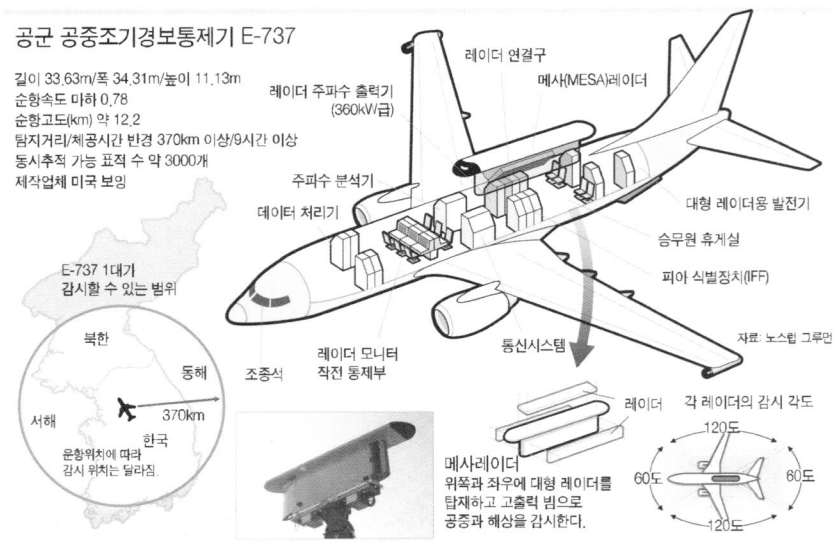

공군 공중조기경보통제기 E-737

길이 33.63m/폭 34.31m/높이 11.13m
순항속도 마하 0.78
순항고도(km) 약 12.2
탐지거리/체공시간 반경 370km 이상/9시간 이상
동시추적 가능 표적 수 약 3000개
제작업체 미국 보잉

레이더 연결구
메사(MESA)레이더
레이더 주파수 출력기 (360kV/급)
주파수 분석기
데이터 처리기
대형 레이더용 발전기
승무원 휴게실
피아 식별장치(IFF)
자료: 노스럽 그루먼

E-737 1대가 감시할 수 있는 범위
북한
동해
서해
370km
한국
운항위치에 따라 감시 위치는 달라짐.

조종석
레이더 모니터 작전 통제부
통신시스템
레이더

메사레이더
위쪽과 좌우에 대형 레이더를 탑재하고 고출력 빔으로 공중과 해상을 감시한다.

각 레이더의 감시 각도
120도
60도
60도
120도

그림 4.31 미국제 KC-767(왼쪽)과 유럽제 A330MRTT 공중급유기(오른쪽)

제3절 헬리콥터

헬리콥터(일명 회전익기)란 "날개를 회전시켜 얻는 양력을 통해서 수직으로 이착륙하고, 비행하는 형태의 항공기"를 뜻한다.

1. 등장배경

프로펠러의 힘으로 수직 이착륙과 비행을 할 수 있는 항공기의 개발은 앞서 살펴보았던 고정익 항공기보다도 그 역사가 오래되었다. 15세기 말 르네상스 시대에 예술, 과학 분야에 큰 영향을 남겼던 레오나르도 다빈치가 나사 모양의 날개를 갖춘 수직비행체의 설계도를 고안해낸 것이 시작이었지만, 실제 비행까지는 이루어지지 못했다. 헬리콥터가 실제로 하늘을 날

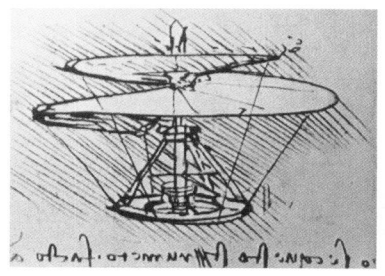

그림 4.32 레오나르도 다빈치가 고안해 낸 헬리콥터 설계도(왼쪽)와 포케가 개발한 Fw 61 헬리콥터(오른쪽)

그림 4.33 시콜스키
가 개발한 초기형 헬
리콥터

게 된 것은 20세기의 일이다. 라이트형제가 사상 최초의 동력 비행에 성공
한지 4년만인 1907년 프랑스의 폴 코뉴가 두 개의 프로펠러를 달고, 고도
약 2m를 수직으로 상승하는 항공기를 개발하였으며, 이것이 헬리콥터의
첫 비행이었던 것이다. 1937년에는 독일의 하인리히 포케가 수직 이착륙은
물론, 비행까지 가능한 Fw 61 헬리콥터를 처음 만드는 데 성공했다.

그 후에 헬리콥터가 실용화된 항공기로 발전하기까지는 러시아 태생의
항공기술자 이고르 시콜스키(이후 미국으로 망명)의 노력이 크게 기여했
다. 시콜스키는 기체 윗면에서 수평 방향으로 회전하는 대형 프로펠러만을
갖추었던 초기 헬리콥터의 기체 뒷면을 꼬리처럼 연장시키고, 수직 방향으
로 회전하는 소형 프로펠러를 설치했다. 이것이 오늘날 사용되는 헬리콥터
의 일반적인 형태이다. 헬리콥터는 제2차 세계대전 중에는 고정익기에 비
해 별다른 주목을 받지 못했지만, 1950년대부터 본격적인 대량생산이 시작
될 정도의 성장을 이룩했다. 이 같은 시기에 발발한 6·25전쟁에 투입되면
서 헬리콥터는 군사적 용도로 사용되기 시작했다.

처음 헬리콥터의 용도는 부상당한 장병들에 대한 후방 호송, 실종병사들
의 수색 및 구조와 같은 비전투 임무였다. 그러나 1960년대 베트남전쟁을
계기로 헬리콥터는 전투작전에도 동원되기 시작했다. 하천과 수풀이 울창
하게 분포하는 베트남의 정글 지대에서는 지상차량, 고정익 항공기의 투입
이 상당히 곤란했는데, 헬리콥터가 이를 해결할 수 있는 대안으로 떠오른

그림 4.34 베트남전쟁에서 미 육군 병력을 수송하는 UH-1 '휴이' 헬리콥터

것이다. 이에 따라 미국은 무장 부대원들을 전장으로 신속히 수송하기 위한 기동수단으로 헬리콥터를 적극 동원했고, 나중에는 헬리콥터에 기관총과 로켓포 등의 무장을 탑재하여 직접적인 공격 임무까지 수행하게 되었다.

2. 특성 및 분류

1) 특 성

헬리콥터를 움직이는 힘은 기체의 윗면에 탑재되는 커다란 프로펠러, 즉 회전익에서 발생한다. 이들 회전익은 로터(roter)라는 중심축에 긴 막대기 모양의 날개(일명 블레이드: Blade)가 두 개 이상 달려 있는 형태이다. 각 블레이드의 단면은 고정익 항공기의 날개와 모양이 비슷하다.

헬리콥터를 하늘로 띄우는 방법은 다음과 같다. 먼저 엔진을 가동하여 엔진과 연결되어 있는 기체 윗면의 로터를 회전시킨다. 로터가 회전하면 블레이드에는 원심력과 함께 위쪽 방향으로 양력과 추진력이 발생한다. 이 공기력을 통해 헬리콥터의 기체가 수직으로 이착륙할 수 있는 것이다.

그렇다면 헬리콥터는 비행 과정에서 어떻게 방향을 바꿀까? 나아가고자 하는 방향으로 로터 블레이드의 회전각도를 기울여서 해당 방향에서의 공기력을 조절하여 동작하게 된다.

그림 4.35 헬리콥터
의 비행 원리

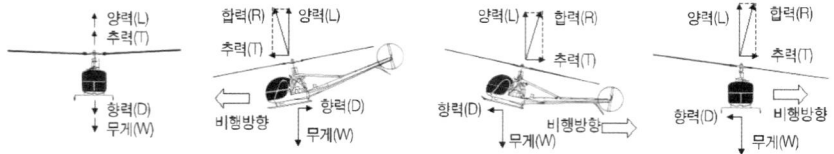

헬리콥터는 비행 과정에서 기체 윗면의 수평 주로터가 회전하는 것과는 반대 방향으로 움직이는 현상이 생길 수 있는데, 이를 토오크 효과(torque effect)라고 한다. 따라서 헬리콥터의 로터 구성과 배열은 토오크 현상을 상쇄 및 방지하는 데 초점을 두며, 그 종류는 세 가지로 나뉜다.

첫째, 기체 뒷면에 주로터와는 반대 방향(수직)으로 회전하는 소형 보조로터를 설치하는 '단일로터형'인데, 시콜스키가 처음 고안한 이후 대다수의 헬리콥터가 이 구조를 채택하고 있다.

둘째, 기체의 앞뒤에 각 1개씩의 주로터를 배열한 '직렬로터형'이며, 셋째는 하나의 주로터에 서로 반대방향으로 회전하는 블레이드를 설치한 '동축반전형'이 있다.

2) 분 류

헬리콥터는 각자의 수행 임무에 따라 기동 및 수송, 공격, 해양, 정찰, 그리고 수색·구조 등으로 구분된다. 기동 및 수송 헬리콥터는 무장병력, 각종 군용자산(물자, 차량, 무기)을 빠른 속도로 이동시키는 데 사용하며, 공격 헬리콥터는 기관포, 로켓탄, 공대지미사일 등 일정 수준의 무장을 갖추어 적의 지상표적을 파괴하기 위한 전투를 수행한다.

해양 헬리콥터는 바다에서의 활동에 특화된 임무를 담당하는데, 적의 연안전투함정이나 잠수함을 추적 및 소탕하는 대함 및 대잠용, 바다에 설치된 기뢰를 제거하는 소해(mine sweeping)용 헬리콥터가 있다.

정찰 헬리콥터는 지상의 보병이나 기동부대, 공격헬리콥터 등에 앞서 전방 지역에 대한 정보수집을 수행한다. 그리고 수색·구조용 헬리콥터는 적의 통제 아래에 있는 지역, 혹은 바다에서 안전의 위협을 받고 있는 전투원을 찾아내고 구조하기 위한 목적에서 사용한다.

(1) 기동 · 수송 헬리콥터

UH-60 블랙호크(미국)
- 비행속도 : 시속 295km
- 항속거리 : 2,200km
- 수송규모 : 5톤(무장병력 14명)
- 기체구조 : 단일로터형

CH-47 치누크(미국)
- 비행속도 : 시속 315km
- 항속거리 : 2,252km
- 수송규모 : 12톤(무장병력 30~50여 명)
- 기체구조 : 직렬로터형

MI-8 히프(러시아)
- 비행속도 : 시속 260km
- 항속거리 : 960km
- 수송규모 : 3톤
- 기체구조 : 단일로터형

NH-90(유럽)
- 비행속도 : 시속 300km
- 항속거리 : 800km
- 수송규모 : 5톤(무장병력 20명)
- 기체구조 : 단일로터형

(2) 공격 헬리콥터

AH-1 코브라(미국)
- 비행속도 : 시속 277km
- 항속거리 : 580km
- 주요무장 : 20mm 기관포, 70mm 로켓포, '토우/헬파이어' 대전차미사일, AIM-9 '사이드와인더', 단거리 공대공미사일
- 기체구조 : 단일로터형

AH-64 아파치(미국)
- 비행속도 : 시속 293km
- 항속거리 : 1,900km
- 주요무장 : 30mm 기관포, 70mm 로켓포, '헬파이어' 대전차미사일, AIM-9 '사이드와인더', 단거리 공대공미사일
- 기체구조 : 단일로터형

MI-24 하인드(러시아)
- 비행속도 : 시속 335km
- 항속거리 : 450km
- 주요무장 : 12.7mm 기관총, 23/30mm 기관포, 80mm 로켓포, AT-6 '스파이랄' 대전차미사일
- 기체구조 : 단일로터형

타이거(유럽)
- 비행속도 : 시속 290km
- 항속거리 : 800km
- 주요무장 : 12.7mm 기관총, 30mm 기관포, 70mm 로켓포, '헬파이어/스파이크' 대전차미사일, '미스트랄/스팅어', 단거리 공대공미사일
- 기체구조 : 단일로터형

(3) 해양 헬리콥터

SH-60 씨 호크(미국)
- 비행속도 : 시속 333km
- 항속거리 : 834km
- 탑재장비 : 7.6mm 기관총, 324mm 어뢰, 단거리 대함미사일
- 기체구조 : 단일로터형

Ka-27/32 헬릭스(러시아)
- 비행속도 : 시속 270km
- 항속거리 : 980km
- 탑재장비 : 7.6mm 기관총, 30mm 기관포, 어뢰, 투하식 음파추적장비
- 기체구조 : 동축반전형

링스(영국)
- 비행속도 : 시속 324km
- 항속거리 : 528km
- 탑재장비 : 12.7mm 기관총, 어뢰/폭뢰, '씨 스쿠아' 단거리 대함미사일
- 기체구조 : 단일로터형

AW159 와일드캣(유럽)
- 비행속도 : 시속 259km
- 항속거리 : 1,389km
- 탑재장비 : 어뢰/폭뢰, 단거리 대함미사일, 대잠 음파추적장비, 기관총
- 기체구조 : 단일로터형

(4) 정찰 헬리콥터

OH-58 카이오와(미국)
- 비행속도 : 시속 222km
- 항속거리 : 400km
- 탑재장비 : 7.6mm 기관총, 40mm 유탄발사기
- 기체구조 : 단일로터형

Bo-105(독일)
- 비행속도 : 시속 242km
- 항속거리 : 1,112km
- 탑재장비 : 50/68mm 로켓포, '토우' 대전차미사일
- 기체구조 : 단일로터형

OH-1 닌자(일본)
- 비행속도 : 시속 278km
- 항속거리 : 540km
- 탑재장비 : 91식 단거리 공대공미사일
- 기체구조 : 단일로터형

3. 운용개념

헬리콥터는 항공기인데도 공군보다는 육군, 해군에서 많이 사용하고 있다는 점에서 매우 특이한 존재라고 할 수 있다. 이는 고정익 항공기가 발휘하기 힘든 헬리콥터만의 차별화된 능력에 따른 것이다. 우선 하늘에서 임무를 수행하는 항공기로서 헬리콥터는 육지, 해수면에 고정될 수밖에 없는 전차나 대포, 군함보다 자유롭게, 빠른 속도로 움직일 수 있는 기동력의 우

위를 차지한다. 활주로가 필요 없이 좁은 공간에서도 수직 이착륙을 할 수 있다는 점도 헬리콥터의 우수한 기동력을 부각시킨다. 그리고 헬리콥터는 전후와 좌우 방향, 심지어는 제자리에서 정지비행까지 가능하고, 비행속도를 자유롭게 조절할 수 있다. 이는 기동속도에서 상당한 차이가 나는 전차, 장갑차, 군함과도 협동작전을 수행하는 데 매우 큰 이점을 발휘한다.

육군의 헬리콥터 운용에서 특히 중요한 비중을 차지하는 것은 기동·수송 헬리콥터에 의한 공중강습(air assault) 작전, 그리고 공격 헬리콥터에 의한 대전차 작전이다. 따라서 지상전에서 헬리콥터를 '하늘을 나는 보병 및 포병(flying infantry/artillery)'처럼 운용하는 것이다.

공중강습 작전은 기동·수송 헬리콥터에 무장병력을 탑승 및 이동시켜 적 지상부대의 증원 및 퇴로를 차단할 수 있는 중요 지역, 혹은 적의 주요 부대와 정치·경제적 핵심시설을 직접 습격하는 것이다. 수송기를 사용하는 공수 작전보다는 병력수송 규모가 작지만, 어떠한 지형에서도 자유롭게 이착륙할 수 있는 헬리콥터의 특성상 작전수행의 신속성에서는 유리하다.

공격 헬리콥터는 빠른 이동속도와 더불어 상당 규모의 무장 탑재능력을 앞세워 적의 기갑, 기계화보병 부대를 기동력, 화력에서 압도할 수 있다. 적 전차가 침입할 경우 공격 헬리콥터는 아군의 지상 기동전력보다 앞서 대전차 작전을 수행함으로써 적의 예봉을 꺾고, 필요할 경우 적진을 돌파해서 전방으로 증원될 수 있는 적의 전차, 장갑차들을 후방에서 먼저 파괴하는 보다 적극적인 임무 수행도 가능하다. 냉전 시절 러시아는 1~3개의 사단급 기갑부대를 중심으로 편성된 대규모의 정예 지상 기동부대, 즉 작전기동단(OMG: Operational Maneuver Group) 예하에 기동, 공격 헬리콥터 부대를 편성하여 운용하였다. 미 육군도 1980년대에 채택된 공지전투(airLand battle) 교리에 입각하여 헬리콥터 전력을 적극 강화했다.

그 결과 1991년의 걸프전쟁에서 미 육군은 AH-64 '아파치' 공격 헬리콥터 총 288대를 동원하여 이라크군의 전차 500대, 장갑차 120대 등을 파괴하는 전과를 거두었으며, 아파치는 '전차의 천적(tank killer)'이라는 별칭을 얻었다.

해군에서 헬리콥터는 다음과 같은 임무를 수행하고 있다.

첫째, 호위함급 이상의 중·대형 수상전투함에 탑재되어 적 잠수함의 접근 가능성에 맞서 추적, 소탕작전을 실시한다. 고정익 형태의 해상초계기에 비해서 활동할 수 있는 해역 범위가 좁으므로 군함의 작전범위 내에서 방어적인 임무를 수행하는 것이다.

둘째, 육군의 대전차 작전에서처럼 기동력과 무장 탑재능력의 우위를 앞세워 연안에서 활동하는 적 해군의 경비정, 초계함을 공격하여 제압한다. 실제로 영국 해군의 '링스' 헬리콥터는 1982년의 포클랜드전쟁, 1991년의 걸프전쟁에서 아르헨티나와 이라크의 연안전투함정들을 다수 격침시킨 것으로 유명하다.

셋째, 기뢰제거를 위한 소해(掃海) 임무를 수행한다. 소해 헬리콥터는 공중에서 기뢰를 탐지하고, 기체에 탑재된 기뢰 기만·제거용 장비를 예인하는 방식으로 기뢰를 제거할 수 있다. 때문에 기뢰가 부설된 해역에서 직접 소해 임무를 수행해야 하는 소해함정보다 신속성과 안전성이 뛰어난 것이 특징이다.

4. 발전 추세

미래의 헬리콥터는 단일 기체를 기반으로 여러 가지의 임무를 위한 파생형 기체를 개발하게 될 것이다. 임무별로 특화된 단일 기종을 따로 개발하는 것과 비교할 때, 개발과 획득, 운용유지 등에 따르는 비용을 절약하는 효과가 있기 때문이다.

또한 회전익과 더불어 고정익 기능을 겸비하는 신개념 헬리콥터의 개발도 활발히 추진되고 있다. 이는 기체의 좌우로 설치된 고정익의 양 끝에 1개씩의 주로터를 배열한 병렬로터형 헬리콥터인데, 미국의 V-22 오스프리가 대표적이다. 이착륙과 제자리 정지비행을 할 때는 보통의 헬리콥터처럼 수평 방향으로 로터가 회전하고, 전진비행에서는 고정익을 앞으로 이동시켜 수직 방향으로 로터가 회전하도록 만드는 원리이다. 이러한 방식은 헬리콥터의 비행속도를 고정익 항공기에 준하는 수준으로 높일 수 있다는 점에서 주목된다.

그림 4.36 동일 기체를 기반으로 제작된 MH-53 '씨 드래곤' 소해헬리콥터(왼쪽)와 CH-53 '수퍼 스탤리온' 기동헬리콥터(오른쪽)

그림 4.37 병렬로터형으로 비행하는 V-22 '오스프리'의 수평(왼쪽), 수직 회전익 비행 모습(오른쪽)

5. 한국의 현황

한국군이 본격적으로 헬리콥터를 전력화한 것은 베트남전쟁 중이었던 1967년의 일이다.

미국은 한국의 베트남 참전에 따른 답례로 당시 베트남에서도 대량 운용하고 있던 UH-1 '휴이' 기동 및 수송 헬리콥터를 한국 육군에 제공하기 시작한 것이다. 그 후에 UH-1 헬리콥터가 추가 도입되었으며, 해군도 일부를 보유했다. 해병대는 미국제 CH-23 '레이븐' 초기형 헬리콥터를 정찰, 수송, 사격유도 등의 용도로 운용하기도 했다.

자주국방이 강조되었던 1970년대부터는 헬리콥터 전력도 크게 확대되어 나갔다. 이미 도입되고 있었던 UH-1에 더하여 정찰, 수송, 대전차 무장 등의 임무수행이 가능한 500MD 다목적 소형 헬리콥터가 대량으로 전력화되었다. 또한 북한의 지상 기동전력에 맞서기 위한 노력의 일환으로 미국제 AH-1 '코브라' 공격 헬리콥터도 도입되었다. AH-1은 20mm 기관포,

그림 4.38 1970년대에 다수 도입된 UH-1 '휴이' 기동 및 수송 헬리콥터(왼쪽 위), 500MD 소형 헬리콥터(오른쪽 위), AH-1 '코브라' 공격 헬리콥터(아래)

40mm 로켓포, 그리고 토우 대전차미사일 등으로 무장할 수 있다. 그 후에도 헬리콥터 전력은 꾸준히 성장하여 1987년부터 20대가 넘는 CH-47 '치누크' 대형 기동 및 수송 헬리콥터를 도입했고, 1990년부터는 미국제 UH-60 '블랙호크' 기동 및 수송 헬리콥터 국내 면허생산 방식으로 총 110여 대 확보했으며, 독일제 Bo-105 정찰 헬리콥터도 12대 도입했다.

한국 해군의 경우 육군에서도 보유하고 있는 UH-60을 비롯하여 40여 대의 다양한 헬리콥터를 운용 중인데, 이는 해군의 전체 항공기 약 80%에 해당한다. 그 가운데서도 가장 중요한 기종은 20대 이상의 영국제 '수퍼 링스' 무장 헬리콥터로 '씨 시쿠아' 단거리 대함미사일과 어뢰 등의 운용능력을 갖추었다. 수퍼 링스는 현재 지상기지나 광개토대왕급과 충무공 이순신

그림 4.39 한국 육군에서 주력 기동·수송 헬리콥터로 활약 중인 UH-60 '블랙호크'(왼쪽)와 CH-47 '치누크'(오른쪽)

그림 4.40 한국 해군의 '수퍼 링스'(왼쪽)와 UH-60 '블랙호크' 헬리콥터(오른쪽)

급 구축함, 세종대왕급 이지스구축함 등의 주력 수상전투함에 탑재되어 연안전투함정 공격, 대잠 방어 임무 등을 수행하고 있다. 그리고 한국 공군이 보유한 약 40대의 헬리콥터는 대다수가 수색·구조용으로 운용하고 있다.

오늘날 한국이 육·해·공 3군을 통틀어 보유 중인 총 680대 가량의 군용 헬리콥터는 세계 7위권에 해당하는 대규모를 자랑한다. 그 가운데서도 절대다수인 600여 대는 육군 소속으로 북한과 주변 강대국들을 능가하며, 한국 육군은 이들을 보다 효과적으로 운용할 수 있도록 1999년부터 공격 및 기동·수송 헬리콥터를 총괄적으로 지휘통제하는 항공작전사령부를 설치하였다. 그러나 대다수가 1970년대를 전후로 도입되었던 구형 헬리콥터이므로 앞으로 수년 이내에 상당수의 도태가 불가피하다는 것이 문제로 지적되고 있다. 이에 따라 노후화된 구형 기종들을 대체하기 위한 한국형 헬

그림 4.41 국산 기동·수송 헬리콥터(KUH) '수리온' 완전무장 인원 9명을 태우고 최고시속 272km로 2시간 30분간 날 수 있다. 작전 반경은 440km로 한반도 전역에서 작전이 가능하다. 길이 19m, 높이 4.5m, 최대 인양능력은 2.7t이다.

공격헬기 성능 비교

아파치 헬기 (AH-64D)		국산 공격헬기 (KAH)
시속 264km	순항속도	시속 259km
분당 450m	수직상승속도	분당 488m
2.44시간	항속시간	2.26시간
17.76m	동체 길이	16.08m
2m	동체 폭	2m
13.8˚	조종사 시야각	18˚
16발	대전차미사일	16발
구경 70mm 76발	로켓	구경 70mm 38발
구경 30mm 1200발	기관포	구경 30mm 1500발

※국산 기동헬기 (KUH)를 기반 모델로 삼은 것으로 추정

그림 4.42 AH-64 '아파치' 공격 헬리콥터와 국산 공격 헬리콥터(K-AH)의 비교

리콥터를 개발(KHP: Korea Helicopter Program)하고 있다.

2000년대는 UH-1과 500MD를 대체하는 '한국형 기동·수송 헬리콥터 (KUH: Korea Utility Helicopter)'는 '수리온'이라는 이름이 붙여진 한국형 헬리콥터로 독자 개발해낸 세계 11번째 국가가 되었다.

앞으로 한국군이 전력화할 신형 공격 헬리콥터는 미국 AH-64 아파치 혹은 AH-1보다 확대된 항속거리, 전천후 임무수행 능력, 무장 탑재규모, 그리고 적의 단거리 지상 방공전력(대공포, 휴대용 지대공미사일)에 대한 취약성을 줄이기 위한 자동유도식 대전차미사일의 탑재 기능 등으로 첨단화한다.

결론적으로 21세기 5차원 전쟁(지상, 해상, 항공, 우주, 사이버)에서 육군·해군·공군 그리고 해병대에서 다양한 헬리콥터 운용의 필요성이 증대되고 있기 때문에 최첨단 한국형 헬리콥터를 발전시켜 전력화해야 한다.

5

Modern Weapons
System Theory

대량살상 및 유도무기체계

제1절 핵·화학·생물무기

제2절 탄도·순항미사일

제1절 핵·화학·생물무기

대량살상무기는 인간을 대량살상할 수 있는 핵·화학·생물무기 등을 말한다.

1. 등장배경

전쟁에서 적 병력을 살상하기 위해 독성의 화학물질, 병원체를 무기로 사용한 것은 상당히 오랜 역사를 가지고 있다. 기원전 5세기에 고대 그리스는 스파르타가 아테네를 공격할 때 송진에 유황을 묻혀 유독가스를 날려 보낸 것이 화학무기의 첫 사례로 알려져 있다. 또한 생물무기의 경우 적 요새에 동물의 시체를 던지거나, 배설물로 우물을 오염시켜 전염병을 퍼뜨리는 방식으로 사용하였다.

그림 5.1 제1차 세계대전 당시 독가스의 살포장면(왼쪽)과 방독면을 쓴 병사들(오른쪽)

…조선은 임진왜란 때에 고춧가루를 뿌리면 코에서는 재채기가 나고, 눈에서는 눈물이 쏟아져 왜군들을 도망케 함으로써, 고추를 화생무기로 사용하였다.

제1차 세계대전은 전쟁에서 화학무기의 참혹함을 전 세계적으로 보여준 대표적인 사례로 손꼽힌다. 개전 1년째를 맞던 1915년 4월 22일, 독일은 벨기에의 이프르 전투에서 염소가스를 사용하였고, 이때부터 주요 전선에서는 다양한 종류의 화학무기들이 동원되었다. 이는 4년 동안이나 계속되었던 참호전에 따른 장기간의 전선 교착상태를 타개하기 위한 방책 가운데 하나였지만, 결과적으로는 전장에서의 무의미한 살상만을 극대화했을 뿐이었다.

제2차 세계대전 직전에도 독일과 영국, 미국 등은 자체적으로 대량의 화학무기를 비축하고 있었지만, 상호 보복을 두려워한 나머지 실제로는 사용하지 않았다. 동아시아에서는 '731 부대'로 알려진 일본군의 생물무기 연구개발 부대가 중국, 만주 등지의 현지주민들을 대상으로 잔혹한 생체실험을 자행하여 오늘날까지 국제적인 비판을 받고 있다.

그러나 이 같은 화학, 생물무기조차도 핵무기의 가공할 만한 위력에 비할 수는 없었다. 1938년 12월 독일의 과학자 오토 한, 프리츠 슈트라스만이 중성자로 우라늄 원소에 충격을 가하여 원자의 핵을 인공적으로 분열시키는 데 성공했다.

세계 최초의 핵분열 실험으로 기록된 이 사건은 핵이 분열되는 과정에서 일어나는 연쇄반응이 막대한 에너지를 방출시킨다는 것도 입증했다. 만약 이 에너지가 군사적으로 사용된다면, 그로 인한 파괴·살상력은 가히 상상

그림 5.2 세계 최초로 사용된 원자폭탄 '리틀보이'(왼쪽)와 리틀보이가 투하된 직후 히로시마의 버섯구름(오른쪽)

그림 5.3 미국 루스벨트 대통령에게 원자폭탄의 개발을 촉구하는 편지를 보냈던 아인슈타인(왼쪽)과 자리를 함께한 '원폭의 아버지' 오펜하이머 한때 국민과학자 대접을 받았지만 공산주의자로 몰리는 등 영광과 몰락의 드라마 주인공이었다.

을 초월하는 수준이 될 수밖에 없었다.

특히 사람들은 이처럼 엄청난 발견이 유럽 정복의 야욕에 사로잡혀 있던 아돌프 히틀러의 독일에서 이루어졌다는 데 큰 경각심을 갖게 되었다.

급기야 당대 세계 최고의 물리학자였던 알버트 아인슈타인을 위시한 독일 출신의 망명 과학자들은 연합국이 독일보다 먼저 원자 핵분열 에너지를 이용하는 무기를 개발해야 한다고 주장하기에 이르렀다. 이 건의를 수용한 미국은 '맨하탄 프로젝트'라는 사업명으로 극비리에 원자폭탄 개발에 착수했으며, 여기에 원자폭탄의 아버지로 불리는 로버트 오펜하이머와 엔리케 페르미 등의 정상급 물리학자들이 총동원되었다. 1945년 7월 16일에는 미국 뉴멕시코 주에서 사상 최초의 원자폭탄 폭발 실험이 성공리에 실시되었다. 그렇지만 이보다 앞선 5월에는 이미 독일이 항복한 뒤였고, 원자폭탄은 그때까지도 미국과 전쟁을 계속하고 있던 일본에 투하되기에 이른다.

1945년 8월 6일, 오전 8시 15분에 미군의 B-29 폭격기 한 대가 '리틀보이'라고 명명된 원자폭탄을 투하했다. 사상 최초로 실전에서 사용된 원자폭탄으로 기록된 리틀보이는 폭발 직후 24만 명의 히로시마 인구 가운데 7만 명의 무고한 생명을 앗아갔고, 그해 말까지 각종 후유증의 희생자까지 포함하여 총 14만 명을 죽음으로 몰아넣었다. 사흘 후인 8월 9일에는 나가사키에 '팻맨'이라는 별칭의 또 다른 원자폭탄이 투하되어 7만 명 이상이 죽임을 당했다. 결과적으로 미국에 맞서 본토 결사항전을 공언했던 일본은 8월 15일 정식으로 항복을 선언했는데, 그것은 불과 두 발의 원자폭탄에

그림 5.4 1988년 이라크군의 화학무기 공격으로 몰살당한 쿠르드인들(왼쪽)과 1995년 3월 일본 도쿄에서의 독가스 테러사건 직후의 사건 현장(오른쪽)

의한 결과였다.

그러나 핵무기는 최초로 그것을 개발해낸 미국에 의해 독점되지 못했다. 1949년 8월 29일, 러시아도 미국에 이어서 원자폭탄을 개발하는 데 성공했고, 1960년대 말까지는 영국, 프랑스, 중국까지 원자폭탄을 보유하게 되었다. 미국은 러시아와의 핵무기 경쟁에서 우위를 되찾기 위해 1952년 11월 1일에 처음으로 수소폭탄 실험을 실시했는데, 이는 핵융합 에너지를 이용하여 기존 원자폭탄보다 수백 배나 큰 파괴 · 살상력을 낼 수 있었다. 그러나 러시아 역시 이듬해 8월 12일에 수소폭탄을 개발해냈으며, 영국과 프랑스, 중국도 그 뒤를 이었다. 오늘날에는 인도, 파키스탄, 이스라엘 등 일부 중소국가들까지 후발 핵무장국의 대열에 합류한 상태다.

이처럼 핵무기의 위력이 널리 인식되면서 화학무기, 생물무기의 위험성은 상대적으로 덜 부각되는 듯했다. 그러나 이들 역시 엄연한 위협으로 남아 있다.

1980~1988년의 이란-이라크 전쟁에서 사담 후세인의 통치 아래에 있던 이라크는 이란 군과 자국 내의 소수민족인 쿠르드족 민간인들에게 화학무기를 사용하여 큰 충격을 주었다. 제1차 세계대전 이후 화학무기가 본격 운용된 것은 그것이 처음이었던 것이다. 1995년 3월에는 일본의 신흥 종교집단 '옴 진리교' 신도들이 도쿄 지하철에 '사린' 신경가스를 살포하여 12명이 죽고, 1,030명 이상에게 부상을 입혔다.

9 · 11테러사태 직후인 2001년 10월에는 미국 주도 다국적군의 아프가니스탄 공격 직후부터 탄저균에 오염된 우편물로 미국 각지에서 46명이 감염되고, 그 중 다섯 명이 목숨을 잃었으며, 21세기는 다양한 형태로 발전하고 있다.

2. 특성 및 분류

1) 화학무기

화학무기(chemical weapon)란 화학약품을 사용하여 인원을 살상하거나
초목을 말려죽이고, 소이 및 발연 효과를 발생시키는 모든 무기로 정의된

표 5.1 화학·생물무기의 종류와 특징

구 분		작용제명	특 성
화학무기	신경작용제	사린(GB)	눈과 피부에 강한 독성, 구토, 경련, 호흡곤란 증상, 치명적
		VX	눈과 피부에 강한 독성, 사린보다 독성 강함
		타분(GA)	눈과 피부에 강한 독성
	질식작용제	포스겐(CG)	폐 모세혈관 손상 초래, 제1차 세계대전 화학무기 희생자의 80% 차지
		PFIB	폐에만 작용, 극소량으로 무능화 초래
	혈액작용제	시안화수소(AC)	호흡에 의해 신체 내 흡수, 치사량 흡입 후 경련, 혼수상태, 15분 내 사망
		염화시안(CX)	눈 및 점막에 매우 자극적, 방독면 무력화
	수포작용제	유황계 수포, 질소계 수포, 포스겐옥심 등	피부에 수포 형성, 화상, 흡입 시 입·코·목구멍·폐 점막에 피해
	종 류	증 상	주 감염경로	잠복기
생물무기	탄저균	고열, 호흡곤란, 폐혈증	호흡기	2~5일
	천연두	오한, 고열, 발진, 요통, 수포	호흡기	7~15일(보통 14일)
	페스트	경직, 두통, 고열, 피부출혈, 호흡곤란	호흡기, 쥐, 벼룩	2~6일
	콜레라	설사, 탈수, 복통, 쇼크	소화기	6시간~3일
	장티푸스	고열, 오한, 설사, 위장장애, 장출혈	소화기	1~2주
	발진티푸스	오한, 고열, 발진	이, 쥐, 벼룩	10~14주
	이 질	복부경련, 구토, 설사, 오한, 고열	소화기	1~7일
	유행성 출혈열	일반적 출혈, 쇼크	등줄쥐	3~4일
	황우독소	구토, 가려움증, 혈변, 수포형성	호흡기, 피부	급속

다. 이에 따르면 시위진압을 위해 사용되는 최루탄, 베트남전쟁에서 미국이 베트남의 울창한 정글을 없애려 대량으로 살포했던 고엽제 등도 포함될 수 있지만, 여기서는 인원 살상목적의 것에 한하여 설명하고자 한다.

화학무기의 종류는 해당 물질의 물리적 상태, 사용목적 등을 기준으로 분류되기도 하지만, 주로 인체에 미치는 생리적 작용을 기준으로 분류되고 있다. 이에 따르면 화학무기는 ① 신경작용제, ② 질식작용제, ③ 혈액작용제, ④ 수포작용제 등으로 분류할 수 있다.

그렇다면 각각의 구체적인 특징은 무엇일까?

신경작용제는 호흡기·소화기·피부를 통해 체내에 흡수되어 동공축소, 호흡곤란, 근육경련 등의 증상을 가져온다. 1995년 3월 도쿄 지하철 테러 사건에서 쓰였던 사린, 영화 「더 록」에서도 등장했던 VX, 타분 등이 대표적이다. 질식작용제는 호흡기를 통하여 인체에 흡수되며, 코에서부터 폐에 이르는 호흡 경로의 조직을 자극함으로써 염증을 유발하여 사망에 이르게 한다. 포스겐이 가장 유명하다. 혈액작용제는 호흡기를 통해 체내에 흡수되면 혈액의 산소 운반을 불가능하게 만들어 신체조직, 특히 중추신경계통의 산소부족을 유발함으로써 죽음을 가져온다. 수포작용제는 호흡기·소화기·피부에 염증과 수포를 유발하여 신체조직을 파괴한다.

2) 생물무기

생물무기는 세균과 독소 등의 특수한 생화학 물질을 이용하여 인간, 동물, 식물을 살상 및 고사시키는 무기로 정의된다. 생물무기의 종류는 자연적으로 존재하거나 유전자를 변형하여 만들어지는 미생물(곰팡이, 박테리아)이나 바이러스를 포함한 '생물작용제'로서, 이들 미생물체가 발생시키는 '독소'가 영향을 미치게 한다.

생물작용제의 대부분을 차지하는 미생물은 호흡기 등으로 침입한 후 번식과 일정기간 잠복기를 거쳐서 감염을 일으켜 질병을 양성화하는 것이 특징이다. 인체를 감염시켜 살상을 일으키더라도 전염되지 않는 비전염성 작용제(탄저균, 콜레라), 감염과 전염의 위험 모두가 높은 전염성 작용제(천연두, 페스트)로 나뉜다.

독소의 경우 동식물이나 병원균의 물질대사 과정에서 추출한 유독성의 생화학 물질인데, 인공적으로 대량생산이 가능하다. 신경자극의 전달을 방해하는 신경독소(전갈, 말미잘, 복어 독소), 세포의 활동 혹은 세포 자체를 파괴하는 세포독소(독사, 대장균, 말벌 독소) 등이 있다.

3) 핵무기

핵무기(nuclear weapon)란 핵물질의 인위적인 분열, 혹은 융합에서 발생하는 에너지를 이용하여 파괴, 살상을 일으키는 무기를 말한다.

핵무기를 만들기 위해 사용되는 2대 핵물질이 바로 플루토늄(Pu), 고농

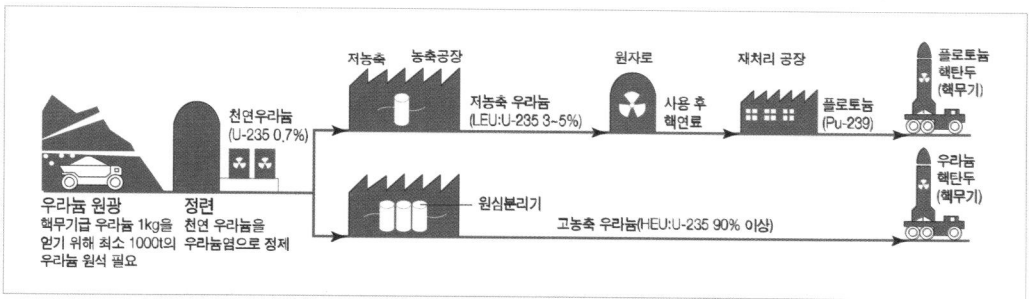

그림 5.5 핵무기의 제조 과정

표 5.2 우라늄 핵과 플루토늄 핵의 비교

구 분	우라늄 핵무기	플루토늄 핵무기
원 료	우라늄 235	플루토늄 239
제조 방법	우라늄 235 순도 90% 이상으로 농축	사용 후 핵연료 재처리해 추출
핵심 시설	원심분리기(우라늄 농축용)	원자로
핵실험	대부분 불필요	자수의 핵실험 필요
핵무기 1개 필요량	25kg 안팎	6~8kg
사용 전례	1945년 8월 6일 일본 히로시마에 '리틀보이' 투하	1945년 8월 9일 일본 나가사키에 '팻맨' 투하

주: 핵연료나 핵무기로 사용하기 위해 천연우라늄을 농축시킨 것. 천연우라늄은 핵분열을 하는 우라늄
(U)-235의 함량이 0.71%지만 정제하고 농축해 U-235를 2~5%까지 농축하면 저농축우라늄(LEU),
90% 이상으로 농축하면 고농축우라늄이 된다. 핵무기에 쓰려면 U-235를 90% 이상 농축한다.

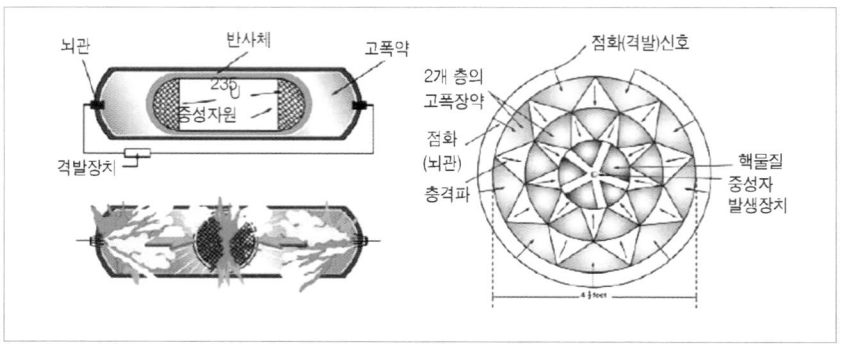

그림 5.6 고농축우라늄 핵무기(왼쪽)와 플루토늄 핵무기(오른쪽)의 폭발원리

축우라늄(HEU: Highly Enriched Uranium)이다. 1945년 8월 6일 일본 히로시마에 투하되었던 리틀보이는 고농축우라늄을, 8월 9일 나가사키를 파괴한 팻맨은 플루토늄을 각각 사용한 것이었다.

그렇다면 플루토늄과 고농축우라늄은 어떻게 생성되고 확보되는 것일까?

플루토늄과 고농축 우라늄은 자연 상태에서는 존재하지 않으므로 인공적인 공정을 거쳐서 만들어진다. 플루토늄은 천연우라늄, 혹은 우라늄235(U235) 원소의 비중이 3~5% 수준을 차지하는 저농축 핵연료가 원자로에서 연소되고, 사용 후 핵연료에 남아있는 잔여물질로부터 화학적인 과정을 거쳐 추출하는데, 이를 재처리(Reprocess)라고 한다. 고농축우라늄의 경우 광산에서 채굴해낸 우라늄 광석을 정련 및 변환시켜 U235의 비중을 90% 이상으로 높이는 농축 과정을 거치게 되는데 이를 위해 사용되는 기계장치가 바로 원심분리기다. 핵무기 내부는 ① 플루토늄과 고농축우라늄을 비롯한 핵물질, ② 중성자 발생장치, ③ 고폭장치(기폭장치) 등으로 구성된다.

이와 같은 핵분열 방식의 핵무기보다도 강력한 파괴·살상력을 갖는 것이 바로 핵융합 방식에 의한 수소폭탄이다. 플루토늄 원자폭탄이 폭발할 때 발생하는 핵분열 에너지를 융합시켜 훨씬 큰 폭발력을 일으키는 것이 원리이다. 핵분열 방식의 원자폭탄 한 개가 일반 화약무기 수천만 개에 해당하는 10~20KT(킬로톤)의 파괴력을 일으키는데, 수소폭탄 한 개는 그 수백 내지 1,000배나 되는 MT(메가톤)에 달하는 파괴력을 낼 수 있다.

3. 운용개념 및 발전 추세

핵·화학·생물무기는 앞서 설명했던 전차, 대포, 군함, 항공기 등의 소위 재래식 무기(Conventional Weapon)와 비교할 때, 비교 자체가 무의미할 정도의 가공할만한 파괴·살상력을 일으킬 수 있다. 특히 핵무기는 실제 전장에서 적 군사력을 제압하기 위한 물리적 효과는 물론, 보유 자체만으로도 적에게 공포와 불안, 사기 저하 등의 심리적 효과를 강요할 수 있다는 데 최대의 운용적 가치를 갖는 것이다.

이 가운데 화학·생물무기는 일반적인 화학 산업시설, 소규모의 실험실 정도만으로도 개발 및 양산이 가능하므로 비용 측면에서도 유리하다. 물론 핵무기는 플루토늄 생산을 위한 대규모의 시설(원자로, 재처리시설 포함), 우라늄농축을 위한 수백~1,000기 이상의 원심분리기 등과 같은 기반시설을 요구하지만, 재래식 무기들을 압도하는 군사적 효과를 감안한다면, 역시 경제성 측면에서는 매력적인 선택으로 평가될 수 있다.

이러한 점 때문에 기존의 핵보유국뿐만 아니라 대규모의 첨단 재래식 군사력을 갖추기에 어려움이 많은 지역 차원의 정치·군사적 강대국으로서의 지위를 노리는 중소국가, 혹은 테러 집단들이 핵·화학·생물무기에 눈독을 들일 여지가 있는 것이다.

이 같은 핵·화학·생물 무기는 일반적으로는 대포의 포탄, 항공기 투하

표 5.3 핵·화학·생물무기에 의한 효과 비교

구 분	생물무기	화학무기	핵무기
효과범위	$88,000km^2$	$260km^2$	$190{\sim}260km^2$
인원피해	25~75% 발병	30% 사상	98% 사상
구조물 파괴	없음	없음	대규모
사용 비밀성	큼	약간	없음
검출확인	복잡 지연	복잡	간단
생산비	1US 달러	600US 달러	800US 달러

자료 : 국방부 국제협력관실 국제군축팀 편, 『대량살상무기에 관한 이해』(국방부, 2007), p. 119.

그림 5.7 화학무기 제독 작업을 수행하고 있는 모습

형 폭탄, 혹은 미사일의 탄두 등에 장착되는 형태로 운용되는 경우가 많다. 화학 무기는 독성물질이 탄체 내부에 오랫동안 보관될 경우에는 부식에 의한 외부누출 위험이 있으므로 평시에는 화학무기의 원료에 해당하는 물질들을 분리된 형태로 장착하고, 발사될 때 관성에너지와 열에 의해서 원료물질들이 결합하여 효과를 내는 '이원화탄'이 주로 개발되고 있다.

생물무기도 화학무기처럼 대포의 포탄, 항공기 투하형 폭탄, 미사일의 탄두 등에 장착하여 운용하는 것이 가능하다. 그러나 소수의 특수전부대, 비밀공작 요원 등을 통해 다양한 표적들(대도시, 식수원, 군 기지, 농장, 축산시설)을 대상으로 유포시키는 것이 보다 효과적이다. 문제의 병원체가 자연발생적인지, 인위적인 살포인지를 구별하기가 매우 어려워서 상대측의 적절한 대응을 방해하며, 후방 지역에까지 불안과 혼란심리를 조장할 수 있기 때문이다.

이러한 화학 · 생물무기의 위협에 대응할 수 있는 방어책으로는 무엇이 있을까?

첫째, 독성을 발생시키는 화학물질이나 미생물을 적시에 추적, 탐지하는 것이다. 이를 위해 화학 · 생물무기의 오염을 막을 수 있는 특수 정찰차량이나 탐지기, 레이더를 사용한다. 둘째, 독성물질이 발견될 경우 물을 뿌려 중화시키는 제독(除毒) 작업을 실시하며 셋째, 방독면과 보호의를 착용하여 화학 · 생물무기가 인체에 침투하지 못하도록 하고 넷째, 해독제와 치료제, 예방 백신 등을 확보하여 화학 · 생물무기에 의한 피해자들의 건강을

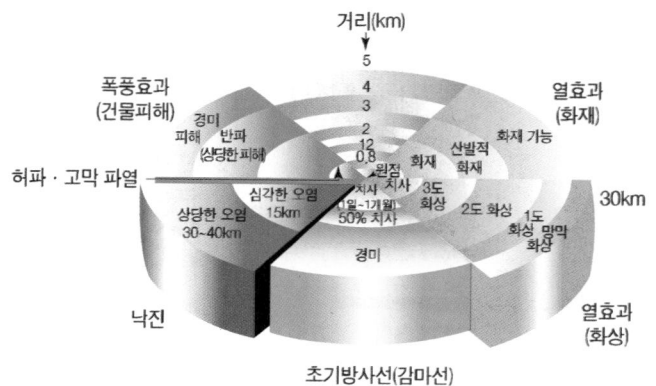

그림 5.8 20KT 파괴력의 핵무기에 의한 피해

거리(km)

폭풍효과
(건물피해)

경미 반파
피해 상당한피해

열효과
(화재)

산발적
화재

화재 가능

원점
치사 치사

허파 · 고막 파열

심각한 오염
15km

화재 3도
화상

상당한 오염
30~40km

즉시~1개월
50% 치사

2도 화상

1도
화상 망막
화상

경미

낙진

초기방사선(감마선)

열효과
(화상)

회복시킨다.

핵무기에 의한 파괴 · 살상효과는 구체적으로 다음과 같이 설명할 수 있다.

① 화약무기 수 천 만개 이상의 폭발력으로 발생되는 고열과 폭풍이다. 핵무기가 폭발한 직후의 파괴와 살상은 대부분 고열, 폭풍에 의한 것이다. ② 핵폭발로 인해 방출되는 방사선(Radiation)이다. 핵무기의 폭발 지점으로부터 가까울수록 치사량 수준의 방사선에 노출되어 목숨을 잃을 위험이 높아진다. ③ 낙진(Fallout)에서 나오는 잔류 방사선으로 광범위한 지역을 오염시킬 수 있다. ④ 핵폭발의 과정에서 강력한 전자장을 발생시켜서 주변 지역 이내의 전자기기들의 기능을 무력화시키는데, 특히 핵무기가 폭발하는 고도가 높을수록 영향범위가 넓어진다. 이를 '고고도 전자기파(HEMP: High-altitude Electro-Magnetic Pulse)' 효과라고 한다. 20KT급 핵탄두의 경우 반경 100㎞ 이내의 전기시설과 통신장비, 컴퓨터, 반도체 등을 무력화할 정도의 위력을 발생시킨다. 핵무기에 의한 살상효과는 줄어드는 대신 전기 및 전자기술에 크게 의존하는 현대 국가들에게는 심각한 피해를 발생시킬 수 있다.

핵무기는 군사적인 용도를 기준으로 핵분열 방식인 KT급 원자폭탄으로 1개 도시, 혹은 좁은 범위 이내의 전장에서 적을 몰살시키는 '전술핵무기', 핵융합에 의한 MT급 수소폭탄으로 특정 국가의 영토 대부분을 파멸시킬 정도의 보복공격을 가하는 '전략핵무기'로 구분한다. 그러나 실제로는 전시가 아닌 평시에 자국의 정치 · 외교적 의지를 강요하는 '강압(Coercion)' 효

그림 5.9 탄도미사일에 장착되는 핵탄두의 모습

과, 핵전쟁에 따른 파멸의 가능성을 보장함으로써 현존 내지 잠재적인 적이 자국을 상대로 감히 전쟁을 도발하지 못하도록 만드는 '억지(deterrence)' 효과가 핵무기의 주요 기능이라고 할 수 있다.

초기에 개발된 핵무기는 주로 항공기에 의해 운반하여 투하되는 수 톤 무게의 폭탄에 장착되는 형태였다. 그러나 항공기보다 훨씬 비행속도가 빠른 탄도미사일이 개발되었고, 탄도미사일에 장착될 수 있는 무게 1톤 이하의 소형화된 핵무기가 등장했다.

1970년대 이후부터는 탄도미사일 한 개에 다수의 핵탄두를 장착하여 동시에 여러 표적을 초토화할 수 있는 다탄두 장착방식(MIRV: Multiple Independent Re-entry Vehicle)이 개발되었으며 2000년대 현재는 미국과 러시아에서 포탄이나 지뢰, 어뢰 등에도 장착 가능할 정도의 소형 핵무기도 개발했다.

4. 한국의 현황

오늘날 북한의 대량살상무기 문제는 단순히 한반도 차원을 넘어 동아시아, 아니 전 세계의 근심거리가 되고 있는 심각한 문제다. 북한은 1961년 12월에 개최된 조선로동당 제2기 2차 전체회의에서 김일성의 '화학화 선언'을 계기로 본격적인 화학무기 개발 및 생산하였다. 그 결과 현재 2,500~5,000톤이나 되는 대규모의 화학무기를 보유함으로써 미국, 러시아의 뒤를 이어 세계 3위에 해당한다. 화학무기의 종류는 VX와 사린을 비롯한 신경작용제, 포스겐과 같은 질식작용제, 그리고 수포·혈액작용제 등 16가지나 된다.

1980년대부터는 생물무기의 개발에도 본격 착수하여 탄저균, 페스트, 천연두, 황열병 등 13종의 병원체를 무기화하고 있는 것으로 알려졌다. 북한

은 화학·생물무기를 유사시 포탄이나
탄도미사일의 탄두에 장착하거나, 항공
기, 특수전부대 등을 통해 살포하여 개
전 초에 전방에서 한국군 및 주한미군
의 방어태세를 제압하고, 후방 지역에
서의 전쟁 공황 심리를 조성하며, 미군
의 대규모 증원을 방해할 가능성이 높
다고 판단된다.

그림 5.10 북한의
화학·생물무기 관련
시설들

북한이 화학·생물무기 저장시설의
대부분을 휴전선 전방과 가까운 지역에 설치하고, 연대급 이상의 부대마다
화학전 담당부대를 배속시키고 있는 것도 실전에서 화학·생물무기를 사용
할 가능성이 높다는 것을 반영하는 것이다.

북한 대량살상무기 문제의 심각성을 더욱 부각시킨 계기는 단연 핵무기
개발이다. 북한은 제2차 세계대전에서 일본이 미국의 핵무기 투하에 패배
한 것을 보았고, 또한 6·25전쟁에서 더글러스 맥아더 원수가 중국 만주지
역에 핵무기 사용을 주장했던 사실을 알았다.

북한 김일성은 6·25전쟁을 일으켜 적화통일을 꿈꿨지만 유엔군 개입으
로 실패하게 되자 휴전회담이 진행되고 있는 1952년 12월 1일 국가과학원
을 설립하고, 우리도 핵무기를 보유해야 한다고 선언했다. 김일성은 1965
년 특수무기제조 과학기술자를 육성하는 군사과학원에서 제2의 6·25전쟁
이 일어나면 미국이 다시 개입하게 될 것이고, 이때는 적들의 심장을 겨누
는 미사일부대가 필요하다고 말했다. 따라서 북한은 핵무기와 장거리 탄도
미사일을 개발해 왔으며, 2012년 12월 12일 은화 3호 로켓발사도 그 결과
물로써 장거리 미사일이 된 것이다. 즉 북한의 장거리 미사일 시험발사는
미국 중심부까지 공격할 수 있는 대륙간탄도미사일(ICM)로써 핵 미사일 보
유의 완결편이 되는 것이다. 북한은 1980년대부터 평안북도 영변에 5mw
흑연감속형 원자로, 플루토늄 재처리시설 등을 포함하는 방대한 규모의 핵
시설을 건설하였다. 이후 1992년 이전에 10~15kg, 2003~2005년 사이에
30kg, 그리고 2005년 4월 이후 약 15kg 등 총 40~50kg 안팎의 플루토늄을
손에 넣은 것으로 추정되며, 핵탄두 6~8개 분량에 해당하는 규모이다.

그림 5.11 북한의
1, 2차 핵실험 장소

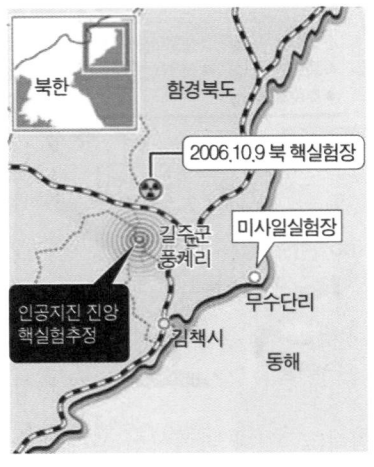

북한은 2006년 10월 9일 함경북도 길주군 풍계리에서 최초의 핵실험을 실시했다. 이로써 북한은 세계 8번째로 핵실험을 실시한 국가로 기록되었다. 북한이 실험했던 핵탄두는 진도 3.5 수준의 인공지진파를 일으켰는데, 이는 0.5KT의 파괴력에 불과한 것이었다. 이 때문에 북한의 핵무기 개발 능력이 기술적으로 불완전하다는 평가에 힘이 실렸다. 그렇지만 북한이 사용 가능한 핵무기를 개발하여 보유할 수 있는 기술력을 입증했다.

북한의 핵무장 능력에 있어서 주목해야 할 부분은 두 가지로 나뉜다.

첫째, 핵탄두의 소형화 여부다. 현재까지는 북한이 개발할 수 있는 핵무기의 기술적인 수준이 러시아제 IL-28 '비글' 폭격기에 탑재 가능한 무게 2~3톤의 항공기 투하형 폭탄이라는 평가가 우세하다. 그러나 북한이 그동안 고폭장치를 실험하는 등 핵탄두의 성능 향상을 위한 노력을 지속적으로 벌이고 있다는 점을 고려할 때, 탄도미사일의 탄두에 장착 가능한 핵무기를 경량화·소형화 할 수 있다.

둘째, 플루토늄과 더불어 고농축우라늄을 이용한 핵무기를 개발한 것이다. 이 문제는 북한이 1990년대부터 파키스탄으로부터 관련 기술과 장비를 도입한 것이 2002년 쟁점화되면서 처음 제기되었다.

북한에는 약 2,600만 톤(가채량 400만 톤 포함)이나 되는 대규모의 천연우라늄이 매장되어 있으며, 고농축우라늄을 사용할 경우 핵실험 없이도 실전에서 사용 가능하다. 또한 우라늄농축에 필요한 원심분리기는 대규모의 개발, 실험단지를 필요로 하는 플루토늄 방식보다 훨씬 적은 면적의 시설에도 설치 가능하므로 북한 전역에 분산시켜서 비밀리에 개발하는 데도 유리하다.

북한은 2009년 4월 '100㎿ 규모의 전력발전용 경수로에 사용될 핵연료 자체생산'을 명목으로 우라늄 농축기술 개발의 착수를 공식 선언했다. 또한 이듬해인 2010년 11월에는 영변 핵시설을 방문한 미국 핵물리학자 일행에게 원심분리기 수백~1,000개(북한 측 주장에 따르면 2,000개)를 포함한 우라늄 농축시설을 전격 공개했다. 그리고 북한은 2012년 4월 13일 최고인민회의에서 헌법전문을 정치사상강국과 핵보유국가로 수정 명기했다고 선언했다.

이와 같은 북한의 대량살상무기는 경제력을 비롯한 국력 총역량뿐만 아니라 재래식 군사력에서도 질적으로 역전되고 있는 한국에 대한 열세를 일거에 뒤집고, 북한 정권의 체제유지와 주한미군의 장래, 나아가 한반도의 통일 등을 포함하는 주요 현안에서 주도권을 차지하려는 비대칭적 수단이라고 평가할 수 있다.

한국 입장에서 대량살상무기, 특히 일반 화약무기 수천만 개의 살상력을 내는 핵무기의 위협을 기존 재래 무기의 증강 정도로 대처하기에 어렵게 된다. 따라서 북한의 핵무기 개발에 따른 한반도에서의 군사력 불균형을 극복하고, 궁극적으로는 북한으로 하여금 핵포기를 유도하기 위한 대응적 핵전략이 절실한 상황이다.

첫째, 한국이 선택할 수 있는 대응적 핵전략은 세계 최강의 핵보유국인 동맹 미국으로부터 핵보복 전력을 제공받는 것이다. 예컨대 핵우산 (nuclear umbrella)과 확장된 핵억제력을 보장받는 것이다. 미국은 1978년 제11차 한미 연례안보협의 회의(SCM: Security Consultative Meeting)부터 유사시 한국에 대한 핵우산 제공을 명시적으로 공약해 왔으며, 2006년 10월 북한의 첫 핵실험 직후에 열렸던 제38차 SCM과 2009년 6월 16일 한미정상회담에서도 확장된 핵억제력 (extended deterrence)이란 표현으로 재확인하였다.

둘째, 한국 스스로 핵무장에 나설

그림 5.12 한반도 유사시 미국의 핵우산 전력운용

수 있는 기반능력을 갖추는 것이다.

이른바 '핵주권'의 회복을 뜻한다. 현재 한국은 북한 핵문제가 처음 발생했던 1991년 북한의 핵무장 명분을 없애겠다는 의도에서 한반도 비핵화선언을 발표하였다. 그런데 여기서 핵무기의 개발, 보유뿐만 아니라 이에 사용될 수 있는 사용 후 핵연료의 재처리 및 우라늄 농축시설 보유마저 포기한다는 내용이 명시되면서 큰 비판을 받았다.

2000년대 현재 한국이 상업용 원자력발전소 20여기를 운영하는 세계의 원자력대국이며, 전체 전력생산 40%와 전력설비 28%를 원자력에 의존하고 있음에도 핵연료를 자립하지 못하고 전량 수입에 의존해야 하는 비합리적인 일이 계속되고 있는 것이다. 세계 유일의 원자폭탄 피해국이자 핵무기를 개발, 보유, 반입하지 않겠다는 '비핵 3원칙'을 고수하는 일본이 핵연료생산을 위해 사용 후 핵연료의 재처리 및 우라늄 농축시설, 그리고 핵탄두 수천 개를 만들 수 있는 무려 43톤(내부반입 5.7톤 포함)이 넘는 플루토늄을 핵연료 명목으로 보유하고 있는 것과 비교할 때, 이 점은 더욱 명백해진다.

세계적 수준을 자랑하는 한국의 정밀 전자기술을 고려할 때, 한국은 핵분열을 발생시킬 정도의 우수한 고폭장치를 충분히 자체 설계, 개발할 수 있다는 평가를 받는다. 자체적인 재처리 시설이 없어서 방치되다시피 비축되어 있는 사용 후 핵연료도 국내에 많은 량이 쌓여 있다. 만약 한국이 이러한 기술적인 잠재력들을 최대한 활용한다면 북한보다 훨씬 대규모의, 성능이 우수한 핵무기를 개발하는 것은 결코 불가능한 일이 아니다.

다만 독자적인 핵무장의 경우 주변국들과의 정치·외교적인 갈등 가능성을 고려하지 않을 수 없다. 그러므로 오늘날에는 유사시 미국의 핵우산 제공 공약을 정치적 선언 수준에서 실재적인 군사전략 개념으로 구체화, 발전시키는 노력에 우선순위를 두어야 할 것이다.

핵무장에 전용될 수도 있는 핵연료의 생산, 즉 우라늄 농축과 사용 후 핵연료의 재처리를 포함하는 핵연료주기(nuclear fuel cycle) 구축은 평화적 핵사용을 전제로, 국제사회의 지지 확보를 통해, 중·장기적으로 추진하는 것이 바람직하다.

그리고 핵이용을 위한 다양한 원자력사고(표 5.4)는 또 다른 국가적 위협이 될 수 있기 때문에 철저한 대응이 있어야 한다.

표 5.4 국제 원자력 사고 척도(INES)

등급		일반적인 상황	과거 사례
7	대형사고	방사성 물질 대량 유출로 건강과 생태계에 심각한 영향 초래	러시아 체르노빌 원전 폭발(1986) 일본 원자력발전소 쓰나미 사고(2011)
6	심각한 사고	상당량의 방사성 물질 유출	러시아 키시팀 고준위폐기물 저장소 폭발(1957)
5	시설 외부로의 위험사고	제한적인 방사성 물질 유출 피폭으로 수명 사망 심각한 원자로 손상	미국 스리마일섬 원전 사고(1979)
4	시설 내부의 위험사고	소량의 방사성 물질 유출 최소 1명 사망 연료봉 용융	영국 윈드스케일 파일 원전 화재(1957)
3	심각한 고장	완전 종사자 방사선 연간 허용치 10배 이상 노출 원전 주변 방사능 오염	일본 도카이무라 원전 노동자 방사선 노출(1999)
2	고장	10mSv 이상의 방사선에 노출 시설물 내 방사능 오염	스페인 반엘로스 원전 안전시스템 문제 발생(1989)
1	이례적인 상황	경미한 안전 문제 발생	아르헨티나 아루차 원전 종사자 방사선 노출(2005)

자료: 국제원자력기구(IAEA)

한국군 내에서 핵·화학·생물무기를 비롯한 대량살상무기 방호를 주로 책임지는 부대는 화생방 방호사령부이다. 화생방 방호사령부는 1999년 육군 소속으로 창설되었고, 2002년부터는 합동참모본부가 직접 관할하는 합동부대로 전환되어 3군에 대한 대량살상무기 탐지, 제독 임무를 지원하며, 이를 위해 다수의 휴대용 제독장비와 제독차량, 그리고 화학·생물무기 정찰차량 등을 운용하고 있다.

2018년 4월 27일 문재인 대통령과 김정은 국무위원장이 판문점 평화의 집(남한 지역 위치)에서 정상회담을 열고 "한반도의 평화와 번영, 통일을 위한 판문점 선언"에서 ① 남북공동연락사무소 개성설치, ② 8·15 이산가족 및 친척 상봉, ③ 종전선언으로 정전협정을 평화협정으로 전환, ④ 완전한 비핵화를 통한 핵 없는 한반도 실현, ⑤ NLL 일대의 평화수역화 등을 서명했다.
2018년 6월 12일 싱가포르에서 북한 김정은 국무위원장과 미국 도널드 트럼프 대통령은 역사적인 북미 정상회담을 갖고 "6·12 북미 정상회담 합의문"을 발표했다.

이 합의문은 미국과 북한은 평화와 번영을 위한 양국 국민의 열망에 따라 새로운 미국과 북한 관계를 수립하고, 한반도에 항구적이고 안정적인 평화체제와 한반도 비핵화를 위해 노력할 것을 선언했다. 즉 미국은 북한에 안전보장을 제공하고, 북한은 한반도의 완전한 비핵화를 약속했다. … 비록 북한이 핵 폐기를 통한 비핵화가 검증될 때까지 혹은 핵을 보유한 주변강대국가 위협에 대비해서라도 한국은 다양한 대비태세와 대응준비를 갖추어야 한다.

21세기 현재 한국은 북한 및 주변 핵보유 국가들의 핵위협에 대한 군사적 대응책의 일환으로, 유사시 핵폭발에 의한 전자기파 발생으로부터 전자기기 및 통신기능 마비 가능성을 최소화하기 위한 방호체계를 구축하고 핵심 정부시설(정부중앙기관, 군 기지 및 지휘소)은 국가적 차원에서 통합발전시켜 나가고 있다.

1. 등장배경

적진에서 멀리 떨어진 거리에서 지상의 표적, 적 병력이나 무기 및 시설을 공격할 수 있는 무기는 물리적 효과뿐만 아니라 심리적으로도 큰 효과를 거둘 수 있다. 이러한 형태의 무기는 1232년 중국에서 여진족 출신의 금(金) 왕조가 몽골제국과의 전쟁에서 사용한 비화창(飛火槍)이 시초라고 할 수 있는데, 창끝에 화약을 채워 넣은 대나무 통을 묶어서 멀리 날려 보낼 수 있도록 만든 것이다.

오늘날 지상공격용 장거리 미사일의 시조로 인정받는 무기는 제2차 세계대전 말기 독일에서 개발되었던 V-1(사거리 280km), V-2(사거리 350km) 비행폭탄이다. 이들 두 무기는 전세가 연합군의 승리로 기울기 시작한 1944년부터 본격적으로 사용되기 시작한 보복용 무기인데, 주로 영국을 겨냥하여 다수 발사되었다. 비록 전쟁 말기에 사용됨에 따라 전쟁의 흐름을 되돌릴 정도의 위력은 발휘하지 못했지만, 연합군과 영국 국민들에게 적지 않은 공포를 안겨다 주었다.

특히 기존 재래식 무기들을 크게 압도하는 핵무기의 시대가 도래하면서 지상공격용 미사일의 가치도 함께 부각되기 시작했다. 초기에 핵무기의 탑

그림 5.13 제2차 세계대전 말기에 독일이 개발했던 V-1 (왼쪽)과 V-2 비행폭탄 (오른쪽) 최초의 순항미사일, 탄도미사일로 평가받는다.

재, 발사수단으로 쓰였던 항공기보다 비행속도가 훨씬 빠르므로 공격에 성공할 가능성이 높아지기 때문이었다. 그 결과 2000년대는 핵무기 개발국가들에게 지상공격용 미사일은 가장 기본적이면서 강력한 핵무기 탑재수단으로 쓰이게 되었다. 심지어 핵무기가 없는 국가들조차 정치·군사강국으로서의 지위를 확보하기 위해 지상공격용 미사일을 손에 넣으려 애쓰고 있다.

2. 특성 및 분류

1) 특 성

지상공격용 미사일은 비행방식을 기준으로 탄도미사일(ballistic missile), 순항미사일(cruise missile)로 각각 구분한다. 전자는 포물선 형태의 고정된 탄도(ballistic)를 따라서 상승→하강 궤도로 비행하는 방식이며, 후자는 비행과정에서 고도와 방향을 조정하며 비행할 수 있는 방식인 것이다.

탄도·순항미사일은 다음의 네 가지 구성요소로 만들어진다.

① 표적에 명중하여 파괴·살상효과를 일으키는 '탄두', ② 미사일을 표적 방향으로 유도시키는 유도조종장치, ③ 미사일의 비행에 필요한 동력을 제공하는 '추진기관', ④ 이들 주요 부품들을 탑재시키는 '기체'가 있다.

먼저 탄도미사일에서 사용되는 유도조종장치는 주로 관성항법장치(INS: Inertial Navigation System), 위상항법체계가 있다. 관성항법장치는 자이로스코프(gyroscope)라는 측정 및 방향유지장치를 사용하여 자신의 위치를 입력한 후에 이동 과정에서의 위치 및 속도를 지속적으로 계산하면서 목적지까지 유도하는 방식을 채택한다. 기상조건이나 전파방해 등과 같은 외부

그림 5.14 탄도미사일(높은 고도 비행)과 순항미사일(지상 50~100m고도 순항)의 비행방식 비교

의 영향으로부터 자유롭다는 것이
장점이지만, 사거리가 늘어날수록
정확도가 떨어지는 문제가 지적된
다. 오늘날에는 위성항법체계에 의
한 유도장치를 함께 탑재하여 이를
보완하고 있는데, 위성항법체계 역
시 전파방해에 취약하다는 약점을
안고 있다.

그림 5.15 순항미사
일의 지형대조항법
(TRCOM)과 영상
대조항법(DSMAC)
비교

다음으로 순항미사일은 관성항법
장치, 위성항법체계와 더불어 지형

대조항법(TERCOM: TERrain COunter Matching), 영상대조항법(DSMAC:
Digital Scene Matching Area Correlation)을 주로 사용한다. TERCOM은 지형
별 고도 차이를 미리 입력해 두고, 이를 비행과정에서 측정하는 고도 자료와
비교하면서 수정하는 방식이다. 미사일을 발사한 후에 표적까지 도달하는
중간비행 단계에서 주로 사용된다. DSMAC은 미리 입력해둔 표적의 영상정
보를 미사일 내부에 탑재된 탐색장비가 촬영한 것과 비교하는 방식인데, 미
사일이 표적에 명중하기 직전의 최종유도 단계에서 정확도를 높이기 위한
것이다.

마지막으로 탄도미사일과 순항미사일은 추진기관에서도 차이점이 있다.
탄도미사일의 추진기관은 로켓처럼 추진제와 연료를 자체적으로 탑재하여
대기권에서는 물론, 지구를 벗어난 진공 상태에서도 연소가 가능하다. 따
라서 지속적으로 음속을 훨씬 뛰어넘는 속도로 비행할 수 있다. 추진제는
수소나 산소 등을 액화시킨 액체연료(liquid propellant), 산화제 및 연료를
분말로 혼합한 후에 응결시킨 고체연료(solid propellant)가 있다. 이들 두
추진제는 우주발사용 로켓에서도 사용되고 있는데, 미사일의 경우는 발사
준비를 위한 소요시간이 훨씬 짧고 단시간 내에 강력한 추진력을 발생시키
는 고체연료를 선호한다. 그리고 순항미사일은 추진기관의 형태가 일반 항
공기의 제트엔진과 유사하며, 추진제는 거의 없거나 발사 초기에 충분한
고도와 속도를 얻기 위해서 소량만을 장착하여 사용한다.

2) 분 류

탄도미사일은 사거리를 기준으로 다음의 4가지로 분류된다. ① 특정 국가의 영토 내부를 벗어나지 않는 사거리 수백~1,000km 이내의 단거리 탄도미사일(SRBM: Short Range Ballistic Missile)이다. ② 주변국가의 영토까지 공격할 수 있는 사거리 1,000~2,500(3,000)km 이내의 준(準)중거리 탄도미사일(MRBM: Medium Range Ballistic Missile)이다. ③ 특정 지역(예: 아시아, 아랍, 유럽) 이내의 여러 국가들을 공격할 수 있는 사거리 2,500(3,000)~5,500km 이내의 중거리 탄도미사일(IRBM: Intermediate Range Ballistic Missile)이다. 그리고 ④ 대양(大洋) 너머의 다른 대륙에 위치한 국가까지 공격할 수 있는 사거리 5,500km 이상의 대륙간 탄도미사일(ICBM:

M39 ATACMS(미국)
- 사거리 : 160~300km
- 오차범위 : 50m
- 탄두중량 : 250~550kg
- 분류 : SRBM

LGM-30 미니트맨(미국)
- 사거리 : 9,600km
- 오차범위 : 약 100m
- 탄두중량 : 600~800kg 이상(핵탄두 3개)
- 분류 : ICBM

SS-26 이스칸데르(러시아)
- 사거리 : 400km
- 오차범위 : 30~70m
- 탄두중량 : 450kg
- 분류 : SRBM

SS-27 토플(러시아)
- 사거리 : 1만 1,000km
- 오차범위 : 350m
- 탄두중량 : 1,000~1,200kg
- 분류 : ICBM

둥펑 21호(중국)
- 사거리 : 1,700km
- 오차범위 : 300~400m
- 탄두중량 : 600kg
- 분류 : MRBM

아그니 2(인도)
- 사거리 : 2,500~3,000km
- 오차범위 : 40m
- 탄두중량 : 1,000kg
- 분류 : IRBM

Inter-Continental Ballistic Missile)이다. 다만 이러한 분류는 기본적으로 미국, 러시아 등의 5대 핵보유국들의 관점에서 이루어진 것이며, 영토면적이 좁은 중소국가 입장에서는 사거리 500~1,000km 내외의 탄도미사일도 충분히 중·장거리 미사일로 평가될 수 있다.

이상에서 제시한 탄도미사일들은 지상발사형인데, 1960년대부터는 잠수함 발사형 탄도미사일(SLBM: Submarine-Launched Ballistic Missile)도 그에 못지않은 비중을 차지하고 있다. SLBM은 위치가 좀처럼 노출되지 않는 잠수함에 탑재하여 발사되므로 훨씬 안전하게 발사될 수 있고, 지상에 배치된 탄도미사일이 적의 공격으로 무력화될 경우에도 살아남아 보복을 가하는 것도 가능하다는 장점 때문이다.

순항미사일은 지상의 발사기지, 잠수함뿐만 아니라 해군 수상전투함, 항공기 등 훨씬 다양한 수단을 통해 탑재 및 발사될 수 있다. 냉전시대에 핵무기의 탑재, 발사수단으로 각광받았던 탄도미사일과는 다르게 순항미사일은 탈냉전 시대에 주요 국제분쟁에서 표적을 정확히 명중시킬 수 있는 첨단무기의 대명사로서 명성을 얻고 있다. 2000년대 아프가니스탄전쟁과 이라크 전쟁에서도 사용된 미국제 BGM-109 '토마호크'가 좋은 사례가 된다.

트라이던트(미국)
• 사거리 : 11,000km
• 오차범위 : 100m 내외
• 탄두중량 : 1,000kg 이상(핵탄두 8개)
• 분류 : ICBM

SS-N-18 스팅레이(러시아)
• 사거리 : 7,000km 이상
• 오차범위 : 약 900m
• 탄두중량 : 1,600kg(핵탄두 3/7개)
• 분류 : ICBM

M45(프랑스)
• 사거리 : 6,000km
• 오차범위 : 500m
• 탄두중량 : 1,300kg(핵
  탄두 6개)
• 분류 : ICBM

쥐랑 1호(중국)
• 사거리 : 1,700~2,500km
• 오차범위 : 300~400m
• 탄두중량 : 600kg
• 분류 : MRBM

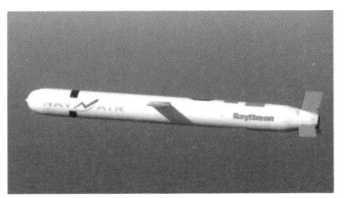

BGM-109 토마호크(미국)
• 사거리 : 2,500km
• 오차범위 : 10m
• 탄두중량 : 450kg
• 탑재수단 : 수상전투함, 잠수함

AS-15 켄트(러시아)
• 사거리 : 3,000km
• 오차범위 : 10m 이하
• 탄두중량 : 410kg
• 탑재수단 : 폭격기, 전폭기

스톰 섀도우(영국, 프랑스)
- 사거리 : 250km 이상
- 오차범위 : 20m
- 탄두중량 : 450kg
- 탑재수단 : 전폭기, 수상전투함, 잠수함

타우러스(독일, 스웨덴)
- 사거리 : 300~500km
- 오차범위 : 10m
- 탄두중량 : 500kg
- 탑재수단 : 전폭기

뽀빠이 터보(이스라엘)
- 사거리 : 320/1,500km
- 오차범위 : 5m 이하
- 탄두중량 : 400kg 이하
- 탑재수단 : 전폭기, 잠수함

3. 운용개념 및 발전 추세

오늘날 사거리 수백~수천 km의 장거리 지상공격용 미사일은 주로 전방에
서보다 적 후방의 정치·경제·군사적 핵심표적들을 제압함으로써 적의 전
쟁수행 능력, 의지를 약화시키는 대표적인 전략무기로 손꼽힌다. 따라서
단순한 군사무기라기 보다는 대내외적으로 해당국가의 위상을 과시하고,
의지를 강요하는 정치·외교적인 수단으로서의 성격이 보다 강하다. 특히
이러한 장거리 미사일의 위력이 핵·화학·생물무기를 비롯한 대량살상무
기와 결합한다면, 그 위력은 더욱 가공할 만한 것이 된다.

탄도미사일은 로켓 형태의 추진기관을 사용하여 지속적으로 음속 이상의 초고속 비행이 가능하고, 적의 지상 및 항공 전력에 의한 요격 위험을 최소화하며 표적 공격을 성공시킬 가능성을 높일 수 있다. 그렇지만 비행 궤도가 고정되어 있기 때문에 정확도가 최고 50~100m 내외에 그치는 것이 한계이다. 고도의 정확도를 요구하는 특정 표적을 대상으로 사용하기에는 적합하지 못한 것이다.

이 점에서 탄도미사일은 크게 두 가지의 운용방향으로 나아갈 전망이다.

첫째, 핵탄두를 비롯한 대량살상무기의 발사수단으로서 적에게 감당하기 어려운 대규모의, 치명적인 보복공격을 가하는 전통적인 목적이다. 이는 사거리 1,000km 이상의 중·장거리 탄도미사일에 해당되는 것으로 실제 전쟁보다는 평시의 정치·외교적 강압 효과가 더욱 크다고 할 수 있다.

둘째, 실전에서는 개전 초기에 적의 대규모 집결지역, 고정된 표적(주요 산업단지, 해·공군기지, 군수물자 지원시설 등)을 제압하기 위해 신속한 화력지원을 제공하는 장거리 포병의 역할을 수행할 수 있다. 해당사항은 사거리 약 300km 내외의 단거리 탄도미사일이며, 이를 위해 차량탑재에 의한 기동성이 요구될 것이다. 중국에서는 항공모함을 포함한 대규모의 미 해군함대를 궤멸시키기 위해 사거리 1,000~2,000km 이내, 즉 MRBM급의 중거리 탄도미사일을 '대함 탄도미사일(ASBM: Anti-Ship Ballistic Missile)'로 운용하는 방안을 구상 중이다.

순항미사일은 항공기와 유사한 제트엔진 방식의 추진기관을 사용하므로 탄도미사일보다 훨씬 느린, 음속 이하의 비행속도를 낸다. 탄도미사일과 비교할 때, 적의 항공기 및 지상 방공무기에 의한 공중 요격위협에 취약한 편이다. 그러나 비행 과정에서 고도, 항로를 필요에 따라 자유롭게 조정할 수 있어서 훨씬 정확하게 표적을 명중시킬 수 있다. 따라서 오차범위 약 10m 이내의 높은 정확도가 요구되는 특정 표적(지하시설, 지휘통제소)을 대상으로 사용하는 데 적합하다. 이를 반영하듯 현재 그리고 미래의 순항미사일은 지하시설 관통 기능까지 갖추도록 개발하고 있다. 또한 초음속 비행이 가능하도록 순항미사일의 추진기관을 개량 및 발전시키는 노력도 이루어지고 있다.

4. 한국의 현황

한국이 가장 대표적인 전략무기인 장거리 지상공격용 미사일에 주목하게 된 것은 독자적 자주국방을 위한 정책적 노력이 활발하게 진행되고 있던 1970년대부터였다. 1971년 주한 미 육군 한 개 사단의 철수에 충격을 받은 박정희 정부는 미국의 안보공약 약화를 근본적으로 보완하고 대체하기 위한 정책으로서 북한을 독자적으로 방어 및 공격할 수 있는 장거리 타격무기를 개발하겠다는 야심찬 계획에 나섰다. 그 결과 1978년 9월 28일, 미국제 나이키 허큘리스 지대공미사일의 외형에 주요 부품 대부분을 국산화한 탄도미사일 '백곰'의 시험발사가 성공을 거두었다. 한국이 세계 일곱 번째로 국산 미사일을 개발하는 나라로 기록되는 순간이었다.

그림 5.16 현무 탄도미사일 발사 모습

백곰의 사거리는 180km로 휴전선 최북단에서 발사할 경우 평양까지 도달 가능할 정도였다. 그 후 1986년부터는 백곰을 개량한 '현무(玄武)' 탄도미사일이 실전 배치되었고, 1990년대는 MLRS 다연장로켓포를 통해 탑재 및 발사되는 사거리 160km의 미국제 ATACMS(Army TACtical Missile System) 단거리 탄도미사일이 도입되었다. 이들 모두 고체연료를 사용하여 신속한 사격이 가능하며, 오차범위가 50~100m 이내일 정도로 높은 정확도를 자랑한다.

그러나 한국의 지상공격용 미사일 전력은 1980년대 이래 10년이 넘도록 정체 상태에 놓여 있었다. 미국은 박정희 정부가 탄도미사일을 비롯한 독자적인 전략무기 개발에 나선 것을 자신들의 영향권에서 벗어나려는 움직임으로 간주하며 경계했고, 박정희 대통령이 피살된 직후 새로이 집권한 전두환 정부에게 한국의 미사일 전력을 사거리 180km 이내로 제한할 것을 요구했다. 1980년 5·18광주민주화항쟁을 무력으로 진압한 후 권력을 잡은 전두환 당시 대통령과 신군부 세력이 정통성 부족 문제를 해결하기 위해 미국의 지지가 필요했고, 결국 미국의 요구를 수용하는 한·미 미사일 각서에 동의하였다.

한국의 미사일 전력이 답보상태를 면치 못하고 있는 동안에 북한은 비약적으로 미사일 전력을 강화시켜 나갔다. 우선 1980년대 말부터 휴전선 이남의 한국 영토의 대부분을 3~5분 이내에 공격할 수 있는 사거리 300~500km의 SS-1 스커드 탄도미사일을 양산 및 배치하였다. 1991년 걸프전쟁에서 이라크가 이스라엘, 사우디아라비아를 상대로 발사하며 공포의 대상이 되었던 바로 그 미사일이었다.

1993년에는 사거리가 1,300km로 연장된 로동 탄도미사일을 개발하여 제주도와 일본 주요도시까지 공격할 수 있는 능력을 확보했다. 1998년 8월 31일에는 인공위성 광명성 1호라는 위장 명칭으로 사거리 1,500~2,500km급의 대포동 1호를 시험 발사했으며, 2009년 4월 5일에는 역시 인공위성 광명성 2호 발사를 위한 우주발사용 로켓 은하 2호로 위장된 대포동 2호의 시험발사를 강행하였다.

대포동 2호는 최대 사거리가 6,000km로 미국 영토를 직접 공격할 수 있는 ICBM급 탄도미사일로 개발된 것이었다. 시험발사 결과 대포동 2호는 약 3,100km를 비행하여 ICBM에는 못 미쳤지만, 최소한 괌과 하와이를 비롯한 태평양 지역의 미군 기지를 위협할 수 있는 IRBM으로서의 위력은 발휘할 수 있음을 보여주었다. 이제 북한의 탄도미사일은 한반도뿐만 아니라 동아시아, 나아가 전 세계의 위협이 되었다.

그림 5.17 북한의 스커드 탄도미사일(왼쪽)과 대포동 2호 탄도미사일의 발사(오른쪽)

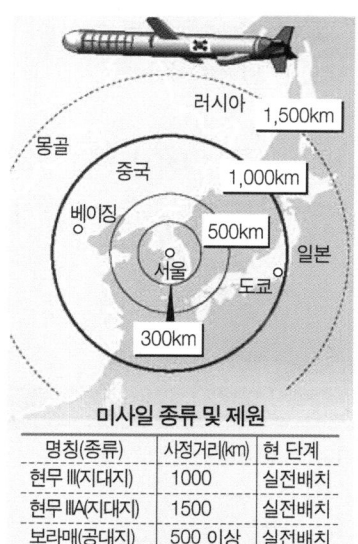

미사일 종류 및 제원		
명칭(종류)	사정거리(km)	현 단계
현무 Ⅲ(지대지)	1000	실전배치
현무 ⅢA(지대지)	1500	실전배치
보라매(공대지)	500 이상	실전배치
천룡(함대지·잠대지)	500 이상	실전배치

그림 5.18 한국의 국산 탄도미사일 개발 현황
● 미사일 지침 개정 일지
- 1979년 첫 지침 사거리 180km
- 2001년 1차 개정 사거리 300km
- 2012년 2차 개정 사거리 800km
　(탄도중량은 첫 지침 때 500kg 동일)

　북한의 탄도미사일은 사거리 120km의 KN-02 '독사' 단거리 탄도미사일을 제외한 대다수가 액체연료를 사용하여 발사 준비에 오랜 시간이 소요되고, 정확도가 떨어진다는 평가가 지배적이다. 그러나 대량살상무기의 장착, 발사수단이라는 점에서는 매우 위협적인 무기일 수밖에 없다. 북한의 장거리 탄도미사일은 유사시 한국 영토 전체에 대한 안전뿐만 아니라, 한반도로 증원되는 미군 전력의 안전까지 위협할 수 있다는 점에서 그 위험성을 결코 간과할 수 없다.

　이에 대응하여 2012년 한·미 양국은 한국이 개발 및 보유할 수 있는 탄도미사일 사거리를 종전의 300km에서 800km로 늘리고, 순항미사일의 경우는 탄두중량을 500kg 이내로 한다는 조건 아래 사거리의 제약을 없앤다는 것을 골자로 하는 새로운 한미 미사일지침에 합의하였다.

　예컨대 현무는 탄도미사일 사거리 300~800km로 늘리고 순항미사일 현무(표 5.5)는 사거리가 1,000~1,500km 수준으로 연장하기로 합의했다. 북한 영토 전체는 물론, 주변 강대국들의 영토 내륙에 위치하는 주요 정치·경제·군사적인 핵심 표적들까지 위협할 수 있음을 의미하는 것이다. 또한 F-15K 전폭기에 탑재 가능한 사거리 400km 이상의, 지하시설 공격 기능을 갖추는 공대지 순항미사일도 직도입했다. 그 미사일 유형은 미국제 AGM–158 합동 원거리 공대지미사일(JASSM: Joint Air-to-Surface Standoff Missile)을 비롯해 다양한 종류가 된다.

결론적으로 21세기 지상·해상·공중·우주·사이버의 5차원 전쟁 승리를 위해 한국형의 탄도미사일·순항미사일 무기체계를 발전시켜 전력화하고 있다.

표 5.5 탄도미사일·순항미사일 제원

탄도미사일 '현무'	순항 미사일 '현무'

• 사정거리: 800km
• 길이: 6m 안팎
• 정확도: 30m 이내
• 특징: 러시아 SS-26미사일과 유사
  축구장 수개 면적 초토화
	• 사정거리: 1000~1500km
	• 길이: 6m 안팎
	• 정확: 1~3m 안팎
	• 특징: 미국 토마호크 순항미사일과 유사
	  스텔스 기능과 함께 목표물의 창문까지 명중
	  시키는 정확도를 갖추고 있음

Modern Weapons
System Theory

정보통신 무기체계

제1절 정보수집체계

군사 분야에서 정보수집의 대상은 "적의 의도, 능력, 행동을 파악하는 데 필요한 사항들", 특히 전장공간의 환경 및 물리적 특성으로 요약된다. 구체적으로는 ① 적의 취약성 식별 및 표적 설정을 위한 자료, ② 아군에 대한 위협 및 위협진행 관련 자료, ③ 적과 아군의 육·해·공 전투력 배치, 이동 정보, ④ 표적과 피아식별, 항법 관련 자료 등이다.

1. 레이더 정보

레이더(RADAR)란 무선 탐지측정장비(RAdio Detection And Ranging)의 줄임말에서 유래한 명칭이다. "특정 대상물을 향해 긴 파장의 전자기파를 방사하고, 표적에 부딪힌 후 반사된 전자기파를 통해 대상물까지의 거리나 위치를 측정하는 장비"라고 정의할 수 있다. 레이더의 개발은 박쥐가 초음파를 쏘아서 얻는 방사음으로 어두운 동굴 속에서도 자유롭게 비행하는 원리에서 착안했다. 전자기파를 사용하여 감시범위가 멀고, 주야간 및 악천후에서도 표적에 대한 감시가 가능한 것이 장점이다.

군사용으로 처음 사용된 것은 제2차 세계대전부터인데, 독일이 1940년

그림 6.1 제2차 세계대전 당시 영국이 운용했던 방공레이더

6월 프랑스를 점령하면서 서유럽의 대부분을 석권한 후 영국만이 유일하게 독일과 맞서고 있었고, 영국은 독일의 침공에 맞서기 위해 주로 공군력에 의존할 수밖에 없었다. 당시 영국은 남부 연안지역에 탐지거리가 약 100km에 달하는 방공 레이더 50여 대를 운용했다. 이를 통해 독일 전투기가 영국으로 출격할 때마다 신속히 요격에 나설 수 있었고, 전투기 수량의 열세에도 불구하고 마침내 독일의 침공을 좌절시키는 데 성공했다. 태평양에서는 미국이 해군의 주력 군함에 레이더를 탑재 및 운용하여 일본과의 해전에서 승리를 거둘 수 있었다.

레이더는 처음 개발되었던 당시 지상기지에 주로 설치되었지만, 지금은 해군 함정이나 항공기, 지상 방공무기 등의 다양한 무기에 탑재 및 연동되어 쓰이고 있다. 레이더의 주요 기능으로는 표적의 탐지, 추적, 피아식별, 화력유도 등이 있다. 목적별로는 대공 · 해안 · 전장 감시, 대포병 사격 등으로도 분류된다.

초기의 레이더는 표적의 위치정보 가운데 방향, 거리라는 두 개 정보를 측정해내는 2차원 레이더로 개발되었지만 오늘날에는 방향, 거리와 더불어

그림 6.2 해군 함정에 탑재되는 2차원 레이더(왼쪽)와 지상기지의 방공 감시용 3차원 레이더(오른쪽)

고도까지도 탐지해내는 3차원 레이더가 널리 사용되고 있다.

최근 주목받고 있는 레이더 기술의 신기원은 위상배열레이더(phased array radar) 개발이다. 그동안 주로 사용되었던 기계식 레이더는 표적을 식별, 추적하기 위해서 전파를 보내며 다른 방향으로 회전하는 방식이었다. 그런데 이 경우 레이더의 탐지거리가 확대될수록 회전속도는 느려지게 되었으며, 표적의 수가 늘어나거나 이동속도가 빠를수록 신속하게 대응하는 데 불리하다. 반면 위상배열레이더는 개별적인 표적 탐지, 추적능력을 보유한 소형 안테나 소자들을 마치 잠자리 눈처럼 수백~수천 개씩 평면에 고정 부착시키는 형태로 되어 있다.

이를 통해 360° 전방향의 반경 수백 km 이내에서 활동하는 수십~수백 개 표적의 방향, 거리, 고도에 관한 동시탐지, 추적이 가능하다. 회전 형태의 기계식 레이더보다 원거리의 여러 방향에서 접근하는 동시다발적인 고속도의 위협 대응에 있어서 훨씬 유리한 것이다.

지상기지에 배치되는 경우 미국제 'PAVE PAWS', 이스라엘제 '그린 파인' 처럼 장거리 미사일의 발사여부 및 경로를 추적하는 조기경보레이더로 사용되며, 해군 함정용으로는 항공기와 대함미사일에 의한 동시다발적인 공격에 대응할 수 있도록 운용된다.

이지스함에 탑재되는 미국제 AN/SPY-1, 유럽제 APAR(Active Phased Array Radar)가 대표적이다. 공군 전투기에는 전자주사식(AESA: Active Electronically Scanned Array) 레이더가 쓰인다. AESA를 탑재하는 전투기는 기존 제4세대 전투기보다 월등하게 먼 거리에서 다수의 적기를 동시에 포착 및 대응할 수 있는 정보우위를 차지할 수 있어서 제4.5세대 전투기라고도 불리고 있으며 유로파이터 타이푼, 프랑스의 라팔이 여기에 해당한다.

2. 영상정보

영상정보는 적 군사력에 관한 사진, 동영상 등의 시각화된 정보를 확보하기 위한 것이다. 여기에 사용되는 수단으로는 전자광학(EO: Electro-Optic), 적외선(IR: Infra-Red), 그리고 합성개구레이더(SAR: Synthetic Aperture Radar)가 있다.

전자광학 장비는 가장 기본적인 형태의 영상정보 수집용 자산인데, 날씨가 좋은 낮에만 사용할 수 있다는 것이 한계이다. 적외선 촬영장비는 지표면에서의 열을 탐지, 추적하는 원리로 영상정보를 얻는다는 특징을 갖는다. 따라서 밤에도 촬영이 가능하며, 지상에서 시동을 거는 기동차량이나 항공기의 이착륙도 탐지해낼 수 있다. 이를 통해 적의 실제 표적을 눈속임용 가짜 무기(나무로 만들어진 전차, 항공기)와 구별해 내는 것도 가능하다. 그렇지만 짙은 안개나 구름이 끼는 악천후에는 영상 확보에 제약을 받는다.

이에 비해서 SAR은 레이더 전파를 통해 영상을 촬영하는 것이 특징이다. 그 결과 기상조건에 구애받지 않고서도 원하는 영상정보를 수집할 수 있다. 앞서 설명했던 미 공군의 E-8, 영국의 ASTOR 지상 조기경보통제기, 그리고 한국 공군의 금강 정찰기도 SAR을 사용한다. 다만 전자광학, 적외

그림 6.4 전자광학 (EO)에 의한 영상정보와 합성개구레이더(SAR)에 의한 영상정보의 비교

악천후 시 광학 영상   주간 광학 컬러 영상

악천후 시 레이더 영상   야간 레이더 영상

선 방식과 비교할 때, 촬영되는 내용이 상대적으로 덜 선명하다는 점이 한계이다. 이처럼 전자광학, 적외선, SAR은 각각의 뚜렷한 장단점이 있으므로 세 방식을 병행하여 영상정보를 수집하는 것이 일반적이다.

KH-12(미국)
• 무게 : 18톤
• 활동고도 : 270km
• 촬영방식 : 전자광학/적외선

라크로스(미국)
• 무게 : 약 15톤
• 활동고도 : 690km 이상
• 촬영방식 : SAR

SAR-루페(독일)
• 무게 : 0.8톤
• 활동고도 : 약 480km
• 촬영방식 : SAR

알마즈(러시아)
• 무게 : 18톤
• 활동고도 : 400km
• 촬영방식 : SAR

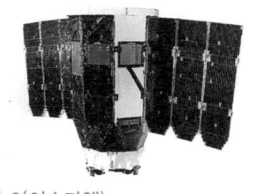

오펙 3(이스라엘)
• 무게 : 0.3톤
• 활동고도 : 600km
• 촬영방식 : 전자광학

그림 6.5 해상도 6m (왼쪽)와 1m(오른쪽)로 각각 촬영된 인천국제공항의 모습

이들 전자광학, 적외선, SAR 장비들은 육·해·공에서 활동하는 다양한 탑재체를 통해 운용될 수 있는데, 가장 대표적인 것은 역시 정찰용 항공기와 인공위성이다. 그 가운데 정찰기는 이미 앞에서 설명했으므로 본 장에서는 정찰용 인공위성에 대해서 좀 더 다루고자 한다.

이론상 어느 국가의 영공에도 포함되지 않는 우주공간에서 활동하는 정찰위성은 체공시간에 제한을 받는 정찰기와 비교할 때, 보다 중점적인 정보수집이 요구되는 특정 표적에 관한 광범위하고 지속적인 정보수집에 유리하다.

정찰위성은 선명한 영상을 촬영하기 위해 가능한 한 지표면과 가까운 저궤도에서 움직이도록 되어 있으며, 이는 고도 200~1,000km 이내가 일반적이다. 현재 정찰위성을 운용하는 국가는 미국, 러시아, 영국, 프랑스, 중국, 일본, 독일을 비롯한 선진국과 이스라엘, 인도 등 10여 개국 정도다.

수집된 영상정보의 질적 수준은 화질의 구체성 여부로써, 즉 해상도(Resolution)에서 결정된다. 해상도란 "하나의 점으로 포착할 수 있는 최소한의 크기"를 뜻한다. 넓은 범위에 걸친 특정지역 전반, 대규모 병력의 이동여부, 공장이나 공항, 주요 기지와 같은 대형 복합시설의 개략적인 위치를 확인하기 위해서는 10~20m 정도의 해상도면이 충분하다. 그렇지만 보다 구체화된 특정 시설물을 보다 지속적이고 구체적으로 관측하려면 5m 이하의 해상도가 요구된다. 그리고 차량이나 군함, 항공기를 비롯한 인공물체나 지형의 외부변화까지 식별하고 포착하는 데는 1m 이하의 고해상도가 필수적이다.

3. 통신 · 전자 · 적외선 · 핵 · 위성항법 정보

신호정보는 통신수단을 통해 송수신되는 음성, 암호화된 정보, 전파, 음파, 열, 적외선, 방사능 등을 포괄하는 개념이다.

첫째, 통신정보(COMINT)는 전화상의 음성, 모스 부호, 전화선, 팩시밀리, 전자우편 등을 감청 및 도청함으로써 확보한다. 암호화된 정보를 해독하기 위한 과정은 오랜 역사를 갖는다.

둘째, 전자정보(ELINT)는 레이더 신호를 비롯한 비통신용 전파를 탐지, 수집하는 것인데, 이를 통해서 적의 현재 운용 중인 무기의 성능을 파악할 수 있다.

셋째, 적외선정보(IRINT)는 적외선과 열의 방사를 수집하여 얻는다. 가장 대표적인 사례가 미국의 DSP(Defense Supporting Pro- gram) 조기경보위성이다. 지구의 자전주기와 속도가 같은 고도 3만 5,800km 이상의 정지궤도에서 체공하며, 적의 미사일기지가 위치하는 특정지점을 24시간 고정적으로 감시할 수 있는 것이 특징이다. 따라서 미사일이 발사될 때 방사되는 열을 탐지하여 미사일의 발사 여부를 포착, 전달하는 것이다.

넷째, 핵정보(NUCINT)는 핵무기의 설계 및 파괴력 등을 파악하기 위해 방사능 물질과 방사현상, 낙진 등을 수집하여 얻을 수 있다.

다섯째, 최근에는 매우 정밀한 위치정보를 제공하는 위성항법체계의 중요성이 강조된다.

고도 1만~2만km 이상의 중궤도에서 활동하는 10개 이상의 인공위성들로 구성되는 위성항법체계는 지상, 해수면의 고정 및 이동물체에 대한 위치를 위도 및 경도, 심지어는 시간 기준으로 제공하도록 운용된다. 총 18개의 항법위성으로 이루어진 미국의 GPS(Global

그림 6.6 미국의 DSP 조기경보위성
미사일 발사지점의 열 방사를 포착해낼 수 있다.

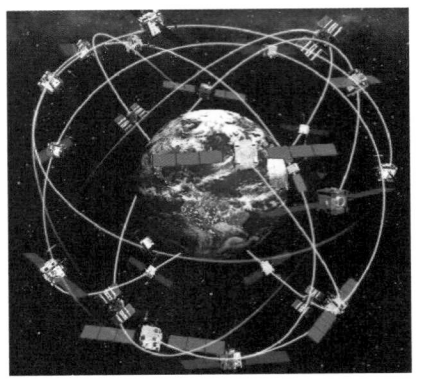

그림 6.7 GPS 위성 항법체계를 구성하는 항법위성의 모습

Positioning System)가 대표적이다. GPS는 걸프전쟁에서 처음 사용될 때만 해도 이라크 지상전력의 배치 지점을 파악, 전달하는 정도의 역할만을 했지만, 10여 년 후 아프가니스탄 공격과 이라크전쟁에서는 유도폭탄과 순항미사일 등의 공대지 정밀유도무기를 표적에 정확히 유도하는 기능까지 수행했다. GPS 외에도 러시아의 'GLONASS(GLObal NAvigation Satellite System)', 유럽의 '갈릴레오'가 구축되고 있으며, 중국은 '베이더우(北斗)'라는 독자적인 위성항법체계를 개발 하였다.

4. 수중 음파탐지 정보

물속에서는 영상(광학 및 적외선), 전파(레이더)에 의한 통신이나 정보수집이 불가능하다. 따라서 수중에서 활동하는 군용장비, 특히 잠수함정이나 어뢰의 위치 및 움직임을 탐지, 추적할 수 있는 유일한 방법은 음파(音波)를 통한 정보수집뿐이다. 이를 위해 사용되는 정보수집 장비가 바로 음향탐지장비, 즉 바다 밑에서 눈과 귀의 역할을 하는 소나(SONAR: Sound Navigation and Ranging)이다.

소나 유래는 1912년 유람선인 타이타닉호가 대서양 항해 중 빙하와 부딪쳐 침몰한 사건이 계기가 되었는데, 이를 방지하기 위해 개발된 빙산탐지기로부터 시작되었다.

소나는 설치방식을 기준으로 크게 4가지로 분류된다. 첫째는 군함의 선체 외부에 고정적으로 설치되는 '선체 고정형 소나'이다. 수상전투함의 함수 아래(HMS: Hull Mounted Sonar), 혹은 잠수함의 함수(Bow)와 측면배열(FAS: Flank Array Sonar) 형태로 나뉜다. 둘째는 수상전투함과 잠수함의

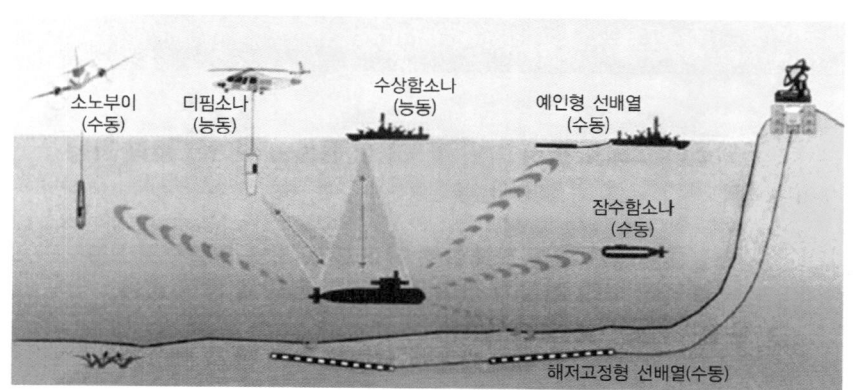

그림 6.8 소나
(SONAR)의 종류

소노부이
(수동)

디핑소나
(능동)

수상함소나
(능동)

예인형 선배열
(수동)

잠수함소나
(수동)

해저고정형 선배열(수동)

함미에 연결된 줄을 통해 소나를 끌고 다니는 '예인형 선배열 소나'(TASS: Towed Array Sonar System)다. 선체에 고정되는 형태보다 원거리에서 음파를 탐지할 수 있는 것이 특징이다. 셋째는 잠수함 침투가 예상되는 해저 길목에 설치되는 '해저 고정형 선배열 소나'이다. TASS와 마찬가지로 선배열 형태다. 그리고 넷째, 해상초계기나 헬리콥터 등의 대잠 항공기에서 사용하는 '항공기 운용형 소나'이다. 여기에는 항공기에서 투하된 후 수중에서 음파탐지, 추적을 수행하는 '음향부표'(Sonobuoy), 항공기에 고정된 채 심도를 조정하면서 수중의 음파를 탐지, 추적하는 '디핑 소나'(Dipping Sonar)가 있다.

또한 소나는 음파를 탐지, 추적하는 기술적인 특징을 기준으로 '수동 탐지' 방식과 '능동 탐지' 방식으로 구분된다. 전자는 잠수함과 어뢰가 항해할 때 엔진, 스크루 소리가 발생할 때에만 탐지, 추적이 가능하며, 상대적으로 원거리에 위치한 수중 물체를 감시하는 데 적합하다. 후자의 경우 소나에서 음파를 스스로 내보내어 수중의 표적에 반사시키고, 되돌아오는 신호를 통해 수중 표적의 위치를 탐지, 추적할 수 있다. 수동 탐지 방식보다 기술적으로는 앞서지만, 적 잠수함이나 어뢰의 위치가 상대적으로 가까운 경우에만 효과적인 탐지, 추적이 가능한 점이 한계다.

레이더와 정찰기, 인공위성 등을 통한 정보수집 활동만이 군사 정보기능의 전부는 아니다. 일단 정보를 획득하면 다시 그것을 필요로 하는 군 지휘부와 육·해·공군의 각 실전부대에게 전달되어야 제대로 활용될 수 있다. 이것이 바로 통신·지휘통제 기능이 갖는 중요성이며 인체의 신경망과 뇌를 비롯한 사고 중추기관 역할을 하는 것이다.

1. 등장배경

전쟁의 역사에서 각종 무기들이 기술적인 발전을 이루어왔지만, 의사소통이나 지령 전달수단은 오랫동안 낙후성을 면치 못해왔다. 전령(傳令)과 비둘기를 보내거나, 봉화(烽火)를 올리는 수준이 고작이었다. 변화의 계기는 1844년 미국의 사무엘 모스가 유선전신기를 발명하면서 마련되었다. 전신기는 장병 개개인의 시각, 청각이 미치는 지리적·공간적 범위를 훨씬 넘어서는 수십, 수백 km에 달하는 먼 거리에 배치된 부대들까지 직접 상황보고와 명령, 지시사항 교환을 해낼 수 있도록 해주었다. 그만큼 지휘통제의 범위가 확대되었고, 전황의 변화에 따른 대응시간을 단축시킬 수 있게 되

그림 6.9 제2차 세계대전 당시 사용되었던 텔레타이프

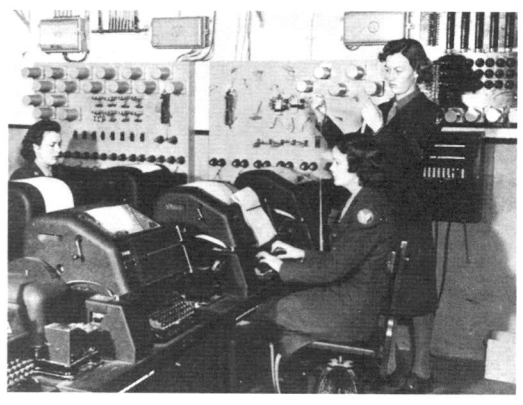

었다. 유선전신은 미국 남북전쟁(1861~1865)을 통해 처음 본격적으로 군사적 효용성을 발휘했고, 1860~1870년대 독일 통일을 달성했던 프로이센도 유선전신의 잠재력을 십분 활용하여 대규모 부대들을 원활하게 배치 및 투입할 수 있었다.

그 후에 1896년 이탈리아의 구리엘모 마르코니는 전파를 이용한 무선전신을 발명해냈다. 이제 움직이는 지상 기동차량, 군함, 항공기도 임무수행 과정에서 적시에 필요한 전황보고 및 지령을 주고받을 수 있게 된 것이다. 러일전쟁에서 일본의 승리를 결정지었던 1905년 5월의 쓰시마해전 당시 일본 연합함대의 군함들은 무선통신기를 탑재하여 러시아 발틱함대를 능가하는 효과적인 지휘통제를 제공받았다. 1940년 5~6월 독일이 전격전을 실시하여 프랑스를 굴복시키는 데 보이지 않은 공로를 했던 것도 통신·지휘통제 기능의 힘이었다. 독일 전차들이 무전기를 통해 일사분란한 지휘를 받으며 작전을 수행할 수 있었기 때문이다.

2. 특성 및 운용

군사 분야에서 통신·지휘통제 기능의 역할은 식별 → 판단 → 결정 → 행동으로 이어지는 의사결정의 시간, 주기를 단축시켜 보다 빠른 임무수행을 가능토록 하는 것이다. 이를 OODA(Observe, Orient, Decide, Act) 주기라고도 하는데, 6·25전쟁 당시 미 공군 조종사로 참전했던 존 보이드가 제시하여 적용했다. 이것은 곧 군사력 운용의 주요 원칙들 가운데 '집중'과 '기습'의 효과를 극대화하기 위한 것이다 그렇다면 이를 위해 요구되는 조건들은 무엇일까?

첫째, 각종 정보와 지시사항들을 다양한 형태로 지휘부와 실전부대에 전달할 수 있는 우수한 소프트웨어가 필요하다. 유선전신 시대의 신호 및 문자, 무선통신 시대의 음성을 넘어 컴퓨터가 널리 보급되고 있는 오늘날에는 보다 명확한 영상 형태까지 포함하는 다양화된 정보를 송수신할 수 있는 데이터링크(data link)가 큰 가치를 차지한다. 정보를 주고받는 시간과

그림 6.10 디지털화된 전투기 조종석의 모습 다양한 형태의 임무수행 정보를 제공받아 처리할 수 있도록 되어 있다.

용량도 각각 단축되고 확대되는 추세이다. 이는 전자·정보통신 기술의 발달로 기존의 아날로그(analog, 0~9를 사용하는 십진법) 방식보다 정보의 조합 형식을 크게 단순화한 디지털(digital, 0과 1을 사용하는 이진법) 방식이 등장한 결과이다.

둘째, 정보의 분석과 융합, 배분, 그리고 관련 지시사항들을 전달하는 데 필요한 고성능의 지휘통제 체계이다. 정찰기나 인공위성 등의 다양한 수단을 활용하며 얻은 여러 개별적인 군사정보들은 대부분 주요 부대들의 지휘부로 전달되는데, 이들은 다시 융합, 평가 과정을 거쳐서 실제 임무수행에 기여할 수 있는 형태로 가공된 후 이를 필요로 하는 각 부대에 배분된다. 필요한 경우에는 지휘부가 확보된 정보를 근거로 관련 부대에 직접 명령을 내리는 기능을 수행할 수도 있다.

이러한 일련의 과정은 방대한 규모의 정보처리를 수반하기 마련이며, 따라서 자동화된 대용량의 컴퓨터가 동원되는 것이 일반적이다.

오늘날 통신·지휘통제 기능을 지휘(command), 통제(control), 통신(communication)과 더불어 컴퓨터에 의한 자동화(computer) 그리고 정보(information)의 머리글자를 각각 딴 C4I라고 지칭하는 것도 여기서 유래한 것이다.

특히 주목되는 것은 이러한 통신·지휘통제 체계의 구축이 육·해·공군마다 개별적으로 이루어지는 차원을 넘어서, 3군이 공통적으로 운용할

그림 6.11 미국의 MILSTAR 군용 통신위성

수 있는 합동(joint) 형태로 이루어지는 추세라는 점이다. 이는 특정 무기나 전투부대의 소속 병과 전투지역의 공간이 어디냐에 구애받지 않고서도 적시·적소에 필요한 전투력을 투입할 수 있도록 보장함으로써 총체적인 전투역량을 극대화한다는 효과를 갖는다.

셋째, 정보와 관련된 지시사항들을 가능한 많은 용량으로, 보다 넓은 공간에 걸쳐, 빠른 속도로 전송할 수 있는 고성능의 중계 장치가 요구된다. 군용통신 중계를 위한 가장 일반적인 장비는 지상에 설치되는 중계기지국이다. 그렇지만 이들은 지형, 기상 변화에 따른 영향에 취약하다는 한계를 갖는다. 따라서 이들 물리적인 제약으로부터 자유로운 우주 공간에서, 대용량의 광역 중계 장치를 탑재하는 통신용 인공위성이 보다 효과적인 수단

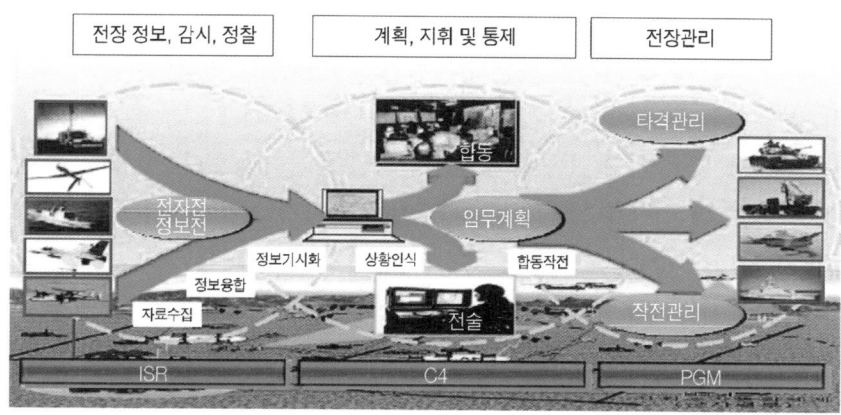

그림 6.12 첨단 통신·지휘통제 체계와 정보수집 기능, 전투력의 복합체계 개념도

으로 평가된다. 통신위성은 앞서 설명한 미사일 발사 탐지용 조기경보위성 처럼, 약 3만 6,000km 고도의 고궤도에서 활동하고 있다.

3. 발전 추세

현재와 미래의 통신·지휘통제 체계는 정보수집 기능뿐만 아니라 전차, 대포, 군함, 항공기 등의 주요 전투수행 단위들과도 밀접하게 연결 및 통합되어 하나의 복합화된 전투체계를 구성하게 될 것이다. 그 군사적인 위력은 이라크전쟁에서 미국이 구현해 낸 네트워크중심전(NCW: Network-Centric Warfare)을 통해 입증되었다. 미군은 링크 16(Link 16), 혹은 TADIL-J (TActical Data Information Link-J)라고 불리는 전술용 데이터링크를 통해 실전수행에 필요한 여러 정보들을, 다양한 형태로, 실시간에 빠른 속도로 제공받았다.

그 결과 표적을 식별한 후 직접적으로 작전을 수행할 부대, 병력에 명령을 하달하기까지 소요되는 시간이 최소 11분으로 단축되었는데, 이는 12년 전 걸프전쟁에서 1~3일이나 걸렸던 것과 비교할 때 매우 큰 발전이다. 정보수집이 이루어지는 즉시, 관련 무기체계나 단위부대가 이를 바탕으로 필요한 임무를 신속하게 수행할 수 있는 '탐지 직후 임무수행(sensor-to-shooter)'이 현실화된 것이다.

이라크 전쟁 당시 미국이 동원한 병력 규모는 32만 명(지상군 투입 17만 명)으로 이라크의 42만 명(육군 37만 명 포함)보다 적었다. 그렇지만 우수한 통신·지휘통제 체계의 뒷받침에 힘입어 미군은 각 전장에서 이라크군의 대응 능력을 뛰어넘는 빠르고 기습적인 5차원 전쟁으로 전투력을 적시·적소에 투입할 수 있는 효과적인 전쟁 수행이 가능했다. 이를 통해 불과 3주일 만에 이라크의 수도 바그다드를 함락시켜 신속한 승리를 거둘 수 있었다. 21세기 통신·지휘통제 체계는 그 자체가 하나의 첨단무기라고 할 수 있으며, "큰 것이 작은 것을 이기는" 이전까지의 전쟁을 "빠른 것이 느린 것을 이기는" 새로운 전쟁으로 변화시키는 데 앞장서고 있는 것이다.

제3절 정보전 무기체계

전쟁에서 정보를 수집하고, 분석 및 배분하는 기능이 큰 중요성을 차지하게 되면서 관련 능력이나 체계를 직접적으로 공격하거나 방어하는 것이 새롭게 주목받는 추세가 되었다. 바야흐로 정보전(information warfare)의 시대가 열린 것이다. 여기서 정보전이란 "군사상의 정보우위를 달성하기 위해 자국의 정보 및 정보체계를 보호하고, 상대국의 정보체계를 파괴, 교란하려는 목적으로 실시하는 제반 활동"으로 정의한다. 정보전의 구체적인 유형으로는 전자전(electronic warfare), 사이버전(cyber warfare)이 있다.

1. 전자전

전자전이란 "적의 효과적인 전자파 사용을 거부 및 박탈하고, 한편으로 아군 측의 전자파 사용을 보장하고 강화하기 위한 모든 군사적 활동"으로 정의하고 있다. 과거 러일전쟁에서 러시아군의 통신부대가 무선전신기를 이용하여 연속적으로 전파를 방사해서 인근에서 무선통신을 통해 포격 지점을 전달하려던 일본 군함의 활동을 방해한 것에서 유래했다. 그 후 제1차 세계대전에서는 상대측의 무선통신 방해를 위한 전자전이 빈번하게 이루어졌고, 제2차 세계대전 중에는 새롭게 등장한 정보수집용 자산인 레이더를

그림 6.13 전투기의 전자전 탑재장비(왼쪽)와 미사일 교란물질을 방사하는 항공기의 모습(오른쪽)

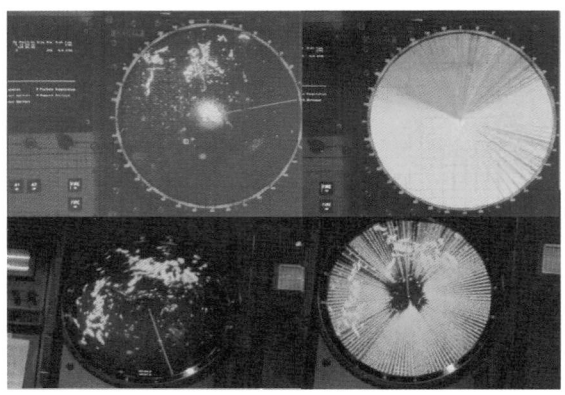

그림 6.14 전자공격으로 교란, 마비된 레이더의 화면 모습

교란할 목적을 띤 전자전이 활발히 전개되었다.

20세기와 21세기에 비약적으로 발전된 전자기술은 군사 분야에서도 큰 비중을 차지하고 있으며, 특히 정보수집과 통신·지휘통제 기능에 있어서는 가히 절대적인 중요성을 갖는다. 이와 같은 정보의 수집, 처리, 배분 활동은 대다수가 전자파를 매개로 이루어지고 있기 때문에 전파의 사용과 통제방법에 따라서 임무수행에 큰 영향을 받는다. 다시 말하자면 전파를 이용한 인위적인 교란, 방해만으로도 상대측의 전장상황 인식과 지휘통제, 통신 기능을 마비시킬 수 있는 것이다.

전자전은 크게 세 가지의 활동으로 구분된다.

① 전파의 형태로 된 정보를 탐지 및 식별하는 전자지원(ES: Electronic Support)이다. ② 적의 전파사용을 교란 및 방해하는 전자공격(EA: Electronic Attack)이고, ③ 적의 전파교란 및 방해로부터 각종 전자관련 자산과 수행능력을 방어하기 위한 전자보호(EP: Electronic Protection)가 있다. 이들 가운데 전자지원은 그 성격상 정보수집 기능에 더 가깝기 때문에 전파에 의한 정보기능의 교란이나 마비, 방어라는 전자전의 본래 의미와 부합하는 것은 전자공격, 전자보호라고 할 수 있다.

또한 전자전을 수행하는 최소 단위는 개별 무기체계의 방어이다. 이는 군함과 항공기에 날아오는 적 미사일의 유도를 교란, 방해하는 소형 장비를 탑재하거나, 이와 유사한 효과를 발생시킬 수 있는 물질을 방사하는 방식으로 수행된다. 후자의 경우 금속재 파편이 주로 쓰이는데, 채프(Chaff)

그림 6.15 전자전
수행 개념도

나 플레어(Flare)라고 불린다.

1973년 10월의 제4차 중동전쟁 당시 라타키아 인근 해역에서 이스라엘 해군은 함정탑재 교란 장비, 채프 방사를 통해 시리아 해군의 미사일에서 발사된 소련제 스틱스 대함미사일을 모두 무력화시켰다. 6년 전 이집트가 발사한 스틱스 대함미사일의 공격을 받고 구축함 1척을 잃었던 것을 깨끗이 설욕해낸 것이다.

전자공격은 적 전자장비가 사용하는 주파수를 대상으로 송수신 능력을 약화시키는 것이 기본원리다. 실행방식에 따라 전자방해(electronic jamming)와 전자기만(electronic deception)으로 각각 분류된다. 전자방해는 고출력의 잡음전파를 방사하여 전자파의 원활한 사용 자체를 저지하는 것을 목적으로 하는데, 레이더를 대상으로 할 경우에 레이더 화면 자체가 심하게 불통이 된다. 전자기만은 다수의 허위 신호, 유인 물체를 보내어 적의 정보 인지 기능에 혼란을 초래하게 하는데, 이것은 레이더 상으로 수많은 가짜 표적들이 등장하여 적을 당황시키는 것이다.

전자공격은 전파에 의한 인위적인 교란, 방해를 통해 상대측의 정보수집 및 통신·지휘통제 기능을 약화시켜 군사상의 각종 의사결정, 임무 수행을 지연시키도록 강요하는 것을 목적으로 한다. 이를 보다 효과적으로 수행하기 위해서는 개별무기 차원으로 탑재되거나, 지상 기지에 설치되는 수준의 전자전 장비로는 불충분하다. 넓은 범위를 대상으로 적의 전자파 사용을 방해, 교란하려면 대용량의 고성능 관련 장비를 싣고서 이동할 수 있는 원격지원 능력이 필요한 것이다. 여기에는 전투기나 수송기를 개량한 형태의 중·대형 전자전 전용항공기가 주로 사용되는데, 미국의 EA-6 '프라울러', EC-130 '컴퍼스 콜', 유럽의 '토네이도 ECR' 등이 대표적이다.

그리고 전자공격에 맞서기 위한 전자방어의 수행방식은 크게 3가지로 실시한다. 첫째는 적이 전자공격을 시도하는 기존의 주파수를 예비 주파수로 전환한다. 둘째는 군용 전파 수신장비의 종류, 형태를 변경한다. 그리고 셋째는 군용 통신이 이루어지는 송신소의 위치를 변경한다.

2. 사이버전

현대에서 정보통신 기술은 사람들의 생활에 지대한 영향을 미치고 있다. 특히 인터넷으로 대표되는 사이버스페이스(cyberspace: 가상공간)는 시간적, 공간적인 제약을 초월하는 사회 각 기능의 상호연결과 보다 빠르고 효율적인 인간 활동을 가능하게 해준다는 점에서 경제·사회적 차원뿐만 아니라 인류 문명사적으로도 큰 의미를 갖는다. 이제 사이버스페이스는 개개인의 일상생활, 기업들의 경제활동, 그리고 나아가 정부 주요 공공기관 업무에서도 필수적인 수단으로 자리 잡고 있다. 이러한 추세는 역시 정보통신 기술의 발전에 큰 영향을 받고 있는 군사 분야도 예외가 아니다.

이와 같은 정보화시대의 개막은 과거에는 상상조차 할 수 없던 편리함을 제공하고 있지만, 동시에 또 다른 위협의 등장을 예고하는 것이기도 했다.

예컨대 각 분야에서 정보통신 기술과 체계에 대한 의존도가 높아짐에 따라 정보통신망에 국한되는 의도적인 기술교란이나 조작, 방해만으로도 국가 전체에 혼란을 일으키고, 중요 기능을 마비시킬 수 있게 되었기 때문이다. 충분히 국가안보 차원의 위협이 될 수밖에 없는 문제이다. 이에 따라 등장한 새로운 형태의 전쟁이 바로 사이버전이다.

사이버전이란 "컴퓨터와 관련된 기반장비를 토대로 하는 가상공간에서, 다양한 비물리적 수단을 사용하여 상대측의 정보자산을 교란, 거부, 통제, 파괴함으로써 상대측의 통신, 전산, 국가정보 체계를 마비시키기 위해, 위기 및 분쟁 시에 취해지는 무형의 공격적 행동과 이에 대한 방어행동"으로

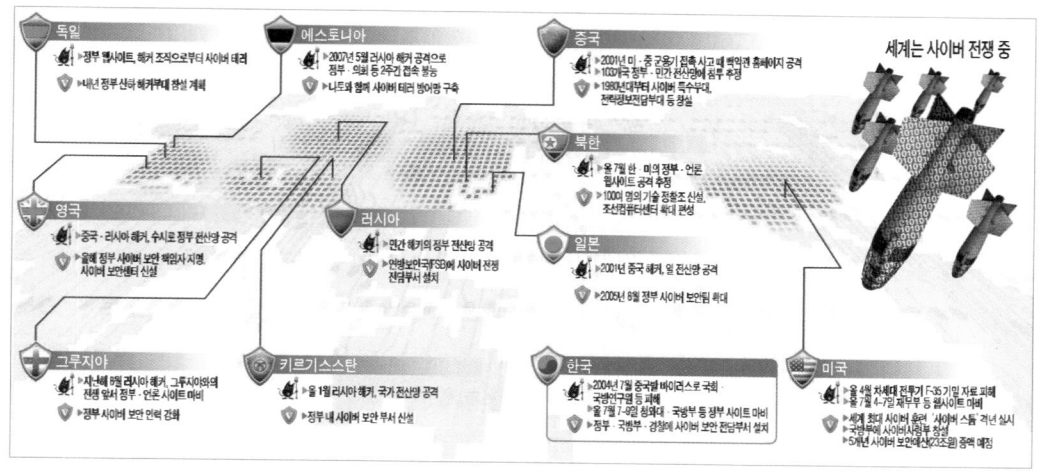

그림 6.16 세계 주요 국가들의 사이버전쟁 대비 현황

정의할 수 있다. 다시 말해서 컴퓨터 속의 가상세계를 겨냥한 무형의 공격으로 현실 세계에서 물리적인 피해의 유발을 강요하는 것이다.

사이버전을 위해 사용되는 기술적인 수단은 다음과 같이 분류된다.

첫째, '통신망에 대한 침투 및 공격'으로 흔히 해킹(hacking)이라고 불린다.

둘째, 상대측 컴퓨터의 저장매체에 악성 프로그램을 감염시키는 '컴퓨터 바이러스'다. 컴퓨터 바이러스에 감염된 컴퓨터에서는 자료 삭제, 작동불능 등의 피해가 발생한다.

셋째, 상대측에 악의적이거나 무의미한 내용의 전자메시지를 한꺼번에 대량 발송하는 '전자우편폭탄'이다. 주로 상대측 컴퓨터와 통신망의 원활한 사용을 방해하기 위한 목적으로 쓰인다.

넷째, 미리 지정된 조건을 인식하여 해당 컴퓨터와 통신망을 마비시키는 '논리폭탄'이다. 이는 일종의 컴퓨터바이러스에 해당하는데, 특정 시간대나 주파수, 신호, 문서내용 등을 인지하는 것이 특징이다.

사이버전은 그 성격상 최근에야 나타난 새로운 형태의 전쟁이지만, 이미 가능성 차원을 넘어 실천되고 있다.

예컨대 1999년 3~6월 미국이 주도하는 NATO의 세르비아 공습 기간에 세르비아 해커들은 NATO와 미 백악관, 국방성 인터넷 웹사이트, 그리고 미군과 NATO 사령부의 군용 전산망에 컴퓨터바이러스에 감염된 파일이 첨부된 수 천 건의 전자우편폭탄을 발송하거나, 해킹을 시도하였다. 이로 인해 해당 웹사이트가 수 시간 이상 마비되기도 했다. 또한 2007년 4~5월에는 구 소련군의 제2차 세계대전 추모동상 이전, 철거문제로 러시아와 마찰을 빚던 에스토니아가 러시아 측의 소행으로 의심되는 대대적인 사이버 공격을 받는 사건도 있었다. 100만대 이상의 컴퓨터가 동원된 분산 서비스 거부(DDoS: Distributed Denial of Service) 방식의 사이버공격으로 에스토니아 대통령궁, 의회, 정부기관, 집권당, 주요 언론사, 그리고 금융기관의 웹사이트 및 전산망이 무려 3주일 동안이나 마비된 것이다.

이러한 사이버전이 지향하는 효과는 무엇일까? 1차적으로는 적 컴퓨터와 전산망 내부 자료의 파괴, 왜곡, 탈취, 접근차단, 업무속도 저하, 처리절차의 조작 및 변경, 그리고 이와 연결되는 통신체계와 주요 유형 자산들의 운용을 마비시키는 것이다. 그래서 상대측의 정부 의사결정자와 국민들의 정보 인지능력, 심리에 타격을 가하고, 제반 국가적 · 사회기능에 대한 신뢰도를 현저하게 약화시켜서 전쟁을 수행할 능력, 의지를 파탄 상태로 몰아넣는 것이 궁극적인 목적이다. 그것도 위치나 정체를 좀처럼 노출시키지 않은 채, 기습적으로 공격 시점을 자유롭게 선택할 수 있고, 물리적인 파괴나 인명살상을 거의 일으키지 않으면서 시행한다.

21세기 정치 · 경제 · 사회 · 군사 등의 각 분야가 정보통신 기술, 특히 인터넷에 의한 가상공간에 점점 더 의존함에 따라 사이버전에 의한 안보 위협의 심각성, 파급효과는 더욱 커질 것으로 전망된다. 이에 따라 미국, 러시아, 중국을 위시한 세계 각국에서는 앞 다투어 사이버전을 전담하여 수행할 수 있는 전문 인력 중심의 정규부대와 사령부, 혹은 특수조직을 설치 및 운영하고 있다. 그렇지만 사이버전의 잠재력에 특히 주목하고 있는 것은 중소국가와 테러 집단이다. 소수의 전문 인력만으로도 충분히 수행이 가능하다는 효율성과 더불어, 상대적으로 훨씬 적은 투자와 노력으로 자신들보다 우월한 적의 경제력과 군사력을 무용지물로 만들 수 있다는 효과성 때문이다.

제4절 한국의 현황

한국군에서 정보수집용으로 운용하고 있는 대표적인 장비로는 전방에서 적 병력의 움직임을 감시하기 위한 RASIT-E 대인감시 레이더, 북한 포병부대의 위치를 탐지, 추적하기 위한 AN/TPQ-36/37 대포병 레이더, 그리고 공군의 지상 방공기지에서 운용하는 탐지거리 400km의 FPS-117 장거리레이더 등이 있다.

또한 위상배열레이더의 경우 세종대왕급 이지스구축함에 탑재되는 AN/SPY-1D 함대방공 레이더가 대표적이다. 이 레이더는 반경 500km, 특정 방향의 경우 약 1,000km 이내의 해·공역에서 활동하는 항공기, 미사일 등의 표적 1,000여 개를 동시에 탐지 및 추적할 수 있다.

이 점에서 AN/SPY-1 위상배열레이더는 이지스 전투체계에서 가장 핵심적인 비중을 차지하는 것이다. AN/SPY-1D 위상배열레이더의 우수성은 금년 4월 5일, 세종대왕급 이지스구축함이 미국, 일본의 이지스구축함들보다도 빨리 북한의 대포동 2호 탄도미사일 발사를 탐지해내면서 입증되었다. 당시 세종대왕급 이지스구축함은 북한의 대포동 2호를 발사 15초 만에 정확히 탐지했다. 북한 탄도미사일 위협의 대응 차원에서 도입을 추진 중인 지상배치 조기경보레이더 역시 위상배열 방식을 채택할 전망이다.

2000년 이후 한국은 새로운 정보수집 자산으로서 정찰용 인공위성의 비중을 적극 강화하고 있다. 1999년 해상도 6m급의 전자광학 카메라를 탑재하는 다목적 실용위성 아리랑 1호를 발사한 것이 시작이었다. 2006년 7월

그림 6.17 한국 육군의 RASIT-E 대인 감시 레이더(왼쪽), AN/TPQ-36/37 대포병레이더(가운데), 공군의 FPS-117 지상방공 레이더(오른쪽)

에 발사된 아리랑 2호는 역시 전자광학 카메라를 탑재하지만, 해상도는 1m로 대폭 향상되었다. 이를 통해 특정지역 상공을 2~3일 간격으로 통과하면서 고해상도의 영상정보를 수집할 수 있다. 사실상 한국 최초의 정찰위성인 것이다.

한국은 오는 2010년 해상도 1~3m의 SAR 레이더를 탑재하는 아리랑 5호, 2011년에는 해상도 0.7m의 전자광학 카메라를 탑재하는 아리랑 3호, 그리고 2012년 해상도 7m의 적외선 탐지장비를 탑재하는 아리랑 3A호를 각각 발사한다는 계획이다. 그 결과 2010년부터 3대 이상의 정찰위성을 운용, 적어도 하루에 1번씩, 낮과 밤, 그리고 날씨에 구애받지 않고 한반도 전체와 주변지역의 특정 대상을 감시 및 정찰할 수 있는 능력을 확보할 수 있을 것으로 기대된다.

그렇다면 통신·지휘통제 기능은 어떠한가? 그동안 한국은 육·해·공군 각 군별로 개발된 전술 지휘통제 체계를 채택해 왔다. 육군의 스파이더(SPIDER), 해군의 해군 전술자료처리체계(KNTDS), 그리고 공군의 자동화 방공통제체계(MCRC)이다. 이렇다 보니 실전부대들 사이의 통신 및 지휘통제 범위가 해당 군 이내로 한정되어 정보의 공유와 활용 수준이 양적, 질적으로 제한적이었다. 또한 정보의 송수신, 분석, 가공, 배분을 위한 데이터링크로 사용되는 링크 11(Link 11), 즉 TADIL-A/B도 취급 정보의 용량과 송수신 범위, 대상, 전송 속도, 정보 형태의 다양성 등에서 미국의 링크 16보다 크게 뒤떨어진 것이었다. 우수한 통신·지휘통제 체계의 뒷받침 아래 적보다 빠른 상황인식, 결정, 행동을 취할 수 있는 능력이 승패를 좌우하는 오늘날의 전쟁 수행방식에는 부적합하다는 평가를 받아왔다.

이에 따라 한국군은 기존 통신·지휘통제 체계의 약점을 보완하고, 관련

그림 6.18 2006년에 발사된 아리랑 2호 전자광학 위성(왼쪽)과 아리랑 5호 SAR 위성(오른쪽)

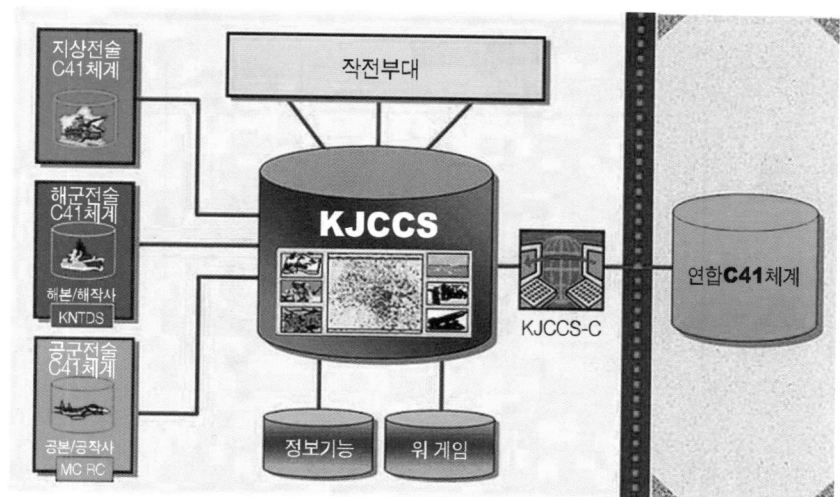

그림 6.19 한국군의 합동, 각 군별 통신·지휘통제 체계

역량을 강화하기 위한 노력을 하고 있다. 우선 합동참모본부가 관할하는 한국형 합동지휘통제체계(KJCCS)가 지난해 1월부터 가동되어 주요 정보수집 자산들을 통해 확보된 정보들의 집결, 분석, 정리, 그리고 이를 필요로 하는 각 군의 상급 지휘소와 실전부대에 대한 정보 및 명령의 전달과정을 통합·자동화시켰다. 육·해·공 3군의 전술 지휘통제 체계도 새로이 개발되어 나갔다. 육군 전술지휘정보체계(ATCIS), 해군 지휘통제체계(KNCCS), 그리고 공군 전술지휘통제체계(AFCCS)는 기존의 KNTDS나 MCRC와도 연동 가능하며, 정보수집에서 상황인식 및 파악, 결정, 지시, 그리고 기동과 타격에 이르는 일련의 임무수행 절차를 자동화한 것이 특징이다. 또한 KJCCS를 중심으로 상호 연동되어 지휘통제, 정보공유의 범위가 타 군 소속의 전투부대까지 확대되는 효과가 있다.

데이터링크도 기존의 링크 11보다 우수한 링크 16으로 갱신하거나, 링크 16과도 호환 가능한 한국형 합동 전술데이터링크체계(K-JTDLS), 즉 링크 K를 자체 개발한다. 링크 K는 합동 통신·지휘통제 체계의 구축, 데이터링크의 성능 개선으로 적보다 한발 앞서 인지, 판단, 행동함으로써 유리한 시간과 공간에서 적을 상대할 수 있는 선탐(先探: 먼저 알다) → 선결(先決: 먼저 결심하다) → 선행(先行: 먼저 행동하다) 능력을 보장해 줄 것이다.

2006년 8월 22일에는 한국 최초의 민군 겸용 통신위성 무궁화 5호가 발

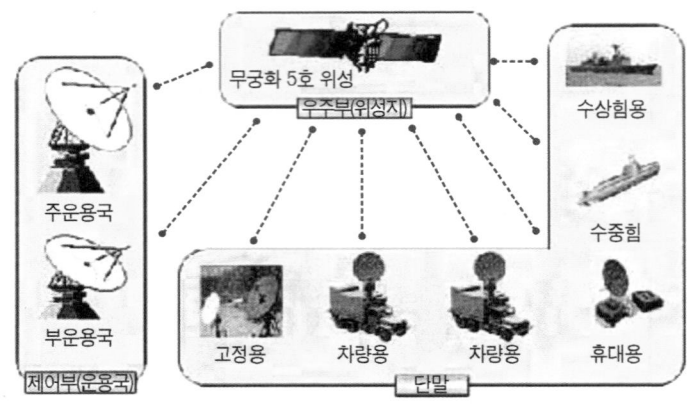

그림 6.20 무궁화 5호의 통신위성과 군 위성통신체계 (ANASIS)

사되었다. 총 12개의 군용 통신중계기를 탑재하는 무궁화 5호는 한반도 전체와 서태평양, 동남아시아 전체, 시베리아 북부, 호주 북부를 포함하는 반경 6,000km에 걸친 광대역 군사통신 중계를 수행한다. 2007년 12월부터는 무궁화 5호의 우수한 통신중계 기능을 바탕으로 하는 군 위성통신체계(ANASIS)를 본격 운용하기 시작했고, 이를 대대급의 소부대까지 운용 가능할 정도로 확대, 발전시킨 '전술정보통신체계(TICN)'를 2020년까지 전력화한다.

전자전 분야에서는 어떤 수준일까?

먼저 육군은 동부, 서부전선의 전방 지역에 북한의 전술통신에 대한 도청, 신호분석 등 전자지원 기능과 더불어 통신교란 등의 전자공격을 위한 차량탑재형 전자전 장비들을 운용하고 있다. 해군과 공군은 군함, 항공기에 대한 적 공격으로부터 생존성을 확보하는 자체방어 목적에서 전자전 장비와 이를 포함하는 복합 전자전체계를 탑재하고 있다. 일명 쏘나타(SONATA)로 불리는 해군의 SLQ-200K 체계, 공군의 ALQ-200K 체계가 대표적이다. 2010년대는 중·대형 수송기에 고출력의 전파 교란장비를 탑재하여 수백 km 범위의 적 통신망, 지상 방공체계를 마비시키는 '원거리지원 전자전기(K-SOJ)'를 전력화하여 광역 전자전 수행능력까지 갖추는 것이다.

21세기 한국의 사이버전을 직접적으로 책임지고 있는 주역은 국방부와 육·해·공군의 본부, 주요 사령부 소속 인원들로 구성되는 국군 지휘통신

그림 6.21 전투기의 전자전장비 운용 개념도(왼쪽)와 ALQ-200K 국산 전투기 탑재형 전자전장비 (오른쪽)

사령부의 컴퓨터 침해사고대응팀(CERT)이다. 그러나 외부의 해킹, 컴퓨터 바이러스 침투에 대한 감시 및 긴급복구 등의 수세적인 기능을 주로 담당하고 있을 뿐이다.

예컨대 청와대와 주요 정부부처, 국가정보원, 언론사, 금융기관, 인터넷 보안업체 등의 웹사이트를 겨냥한 DDoS 방식의 사이버공격으로 국내에서도 사이버전에 대한 경각심이 높아졌다. 이에 국방부는 2010년 1월부터 군 전체 차원의 사이버전 수행을 총괄하는 '사이버작전사령부'를 창설했다. 창설된 사이버작전사령부는 예하 부대들은 기존 CERT가 수행하는 방어 위주의 임무뿐만 아니라, 상대측의 정보통신망을 겨냥한 보다 공세적인 사이버전 수행 능력까지 갖추어 운용하고 있다.

Modern Weapons
System Theory

미래 전쟁양상의 변화와 무기체계

제1절 미래 전쟁양상의 변화

'전쟁은 만인의 왕인 동시에 만인의 아버지가 된다'라는 명언이 있다. 그것은 어떤 사람들을 신으로 만들기도 하고, 어떤 사람들을 노예로 만들기도 하며, 또 어떤 사람들을 자유롭게 만들기도 한다. 2,500년 전 모든 것은 변화한다고 외친 고대 그리스 철학자 헤라클레이토스가 한 말이 지금도 여전히 유효하고 있다.

전쟁만큼 모든 것을 확실하게 변하게 할 수 있는 것은 많지 않으며 미래에도 이 진리는 변화하지 않을 것이다.

따라서 전쟁은 농업시대, 산업시대, 지식정보화 시대에 따라 변화하여 왔다. 미래 전쟁의 양상은 지상·해상·공중·우주·사이버에 진행되는 5차원 전쟁으로써 네트워크 중심전, 정보 및 사이버전, 효과 중심의 정밀 타격전, 마비 중심의 신속기동전, 비선형전, 비살상전, 무인로봇전, 비대칭전, 동시통합전 등으로 더욱 변화하고 확대될 것이다.

1. 5차원 전쟁

무기체계의 능력이 획기적으로 광역화, 장사정화, 정밀화, 고기동화, 네트워크화, 우주화됨에 따라 전장의 공간(범위)과 성격(기능)이 근본적으로 변화하고 있다. 또한 지식정보화시대에는 지상·해상·공중·우주·사이버의 5차원에서 장거리 첨단정밀무기를 작전특성에 맞게 연계하고 통합하여 동시적·병행적·효과기반적·핵심지향적으로 내부의 전략적 목표인 전쟁지도부와 국가지휘구조를 먼저 타격하여 붕괴시키고, 그 효과가 외부로 퍼져나가 국가 전체에 변화를 유발시킴으로써 단기간 내에 전쟁목표를 달성할 수 있게 할 것이다.[1]

따라서 5차원 전쟁을 수행할 수 있는 매우 다양하고 복합적인 새로운 무기체계가 요구되고 있다.

2. 네트워크 중심전

정보기술의 발전에 따라 종전의 플랫폼 중심(platform-centric)의 전투는 네트워크 중심(network-centric)의 전투로 변화하고 있다. 네트워크 중심전은 전쟁목표를 달성하기 위해 고도의 지식·정보능력을 바탕으로 자동화된 네트워크를 통해 신속한 지휘통제로 분산된 전력을 강력하고도 효율적으로 연결시켜 전력을 발휘하는 전투개념이다.[2]

네트워크 중심전은 무기나 플랫폼을 개별단위로 사용하기보다 다수의 전투체계가 동시적으로 정보를 공유하는 네트워크로 조직됨으로써 전투력 발휘 효과를 크게 증대시키는 새로운 방법이다. 미래 전장에서는 시간적·공간적으로 널리 분산된 전투력을 통합하여 집중하고 기동의 우세를 달성하며, 신속하고 정확하게 결정적인 결과를 끌어낼 수가 있는 새로운 형태의 정보통신무기체계가 요구되고 있다.

---

1) 조영갑, 『세계전쟁과 테러』(선학사, 2011), p. 372.
2) 조영갑, 전게서, p. 386.

3. 효과기반 정밀 타격전

효과기반정밀타격전이란 전략적 · 작전적 · 전술적 수준에서 아군의 군사적 역량과 비군사적 역량을 모두 활용한 정보작전, 압도적인 기동, 정밀 공격으로 적의 전쟁수단이나 의지를 단순히 파괴하기보다는 핵심적 기능마비를 통제할 수 있는 효과성과 경제성에 초점을 맞춰 목표를 타격하는 것이다. 과거에는 적의 군사력을 무차별 대량 파괴나 살상하지 않고서는 적의 의지를 꺾을 수 없었다. 그러나 현대는 장사정 정밀유도무기의 획기적인 발전으로 적의 군사력을 대량으로 파괴하지 않고서도 적의 군사력을 통제할 수 있게 되었다. 여기서 통제란 전략적 요소들에 대한 적의 영향력을 지배할 수 있는 능력으로서, 적의 일부 중요 핵심시스템의 무력화로 국가의 전체 기능을 무력화시키는 능력을 의미한다.

이와 같은 변화에 따라 싸우는 개념이 크게 바뀌고 있다. 파괴 중심에서 효과 중심으로, 영토의 점령에서 시스템의 통제로, 군사력의 행사에서 군사적 영향력의 과시로, 개별 순차적 공격에서 동시병렬공격으로, 투입 중심에서 산출 중심으로 급속히 전환할 수 있는 효과기반의 정밀화력무기체계가 요구되고 있다.

4. 마비 중심의 신속기동전

마비 중심의 기동전은 신속하고 대담한 기동으로 위치적 우세를 조성, 확보하여 적을 물리적으로 파괴하는 것이 아니라 적의 연계성 및 응집력을 와해시켜, 심리적으로 혼절 및 마비효과를 창출하는 전쟁개념이다. 따라서 신속 결정적 기동작전(RDM)이란 적의 방어가 없는 곳이나 적이 미처 대응할 수 없는 방향으로 신속한 기동을 실시하여 작전의 조건과 속도를 강요하고 수개의 방향 또는 다차원의 비대칭공격으로 결정적 주도권을 확보하는 것이다.

즉, 신속하고 결정적인 기동전을 통해 적의 전략적 중심으로 신속히 기동하여, 적은 무질서 속에 빠지고, 아군 측은 질서를 유지하여 적은 투입비용으로 단기간 내에 승리할 수 있는 새로운 기동무기체계가 요구되고 있다.

5. 비화약전

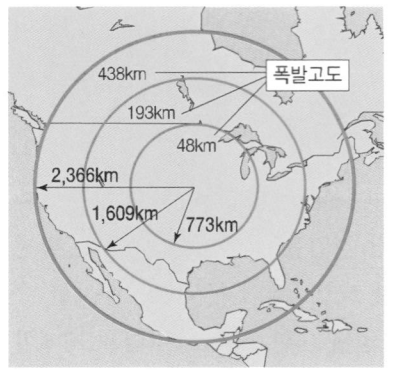

그림 7.1 전자기파 (EMP) 무기 폭발 고도에 따른 피해 예상 지역

지금까지의 전쟁은 화약에 의한 전쟁이었으나, 미래의 전쟁은 화약을 사용하지 않는 전쟁으로 진화하고 있다. 전자기파(EMP), 레이저(laser), 비살상무기(NLW)를 발전시키고 있다. 특히 전자기파(EMP) 무기는 핵폭발처럼 폭발 시 엄청난 위력의 전자기파를 발생하여 통신망, 전기 및 전자장비, 컴퓨터 네트워크 등의 기능을 마비시키는 것으로 전자폭탄으로 불리고 있다. 왜냐하면 직접적인 인명피해는 없지만 재앙(그림 7.1)에 가까운 정치적·경제적·군사적 대혼란을 발생시킬 수 있기 때문이다.

따라서 미래전은 결코 인간을 살상하지 않고, 또한 전통적인 화약을 사용하지 않고 승리할 수 있는 전자기파를 통한 전쟁이 진행될 것이다. 그것뿐만 아니라 미국은 공중발사레이저(ABL)가 탑재된 보잉 747-400F기로 적외선 탐지 위성으로 식별한 뒤 수천 ℃의 열을 지닌 레이저로 미사일을 파괴하고 있다.

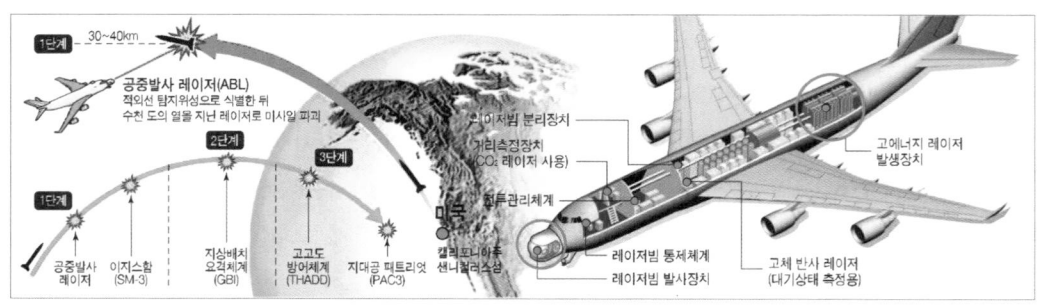

그림 7.2 미국의 공중레이저로 미사일 공격

6. 비살상전

비살상전(non-lethal warfare)이란 적을 의도적으로 살상하거나 영구 부상시키지 않고, 불필요하게 물자를 파괴하거나 환경에 선상을 주지 않으면서, 적의 표적에 영향을 미치는 능력이라고 정의한다.

따라서 비살상을 목표로 하여 의도적으로 만든 무기로서, 사람의 치명적 손상과 자산 및 환경의 불필요한 피해를 최소화하면서, 이들의 실제 기능을 무능화 할 수 있는 무인무기체계들이 요구되고 있다. 여기서 유의할 점은 비살상이라고 해서 사람의 치명적 손상 또는 영구적 부상이 발생할 확률이 없다는 것이 아니고, 전통적 살상무기보다는 치명적 손상 또는 영구적 부상의 확률이 현저하게 적다는 것이다.

7. 무인로봇전

로봇이란 말은 1920년 체코의 극작가 카렐 치페크가 쓴 로섬의 만능 로봇이라는 희곡에서 처음 사용되었다. 강제노동에 종사하는 노예나 종을 의미하는 단어 로보타(robota)에서 a를 빼고 만들었다.

작품 속의 로봇은 인간과 똑같은 노동을 할 수 있지만 정서나 영혼을 갖지 못해 인간의 지배를 받는 인조인간으로 묘사했다. 그러나 노동을 통해 지능이 발달된 로봇들이 반란을 일으켜 인간을 멸망시킨다는 내용이다.

어원에서 알 수 있듯이 로봇은 인간의 허드렛일을 대신 처리해 줄 노예로 고안된 존재이다. 세계 최초의 로봇은 1939년 뉴욕 세계박람회에서 선보인 미국 웨스팅하우스의 일렉트로라는 로봇으로써 앞뒤로 걸어 다니며 녹음된 77단어를 말할 수 있고, 담배를 피우기도 했다. 장난감 수준에 불과했던 로봇은 비약적인 발전을 하면서 2000년대 현재는 산업·의료·농업·군사 등 각 분야의 필수 도구로 자리 잡았다.

오늘날 4차 산업혁명 시대에 전쟁은 gutlf과 가상이 융합된 무인/로봇 전쟁으로 수행될 것이다. 로봇에게 인간과 같은 사고와 지능을 부여해 좀 더 많은 일을 효과적으로 시키기 위해 노력하고 있다. 전문가들은 현재의 기

그림 7.3 외골격 로봇

경량 방탄복
MIT의 네드 토머스 박사는 기존 방탄소재의 빽빽하고 경직된 분자구조를 트러스 형태로 재설계하고 있다. 재설계가 마무리되면 무게는 줄어들고 강도는 향상된 방탄복을 개발할 수 있을 것으로 전망된다.
개발자 : MIT ISN

자가 치료 수트
병사가 부상을 당하면 수트가 출혈을 감지, 인공혈관을 통해 지혈제를 투여한다. 평상시에는 혈압 · 심장박동 등 병사의 건강상태를 원격지 의료팀에게 실시간 전송한다.
개발자: 미 육군 내틱연구센터, MIT ISN

5톤 트럭을 들어올리는 팔
MIT의 화학자인 티모시 스와거 박사 연구팀은 전기가 통하면 고무줄처럼 늘었다 줄었다 하는 신개념 폴리머 소재를 개발했다. 실험 결과 이 소재로 만든 인공근육은 인간의 100배에 이르는 힘을 발휘한다.
개발자 : MIT ISN

맞춤형 기능전화 시스템
미래의 외골격 로봇은 팔뚝의 제어장치를 통해 특정 상황에 필요한 특정 동작을 신속히 수행할 수 있다. 일례로 위험지역에서 신속히 탈출해야 할 경우 버튼만 누르면 단시간 동안 최대의 파워를 제공한다.
개발자 : 레이시온 사코스

자가 발전 동원력
병사가 걷는 힘을 이용해 배터리를 충전하는 자가 발전 동력 시스템을 올해 중 버클리 바이오닉스사가 개발할 예정이다. 감속이나 제동할 때 발생하는 에너지를 배터리에 저장하는 하이브리드 카와 유사한 방식이다.
개발자 : 버클리 바이오닉

술발달 속도라면 2030년에는 인간과 맞먹는 지능을 가진 로봇이 등장할 것으로 예상하고 있다. 특히 현대전쟁에서 다양한 유형의 수많은 무인로봇전(unmanned robot warfare)에서 로봇이 전투원을 대신하여 정보수집, 표적 식별 및 추적, 레이더 교란, 불발탄 제거, 지뢰 및 기뢰 제거, 화생방 오염 제독 등을 수행함은 물론, 적의 표적을 공격하고 파괴하는 전투임무까지도 담당하는 전쟁양상이 표출될 것이다. 로봇체계가 전투원의 전통적인 3D 작업을 대행하고, 전투의 경제성, 생산성, 효율성, 능률성을 증진시키며, 인간중시의 전투수행을 가능하도록 하고, 군의 직업적 위상 및 매력을 제고시키는 수단이 될 것이다.

즉, 로봇공학의 발전으로 지상무인무기, 무인항공기, 무인차량, 무인잠수정 등의 대결로 바뀔 것으로 예상한다. 그 뿐만 아니라 나노기술, 생물학,

유전공학 등의 발전으로 인체의 변화를 탐지하는 전투복, 뇌파를 이용한 항공기 조종, 전통 백신보다 뛰어난 유전자 백신, 심지어 올챙이처럼 인간이 잃어버린 팔과 다리를 다시 자라게 하는 재생능력 등 공상과학기술 수준까지 연구되고 있다. 그 사례로서 인체를 모방한 인공 힘줄 등을 활용하여 근력·지구력을 수십 배 이상 증폭시킨 강력한 외골격 로봇이 인간을 대신해서 전투를 하게 될 것이다. 이것이 결코 꿈이 아니라 이런 물질적, 정신적 패러다임의 변화를 읽지 못한 나라는 전쟁에서 승리할 수 없게 된다.

8. 정보전 및 사이버전

정보전이란 특정한 적에 대해서 특정목표를 달성 및 진척시키기 위해서 위기시나 전쟁 시에 실질적으로 수행되는 정보작전인 것이다. 따라서 정보의 상호관련 요소들을 연계하고 통합 운용하여 효과를 극대화시키는 것이 매우 중요하다.

정보전과 인터넷은 관련이 크다. 컴퓨터를 상호 연결하는 인터넷 기술은 국방기술에서 개발되었다. 이 기술이 상용화되면서 눈부신 발전을 했지만 사이버 위협도 더욱 커지고 있다.

사이버전은 컴퓨터와 네트워크를 통해 구현되는 전자적 가상 현실세계(사이버공간)에서 상대측의 정보 및 자산을 교란, 거부, 통제, 파괴, 마비시키고 또한 적의 이와 같은 행위로부터 아군 측을 방어·보호하는 모든 행동이다. 이미 앞장에서 세밀하게 설명하였듯이 미래 전쟁에서 정보전·사이버전에 필요한 민군겸용기술과 방위산업발전이 대단히 중요한 요소가 되고 있다.

그런데 정보전은 인터넷과 컴퓨터 망에 크게 의존하고 있다. 그렇기 때문에 사이버전의 피해는 핵무기 공격보다 클 수 있다는 말까지 나오고 있다. 2000년대는 행정·전력·금융·교통·군사 등을 비롯한 국가 주요 컴퓨터 망이 사이버 공격으로 모두 마비될 수 있다. 특히 컴퓨터를 비롯한 정보기기와 기술이 갈수록 발전하면서 사이버 전쟁의 비중은 더욱 커질 것이다. 따라서 21세기 전쟁이 사이버 전쟁이 될 수 있다는 상황에 대비해서 준비하고 대응해야 한다.

제2절 미래무기체계

1. 무인무기

무인무기체계(unmanned weapon system)란 인간이 탑승하지 않고서 외부에서의 원격조종, 혹은 내부에 탑재된 제어·통제체계를 통해서 군사 임무를 수행하는 무기체계로 정의한다. 쉽게 말해서 내부에 인간 조종사가 없는 군용 차량, 함정, 항공기를 생각하면 될 것이다. 무인무기체계는 배치 및 운용되는 지상·해상·공중·우주·사이버 공간을 기준으로 무인지상차량(UGV: Unmanned Ground Vehicle), 무인수상함정(USV: Unmanned Surface Vessel), 무인잠수정(UUV: Unmanned Underwater Vehicle), 그리고 무인항공기(UAV: Unmanned Aerial Vehicle) 등으로 구분한다.

과거에는 무인(無人) 군용장비를 신형기술의 시험, 혹은 사격훈련을 위한 모의표적 정도로나 사용하는 것이 고작이었다. 그렇지만 전자 및 정보통신 기술의 발달이 군사력에도 영향을 미치기 시작한 1980년대에 들어서 상황은 달라지게 되었다. 1982년 6월, 이스라엘의 레바논 침공이 그 시작이었다. 당시 이스라엘은 레바논으로 진격하기에 앞서 시리아가 대규모로 구축해 놓은 지상 방공전력, 레이더 등을 제압하여 제공권을 확보해야 하는 과제에 봉착했다. 이에 '스카우트', '마스티프' 등의 이스라엘 무인항공기들이 레바논으로의 핵심 접근로인 베카 계곡으로 투입되었고, 이들을 포착한 시리아 레이더의 작동을 유도했다. 그 결과 이스라엘은 시리아가 베카 계곡에 배치해놓은 지상 방공전력의 현황을 파악할 수 있었고, 곧이어 이스라엘의 포병, 항공기들이 집중사격을 퍼부어 시리아 지상 방공전력을 궤멸시켰다.

9·11테러사태 직후인 2001년 10월 미국 주도 아프가니스탄 전쟁, 2003년 이라크 전쟁에서는 미 공군의 RQ-1 '프레데터', RQ-4 '글로벌 호크' 등의 다양한 무인항공기들이 정보수집 임무에서 대활약하며 미국의 승리에 크게 기여했다. 이로써 무인무기체계는 정보화시대의 새로운 전쟁을 선도

하는 주역으로 각광받게 된 것이다.

현재와 미래의 전쟁에서 무인무기체계가 발휘할 수 있는 장점은 다음과 같다. ① 지상에서 정찰 및 경계임무를 비롯하여 조종사가 직접 탑승하는 기존의 전차, 장갑차, 군함, 항공기와는 달리 인명손실의 부담이 없으므로 위험한 지역과 임무에도 얼마든지 투입 가능하다. ② 24시간 이상의 오랜 시간에 걸친, 넓은 공간에서도 임무를 수행할 수 있다. ③ 조종사의 탑승 공간을 고려하지 않아도 되므로 소형, 경량화된 설계에 지장이 없으며, 인간의 체력한계를 넘어서는 높은 속도와 기동력을 발휘하도록 설계할 수도 있다. 그리고 ④ 조종사의 인건비 및 훈련, 유지비용이 들지 않아서 훨씬 낮은 비용부담으로, 대량생산 및 운용이 가능하다.

즉 무인무기는 전투에서 인간의 수고와 위험을 크게 덜어줌으로써 보다 안전하고 경제적일뿐만 아니라, 효율적인 임무 수행을 가능토록 해주는 것이다.

1) 무인지상차량(UGV)

휴대용 정찰로봇(SUGV, 미국)
• 무게 : 약 13kg(휴대가능)
• 이동속도 : 시속 10km
• 임무 : 영상정보 수집

무인 다목적지원차량(MULE, 미국)
• 무게 : 2,500kg
• 이동속도 : 시속 21km(야지기준)
• 임무 : 감시 및 정찰, 군용물자 수송,
  지뢰제거, 제한적인 전투수행

가디움(이스라엘)
• 무게 : 미상
• 이동속도 : 미상
• 임무 : 감시 및 정찰, 제한적인 전투
  수행

표적인식/제거용 로봇차량
(SYRANO, 프랑스)
• 무게 : 미상
• 이동속도 : 미상
• 임무 : 감시 및 정찰, 지뢰제거

2) 무인수상함정(USV)

프로텍터(이스라엘)
• 무게 : 미상
• 이동속도 : 시속 40노트
• 임무 : 연안감시 및 초계

스파르탄(미국)
• 무게 : 2,300kg
• 이동속도 : 미상
• 임무 : 연안감시 및 초계

3) 무인항공기(UAV)

무인무기체계의 기술적 발전단계는 다음과 같이 구분한다.

① 인간에 의한 원격조종 의존(1~2단계)이며, ② 지정된 장소, 경로를 따라 움직이는 제한적 자율기동(3~5단계)이고, ③ 자체적인 인식과 판단을 통해 움직이는 완전 자율기동(6~7단계)이며, ④ 인간 및 유인 탑승무기와의 공동 작전수행(8~9단계)이고, ⑤ 외부의 통제가 필요 없는 완전한 자율 임무 수행(10단계, 이론상으로만 가능)으로 구분한다. 현재 무인무기체계 기술이 가장 발전된 미국의 경우에 육군의 무인 다목적지원차량(MULE)이

RQ-1 프레데터(미국)
• 무게 : 0.5(체공 : 24H)
• 비행고도 : 7km
• 속도 : 시속 217km
• 임무 : 영상정보 수집, 경무장

RQ-4 글로벌 호크(미국)
• 무게 : 3.8톤(체공 : 35H)
• 비행고도 : 20km
• 속도 : 시속 650km
• 임무 : 영상정보 수집

서처(이스라엘)
• 무게 : 0.5톤
• 비행고도 : 6km
• 속도 : 시속 200km
• 임무 : 영상정보 수집

MQ-8 파이어 스카우트(미국)
• 무게 : 1.4톤
• 비행고도 : 6km
• 속도 : 시속 200km
• 임무 : 정찰 및 초계

완전 자율기동 능력과 더불어 유인 탑승차량의 절반 속도인 시속 20km로 주행하는 6단계에 도달한 상태다.

　　무인항공기는 현대 및 미래전쟁을 주도한다. 미국은 아프가니스탄전쟁 및 이라크 전쟁에 무인항공기를 투입해 커다란 작전성과를 얻을 것을 비롯해 항공모함에 X-47B로 명명된 무인폭격기 혹은 드론까지 등장시켰다.
　　무인항공기는 조종사가 탑승하지 않고 인공위성-지상레이더-인터넷을 이용하여 수천 킬로미터 혹은 수만 킬로미터에 떨어진 목표를 공격하는데, 이때 무인항공기의 조종은 미국본토에서 한다. 무인항공기는 미국과 전쟁·분쟁·갈등 중인 국가들의 군인이나 중요민간인물들을 살상하거나 전략목표를 제거하는데 사용된다.
　　그러나 무인항공기는 아무런 죄 없는 민간인이나 아이들까지 무차별 공격하여 사망케 하지만, 그때마다 실수였다거나 죽은 사람들이 민간인으로 위장했다고 둘러대

하피(이스라엘)
• 무게 : 0.13톤
• 비행고도 : 미상
• 속도 : 시속 185km
• 임무 : 대공제압

윙룽(중국)
• 무게 : 1.1톤
• 비행고도 : 5.3km
• 속도 : 미상
• 임무 : 영상정보 수집, 경무장

며, 죄의식이 없는 전쟁을 치르므로 전쟁이 컴퓨터 오락화되고 있다는 비난이 있다.

그뿐만 아니라 무인항공기는 환경감시, 화재현장, 교통상황을 비롯해서 산업용으로 다양하게 활용도 하지만 더욱 소형화되면 은밀한 개인생활까지도 감시 감독하는 데 사용됨으로써, 개인의 자유와 기본권 침해 논란이 뜨겁다. 이와 같이 무인항공기는 자국군의 인명피해 없이 신속하고 정확한 군사작전을 수행할 수 있어 오늘날 세계 국가들은 무인항공기 개발에 박차를 가하고 있다.

한국도 한국항공우주연구원과 대한항공은 세계적 수준의 군수용 및 민수용 무인항공기 개발에 적극 참여해 첨단과학 기술을 성장 동력으로 방위산업을 발전시켜 나가고 있다.

현재까지는 무인무기체계의 임무가 주로 비전투 지원 기능으로 제한되어 있는 실정이다. 구체적으로는 감시와 정찰, 정보수집, 위험물질(지뢰, 기뢰, 대량살상무기)의 탐지 및 제거, 그리고 군용물자의 수송 등이 여기에 해당한다. 이들은 공통적으로 인명피해의 위험이 크거나, 단순 반복적인 성격이 강해서 인력 대체효과가 크다. 한편으로는 다양한 상황변화에 따른 고도의 판단력, 융통성을 요구하는 전투임무의 수행은 아직 인간이 조종하는 유인 탑승무기의 비중이 건재함을 반영하는 증거라고도 할 수 있다.

그렇지만 빠른 속도로 발전을 거듭하고 있는 전자, 정보통신 기술의 추세를 고려할 때, 머지않은 장래에 고도의 자율 작전수행 능력을 보유하는 육·해·공 무인전투체계(unmanned combat system)들이 등장할 것이다. 이들은 유인 탑승무기와 함께 협동, 혹은 단독으로 그동안 유인 탑승무기

그림 7.4 미 육군의 무인
전투차량(ARV, 왼쪽),
유럽의 '바라쿠다' 무인
전투기(오른쪽)

들이 독점해 온 전투임무를 수행하고, 나아가 유인 탑승무기의 세력을 잠
식할 만큼의 세력을 차지할 전망이다. 즉 세계는 무인무기개발 전쟁 중으
로써, 영화 '터미네이터'나 공상과학만화의 건담, 마징가 Z, 태권 V 등의 수
퍼 로봇들과 비교할 바는 못 되겠지만, 이제는 지상·해상·공중·우주에
서 인공지능(AI) 로봇과 드론이 전쟁에서 명실상부한 주력무기의 자리에
오를 날이 다가오고 있는 것이다.

그림 7.5 미군이 운용
중인 잠수함 드론

블랙윙(잠수함 발사 드론)
• 길이 50cm, 무게 1.8kg 소형 드론
• 잠수함, 잠수 드론서 발사해 비행
• 카메라·적외선 센서로 근접 정찰, 탄두 달면 공격도 가능

시 헌터(함정 드론)
• 국방부 방위고등연구계획국(DARPA)서 개발
• 길이 40m, 최고 속도 50km/h
• 운항거리 1만5000km, 70일간 항해 가능
• 원격조종 불필요, 인공지능 자율형 대잠 작전

에코 보이저(잠수 드론)
• 해군, 보잉사 등 개발 중
• 유인 잠수함 운용 어려운 얕은 바다까지 근접
• 함정·항만 시설 공격 및 '기뢰 드론' 등 활용

그림 7.6 미군이 운용 중인 드론

2. 비화약 에너지무기

오늘날까지 수많은 신무기들이 개발되었지만, 전쟁에서 파괴와 살상을 일으켰던 핵심무기는 항상 화약이었다. 그러나 기술이 발전하면서 화약의 자리를 대신할 새로운 무기 개발이 현실화되고 있다. 즉, 재래식 탄환이나 탄약 대신 고(高)밀도의 에너지, 입자를 발생시켜 표적을 향해 방사함으로써 적을 무력화하는 무기인 것이다. 이를 비(非)화약 에너지무기라고 하는데, 지향성 에너지무기(DEW: Directed-Energy Weapon)라고도 말한 비화약 에너지무기는 크게 전자포(EMG: Electro-Magnetic Gun), 레이저(laser) 무기, 그리고 비살상무기(non-leathal weapon) 등 세 가지로 분류된다.

1) 전자포

기존의 대포는 고체형태로 된 화약을 포탄의 추진제로 사용해 왔다. 전자포

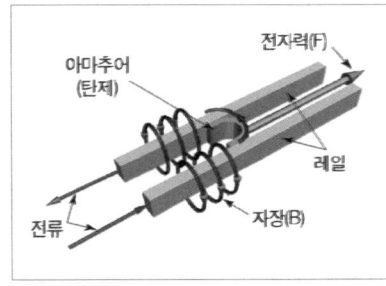

그림 7.7 전파포의 포탄 추진원리

는 고체화약 추진제가 아니라 전기 에너지를 발생시켜서 포탄에 추진력을 제공하여 발사하는 것이 특징이 있다. 이 경우 화약추진 방식보다 훨씬 강력한 추진력이 발생하는 효과가 있다. 기존의 화약추진식 대포는 포격시의 초속이 1초당 1.8~2km를 넘기가 어려운데, 전자포를 사용한다면 그 두 배에 달하는 1초당 3~5km 이상의 초속으로 포탄을 추진시킬 수 있는 것이다.

추진력이 높아지는 만큼, 화력의 효과도 기존의 화약추진식 대포보다 월등히 우수하다.

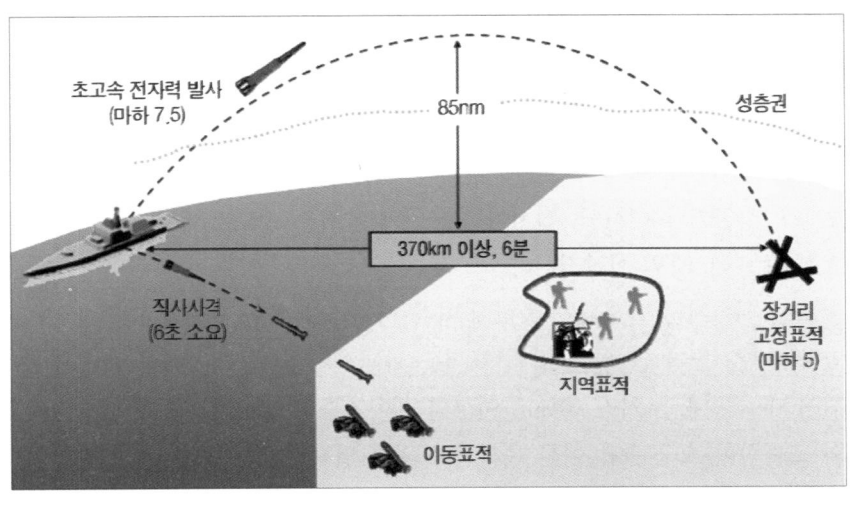

그림 7.8 미 해군의 전자포 형태의 함포 운용개념

사거리와 정확도, 그리고 관통력이 비약적으로 높아지는 것이다. 이 점에서 전자포는 육군의 포병, 대공포, 전차 및 장갑차의 주포, 그리고 해군 함포의 포격능력을 거의 장거리 정밀유도무기에 준하는 수준까지 강화시켜줄 것으로 전망된다. 미 해군의 경우에 무려 370km 밖의 표적을 포격 6분만에 명중시킬 수 있는 전자포 형태의 함포를 주력 군함에서 운용한다는 계획을 세우고 있다. 항공기나 탄도·순항미사일과 같은 이동 표적까지도 정확히 요격할 수 있다.

전자포의 종류는 두 가지로 구분한다. 첫째, 순수하게 전기에너지만을 이용하여 포탄에 추진력을 제공하는 레일건(rail gun)이 있다. 둘째, 기존의 화약 추진제를 연소시키는 과정에서 발생하는 열, 화학에너지를 통한 추진력에 전기에너지의 힘을 일부 사용하는 전열화학포(ETC: Electro-Thermal Chemical Gun)로 발전하고 있다.

2) 레이저 무기

레이저(Laser)란 고체형 결정체, 혹은 기체화된 화학물질(이산화탄소, 헬륨, 네온, 수소)에 수십, 수백kw(킬로와트) 내지 수mw(메가와트)의 높은 전압을 가하여 발생하는 고출력의 단일 파장형 광(光) 에너지이다. 초속 약 30만km라는 빛의 속도로, 중력의 영향을 받지 않고서 장거리를 직진한다는 것이 대표적인 특징이다. 이러한 레이저의 특징을 무기화한 것이 바로 레이저 무기이다.

레이저 무기는 적이 회피할 수 있는 시간적인 여유를 갖지 못할 정도로 신속하게 공격하는 것이 가능하다. 정확도 측면에서도 미사일 등 현재 사용되는 정밀유도무기와는 비교 자체가 무의미할 정도로 우월하다. 따라서 초음속 항공기나 미사일, 심지어는 포탄처럼 빠른 속도로 움직이는 표적을 요격하는 데 매우 이상적이다.

또한 레이저는 발생되는 출력에 따라 사거리와 화력 수준을 조절할 수도 있다. 예를 들어 1~10km 밖의 표적을 파괴하기 위한 레이저의 출력은 수십~100kw이며, 사거리 100km 이상의 레이저를 발생시키려면 수 mw 이상의 고출력이 요구된다. 이를 통해서 표적의 일시적인 무력화, 또는 완전 파

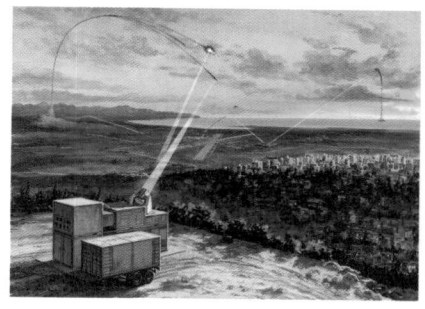 

그림 7.9 육·해·공에서 운용되는 레이저 무기의 운용개념도

괴 등과 같은 다양한 효과를 거둘 수도 있는 것이다.

　레이저 무기라고 하면 공상과학영화 속에서나 등장하는 상상의 존재라고 생각될지도 모르지만, 이미 실용화를 위한 연구가 활발하게 진행 중이다. 미국의 경우 헬리콥터와 수송기에서 운용하는 출력 50kw, 사거리 10km의 고등 전술레이저(ATL: Advanced Tactical Laser) 무기가 개발되고 있으며, 2010~2015년 사이에는 전투기에 탑재 가능한 출력 100kw급의 레이저 무기도 개발 및 배치한다는 계획이다. 미국과 이스라엘은 단거리 로켓, 포탄을 5km 범위 이내에서 정확히 요격할 수 있는 전술용 고에너지레이저(THEL: Tactical High Energy Laser)도 개발한 바 있다. 보잉 747 항공기에 탑재되는 출력 2mw, 사거리 약 500km의 항공기탑재 레이저(ABL: AirBorne Laser)는 미사일 방어체제(MD)의 일부로서 적 탄도미사일 발사기지 근처에서 대기하다가 발사 직후의 탄도미사일을 요격하도록 개발되고 있다.

　레이저 무기는 한번 탑재된 연료량으로, 다수의 표적을 반복적으로, 연속 공격할 수 있다. 레이저 발생을 위해 사용되는 연료의 비용까지 고려한다면, 현재의 정밀유도무기보다도 저렴하므로 경제성 측면에서도 유리하다. 그리고 지상 기지와 기동차량, 군함, 항공기, 인공위성 등의 다양한 발사체에 탑재되어 공격과 방어에 구애받지 않고, 자유롭게 운용될 수 있다. 다만 악천후와 미세한 입자(먼지)를 비롯한 대기상의 환경 조건, 혹은 빛에 대한 반사율이 높은 소재로 만들어진 표적에 대해서는 위력이 제한된다는 것이 약점이다.

3) 비살상 무기

비살상 무기란 인간에게 치명상을 입히거나 무기 및 장비를 파괴하지 않고 적의 전투력을 마비 및 소멸시키는 무기를 통칭하는 개념이다. 그동안 인간의 역사를 통틀어 전쟁에서는 크고 작음의 차이만 있었을 뿐, 파괴와 살상이라는 부산물을 막지 못했던 것이 엄연한 사실이다. 그렇지만 과학기술의 발전으로 마침내 피 한 방울 흘리지 않고서도 전쟁을 수행하여 승리할 수 있도록 해주는 길이 열리게 된 것이다. 비살상 무기를 분류하는 방법은 여러 가지가 있는데, 해당 무기의 사용대상을 기준으로 하는 것이 일반적이다.

첫째, 병사들의 신체 감각기능(시각, 청각)을 마비 및 약화시키는 '대인(對人) 비살상 무기'다. 저출력 레이저 무기, 고성능 섬광탄, 초저주파 음향 무기가 대표적이다.

둘째, 적 장비나 운용시설, 발전소 등의 작동을 일시적으로 중단시키는 '대동력(對動力) 비살상 무기'다. 동력마비용 화학물질, 흑연폭탄(일명 정전폭탄)이 여기에 해당한다. 1999년 3~6월, 미국이 주도하는 북대서양 조약기구(NATO)군은 세르비아의 코소보 난민 학살에 대한 인도주의적 개입을 명분으로 세르비아를 공습했는데, 여기서 NATO군은 다량의 탄소섬유 자탄이 내장된 BLU-114 흑연폭탄을 세르비아의 주요 송전, 변압시설 상공에서 투

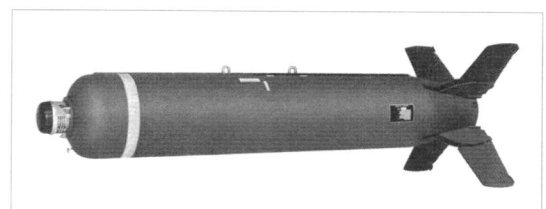
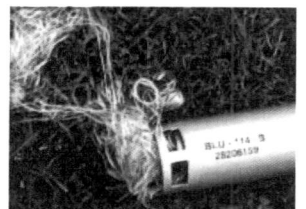

그림 7.10 1999년 세르비아 공습 당시 사용되었던 NATO군의 BLU-114 흑연폭탄(왼쪽)과 탄소섬유 자탄(오른쪽)

하했다. 그 결과 세르비아 영토의 70%가 순식간에 정전 상태에 놓였다.

셋째, 적의 군용자산 운용능력에 직·간접적인 손상을 입히는 '대자산(對資産) 비살상 무기'다. 여기에 해당하는 무기로는 초강력 부식제, 항공기 활주로 및 도로를 무력화하기 위한 특수 접착발포제, 윤활제 등이 있다.

넷째, 강력한 전자파와 자기장을 일시에 방출하여 전자기기, 회로를 오작동 및 파괴시키는 대전자(對電子) 비살상 무기이다. 전자기파(EMP: Electro-Magnetic Pulse) 폭탄, 고출력 극초단파(HPM: High Power Microwave) 무기 등이 대표적이다.

먼저 EMP 폭탄은 핵무기의 폭발 과정에서 나타나는 강력한 전자기파 발생을 재래식 폭약의 폭발에너지, 축전지에 저장된 전기에너지를 빠른 속도로 변환시키면서 순간적으로 발생되는 고출력을 통해 구현하는 원리로 작동된다.

육군의 대포나 해군 함포를 통해 발사되는 포탄, 항공기 탑재용 공대지 폭탄, 그리고 미사일의 탄두 등에 장착되는 형태로 다양하게 운용될 수 있다. 현재 EMP 폭탄의 개발은 러시아, 미국, 독일, 중국 등에서 주도하고 있으며, 걸프전쟁과 이라크전쟁에서 미국이 소수의 EMP 폭탄을 순항미사일에 장착하여 이라크 바그다드 일대의 전기, 발전, 통신기능을 마비시킨 것으로 알려져 있다.

다음으로 HPM 무기는 mw에서 gw(기가와트)에 이르는 고출력의 극초

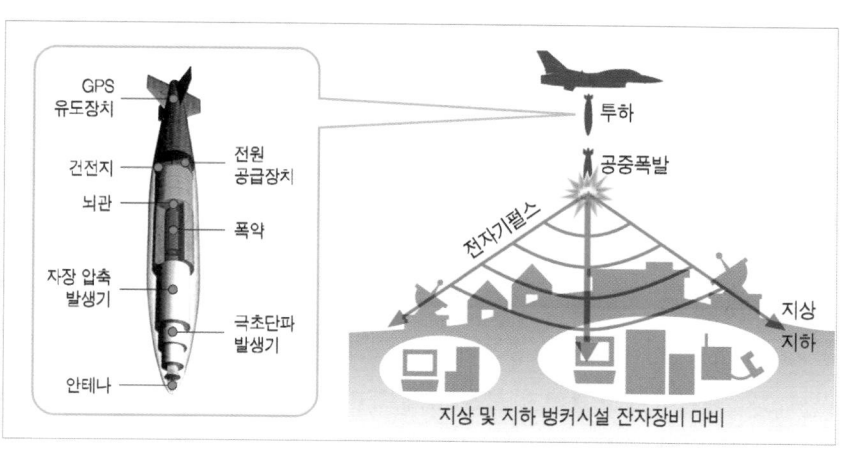

그림 7.11 전자기파(EMP) 폭탄의 구조

그림 7.12 해군 군함 (왼쪽)과 항공기(오른쪽) 탑재 방식의 고출력 극초단파(HPM) 무기의 운용개념

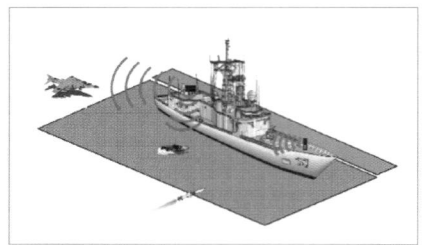 

단파를 발생시키기 위한 동력원, 안테나 등으로 구성된다. 적의 첨단무기에 탑재되는 각종 전자기기, 회로를 무력화시킨다는 점에서는 EMP 폭탄과 비슷하다. 그렇지만 EMP 폭탄의 사용이 발당 단 1번으로 제한되는 반면, HPM 무기는 레이저처럼 동력 여유에 따라 여러 차례의 반복적이고 연속적인 사용이 가능하다는 점에서 보다 유용성이 높다는 평가를 받는다.

군함과 항공기에 탑재될 경우에는 접근하는 적 군함과 항공기, 미사일을 일시에 무력화할 수 있는 효과적인 방어 무기로도 사용 가능하다. 이와 같이 EMP 폭탄과 HPM 무기는 컴퓨터와 전자, 통신기술에 크게 의존하는 2000년대의 정치·경제·군사 기능에 치명적인 타격을 가할 수 있는, 미래 전쟁에서 핵무기에 버금가는 새로운 전략무기의 역할을 해낼 것으로 전망된다.

3. 스텔스 무기

스텔스(Steatlh) 기술이란 "적의 정보수집용 수단에 탐지, 포착될 가능성을 최소화시켜 생존성을 확보하기 위한 기술적인 능력"이라고 정의할 수 있다. 오늘날 가장 널리 사용되는 군사용 정보수집 자산은 레이더이므로 스텔스 기술은 주로 레이더의 탐지 기능을 무력화하는 데 초점을 맞추고 있다.

스텔스 기술이 처음으로 그 위력을 선보인 것은 1991년 걸프 전쟁이었다. 이라크의 수도 바그다드 공습에 참여한 다국적군 항공기 가운데는 미 공군의 F-117 '나이트호크' 공격기도 포함되어 있었다. F-117 공격기가 이라크군의 레이더에 포착되지 않은 상태로 바그다드 상공으로 침투하자, 사

그림 7.13 초창기의
스텔스 무기인 F-117
'나이트호크' 공격기
(왼쪽)와 '씨 새도우'
스텔스함(오른쪽)

람들은 이를 '보이지 않는 항공기'라고 부르며 감탄했다. 걸프전쟁에서 미군이 보유했던 F-117 공격기는 약 40대로 다국적군 전체 공군 전력의 2.5%에 불과했지만, 이라크 내 핵심표적 공격의 40% 이상을 담당했을 정도로 맹활약했다.

엄밀히 말하자면 스텔스 기술이 레이더에 전혀 탐지되지 않도록 해주는 것은 아니다. 그보다는 레이더가 표적 탐지, 추적용으로 방사하는 전파에 노출되는 레이더 반사단면적(RCS: Radar Cross Section)을 최소화하는 것이다. 이를 통해 적 레이더에 의해 포착될 수 있는 거리를 급감시키고, 실제보다 작은 물체(새, 벌레) 정도로 착각시키도록 만드는 효과를 낼 수 있다.

예를 들어 스텔스 기술을 통해 RCS가 본래 면적의 10% 수준으로 축소된다면, 레이더가 이를 제대로 탐지할 수 있는 거리는 44%나 감소되는 것이다. 이는 기본적으로 적에게 자신의 존재가 노출될 가능성을 최소화시켜 생존성을 향상시킨다는 적극적인 방어책이다. 하지만 F-117 스텔스기의 운용 사례에서 보았듯이, 적의 정보우위를 거부 및 무력화시켜서 기습효과를 극대화하는 공세적인 목적으로 이용할 수도 있는 것이 스텔스 기술의 특징이다.

스텔스 기술을 적용하여 설계된 무기들은 공통적으로 다음과 같은 특징이 있다.

① 돌출부는 일정한 방향과 각도를 이루도록 설계한다. 적 레이더가 방사하는 전파를 다른 방향으로 반사시키거나, RCS를 축소하기 위해서이다. ② 전파를 잘 흡수하는 특수한 소재, 혹은 자료를 사용한다. ③ RCS를 축소시키기 위한 노력의 일환으로 대부분의 무장은 내부에 탑재한다. ④ 레이더 전파뿐만 아니라 다른 신호들도 좀처럼 노출되지 않도록 자체적인 열,

그림 7.14 본격 스텔스 전투기로 개발된 미국제 F-22 랩터(왼쪽)와 F-35 라이트닝 2(오른쪽)

소음, 전파신호의 방출을 최대한 감소시킬 수 있어야 한다.

오늘날 육·해·공군 가운데 스텔스 기술을 가장 적극적으로 수용하고 있는 것은 역시 공군이다. 미국의 경우 초기작이라고 할 수 있는 F-117 스텔스기는 단순히 레이더에 탐지될 가능성을 최소화하는 데 초점을 두었고, 전투수행 기능도 공대지 공격 임무에만 국한되는 등 일종의 실험기체에 가까웠다. 그러나 최근 개발된 F-22 '랩터'와 F-35 '라이트닝 2'는 레이더 탐지를 회피할 수 있는 능력과 더불어 우수한 공대공, 공대지 교전능력까지 갖춘 진정한 의미에서의 스텔스 전투기라고 할 수 있다.

예컨대 F-22의 경우 2006년 6월 미 공군이 실시한 두 차례의 모의 공중전에서 단 1대의 손실도 없이 기존의 미 공군 주력기종들(F-15/16)을 114대, 241대나 가상 격추하는 완승을 거두어 관계자들을 놀라게 했다.

F-22와 F-35는 향후 주요 전투기들의 핵심 기능으로 손꼽히는 초음속 순항, AESA 위상배열레이더 탑재와 더불어 스텔스 기능까지 겸비함으로써 정보우위, 기동력 등에서 기존 전투기들을 압도하는 제5세대 전투기로 평가받는다. 미국 외에도 러시아와 중국이 각각 PAK-50, 젠-20이라는 제식명칭의 스텔스 전투기를 개발했다. 심지어는 유로파이터 타이푼, 라팔처럼

그림 7.15 스텔스 기술을 적용한 스웨덴 해군의 '비스비'급초계함(왼쪽)과 미국제 AGM-158 JASSM 공대지 순항미사일(오른쪽)

내부 무장탑재 기능이 없는 제4.5세대 전투기들조차 RCS 축소를 기체 설계에 적용함으로써 제한적이나마 스텔스 기능을 확보하고 있다.

2000년대 현재 스텔스 기술은 더 이상 항공기들만의 전유물이 아니다. 해군의 신형 군함들도 스텔스 기술이 적용된 선체구조를 채택하고 있다. 미사일과 공대지 유도폭탄을 비롯한 정밀유도무기도 기습 효과를 향상시키기 위해 스텔스 기술을 적극 수용하는 형태로 개발되는 추세다. 미래의 전쟁에서 그 비중이 점차 확대될 무인무기체계의 설계에도 스텔스 기술이 적극 반영될 것임은 물론이다. 이제 스텔스 기술은 일부 특수무기가 아니라 미래의 전쟁을 위한 주요무기 설계의 기본조건으로 자리 잡고 있다.

4. 우주 무기

우주(Space)는 지표면으로부터 최소 80~150km 이상의 고고도를 포함하는, 대기권 밖의 물리적인 공간이다.

1975년 10월 4일 인류는 마침내 우주시대를 열었다. 이날 러시아는 카자흐스탄의 바이코누르 우주기지에서 세계 최초로 인공위성 스푸트니크 1호를 쏘아 올렸다. 발사 5분 뒤 무게 83.6kg의 위성은 고도 215km까지 상승했고 초속 7.99km의 속도로 2단 로켓과 분리되며 지구 궤도에 성공적으로 진입했다. 러시아 말로 동반자라는 뜻의 스푸트니크 1호는 1시간36분마다 지구를 한 바퀴씩 돌며 "삐이, 삐이" 하는 신호음을 지구로 보내 왔다. 같은 해 11월 3일에는 스푸트니크 2호가 성공적으로 발사됐다. 이번에는 '라이카'라는 이름의 떠돌이 개가 타고 있었다. 라이카는 우

그림 7.16 미국의 AN/FPS-17 우주 감시 레이더(왼쪽)와 레이저 위성추적 체계(SLR)의 개념도(오른쪽)

주로 나간 최초의 지구 생물로 기록됐다. 이에 충격을 받은 미국도 1958년 1월 연필 모양의 14kg짜리 위성 익스플로러 1호를 쏘아 올렸다. 이때부터 미국과 러시아의 우주경쟁이 본격화됐다.

최초의 우주인은 러시아가 배출했다. 61년 4월 우주선 보스토크 1호를 타고 1시간 48분 동안 우주비행을 마치고 돌아온 유리 가가린이었다. 사람이 우주선 밖으로 나가 수영하듯이 돌아다니는 '우주유영'에서도 러시아가 미국을 한 발 앞서갔다. 1965년 3월 보스호트 2호를 타고 우주로 나간 알렉세이 레오노프가 최초의 우주유영자가 됐다. 하지만 미국은 분위기를 단숨에 뒤집을 비장의 카드를 준비하고 있었다. 1969년 7월 달 착륙에 성공하고 지구로 무사히 돌아온 아폴로 11호였다. 인류 최초로 달 표면에 첫발을 디딘 닐 암스트롱은 "한 사람에겐 작은 한 걸음이지만 인류에겐 커다란 도약"이란 명언을 남겼다.

미 항공우주국(NASA)은 한 번 만들면 100회 정도 비행이 가능한 우주왕복선 개발에도 착수했다. 1981년에 최초의 우주왕복선인 컬럼비아호가 발사돼 지구를 31바퀴 돌고 귀환했다. 유인 우주 왕복선은 지난 30년 동안 모두 135회 발사되며 2012년 퇴역할 때까지 16개국 355명에게 우주 체험의 기회를 제공했다. 그러나 영광 뒤엔 아픈 희생도 있었다. 1986년과 2003년 두 차례의 폭발 사고로 14명의 우주인이 목숨을 잃었다.

보통 항공기들의 비행고도가 최고 36km 내외라는 점을 고려할 때, 우주공간은 기존의 항공기나 지상 방공전력, 기상변화에 따른 악천후 등의 위협으로부터 자유로운 사실상의 '절대적 안전지역'으로 여겨지고 있다. 또한 오늘날 우주무기는 교통·환경·해양·기상관측·재해감시·자원탐사·

그림 7.17 우주배치 전투무기의 유형

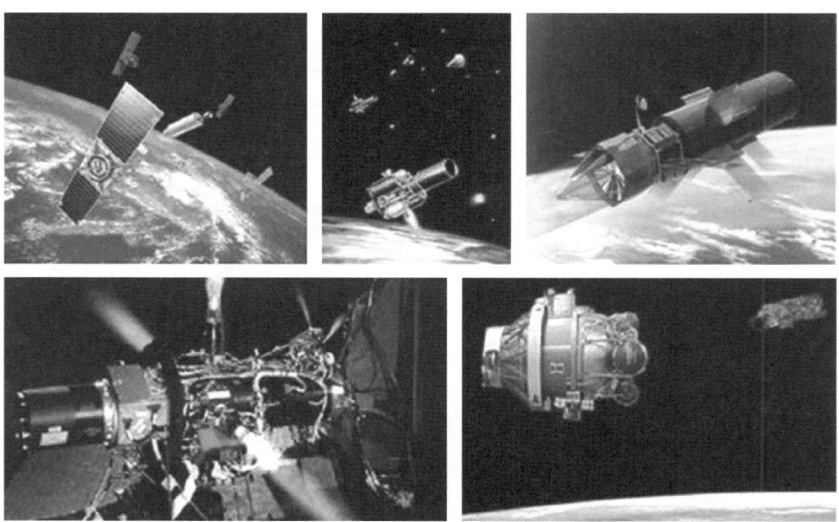

정찰 및 통신, 항법용 인공위성을 비롯해서 가장 광범위하고 신속한 정보 수집 및 통신 기능을 수행하는 고성능의 군사정보 자산들이 활동하는 공간이기도 하다.

정보우위가 승패를 결정짓는 미래 전쟁의 추세를 감안한다면, 우주에서 통제권을 차지하면 미래 전쟁에서 승리를 차지하게 될 것이다. 그 결과 공군은 지구의 하늘뿐만 아니라 우주공간까지 작전영역으로 포괄하는 '항공우주군'으로 확대되고 있다.

지금까지 우주의 군사적 이용이라면 단순히 인공위성 정도만을 떠올리는 것이 일반적이었다. 그러나 앞으로는 우주 군사력은 그 범위와 기능이 보다 다양화, 복합화될 전망이다. 우선 우주공간에서 활동하는 여러 비행체들의 정보를 지상에서 수집하는 지상배치 우주 감시자산을 들 수 있다. 본래 냉전시대 적의 장거리 탄도미사일 발사 여부를 탐지, 이에 따른 조기경보를 제공하기 위해 개발된 것인데, 오늘날에는 자국 영토 상공에서 활동하는 현존 내지 잠재적인 적국의 군사용 위성(특히 정찰위성)을 식별, 추적하여 대응책을 마련할 수 있도록 운용되고 있다. 탐지범위가 1,500km 수준에 달하는 광대역 위상배열레이더, 1m 미만의 고해상도로 위성 자체의 식별뿐만 아니라 거리 측정까지 가능한 대형 광학망원경, 그리고 레이저 위성추적체계(SLR: Satellite Laser Ranging) 등이 주요 수단으로 쓰일 것이다.

일반 비행체(Common Aero Vehicle)
군 우주선에 일반 비행체를 장착, 비행체는 최대 450kg의 화약을 싣고 3,000래리 떨어진 목표물을 타격할 수 있다. 우주 공간으로부터 지하 깊숙한 적의 병기나 이동 목표물도 타격 가능하다.

초고속 막대(Hypentlocity rodit)
별칭은 '신의 회초리'이다. 텅스텐, 티타늄 등으로 만든 약 100kg짜리 봉을 우주에서 발사하면 시속 1만 1,520km의 속도로 지상 목표물을 타격한다. 우주에서 지상의 어떠한 목표물도 맞힐 수 있다.

레이저(Lasers)
위성이나 고공 비행선에 부착된 대형 거울로 레이저 광선을 반사시켜 지구 전역의 목표물을 타격한다. 지상, 영공, 우주 공간 어디에서도 발사가 가능하다.

그림 7.18 미국이 개발을 추진하고 있는 우주배치 지상공격 무기들

우주공간에 전투무기를 배치하는 별들의 전쟁(Star Wars)이 현실화될 가능성은 어떨까? 이것은 냉전이 막바지에 이르던 1980년대 미국이 러시아의 탄도미사일 위협을 무력화하기 위해 우주공간에 미사일 요격용 군사자산들을 개발 및 배치한다는 전략방위구상(SDI: Strategic Defense Initiative)에서 그 기원을 둔다. 레이저 무기, 혹은 초고속 운동에너지탄으로 무장하는 군사위성을 배치하여 러시아 탄도미사일을 대기권 밖에서 요격한다는 발상이었다. SDI는 기술적인 문제와 냉전 종식으로 실현되지 못했다. 그렇지만 우주에 직접 물리력을 동원할 수 있는 군사자산이 배치될 수 있음을 널리 인식시켜준 사례로 기록되었다.

우주에 배치되는 군사자산들이 전투를 수행하는 양상은 크게 2가지로 구분할 수 있다.

첫째, 우주공간 내에서 상대측의 위성을 공격하거나, 자국 위성을 방어하는 방식이다. 이를 위해 그 자체가 무기(전자포, 레이저, HPM 무기, 초고속 운동에너지탄)를 탑재하는 무장위성 궤도를 변경하며 적 위성을 파괴 및 손상시키는 '우주기뢰'와 '킬러위성', 그리고 평시에는 적 위성에 접근 및 밀착해 있다가 필요할 때 교란 및 자폭할 수 있는 무게 0.1톤 이하의 소형 '기생위성' 등이 사용될 수 있다. 이들 가운데 우주기뢰와 킬러위성은 러시아에서, 기생위성은 중국에서 활발하게 개발하고 있다.

그림 7.19 중국의 인공위성 요격 실현

펑윈1C 극궤도 기상위성
고도 859km, 1999년 발사

격추

2단계 추진

러시아

위성요격
탄도미사일 발사

중국

베이징

시창 우주센터

둘째, 우주로부터 직접 지구에 위치하는 표적을 공격하는 방식이다. 2002년부터 미국에서 '팰콘(FALCON)'이라는 사업명으로 개발 중인 극초음속 순항비행체(HCV: Hypersonic Cruise Vehicle)는 소형 로켓에 탑재되어 대기권 밖으로 발사된 후, 자체적으로 표적을 향해 이동하여 지상 표적을 공격하는 것이 임무이다. 비행속도는 무려 마하 5~6 이상으로 두 시간 이내에 지구상의 어느 장소든지 도달할 수 있다.

셋째, 지구에서 우주 배치 군용자산들을 공격할 수도 있다. 이러한 인공위성 요격(ASAT: Anti-SATellite)은 고도 1,000km 이하의 저궤도에서 활동하는 적의 정찰위성을 파괴함으로써 정보수집 능력, 궁극적으로는 정보우위를 무력화하는 것을 목적으로 한다. 주로 육·해·공군 배치자산을 통해서 발사되는 장거리 미사일, 혹은 레이저 무기 등이 사용된다.

냉전 시절 미국은 인공위성 요격용으로 사거리가 648km나 되는 ASM-135 장거리 공대공미사일을 개발했고, 2008년 2월 21일에는 SM-3 장거리 함대공미사일로 고도 210km 상공의 구형 인공위성을 요격했다. 2007년 1월 11일에는 중국이 둥펑 21호 중거리 탄도미사일을 개조한 로켓을 발사, 고도 859km 상공의 기상위성 1개를 요격하여 세계를 놀라게 했다.

5. 기타 미래무기

1) 차세대 동력기관

인간이 말이나 소를 비롯한 가축의 힘으로 움직이던 교통수단을 기계에 의한 동력기관으로 대체해낸 것은 불과 300년 전의 일이다. 오늘날 주로 사용되고 있는 동력기관은 내부에서 연료를 폭발, 연소시켜 동력을 발생시키

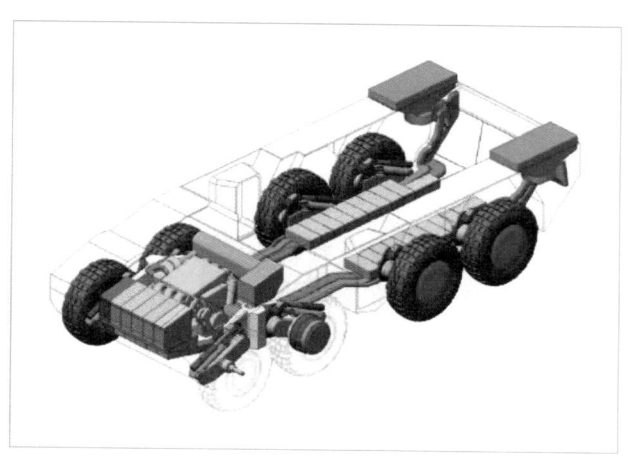

그림 7.20 하이브리드 동력기관을 사용하는 군용차량의 내부도 전기모터와 축전지를 함께 탑재하고 있다.

는 내연기관이다. 가솔린, 디젤, 가스터빈 등이 여기에 해당한다. 그렇지만 내연기관을 비롯한 기계식 동력기관은 소형화, 출력향상 측면에서 기술적인 한계에 도달한 생태이다. 무엇보다도 동력원에 해당하는 화석연료(석유, 석탄, 천연가스)는 시간이 갈수록 매장량이 고갈될 뿐만 아니라 환경오염 문제를 가중시키는 원흉이라는 점에서 그 대안이 절실해지고 있다.

우선 기존의 기계식 동력기관에 전기식 동력기관을 병행시킨 하이브리드(hybrid: 복합) 동력기관이 개발되고 있다. 연료소모가 많은 시동 및 가속 주행에서는 전기모터를 사용하고, 정숙 주행의 경우 기계식 동력기관을 작동하면서 여유 구동력은 축전지에 저장하는 방식이다. 정차할 때는 축전지에 저장된 동력이 사용된다. 하이브리드 동력기관은 전기식 동력기관이 아직 기계식 동력기관을 완전히 대체할 정도의 기술적 발전을 이루지 못한 현실에서, 전기식 동력기관을 보완하는 일종의 과도기적 단계라고 할 수 있을 것이다.

장기적으로는 기존 화석연료를 전혀 사용하지 않고, 훨씬 풍부한 수소와 산소의 화학에너지를 전기에너지로 변환시키는 전기식 동력기관이 보편화된 군용 동력기관으로 사용될 전망이다. 공해배출이 거의 없는 무공해 에너지일 뿐만 아니라, 획기적인 수준의 에너지 절약과 소형화가 가능하다는 것이 장점이다. 그 대표격인 연료전지(fuel cell)는 AIP 추진방식의 잠수함에서 주로 쓰이고 있는데, 앞으로 육군 차량과 항공기 탑재, 심지어는 보병 휴대가 가능할 정도로 다양하게 사용될 것이다.

군사 분야에서 전기식 동력기관의 채용은 기동력에 있어서 큰 폭의 혁신을 가져올 수 있다. 현재 사용되는 기계식 동력기관보다 소음발생이 현저히 적어서 정숙 기동에 적합하고, 그 결과 기동 과정에서 적에게 위치가

그림 7.21 한국 방위업체가 개발한 휴대용 군용 연료전지

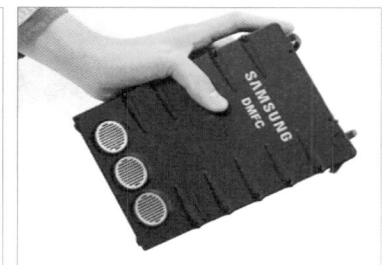

374

노출될 가능성을 줄여 생존성을 유지하고 기습공격을 효과적으로 수행하는 데 유리하기 때문이다.

2) 나노 기술

나노(nano)라는 단어는 '난쟁이'를 뜻하는 그리스어에서 유래한 것인데, 오늘날에는 1m의 10^{-9}(10억분의 1m)의 매우 작은 크기의 물질을 뜻한다. 쉽게 말하자면 1 나노미터(nm)는 머리카락 굵기의 약 10만분의 1, 적혈구 크기의 5,000분의 1, 그리고 원자 수개의 크기 정도에 해당한다. 이처럼 원자, 분자 단위의 초극미세 수준에서 물질을 인공적으로 제어, 가공하여 새로운 형태의 고성능, 고기능의 소재 및 체계를 창출하는 기술분야를 나노 기술(nano technology)이라고 부른다. 1980년대 초 원자 크기의 물질을 직접 관찰할 수 있는 고성능의 전자현미경이 개발되었고, 2000년대는 각 원자를 직접 조작하는 기술이 발표되면서 나노 기술은 실현 단계에 들어서기 시작했다.

아직 나노 기술은 상당 부분이 미지의 영역으로 남아있지만, 그 가능성과 파급효과는 매우 무궁무진하다. 나노 기술의 궁극적인 지향점은 물질의

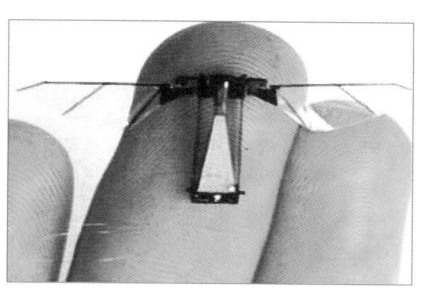

그림 7.22 나노 기술을 적용한 곤충 크기의 초소형 군사로봇 또는 곤충·동물에 무기를 내장시켜 사용

정복에 있으며, 그것은 곧 전자 및 통신, 기계, 신소재는 물론이려니와 환경, 에너지, 농업, 그리고 생명공학에 이르기까지 거의 모든 과학기술 분야에 적용될 수 있다. 이 점에서 세계 각국은 나노 기술을 미래의 신흥 주도 산업으로 인정하고 적극적인 육성책을 마련하는 추세다.

그렇다면 나노 기술이 군사 기술분야에 가져올 파급효과는 무엇일까?

첫째, 이전보다 훨씬 소형화된 동시에 성능이 우수한 다기능 전자회로를 개발할 수 있다. 기계부품과 전자회로를 하나의 실리콘 칩에 집적시킨 초미세전자기계(MEMS: Micro Electro Mechanical System)는 현존하는 각종 컴퓨터, 전자기기 회로와는 비교가 안 될 정도로 작고, 전력과 연료 소비량도 적지만, 훨씬 다양하고 고성능의 기능을 갖춘다.

이는 기존 주요무기들의 성능을 향상시킬 뿐만 아니라, 이들을 매우 작은 크기로 개발할 수 있게 해준다. 예를 들면 곤충 크기의 초소형 감시, 정찰용 무인무기를 만들어 적과 훨씬 근접한 거리까지 침투시켜 정보를 수집하는 것이 가능해진다.

둘째, 무게와 부피는 줄이면서도 내구성은 훨씬 강화된 복합 신소재의 개발이 가능해진다. 전쟁의 역사를 통틀어 오랫동안 계속되어 온 기동력과 생존성 사이의 딜레마를 동시에 해결할 수 있게 된 것이다. 그리고 셋째, 의학 및 생명공학에 나노 기술을 적용하여 전투 과정에서 발생할 수 있는 위험을 신속하게 예방, 대처할 수 있다. 전투복이 위장을 위해 마치 카멜레온처럼 주위 환경과 같은 색깔로 바뀌거나, 위험물질(폭발물, 대량살상무기)의 존재를 감지하여 미리 경고신호를 보내고, 적의 탄환이 날아올 때 자동적으로 전투복의 재질이 방탄용으로 강화되며, 병사가 부상을 당해도 전투복에서 스스로 소독 및 치료기능을 작동시키는 등의 만화 같은 일들이 가능해지는 것이다.

3) 보병전투체계

그동안 전쟁에서 보병은 노동 집약적인, 기술적으로 낙후된 군사력으로 인식되어 왔다.

다분히 첨단기술과는 동떨어진 존재였던 것이다. 그러나 탈냉전 시대에

그림 7.23 주요 군사선진국들의 보병전투체계 미국의 랜드워리어(왼쪽), 영국의 FIST(가운데), 프랑스의 FELIN(오른쪽)

세계 각국에서 병력규모를 축소하면서 소수이지만 고도의 전문성을 갖춘 정예병력이 각광을 받기 시작했다. 이에 따라 '보병 개개인도 하나의 첨단무기'라는 관점에서 강력한 전투력을 제공할 수 있도록 해주는 기술적 노력이 이루어지고 있다. 그 결과물이 바로 보병전투체계(infantry combat system)이다.

보병전투체계는 전천후 정보수집 장비, 통신 및 상황인식용 정보단말기, 방탄기능 등이 보강된 개량형 전투복, 그리고 화력이 대폭 보강된 개인 복합화기 등으로 병사들을 무장시키는 것이 특징이다. 이를 통해 보병 개개인이 과거보다 월등히 높은 정보우위와 생존성을 보장받도록 해줄 뿐만 아니라, 임무수행의 시간적·공간적 범위를 대폭 확대시켜주는 효과가 있다. 미국의 랜드 워리어(Land Warrior), 영국의 미래 통합보병기술(FIST), 프랑스의 장비·통신통합형 보병(FELIN), 독일의 미래 고등보병체계(IdZ-ES), 이탈리아의 미래보병체계(Soldato Futuro), 스웨덴의 지상전 병사체계(MARKUS), 호주의 LAND 125, 그리고 싱가포르의 고등 전투병체계(ACMS) 등이 대표적이다.

일종의 입는 로봇 개념이라고 할 수 있는 로봇 전투복(robot suit)도 보병전투력의 획기적인 발전을 구현시킬 것으로 주목되는 신기술이다. 이것은 금속재 골격에 소형 컴퓨터, 충전지, 제어장치 등을 설치한 형태인데, 이를 착용한 병사들의 기동력과 지구력을 크게 향상시키는 효과를 발휘한다. 무게 90kg에 달하는 군장을 지고 서 시속 10km가 넘는 거리를 가뿐히 주행할 수 있을 정도이다. 현재 개발되고 있는 로봇 전투복의 대표적인 사례는 미국의 헐크(HULC: Human Universal Load Carrier), 일본의 HAL-5 등이 있다.

그림 7.24 미국에서 개발한 로봇 전투복 '헐크(HULC)'

미래형 무기라고 할 수 있는 무인무기체계의 경우에 한국은 아직 북한과 주변 강대국의 실재적인 군사 위협에 대처하기 위한 중후장대(重厚長大)형 유인 전투무기의 수요가 커서 상대적으로 어려운 상황에 있다. 그렇지만 중·장기적으로는 비전투 지원분야뿐만 아니라 전투임무에서도 무인무기체계의 비중을 확대해 나간다는 계획이 마련되고 있으며, 이를 실현하기 위한 기술력의 확보도 진행 중에 있다.

육군의 경우 2005년 11월에 국방과학연구소가 개발한 무인자율차량(XAV: eXperimental Autonomous Vehicle)이 처음 공개되었다. XAV는 정보수집 및 통신 장비와 더불어 구경 5mm 기관총을 탑재하며, 미리 지정된 경로를 따라 기동하며 스스로 장애물을 피하며 움직일 수 있는 제한적인 자율작전 수행능력을 갖춘 것이 특징이다. 현재는 험준한 지형에서도 자유로운 기동이 가능하도록 여섯 개 이상의 바퀴, 관절형 인공다리 등을 갖추어 감시, 정찰, 지뢰탐지 및 제거, 그리고 제한적인 교전 임무 등을 수행할 수 있는 다목적 '견마(犬馬) 로봇'의 개발이 이루어지고 있다. 현재 한국의 무인무기체계 기술 수준은 '제한적 자율기동'이 가능한 4단계로 평가되며, 앞으로 6~7단계인 '완전 자율기동'과 8~9단계인 '인간 및 유인 탑승무기와의 공동작전 수행'이 가능한 고차원의 무인무기체계를 개발할 수 있는 기술의 확보를 지향하고 있다.

육군은 정찰, 지뢰탐지 및 제거용 로봇을 실용화하고, 2050년까지는 완전 자율기동 능력을 갖춘 전투용 무인무기들을 실전 배치하여 전력화 한다. 적의 공격에 직접적으로 노출되는 전방의 근거리 전투지역에서는 다수의 비전투 지원로봇들이 정보수집, 위험물질(폭발물, 대량살상무기)의 탐지 및 제거를 담당하고, 인근에서는 전투용 무인무기들이 원거리 전투를 벌이게 될 것이다. 상대적으로 안전한 후방에서는 인간이 유인 탑승차량에서 다수의 무인무기체계들을 동시에 지휘·통제한다. 이들 가운데 전투용 무인무기는 2020년 이후 도태될 것으로 예상되는 기존의 K-1 계열 전차, K-200 병력수

그림 7.25 무인무기
체계를 포함하는 미
래 한국군의 지상전
수행개념도

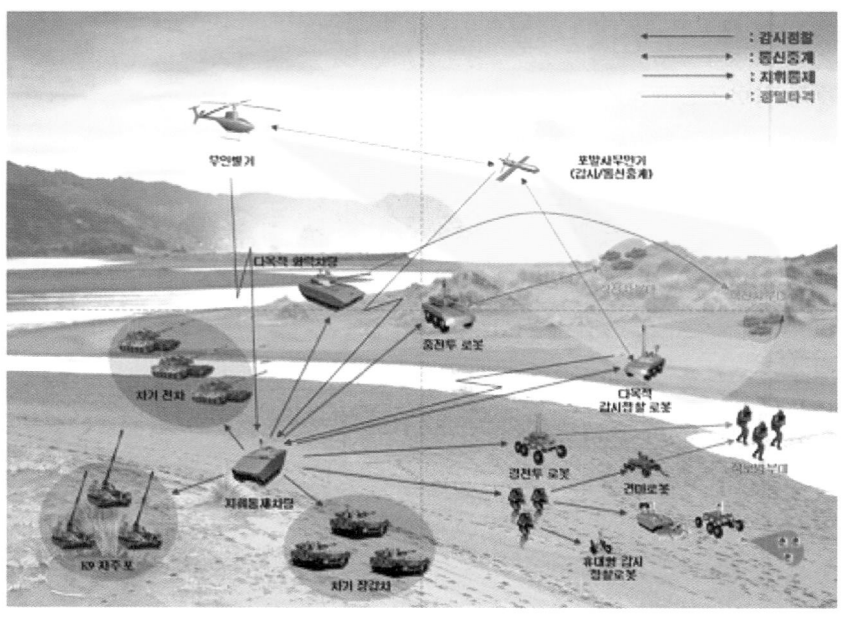

송용 장갑차, 그리고 각종 대포들을 직접 대체할 전망이다.

　무인항공기로는 육군이 저고도 정찰용으로 지상 4.5km 고도에서 6시간
동안 비행하며 100km 떨어진 적 활동을 감시할 수 있는 국산 RQ-101 '송
골매', 이스라엘제 '서처' 무인항공기를 보유하고 있으며, 공군은 적 대공제
압 임무를 위해 이스라엘제 '하피' 무인항공기 및 다양한 무인항공기를 운
용 중이다. 육군은 여단, 사단급 부대의 정보수집 역량을 강화하기 위해 무
인정찰기를 추가로 확보한다는 계획인데, 이스라엘제 '스카이락 2'(여단급)
와 송골매를 능가하는 성능의 신형 저고도 무인정찰기(사단급)가 바로 그
것이다. 또한 한반도 전역에 걸친 독자적인 정보수집 역량 강화를 위해 비
행고도 10km 이상, 24시간 이상의 장시간 체공능력 등을 특징으로 하는

그림 7.26 국산 저고
도 무인정찰기 '송골
매'(왼쪽)와 국산 중
고도 무인정찰기(오
른쪽)

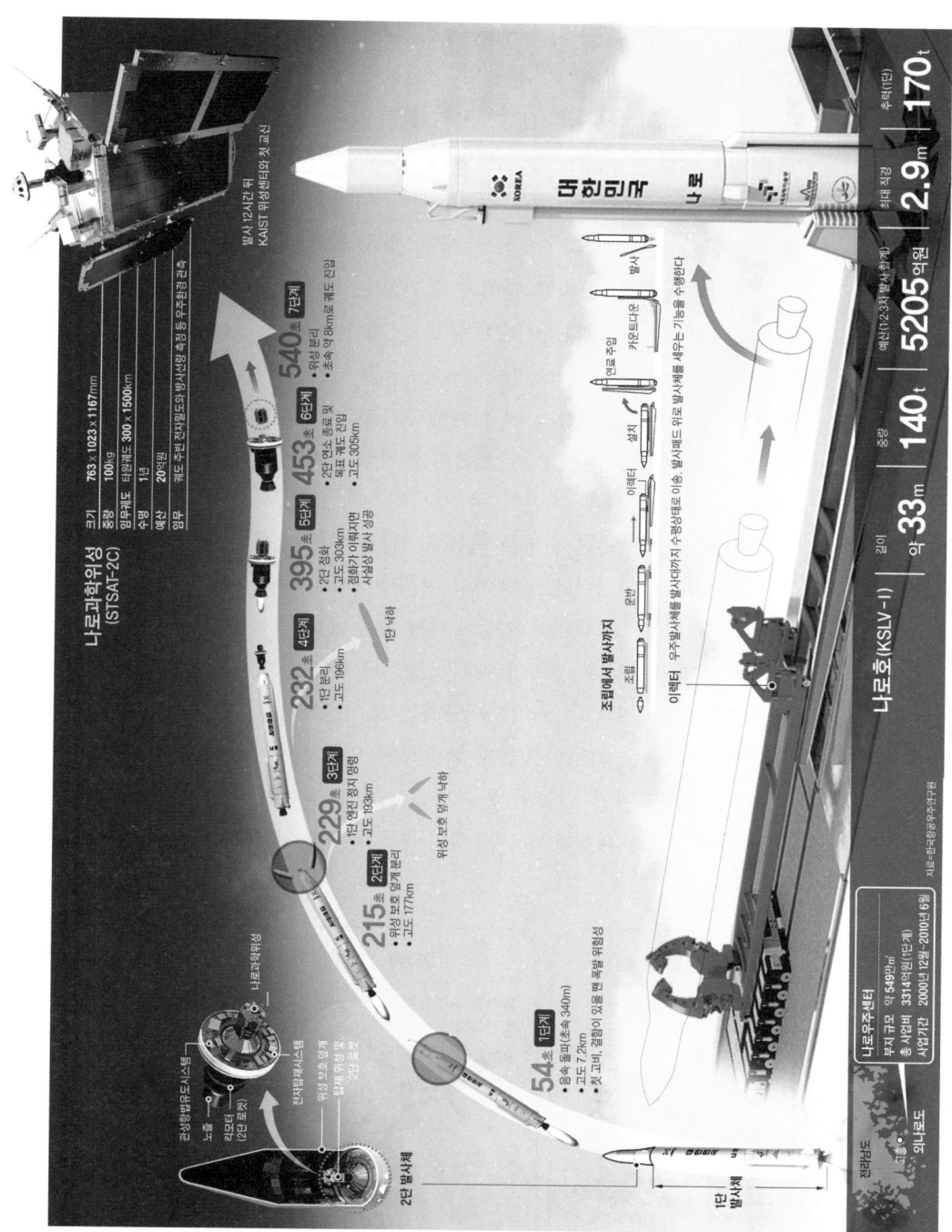

그림 7.27 한국 최초의 국산 우주발사용 로켓(KSLV) '나로' 3호

중·고고도 무인정찰기의 전력화도 진행하고 있다. 그리고 미 공군의 프레데터와 동급 수준의 광역 감시 및 정찰능력을 갖추는 국산 중고도 무인정찰기를 개발하고, 이라크 전쟁에서의 활약으로 유명해진 미국제 고고도 무인정찰기 글로벌 호크도 도입하여 전력화 한다. 우주 군사력은 어떨까?

한국은 2006년에 사실상의 정찰위성이라고 할 수 있는 아리랑 2호, 민군 겸용 통신위성인 무궁화 5호를 차례로 발사하면서 초보적이나마 우주를 군사적으로 사용하는 시대에 진입하게 되었다. 그리고 2009년과 2010년에는 무게 0.1톤의 소형 과학기술위성을 탑재한 최초의 국산 우주발사로켓(KSLV: Korea Space Launch Vehicle) '나로'호를 2차례 발사했지만, 모두 위성을 궤도에 진입시키는 데 실패했다. 그러나 2013년 1월 30일 나로호의 3차 발사 성공으로 한국은 인공위성을 자국 영토에서 자체 개발 인공위성을 쏘아 올리는 세계 10번째 국가로 기록되었다.

한국 공군은 2030년 전후를 목표로 3단계의 장기 우주 군사력 건설을 추진하고 있다. 먼저 1단계로 레이저 위성추적체계를 구축하고, 이를 우주 기상관측 및 예측경보체계와 연동시켜서 우주 군사력의 기반을 마련한다. 2단계는 광학망원경과 장거리 레이더를 사용하는 광역 우주감시체계, 위성영상 수신체계, 미국의 DSP에 해당하는 조기경보위성, 그리고 위성 정밀접근 및 착륙능력을 확보함으로써 제한적인 우주작전 수행 능력을 구축한다. 마지막으로 3단계인 인공위성 요격용 레이저 무기를 실전배치하고, 군사 전용 인공위성과 위성발사용 로켓의 운용 능력을 갖추어 독자적인 우주작

그림 7.28 한국 공군의 우주 군사력 건설 계획

1단계

우주 전력 기반 체계 구축

위성추적 및 탄도미사일 조기 경보 레이더 / 패트리어트 미사일

2단계

제한적 우주작전 능력 구축

위성 정밀 접근 및 착륙능력

우주 감시 및 위성영상 수신체계

3단계

독자적 우주작전 수행

적 위성 레이저로 요격

군 전용 위성

위성 요격용 레이저 무기 / 위성체 발사능력

전 수행능력을 완성한다는 것이다.

무인무기체계와 우주 군사력이 첨단 정보통신 기술 중심의 미래 전쟁을 수행하기 위한 기반능력이라면, 비화약 에너지무기와 스텔스 기술은 미래의 전쟁에서 승패를 좌우하는 핵심전력이라고 할 수 있다. 금년 1월 국방과학연구소는 전자포, EMP 폭탄, HPM 무기 등이 포함된 주요 신(新)특수무기 개발계획을 제시하여 주목받기도 했다. 이들 가운데 전자포는 전열화학포 방식의 120mm 전차 주포, 소구경 대공포 형태로 우선 개발되고 있으며, 향후 150mm급 대포와 해군 함포로 발전될 것으로 기대된다.

미래의 전쟁을 주도할 전략무기로 평가받는 EMP 폭탄과 HPM 무기도 개발하여 전력화한다. 세계적인 수준을 자랑하는 한국의 전자, 정보통신 기술 역량으로 EMP 폭탄을 독자 개발하고 적의 전력(電力) 시설을 일순간에 무력화하는 흑연폭탄도 자체 개발 및 양산한다.

레이저 무기는 1990년대 말부터 국내 개발이 추진되어 2007년 수백 m 밖의 표적을 명중시킬 수 있는 저출력 레이저 무기의 독자 개발에 성공하였다. 2000년대 현재 수 km 이내의 표적까지 요격할 수 있는 레이저 무기를 실전배치하여 포탄과 다연장로켓탄, 사거리 100km 이하의 단거리 미사일의 위협에도 효과적인 대응이 가능하다.

스텔스 기술은 어떨까?

이미 한국 해군은 윤영하급 미사일고속정, 차기호위함, 충무공이순신급 구축함, 세종대왕급 이지스구축함, 그리고 독도급 상륙모함 등 신형 군함의 선체 설계에 스텔스 기술을 적용하고 있다. 또한 1999년부터 국방과학연구소의 주도로 스텔스 기술의 독자개발에 착수하였고, 2010년에는 국산 전파흡수용 특수소재를 F-4 전투기의 기체와 항공기 축소모형에 부착하여 실시한 성능시험이 긍정적인 평가를 받았다. 2050년대까지는 주요 무기와 전투장비에 스텔스 기능을 구현하는 데 필요한 핵심기술 대부분을 자체 확보한다.

끝으로 21세기 나노 기술에 의한 보병 전투능력 강화는 가히 공상과학영화를 연상시킬 정도의 전투력 강화 효과를 가능토록 해줄 것이다. 국방부는 각종 첨단기능을 갖추는 신형 전투복과 개인용 전투장비를 보급하기 시작하고, 앞으로 완전하게 성능을 개량한다. 전투복은 주변 환경에 따라 자동으로 색깔이 변화하고, 체온에 따라서 열을 흡수하거나 발산하며, 총탄에

통합헬맷(헤드 마운트)
실시간 전장 디스플레이
비디오카메라 내장, 헤드폰,
음성인식 마이크 기능

백팩(back pack)
음성통신, 피아식별,
개인위치항법장치(GPS 유닛),
연료전지 부착

개인화기
20mm 공중폭발탄,
레이저 거리측정기,
레이저 표적지시기,
주야간 조준경,
미니미사일,
비디오카메라 기능

위장전투복
냉·난장 및 생체리듬 감지,
화학무기·지뢰 감지,
각족 조정장치가 착용된
카멜레온식 위장복

그림 7.29 나노 기술이 적용된 한국군의 미래형 보병전투체계 개념도

피격당할 경우 자동적으로 전투복 소재가 강화되는 방탄기능을 갖추도록
개발될 것이다. 또한 부대 지휘소와의 통신과 전장 상황인식을 위한 부착형
소형 컴퓨터, 영상정보의 송수신 장치와 방탄기능을 보유한 전투용 헬멧의
개발도 포함되며, 국산 K-11복합화기로 무장하여 화력과 생존성, 정보우위
등에서 기존 보병을 압도하는 전투력을 발휘하게 된다.

참고 | 미래전쟁을 위한 선진 무기체계 사례

21세기 전쟁은 5차원전쟁으로서, 전후방 구별이 없고 전선이 불분명하며, 컴퓨터와 로봇이 사람을 대신하여 병력 희생이 없는 전쟁양상으로 변화하고 있다. 미국은 미래전투체계(FCS)로 불리는 유인·무인 무기가 결합된 무기체계를 개발하고 있다.

**미래전 대비한
미국 보병의 전투 장비**

헬멧 부착 디스플레이 : 모니터 역할을 한다. 지형 정보 등을 눈 앞에 보여준다.

헤드셋 : 무전기를 이용해 음성 통화를 할 수 있다.

GPS 안테나 : 인공위성의 GPS 정보를 수신한다.

컨트롤 유닛 : 컴퓨터 마우스 같은 역할을 한다. 손가락을 대면 원하는 정보를 선택할 수 있다.

헬멧 접속 장치 : 헬멧 디스플레이 장치와 다른 장치를 연결한다.

네비게이션 : 아군 위치를 지도상에 표시해 준다. GPS와 디지털 나침반을 내장하고 있다.

M4 카빈 : 주·야간(적외선) 조준경, 다기능 레이저(MFL)·카메라 등을 추가 정착할 수 있다. 엄폐물 뒤에 숨어 사격을 할 수 있다.

CPU : 각종 정보를 처리하고 지도·사진 등을 저장한다.

무전기 : 음성·데이터 통신용 장비로, 문자 메시지도 보낼 수 있다.

숫자로 본 '랜드 워리어(Land Warrior)'
• 개발 비용 : 5억 달러(약 5,600억 원)
• 여단 병력 장착 비용(기술 지원비 포함) : 1억 2000만 달러(약 1,150억 원)
• 개발연도 : 1996~2000년대 현재
• 무게 : 약 4~5kg

리튬 배터리 : '랜드 워리어'에 10시간 동안 전력을 공급한다. 1인당 2개씩 휴대한다.

MQ-9 리퍼(개량형 프레데터)
▶ 양날개 길이 : 20m
▶ 작전 시간 : 14시간
▶ 무장 : GPS 유도 합동정밀직격탄(JDAM),
레이저 유도탄(GBU-12), 헬파이어 미사일 등

미국 네바다 주
약 1만 1,700km
미국 네바다 주에 있는 공군 15정찰대의 장교가 이라크에 있는 무인정찰기 프레데터(Predater)를 조정하고 있다. 공격장비를 갖춘 개량형 프레데터에 의해 아프가니스탄 전쟁에서 수행되는 무인 폭격도 네바다 주의 기지에서 원격조정으로 이루어진다.

Modern Weapons
System Theory

국가안보와 무기체계

제1절 한반도 주변국가의 군사력과 무기체계

오늘날 세계 안보환경은 전통적인 군사적 위협 외에도 테러, 대량살상무기 확산, 자연재해 등 초국가적·비군사적 위협이 증대되고 있다. 그리고 영토·자원·종교·인종 문제 등 안보위협 요인도 다양하고 복잡해지고 있다.

이러한 안보환경 속에서 세계 각국은 자국의 이익을 극대화시키기 위해 제반분야에서 안보역량을 강화하는 동시에 국가 간 전략적인 협력과 견제를 병행하고 있다. 이 같은 안보환경 변화에서 한반도 주변 국가들인 미국·중

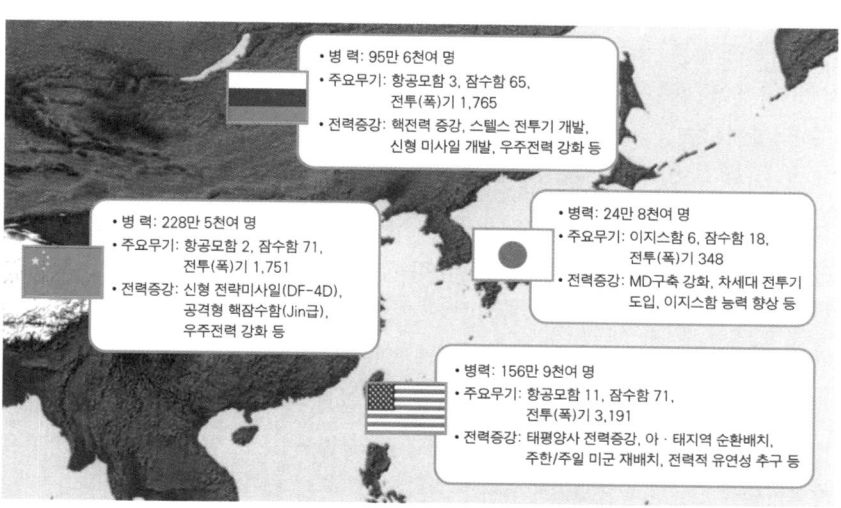

그림 8.1 한반도 주변 4국의 군사력과 무기체계

• 병 력: 95만 6천여 명
• 주요무기: 항공모함 3, 잠수함 65, 전투(폭)기 1,765
• 전력증강: 핵전력 증강, 스텔스 전투기 개발, 신형 미사일 개발, 우주전력 강화 등

• 병 력: 228만 5천여 명
• 주요무기: 항공모함 2, 잠수함 71, 전투(폭)기 1,751
• 전력증강: 신형 전략미사일(DF-4D), 공격형 핵잠수함(Jin급), 우주전력 강화 등

• 병력: 24만 8천여 명
• 주요무기: 이지스함 6, 잠수함 18, 전투(폭)기 348
• 전력증강: MD구축 강화, 차세대 전투기 도입, 이지스함 능력 향상 등

• 병력: 156만 9천여 명
• 주요무기: 항공모함 11, 잠수함 71, 전투(폭)기 3,191
• 전력증강: 태평양사 전력증강, 아·태지역 순환배치, 주한/주일 미군 재배치, 전력적 유연성 추구 등

국·일본·러시아 등 강대국들은 자국의 영향력을 유지하고 확대하기 위해 각축을 벌이고 있다. 강대국들은 2000년대 현재도 끊임없이 군사력 첨단화를 추진하고 있으며 이를 통해 새로운 안보환경에 대처하고자 노력하고 있다. 한반도 주변 4국의 군사력을 병력, 주요무기, 국방비, 전력증강 등을 개관하면 〈그림 8.1〉과 같다.[1]

제2절 북한의 군사정책과 무기체계

1. 군사정책과 전략

북한은 당 규약에 명시된 한반도 적화통일 전략을 고수한 채 이를 실현하기 위해 대규모 군사력을 유지하고 있다. 북한의 군사정책은 1962년 채택한 4대 군사노선을 근간으로 하고 있으며, 경제난의 심화에도 불구하고 선군정치의 기치아래 군사자원을 군사부문에 우선 배분하여 군사력을 지속적으로 강화하고 있다. 북한군의 군사전략은 한반도 전장여건을 감안하여, 미 증원군 도착 이전에 전쟁을 종결하는 단기 속전속결 전략을 기본으로 하고 있다.

이를 위해 초전 기습공격과 정규·비정규전의 배합전으로 전쟁의 주도권을 장악하고, 강력한 화력과 기갑·기계화 부대로 전과확대를 실시할 것으로 예상된다. 특히 최근에는 아프가니스탄과 이라크전 교훈을 바탕으로 특수전 능력을 향상시키고 도시작전과 야간·산악훈련을 강화하고 있으며, 첨단전쟁 수행능력을 보강하고 있다.

---

1) 국방부, 『국방백서』(2008~2013), pp. 14~23.

2. 군사조직과 지휘기구

북한 군사지휘기구의 최상위 기관은 국방위원회이다. 국방위원회는 전반적인 국방사업을 결정하고 지도하는 기관으로 헌법상에 명시되어 있다.

총정치국은 군의 당 조직과 정치사상 사업을 관장하고, 총참모부는 군사작전을 지휘하는 군령권을 행사한다. 인민무력부는 군 관련 외교업무와 군수, 재정 등 군 정권을 행사하면서 대외적으로 대표성을 가지고 있으며, 국방위원회의 예하 군사지휘기구도는 〈그림 8.2〉와 같다.

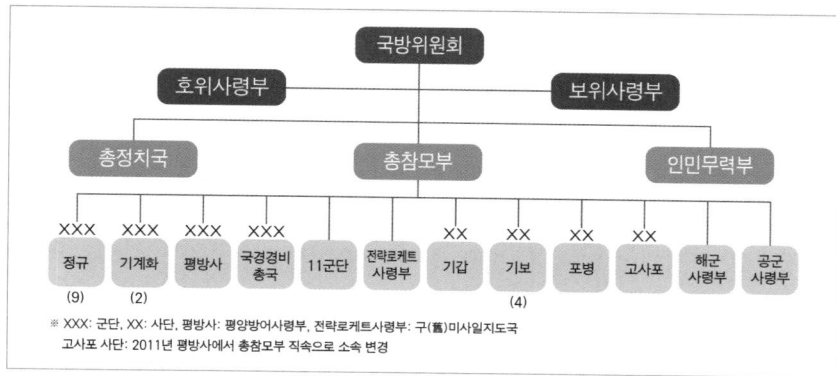

그림 8.2 북한의 군사조직과 지휘기구도

3. 각 군조직과 무기체계

1) 지상군

북한 지상군은 전·후방군단, 기계화군단, 평양방어사령부, 국경경비사령부, 미사일지도국, 경보교도지도국 등 총 15개의 군단급 부대로 편성되어있다.

북한은 평양-원산선 이남지역에 지상군 전력의 약 70%를 배치하고 있으며, 특히 전방지역에 배치하고 있는 장사전포병으로써 170밀리 자주포 및 240밀리 방사포는 서울을 사정권에 두고 현 진지에서 수도권 지역에 대

그림 8.3 북한 지상
군의 무기체계 현황

전 차	장갑차	야 포	방사포	도하장비
4,200여 대	2,200여 대	8,600여 문	4,800여 문	3,000여 대

해 기습적인 대량집중사격이 가능하다.

또한 북한군은 성능이 개량된 전차(천마호)를 생산하여, 이를 기갑·기계화부대에 배치하고 있으며, 북한 지상군의 주요 무기체계 보유현황은 〈그림 8.3〉과 같다.[2]

2) 해 군

북한 해군은 해군사령부 예하에 동·서해의 함대사와 전대 및 해상저격여단 등으로 구성되어 있으며, 주요 함정 보유현황은 〈그림 8.4〉와 같다.[3]

그림 8.4 북한 해군
의 무기체계 현황

수상전투함정	잠수함정	상륙함정	소해정	기 타
420여 척	70여 척	260여 척	30여 척	30여 척

수상전투함정은 경구축함, 경비함, 유도탄정, 어뢰정, 화력지원정 등 대부분 소형 고속함정 위주로 구성되어 있으며, 약 60%가 전진 배치되어 있다.

잠수함정은 로미오급·상어급 잠수함과 침투용 잠수정 등을 보유하고 있으며, 기뢰부설, 수상함 공격 및 특수전 부대의 침투지원 임무를 수행할 수 있다.

---

2) 국방부, 상계서, p. 25.
3) 상계서, p. 26.

지원함정은 공기부양정, 고속상륙정, 상륙함 등의 상륙용 함정과 소해정으로 구성되어 있다. 또한 북한 해군은 잠수함 전력을 지속적으로 증강하고 있으며, 지대함 및 함대함 유도탄과 신형 어뢰를 전력화하고 있다.

3) 공군

북한 공군은 공군사령부의 중앙통제 아래 비행사단에 전술수송여단 및 공군저격여단 그리고 지상방공부대로 구성되어 있으며, 북한 공군의 항공기 현황은 〈그림 8.5〉와 같다.[4]

그림 8.5 북한 공군의 무기체계 현황

전투임무기
820여 대

정찰기
30여 대

공중기동기(AN-2 포함)
330여 대

헬기
300여 대

훈련기
1700여 대

　전투기 및 감시 통제기는 북한 전역을 4개 권역으로 분할하여 지역별로 전력이 배치되어 있으며, 이중 약 40% 정도가 평양-원산 이남 기지에 전진 배치되어 기습공격이 가능한 능력과 태세를 유지하고 있다. 특히 공중기동기 및 헬리콥터를 이용하여 저공·저속으로 아군 후방 깊숙이 특수전부대를 침투시킬 수 있는 능력을 갖추고 있다.

　지대공 미사일 부대는 장거리 고고도 SA-5 미사일을 동·서부에 배치하고, SA-2/3 미사일을 비무장지대(DMZ)일대와 동·서해안 및 평양권 방어를 위해 밀집 배치하고 있다. 또한 대부분의 지대공 미사일은 고정 발사진지에 배치되어 있으나 이동식 미사일 장비를 추가 배치하는 추세에 있다.

---

4) 국방부, 상게서, p. 27.

4) 예비전력

북한은 사회 전체가 거대한 병영체제로서 4대 군사노선에 따라 전 인민을 무장화하고 있다. 교도부대는 현역부대와 유사한 장비를 보유하고 있으며, 전시 정규전부대의 전투력을 보충할 수 있도록 강도 높은 훈련을 하고 있다. 모든 교도부대원들이 동원령 발령 24시간 이내 전투준비를 완료할 수 있도록 연중 2회 2개월 이상 소집훈련을 실시하고 있다.

북한은 현재 17세부터 50세까지 전 인구의 약 30%를 전시동원 대상으로 하여 770만여 명의 예비전력을 보유하고 있으며, 예비전력 현황은 〈표 8.1〉과 같다.[5]

표 8.1 예비전력 현황

구 분	병 력	비 고
교도대	60만여 명	전투동원 대상 • 남자 : 17~50세 • 미혼여자 : 17~30세
노동적위대	570만여 명	향토예비군 성격
붉은 청년근위대	100만여 명	고등중학교군사조직
준군사부대	40만여 명	호위사령부, 인민보안성 군수동원지도국, 속도전 청년돌격대
계	770만여 명	

4. 전략무기체계

1) 핵 개발

북한은 제2차 세계대전에서 일본이 핵폭탄에 의해 패배하고, 6 · 25전쟁에서 더글러스 맥아더 원수가 만주지역에 핵폭탄 사용을 고려했던 사실을 보고, 6 · 25전쟁이 휴전으로 마무리되자 1952년에 김일성 주석은 우리도 원

---

5) 국방부, 『국방백서』(2008-2013), p. 28.

자폭탄을 보유해야 한다고 선언하고 즉시 생화학무기를 비롯한 핵개발을 시작하였다.

그 결과로 북한은 1960년대에 영변에 핵시설을 건설하였으며, 1970년대에는 핵연료의 정련·변환·가공기술 등을 획득했다. 1980년대 이후 5MWe 원자로의 가동 및 폐연료봉 재처리를 통하여 핵물질을 확보하는 등 핵연료 확보에서 재처리에 이르는 일련의 핵연료 주기를 완성하였다.

핵무기는 제조방법에 따라 플루토늄 핵무기와 우라늄 핵무기로 구분한다. 북한은 수차례에 걸친 재처리를 통해 40여 kg의 플루토늄을 확보하여 1기당 플루토늄 6~7kg이 필요하기 때문에 핵무기 6~10기를 보유한 것으로 추정하고 있다.

그리고 북한은 플루토늄 핵무기 개발을 위해 2006년 10월 9일에 제1차 핵실험, 2009년 5월 25일에 제2차 핵실험, 2013년 2월 12일에 제3차 핵실험, 2016년 1월 6일에 제4차 핵실험을 실시했다. 특히 북한은 2012년 4월 13일 최고인민회의에서 헌법전문에 핵보유국가로 개정 명기했다고 공식선언했다.[6] 북한의 핵 위협성은 더욱 커져 미국·중국·일본·러시아·한국은 핵무기 폐기 및 한반도 비핵화를 위해 더욱 많은 노력을 하였다.

2) 탄도미사일

북한은 1960년대부터 탄도미사일 개발에 착수하여 1980년대 중반에 사정거리 300km의 SCUD-B, 500km의 SCUD-C를 생산하여 작전배치 하고, 1990년대 말부터는 사거리 3,000km 이상의 신형중거리미사일도 개발하여 작전 배치하였다.

그리고 1998년 8월 31일에는 대포동 1호를 시험 발사하고, 2006년 7월 5일에는 대포동 2호를 발사했다. 특히 2009년 4월 5일에는 은하 2호 로켓으로 광명성 2호 인공위성 발사와 2012년 12월 12일에는 은하 3호를 발사하고 2015년 2월 7일에는 광명성호 인공위성을 우주에 진입시키는 데 성공했다고 발표했는데, 그것이 인공위성인지 아니면 탄도탄 미사일인지에 대한 논란이 있었다. 그러나 북한은 곧 인공위성을 내세워 중·장거리 대륙간탄

---

6) 조선일보, 2012. 5. 20.

대포동 1호
(광명성 1호 로켓)
• 탄두중량 : 1t(추정)
• 길이 : 27m(3단)
• 무게 : 27t
• 직경 : 1.8m
• 비행거리 : 1,620km
• 발사시기 : 1998. 8. 31

대포동 2호
• 탄두중량 : 1t(추정)
• 길이 : 29~31m(3단)
• 무게 : 60t
• 직경 : 2~2.2m
• 비행거리 : 490km
• 발사시기 : 2006. 7. 5

은하 2호
(광명성 2호 로켓)
• 탄두중량 : 30kg(위성일 경우 추정)
• 길이 : 32~35m(3단, 추정)
• 무게 : 70t 이상(추정)
• 직경 : 2.2m(추정)
• 비행거리 : 3,600여 km(추정)
• 발사시기 : 2009. 4. 5

그림 8.6 북한 장거리미사일 제원 비교

도미사일 발사능력을 실험했던 것으로 판단되었다. 이와 같이 북한은 2020년대에도 스커드, 노동, 대포동 등으로써 단거리·중장거리의 다양한 미사일을 실험발사 및 보유하고 있으며, 미사일 종류별 사거리는 〈그림 8.7〉과 같다.[7]

특히 오늘날 국제사회에서 탄도미사일 발사냐, 또는 인공위성 발사냐에

그림 8.7 미사일 종류별 사거리 현황

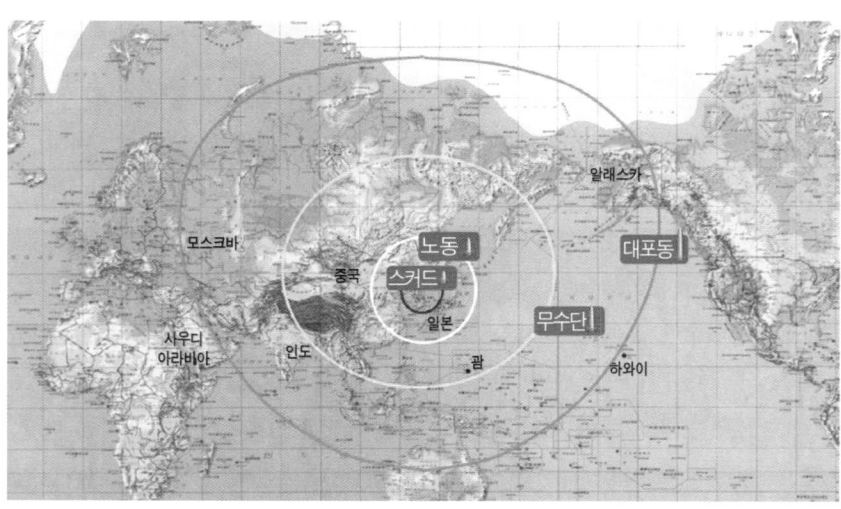

7) 상게서, p. 30.

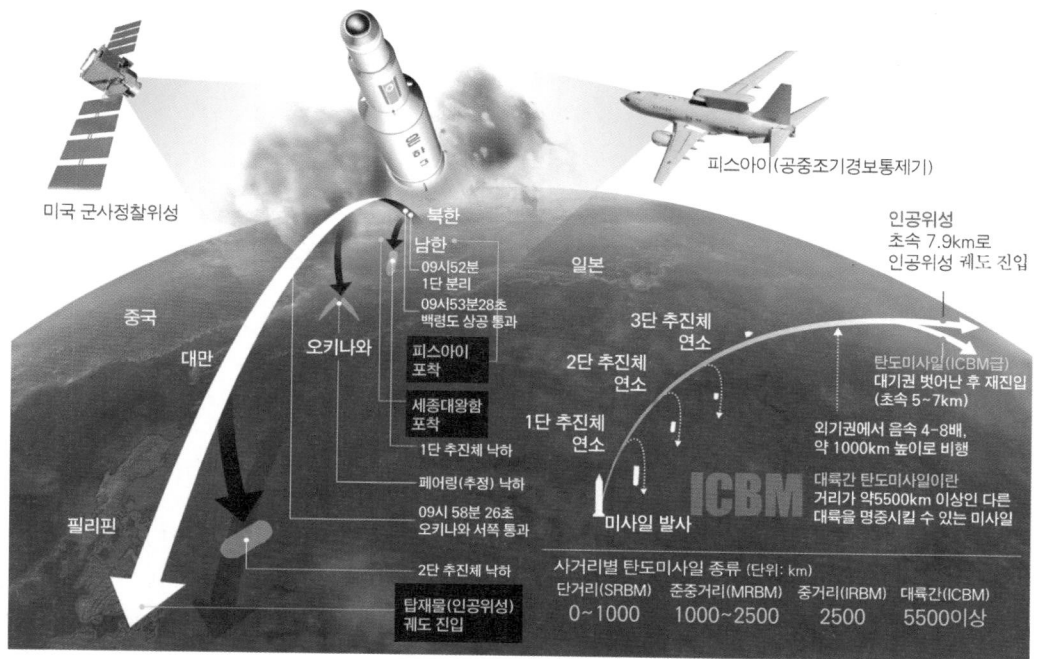

미국 군사정찰위성

피스아이(공중조기경보통제기)

인공위성
초속 7.9km로
인공위성 궤도 진입

북한

남한
09시52분
1단 분리
09시53분28초
백령도 상공 통과

**피스아이
포착**

**세종대왕함
포착**

1단 추진체 낙하

페어링(추정) 낙하

09시 58분 26초
오키나와 서쪽 통과

2단 추진체 낙하

**탑재물(인공위성)
궤도 진입**

중국

대만

오키나와

필리핀

일본

3단 추진체
연소

2단 추진체
연소

1단 추진체
연소

미사일 발사

탄도미사일(ICBM급)
대기권 벗어난 후 재진입
(초속 5~7km)

외기권에서 음속 4-8배,
약 1000km 높이로 비행

대륙간 탄도미사일이란
거리가 약5500km 이상인 다른
대륙을 명중시킬 수 있는 미사일

ICBM

사거리별 탄도미사일 종류 (단위: km)

단거리(SRBM)	준중거리(MRBM)	중거리(IRBM)	대륙간(ICBM)
0~1000	1000~2500	2500	5500이상

그림 8.8 북한 은하3호 발사 및 추진체 낙하지역

대해 많은 논란이 있었다. 따라서 탄도미사일과 인공위성 구분은 대단히 중요하며, 그 차이점은 다음과 같다. 탄도탄 미사일은 로켓(발사체) 발사에 의해 추진한 것은 공통이지만 보호덮개(페어링) 속의 ① 탄두가 삼각형, ② 탄두에 핵·화학 및 생물무기 탑재, ③ 대기권 벗어난 후에 다시 지상낙하하며, 인공위성은 ① 보호덮개 속의 위성이 타원형, ② 탄두에 인공위성 탑재, ③ 대기권을 벗어난 후에 인공위성 궤도에 진입하는 차이가 있다.

3) 생화학무기

북한은 1952년 12월 김일성의 핵 및 생화학화 선언 이후에 생화학무기 연구 및 생산시설을 설치하였으며, 1980년대부터는 독가스 및 세균무기를 생산해 오고 있는 것으로 판단된다.

2000년대 현재 북한은 약 2,500~5,000톤의 생화학작용제를 분산된 시설에 저장하고 있으며, 탄저균·천연두·콜레라 등의 생물무기를 자체적으로 배양하고 생산할 수 있는 능력이 있는 것으로 추정된다.

제3절 한국의 안보목표 및 국방정책과 무기체계

1. 국가안보 목표

국가안보 목표는 국가 안전보장을 달성하기 위해 당면한 안보환경과 가용한 국력에 대한 평가를 기반으로 반드시 실현해야할 목표이다. 한국의 국가안보 목표는 ① 한반도의 안전과 평화의 통일 달성, ② 국민 안전 보장 및 국가 번영 기반 구축, ③ 국제적 역량 및 위상을 제고이다.

2. 국방정책

1) 국방목표

국방목표는 "외부의 군사적 위협과 침략으로부터 국가를 보위하고, 평화통일을 뒷받침하며 지역의 안정과 세계평화에 기여하는 것"이다.

그 의미를 구체적으로 살펴보면 아래와 같다.

첫째, 외부의 군사적 위협과 침략으로부터 국가를 보위한다. 이는 현존하는 북한의 군사적 위협에 우선적으로 대비함은 물론 미래 잠재적 위협에도 동시에 대비해야 함을 의미한다. 특히 북한의 재래식 군사력, 핵·미사일 등 대량살상무기의 개발과 증강, 군사력의 전방 배치 등은 국가안보에 직접적이고 심각한 위협이다.

둘째, 평화통일을 뒷받침한다. 이는 한반도에서 전쟁을 억제하고 군사적 긴장완화와 평화정착을 이룩하여 평화적 통일에 이바지함을 의미한다.

셋째, 지역의 안정과 세계평화에 기여한다. 이는 한국의 국력과 국방역량에 바탕으로 주변국들과 군사적 우호협력 관계를 더욱 증진시키고 국제평화유지활동 등에 적극 참여함으로써 동북아 지역의 안정과 세계평화에 기여하는 것을 의미한다.

2) 국방정책 기조

국방부는 국가안보 목표와 국방목표를 구현하기 위하여 정예화된 선진강군을 국방비전으로 제시하였다.

국방목표와 국방비전을 달성하기 위한 8대 국방정책기조로써 ① 포괄안보를 구현하는 국방태세 확립, ② 한미 군사동맹의 창조적 발전, ③ 선진방위역량 강화, ④ 한반도 평화구조 창출의 군사적 뒷받침, ⑤ 제자리에서 제 몫을 다하는 전문화된 군대 육성, ⑥ 실용적 선진 국방운영체제 구축, ⑦ 국가 발전에 상응한 병영환경 개선 및 복지증진, ⑧ 국민과 함께하는 국민의 군대로 지향하는 것이다.

3. 한국의 군사조직 및 무기체계

1) 국방체제

국방체제란 국가안보를 위해 군사력을 중심으로 모든 국력을 종합하여 총합적 국력으로 승화시키는 총력전 수행을 위한 구조, 기능 및 절차라고 정의할 수 있다.[8] 한국의 국방체제는 대통령-국방부-합동참모본부-육군·해군·공군으로 조직(그림 8.9)되어 기능을 수행한다.

대통령은 국가 헌법적 지위에 따라 통수권을 갖고 군정권과 군령권을 통할하며, 국방부는 통수권을 보좌 내지 지원하는 기구로 국방정책결정 및 집행과 국력 동원 기능을 수행한다. 합동참모본부(또는 합동군사령부)는 작전부대를 지휘 및 감독하고, 합동작전을 위해 설치된 합동부대를 지휘하

---

8) 조영갑, 『국가안보론』(선학사, 2019), pp. 233~245.

그림 8.9 국방체제와
무기체계도

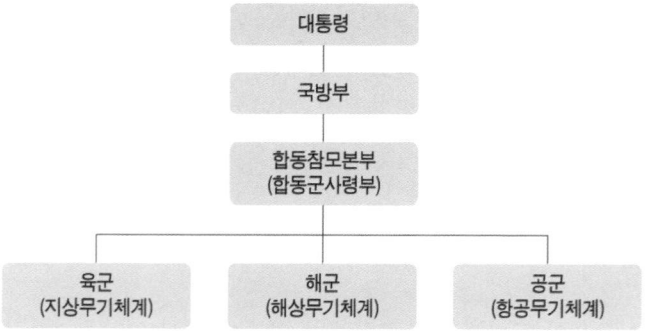

여 연합 및 합동작전을 수행한다.

2) 육군의 조직 및 무기체계

육군은 육군본부와 야전군사령부, 작전사령부, 수도방위사령부, 특수전사
령부, 항공작전사령부, 유도탄사령부와 이를 지원하는 부대로 편성되어 있
으며, 주요 조직과 보유전력은 〈그림 8.10〉과 같다.[9]

  야전군사령부는 군사분계선으로부터 전방 책임지역의 방어임무를 수행
하고, 제2작전사령부는 후방지역 안정과 전쟁지속능력 유지 임무를 수행
한다.

  수도방위사령부는 수도 서울의 기능유지 지원 및 중요시설 방호 등 수도
권 방위임무를 수행하며, 특수전사령부는 첩보 수집과 아군의 화력유도, 기

그림 8.10 육군의 주
요 조직과 무기체계

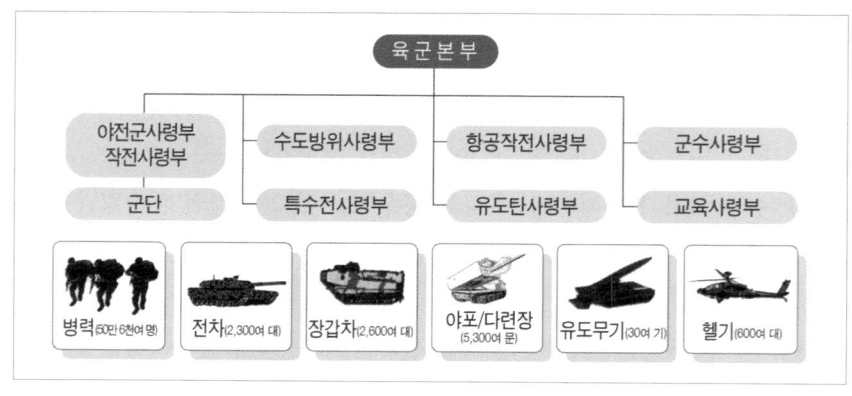

---

9) 국방부, 『국방백서』(2008-2022), p. 45.

타 특수임무를 수행한다. 그리고 항공작전사령부는 지상부대에 대한 화력 지원 및 수송·정찰 임무를 수행하며, 유도탄사령부는 중심표적에 대한 정밀타격 임무를 수행한다.

2000년대 현재 육군은 병력중심에서 탈피하여 과학화되고 완전성이 구비된 기술집약형 구조로 발전하고 있다. 병력과 부대 수를 축소하는 대신 무기체계를 첨단화할 것이다. 이를 위해 무인항공정찰기, 다련장 로켓, 전차 및 장갑차 등 감시·타격·기동 능력을 보강하기 위한 첨단전력을 확보할 것이다.

3) 해군의 조직 및 무기체계

해군은 해군본부와 작전사령부, 해병대사령부 및 서방사령부, 기타 지원부대로 편성되어 있으며, 주요 조직과 보유전력은 〈그림 8.11〉과 같다.10)

작전사령부는 전반적인 해상작전을 통제하고 수상전11)·잠수함전12)·기뢰전13)·상륙전14) 등을 수행하며, 함대사령부는 책임해역 방어 임무를 수행한다.

2000년대 현재 해군은 수상·수중·공중을 포함한 입체전력 운용에 적

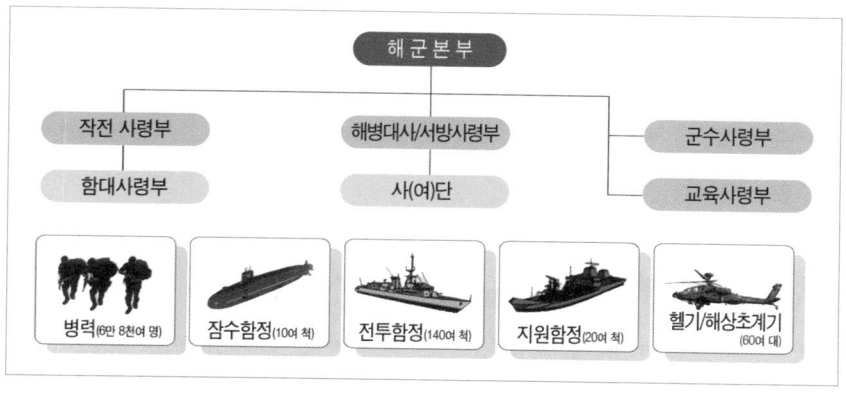

그림 8.11 해군의 주요 조직과 무기체계

---

10) 전게서, pp. 46~48.
11) 수상전 : 수상함으로 구성된 전투 부대가 해상에서 항공기나 헬기의 지원을 받으며 수행하는 전투를 말한다.
12) 잠수함전 : 잠수함을 이용한 전투를 말한다.
13) 기뢰전 : 기뢰를 사용하여 적 해군세력을 차단 또는 무력화하거나 적의 기뢰 사용을 거부하는 전투를 말한다.
14) 상륙전 : 함정 또는 항공기에 탑승한 상륙군을 바다로부터 연안으로 전개시키기 위한 전투를 말한다.

합한 구조로 발전할 것이다. 이를 위해 광개토-Ⅲ급 구축함(이지스) 호위함 및 상륙함, 다목적 수송함, 장보고-Ⅱ/Ⅲ급 잠수함, 해상초계기 등 첨단 전력을 지속적으로 확보할 것이다.

해병대사령부는 상륙작전과 수도 서울 서측방 방호 및 서북 도서 방어임무를 수행한다. 앞으로 무인정찰기, 차기상륙용장갑차 등을 확보하고 여단급 상륙작전 능력을 갖출 것이다.

4) 공군의 조직 및 무기체계

공군은 공군본부와 작전 사령부, 기타 지원부대로 편성되어 있으며, 주요 조직과 보유전력은 〈그림 8.12〉와 같다.

작전사령부는 제반 항공전역 수행과정을 중앙집권적으로 통제하고 제공작전[15], 전략공격작전[16], 항공차단작전[17], 근접항공지원작전[18] 등의 항공작전을 수행한다.

그림 8.12 공군의 주요 조직과 무기체계

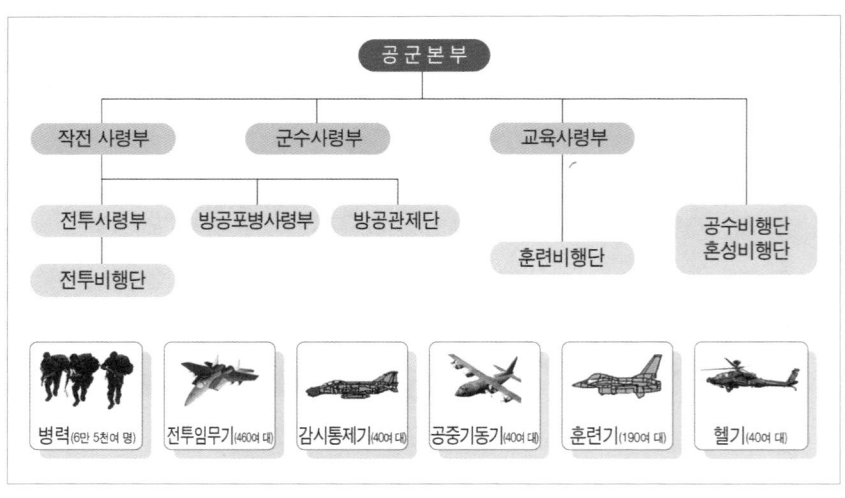

---

15) 제공작전 : 공중우세를 확보하기 위하여 적 항공력의 근원을 가능한 원거리에서 탐색 및 격파하는 작전을 말한다.
16) 전략공격작전 : 적의 전략표적을 공격함으로써 적의 전쟁수행의지 또는 전쟁지속능력을 말살하는 작전을 말한다.
17) 항공차단작전 : 적의 군사력이 아군에게 효과적으로 사용되기 이전에 이를 차단, 교란, 지연, 파괴하는 작전을 말한다.
18) 근접항공지원작전 : 아군을 지원하기 위해 아군과 근접하여 대치하고 있는 적 지상군·해군을 전투임무기로 공격하는 작전을 말한다.

작전사령부 예하 남부전투사령부는 남부 관할지역에 대한 분권적 전술
조치 및 항공작전을 수행하며, 방공포병사령부는 저·중·고도별 다층적
방공작전을 수행한다.

　　2000년대 현재 공군은 공중우세 및 정밀타격에 적합한 구조로 발전할 것
이다. 이를 위해 첨단전투기, 공중조기경보통제기, 감시정찰체계 등을 지속
적으로 확보할 것이다.

4. 한국의 대북한 핵전략

1) 핵우산과 확장억제력

확장억제와 핵우산을 군사전략적 차원에서 알아보면 다음과 같다.

　　미국의 동맹국에 대한 핵 억제력 제공은 핵우산(nuclear umbrella)과 확
장억제(extended deterrence)라는 개념으로 표현되는데 핵우산이 포괄적이
고 정치적 개념이라면, 이를 보다 군사 전략적 차원에서 구체화한 것이 확
장억제 개념이다.

　　첫째는 핵우산이다.

　　핵무기 보유국이 자체 핵 능력으로 불특정 국가의 핵위협으로부터 동맹국
(비핵국)을 보호해 준다는 포괄
적이고 정치적인 개념이다. 여기
서 우산이란 핵무기 공격에는 핵
무기(대륙간탄도미사일·잠수함
발사미사일, 전략폭격기)로 공격
한다는 핵무기 보복력 때문에 가
상 적국의 핵 공격을 막을 수 있
다는 의미로, 핵에 대한 방패를
의미한다. 그 사례는 한국과 일
본·대만 등 미국과 개별 동맹관
계에 있는 국가들이 핵무기를 개

그림 8.13 미국의
한국에 대한 핵우산
전력　전략폭격기,
대륙간탄도미사일,
잠수함발사미사일,
전략폭격기 등

발하지 않은 데 대한 보상개념으로 적용되고 있다. 한국은 1958년부터 1991년까지 33년간 950기의 전술핵무기가 배치되어 보호받았으나 1992년 한반도 비핵화선언에 따라 철수되었다. 한국은 주한 미군의 전술핵무기 철수 후에 핵무기와 재래식 무기로 타격하는 핵우산과 확장억제를 제공받게 되어 2000년대 현재까지 계속 유효하다.

둘째는 확장억제이다.

한국 정부의 강력한 요청에 따라 2006년부터 한미안보협의회의(SCM) 공동성명에 확장억제 개념이 처음 명시됐다. 핵우산을 군사전략적 차원에서 더욱 구체화한 것으로, 미국의 동맹국이 핵 공격을 받으면 미국 본토가 공격받았을 때와 같은 전력 수준으로 응징·타격한다는 개념이다.

한국에 제공되는 '확장된 억제력'과 기존 핵우산의 차이

기존 핵우산	장비·무기
핵무기 (전술 핵무기+전략 핵무기)	핵 토마호크, AGM-69, 공대지 미사일, 트라이던트 전략핵미사일
확장된 핵 억제력	**장비·무기**
핵무기 (전술 핵무기+전략 핵무기)	핵 토마호크, AGM-69, 공대지 미사일, 트라이던트 전략핵미사일
미사일 방어체계(요격 체계)	페트리엇 미사일
재래식 정밀타격무기	재래식 토마호크 합동직격탄(JDAM)
개선된 지휘통제	통신위성 자동화된 지휘통제체계
정보체계	정찰위성(KH-11, 12) 글로벌 호크

단계별로 확대되는 핵 억제력

경계 단계	▶ K-11정찰위성 ▶ 글로벌 호크 ▶ 통신위성
핵공격 예방 단계	▶ 외교적 수단 ▶ 재래식 정밀 유도탄(재래식 토마호크 등)
응징 단계	▶ 재래식 정밀 유도탄 ▶ 전술핵무기(핵 토마호크, AGM-69 미사일)
주변국 차단 단계	▶ 전략핵무기(트라이던트 핵미사일)

즉, 미국은 동맹국이 핵 공격을 받았을 때 ① 대륙간탄도미사일(ICBM)과 ② 잠수함발사미사일(SLBM), ③ 전략폭격기의 3대 타격수단으로 응징한다는 것이다. 그러나 미국은 이에 더해 핵계획검토보고(NPR)를 발표하면서 확장억제 수단으로 이들 3대 전략무기에다 ④ 미사일방어(MD)능력과 ⑤ 재래식 무기로 타격능력을 강화하여 제공한 것이다.

적의 대량살상무기(WMD)가 미국 본토나 동맹국의 지상에 도달하기 전 공중에서 폭파시키는 방어 활동과 대량살상무기 사용 징후가 있을 때 경보·탐지·방사능 오염 제거까지의 수단을 포함하도록 한 것으로써, 핵의 선제사용 가능성이 담긴 개념이다. 북한의 핵 사용 징후 포착 시 괌의 앤더슨 공군기지에서 전략핵탄도미사일과 전략폭격기 등을 비롯한 핵잠수함이 남한 수역으로 이동하여 작전을 수행하게 된다.

2) 북한 핵·미사일 대비의 한국군 주요 전력

공 군		육 군	해 군
전투기 장착	지상 미사일		
• 공대지 미사일 SLAM-ER(사거리 270km) • 합동정밀직격탄 JDAM(사거리 24km) • 합동공대지순항미사일(JASSM)급 장거리 미사일(사거리 400km)	• 요격 미사일 패트리엇 (PAC-2) • 요격 미사일 패트리엇 (PAC-3)	• 탄도미사일 현무 • 순항미사일 현무 (사거리 500~1,500km) • 아이언돔 미사일	• 이지스함의 SM-2/3 요격미사일 • 토마호크 미사일

그림 8.14 북핵·미사일 대비의 한국군 주요 전력 전투기(공군), 지상미사일(육군), 이지스함(해군), SM-2/3미사일, 토마호크 등이 있다.

표 8.2 북한의 핵·미사일을 공중 요격하는 지상무기체계

한국의 PAC-2, PAC-3 성능 비교			
	PAC-2	PAC-3	아이언돔
미사일	패트리엇	패트리엇	타미르
길이	5.31m	5.2m	3m
직경	41cm	25cm	16cm
속도	마하 5	마하 5 이상	마하 5.5
발사대당 미사일	4발	16발	20발
사거리	70km	20km	70km
요격 성공률	40% 이하	알려진 바 없음	85~90%
운용방식	목표물 주변에서 폭발	목표물 직접 타격	목표물 주변에서 폭발

※이스라엘 단거리 미사일 방어체계인 아이언돔

표 8.3 북한의 핵·미사일을 공중 요격하는 해상무기체계

요격 미사일 SM-3 · 토마호크 미사일 성능 비교	
요격 미사일 SM-3	토마호크 미사일
길이	6.55m	5.56m (부스터 장착 시 6.25m)
직경	34.3cm	51.81cm
무게	-	1192.5kg (부스터 장착 시 1,440kg)
속도	최고속도 9,600km/h	880km/h
사거리	500km 이상	1250~2500km

LEAP 탄두
폭약을 사용하지 않고
직접 탄두에 충돌하는 방식

1단 추진체　방향제어 시스템　2단 추진체　3단 추진체　유도장치

적외선 이미지 탐색기　연료　터보제트엔진

탄두

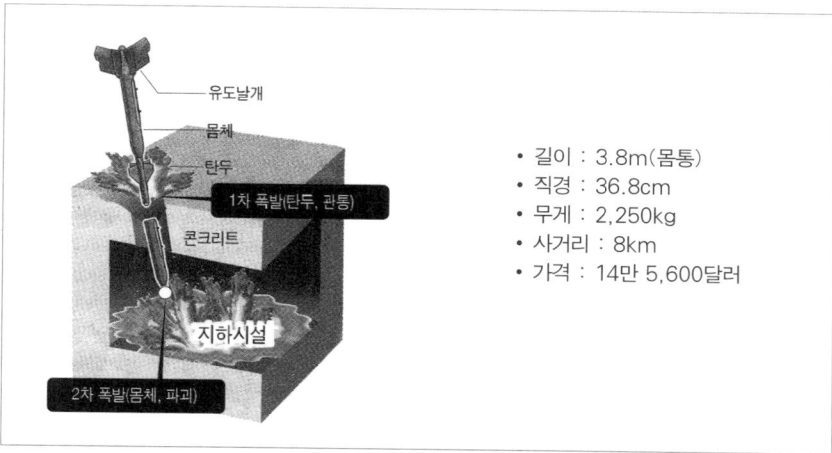

그림 8.15 핵시설 파괴용 무기 벙커버스터 원리

- 길이 : 3.8m(몸통)
- 직경 : 36.8cm
- 무게 : 2,250kg
- 사거리 : 8km
- 가격 : 14만 5,600달러

3) 북한의 전략적 목표에 대한 한국군의 3축 체계

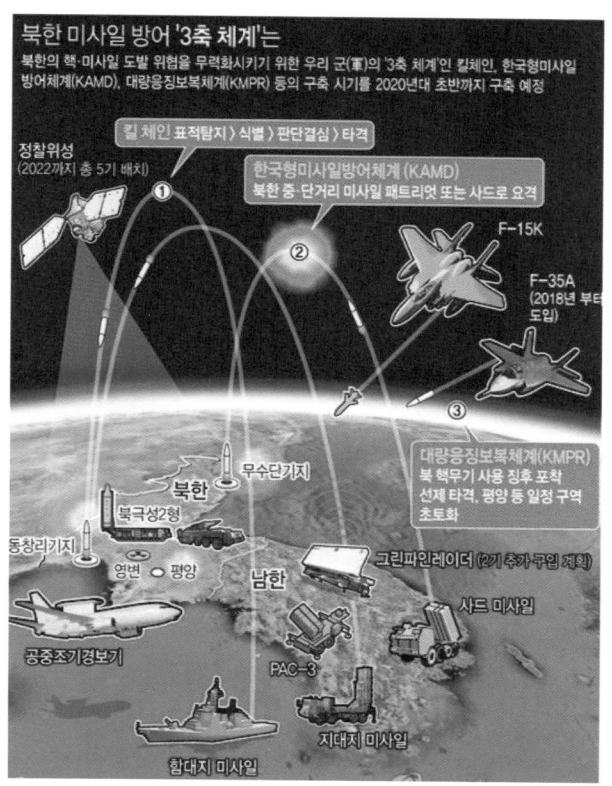

그림 8.16 다양한 주요정밀유도무기
킬체인·KAMD·KMPR전방 지역에서 북한 지역의 핵 및 미사일 기지를 직접 정밀 타격할 수 있다.

4) 북한의 장사정포에 대한 한국군의 대응무기

그림 8.17 북한의 장사정포에 대응무기 체계 ① 적 장사정포 감시 및 탐지능력, ② 대 화력전 수행본부, ③ 연합 및 합동화력운용으로 실시간에 타격하는 체계로 발전하였다.

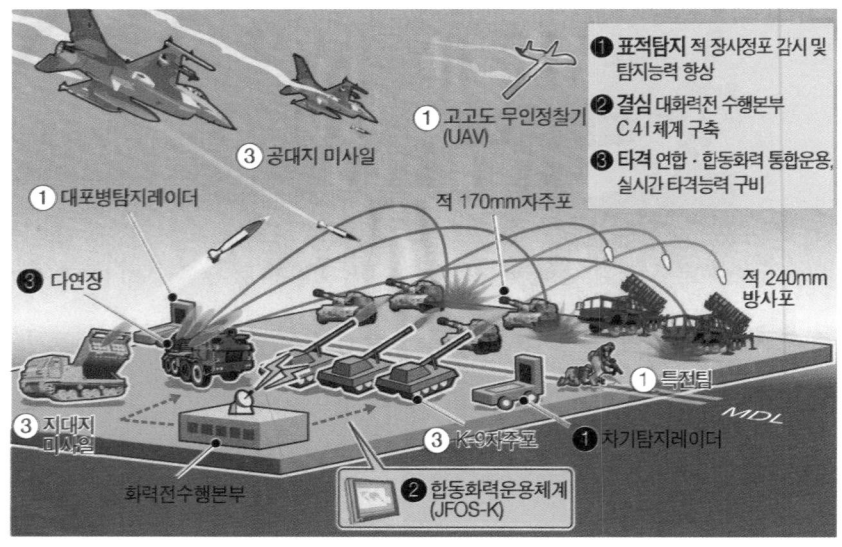

5. 한국 방위산업이 개발한 명품 무기

국방과학연구소(ADD)는 국내 기술로 개발한 지상무기와 전투함 및 전투기 무기체계를 선정해 발표했다. 과거엔 소총조차 군사원조에 의존했지만 2000년대 현재는 국내 방위산업 기술력은 첨단무기를 독자 개발할 만큼 발전해 정예강군 육성과 수출을 통한 국가 경제 발전에 기여하고 있다.

1) K-11 복합형 소총

한국군은 미국제인 M1 소총, 칼빈소총, M16 소총을 사용하다가 독자적인 K-1 기관단총 · K-2 소총 · K-3 경기관총 · K-4 고속유탄발사기 · K-6 중기관총, 그리고 K-11 복합형 소총

을 개발했다. K-11 복합형 소총은 구경 5.56mm 기존 소총과 구경 20mm 공중폭발탄 발사기를 하나의 방아쇠로 선택해 사용할 수 있다. 20mm탄의 경우 적 목표물 상공에서 탄을 정확히 폭발시켜 파편으로 적을 제압함으로 써 밀집 병력이나 은폐 엄폐된 표적을 효과적으로 제압할 수 있다.

2) K-2 전차

한국 육군은 미국제인 M47/48 전차를 운용하다가 독자적인 K-1(88전차) 를 시발점으로 K-2(흑표전차)를 개발했다.

K-2 전차는 120mm 포와 자동표적 탐지 및 추적 장치, 피아식별장치 등 첨단기술 등을 갖췄다. 12년간 2,000억 원을 들여 개발했으며 독일과 미국 등 선진국의 신형전차와 비교해 손색이 없는 화력과 기동력을 갖고 있다.

그림 8.18 K-2 흑표 전차는 한국 자체 개발의 세계적 수준의 전차가 됨

3) K-21 전투장갑차

한국 육군은 미국제인 M113 장갑차를 운용하다가 독자적인 K-21 보병전 투장갑차를 개발했다.

K-21 보병전투장갑차는 한국군 기계화부대의 운용개념을 획기적으로 전환시킬 수 있는 첨단전투장갑차이다. K-21 보병전투장갑차는 주무장인 40mm 기관포와 대전차유도무기를 탑재해 적 장갑차는 물론 전차도 파괴

할 수 있는 화력을 보유하고 있으며, 복합기능탄 발사기능을 갖춰 헬기와
도 교전이 가능하다.

또한 전차 수준의 야지기능능력은 물론 에어백식 수상부양장치가 탑재
돼 수상운행도 가능하고 피아식별기 · 적위협경고장치 등 최첨단 기술이 적
용된 생존성이 극대화되어 미래전쟁환경에서 다차원 통합전투가 가능하다.

그림 8.19 K-21 보병전투장갑차의 시험평가에서 K-21 생산 2호기가 주무장인 40mm포를 연발
사격하고 있다.

K-21 보병전투장갑차 성능

구 분	병 력	비 고
제 원	탑승인원	12(3+9)
	전투중량(톤)	25
	길이(m)	6.9
	폭(m)	3.4
	높이(m)	2.6
기동력	최고속도(km/h)	70
	야지속도(km/h)	40
	수상속도(km/h)	6이상
화 력	주무장(mm)	40
	부무장(mm)	7.62
	대전차유도무기	3세대급

4) K-9 자주포

한국군은 미국제인 105/155 견인포, 8인치 자
주포를 운용하다가 독자적인 105/155 견인포
와 K-55 시발점으로 K-9 자주포를 개발했
다. K-9 자주포는 최대 사거리가 40km인
155mm포와 최신항법장치, 자동사격통제장치
등을 갖춰 급속 발사가 가능하다. 1000마력급
엔진과 자동변속기, 유기압 현수장치를 장착
했으며 기동력이 탁월해 현대 전장 조건에 적
합한 세계적 수준의 자주포로 평가받고 있다.

그림 8.20 K-9 자주포는 한국이 개발한 첨단화된 대포임

5) K-1 공병전차

한국 육군은 미국제인 도저전차를 운용하다가 독자적인 공병전차를 개발했
다. 공병전차는 대전차 장애물 및 방호진지의 제거·구축이 가능하도록 신
축식 굴착기, 쟁기, 도저, 도리깨 같은 대지뢰전 장비를 탑재한 다목적 공병
장비이다.

그림 8.21 K-1 공병전차는 한국기술로 개발한 우수한 공병전차임

6) KT-1 기본훈련기

국방과학연구소(ADD)주관으로 개
발한 한국 고유의 최초 군용기다.
전투조종사 양성을 위한 훈련기로
사용되며 950마력 엔진을 장착해
편대비행, 야간비행, 배면비행 등
모든 기동이 가능하다.

7) FA-50 초음속전투기

T-50기는 'T'가 훈련기(Train)를 나타내며 50(공군 창군 50주년 해를 기념)
으로 명칭되었다. T-50기는 미국 록히드 마틴사의 기술지원으로 한국항공
우주산업(KAI)과 국방과학연구소(ADD)가 공동개발로 만들어 F-16기와 생
김새가 닮았다. T-50기는 공대공·공대지 미사일과 레이더와 기관포를 장
착할 때는 FA-50 전투기로 명칭한다. 한국은 세계 12번째 초음속 항공기
개발국가가 되었다. 개발비는 총 2조 800억 원, 1대에 들어간 부품은 자동
차의 10배가 넘는 23만 개, 1대에 들어간 전기선은 15km, 가격은 기본 기
체만 2,500만 달러(약 250억 원)로써 해외 수출을 하고 있다.

FA-50 초음속전투기

구 분	비 고	구 분	비 고
승무원	2명	레이더	(TA-50)
길 이	13.14m	최대속도	마하 1.5
폭	9.45m	자체 중량(빈상태)	6,440kg
높 이	4.94m	최대 이륙중량	1만3,470kg
엔진출력	8,029kg	최고 상승한도	16.7km
무장탑재능력	4,536kg(FA-50)		

전투기 전환 (1)	전투기 전환 (2)
FA-50	KF-X
첫 국산 전투기	한국형 차기 전투기

8) 한국 공군 F-15K와 F-35A 스텔스 전투기

한국 공군은 미국제인 F-51/86, F-4/5, F-16 전투기를 운용하였으나 기술
발전과 작전반경이 좁아 F-15K를 도입하였다.

그림 8.22 F-15K는
한국 작전 상황에 맞
게 제작된 전투기임

한국 공군 F-15K

구 분	사거리	특 징	탄착정확도
공대공 유도탄(AIM-9X)	22km	전방 및 후방 적기(135) 공격 가능한 신개념 미사일	—
장거리 공대지 유도탄 (SLAM-ER)	278km	1.2m 철근 콘크리트 관통	3m
정밀공격 직격탄(JDAM)	24km	2.4m 철근 콘크리트 관통	9.6m
공대함 유도탄(HARPOON)	174km	19mm 강철 관통	5m

한국 공군이 보유한 F-15K는 장거리 종심타격, 넓은 행동반경(1,800km), 11톤의 무장탑재, 창공에서 한 시간 이상 작전 수행이 가능한 탁월한 성능 전투기이다. 또한 한국 공군은 2019년 3월에 F-35A기 스텔스 전투기로 전력화했다.

한국 공군 스텔스 1호기 한국 공군 첫 스텔스 전투기인 F-35A 2대가 충북 청주 공군 제 17전투비행단에 도착해 전력화되었다. 미국 애리조나주 루크 공군기지를 출발한 F-35A기는 하와이 등을 거쳐 한국에 도착했다. 5세대 스텔스 전투기인 F-35A는 길이 15.7m, 최대이륙중량 22.7t, 작전거리 1,100km 이상으로 스텔스 기능을 가지고 있으며, 한국 공군의 작전개념인 '전략 표적 타격(킬체인)'의 핵심 전력이다.

9) 한국형 수리온 헬리콥터

한국군은 다양한 미국제 헬리콥터를 운용하였으나 독자적인 수리온 헬리콥터를 개발했다. 한국형 기동헬기(KUH)인 수리온은 2006년 6월 개발에 착수해 2009년 8월 1일(3년) 1조 3,000억 원의 개발비를 투입해 탄생되었다.

수리온 헬기는 한국의 기상과 산악지형을 고려하여 설계되었으며, 수리온 명칭도 독수리의 용맹성 있는 수리와 100% 국산기술이란 의미의 온을 따서 작명하였으며, 수리온 헬기는 한국군이 30여 년 이상을 운용해 온 UH-1H, 500MD 등 노후 헬기를 대체하고 다양한 파생형 헬기 개발로 전력증강은 물론 해외시장에 판매하는 등 방위산업발전에 기여하게 되었다.

결과적으로 한국은 세계 12번째 초음속 항공기 개발에 이어 세계 11번째 헬기 개발 국가가 되어 민군겸용과학기술에 크게 기여한 것이다. 이 과정에서 생산유발 및 기술파급 효과는 각각 5조 7,000억 원과 3조 8,000억 원에 달하며, 6만 개의 새로운 일자리를 만들어 내게 되었다. 또한 기동헬기 수리온은 공격헬기를 포함해 상륙기동헬기, 의무후송헬기, 소방·구조헬기 등 파생형 헬기 개발에 기여하고 항공산업 선진국으로 도약에 디딤돌이 되었다.

- 길이 : 15m
- 높이 : 4.5m
- 폭 : 2m
- 최대 이륙중량 : 8,709kg
- 최대 순항속도 : 시속 259km
- 항속시간 : 2시간 이상
- 엔진 : T-700 터보 샤프트(통합디지털 엔진제어기 장착)
- 첨단기기·성능
  - GPS(인공위성항법장치), INS(관성항법장치), RWR(레이더 경보수신기) 탑재
  - 채프·플레어(미사일 기만기) 발사기 장착
  - 분당 150m 이상 속도로 수직상승
  - 연료탱크 피탄시 자체 밀봉·연료유출과 폭발 자동방지

10) 무인항공기

한국군은 북한 종심지역을 주·야간 감시할 수 있는 능력을 갖춘 무인항공기(UAV)가 필요하다.

한국국방과학연구소(ADD)는 무인항공기 송골매(RQ-101)를 개발하여 저고도 4.5km에서 6시간동안 100km 떨어진 적동향을 감시정찰용으로 운용하고 있다. 그리고 중고도 무인항공기(MUAV)를 개발 배치하여 적 종심지역에 필요한 표적 정보수집 및 정찰임무를 수행하여 원거리 고해상도 영상정보를 획득하고 실시간 전송하여 즉각 사용할 수 있도록 한다.

한국에서 처음으로 개발 배치된 송골매무인항공기(UAV)

한국이 개발한 중고도 무인항공기(MUAV)

11) 군 위성통신체계

아리랑호, 무궁화호 등의 민군겸용 다목적 위성통신체계 운용은 육상과 해상은 물론 수중에서도 작전지원이 가능한 다양한 통신 단말기를 갖추고 있다. 산악지형에 따른 통신 장애 극복은 물론 한반도 전역을 포함한 넓은 작전반경에서 군 전술통신을 가능하게 한다.

그림 8.23 한국군은 민군겸용 위성통신체계를 발전시켜 나가고 있음

12) 휴대 공대공유도무기 신궁

저고도로 침투하는 적 항공기를 파괴하기 위해 개발됐다. 최대 7km 떨어진 적 항공기를 추적하여 1.5m 거리에서 폭발하는 근접신관을 사용해 파괴력이 뛰어나다. 피아식별장치로 적 항공기를 파악할 수 있고, 야간조준기를 이용해 야간 발사도 가능하다.

- 길이/직경 : 1.68m/0.8m
- 무게 : 19.5kg
- 속도 : 음속의 약 2배
- 최대사거리 : 약 7km
- 추적방식 : 적외선열추적방식

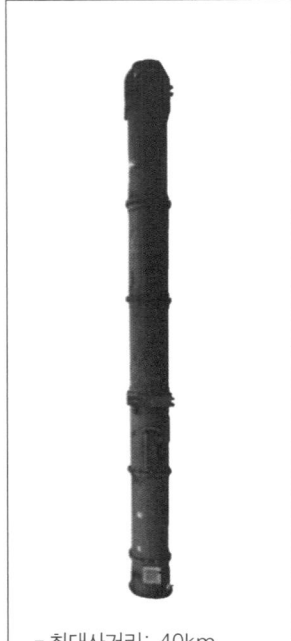

- 최대사거리: 40km
- 유효 요격 고도: 15km
- 길이: 4.61m
- 중량: 400kg
- 직경: 27.5cm
- 한 발당 가격: 15억 원

13) 지대지 탄도미사일 현무

한국은 미국제인 어니스트존 유도탄을 운용하였으나 독자적인 현무를 개발 하였다. 현무는 '북방을 지키는 신'이란 의미를 가진 탄도미사일 현무와 순 항미사일 현무를 전력화하여 주요 전쟁억제력으로 운용하고 있는 개량화된 지대지 전략유도무기체계이다. 이동식 발사대와 3기의 발사대 제어가 가능 한 포대통제소, 유도탄 트레일러와 유도탄 등으로 구성됐으며 길이 12.53m, 직경 0.8m, 탄두 450~600kg, 최대 사거리 800~1,500km이다.

14) 한국 해군의 이지스함

① 세종대왕함

한국 해군은 다양한 재래식 수상함을 운용하면서 독자적인 이지스함을 개발했다.

　한국의 첫 번째 이지스 세종대왕함, 두 번째 문무대왕함, 세 번째 서애류성룡함은 가스터번 네 대로 추진된 30노트의 속력을 가진 다양하고 강력한 무기, 이지스 레이더와 각종 미사일, 한국형 수직발사기를 장착한 최첨단

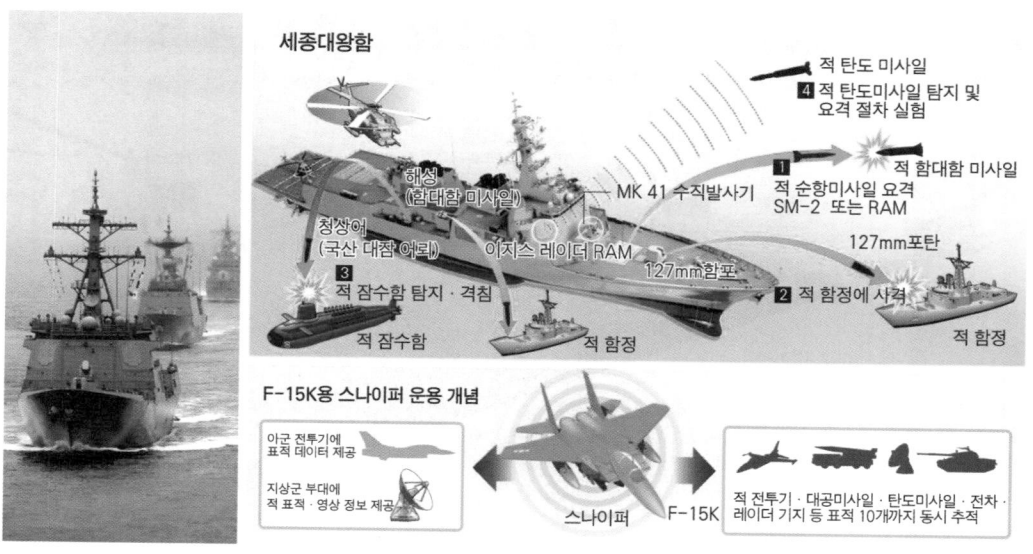

세종대왕함 제원

구 분	비 고
기준 배수량(톤)	7600
길이/폭/홀수(m)	166/21/−
추진 기관	가스터빈 4대
최고 속력(kt)	30노트
주 무장	MK41 및 한국형 수직 발사대(VLS), 대공유도탄(SM-II · RAM), 대함 유도탄 해성, 대잠 유도무기 홍상어 및 경어뢰 청상어, 30mm CIWS, KMk45 Mod4 5인치 함포 1문, 30mm CIWS 2문
헬리콥터	2대

군함이 된다. 주요 무기체계는 대공유도탄, 대함유도탄, 대잠유도탄을 비롯하여 함포 및 기관총으로 무장되어 있다.

② 문무대왕함 KDX-II의 무기들

문무대왕함은 한국 해군 역사상 처음으로 해외에 파병된 전투함이다. 문무

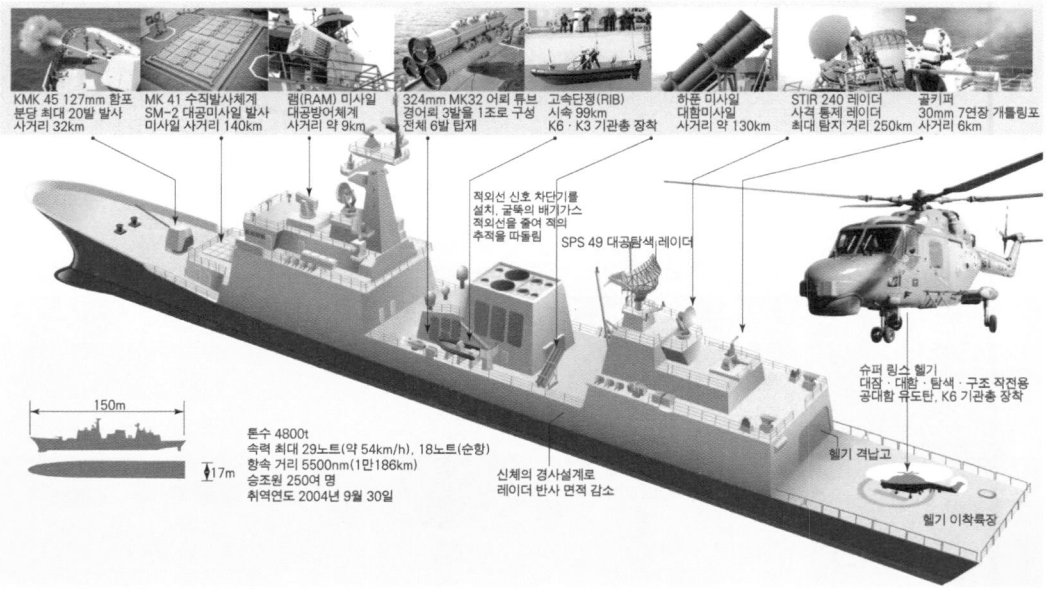

대왕함은 2009년 3월부터 9월까지 아프리카 소말리아 앞바다 아덴만에서 해적들로부터 325척의 한국 선박을 호송하고, 북한의 다박솔호를 해적으로 부터 구해냄으로써 해군의 능력과 국가 위상을 크게 높였다.

문무대왕함에는 링스 헬기 두 대와 리브 보트 세 대를 탑재하며, 대공포 골키퍼, 함대함미사일, 대공미사일, 함포, 기관총 등의 무기체계가 있다.

③ 서애류성룡함

서애 류성룡은 임진왜란당시 영의정이자 전시 최고 군직이던 도체찰사(都體察使)를 맡아 군사업무를 총괄했다. 이순신 장군의 중용을 상신하고 훈련도감을 설치하는 등 전략가로 활동했다. 『징비록』에선 유비무환 정신으로 외세의 침략에 대비해야 한다고 주장했으며, 전투형 군대의 필요성을 역설했다. 그리고 서애 류성룡함은 세종대왕함보다 더욱 진화된 이지스구축함이 된다.

그림 8.25 서애 류성룡함은 세종대왕함보다 더욱 첨단화된 이지스 구축함임

'서애류성룡함' 탐지 및 공격 능력

▶ 수직발사대
세계최고 수준인 128발 미사일 장착 가능(SM-2, SM-6, 천룡, 해성)

▶ SPY-1D(V5) 이지스레이더
최대 1000km 밖 항공기·미사일 등 탐지, 최대 1000개 목표물 탐지

▶ SM-2블록III 함대공 미사일   사정거리 170km 80발

▶ 천룡 미사일
사정거리 500km 국산 순항미사일.
표적 오차 반경 3m의 높은 정확도 자랑

▶ 함포 MK 45 Mod 4구경 127mm

평시 사거리 36km, 연장탄 사용 시 120km까지 연장

▶ 램 단거리 대공미사일(사정거리 9.6km)발사기 1문
▶ 홍상어 국산 대잠수함 미사일(사정거리 20km) 16발
▶ 청상어 국산 경어뢰
▶ 해성
사정거리 150km의 국산 대함미사일. 모두 16발 탑재.
자체 전자 방해 방어 기능 보유

▶ 골키퍼(근접방어체계)
적군이 대함미사일 발사 시 1차는 대공미사일로 요격,
만약 실패하면 3km부터 200m까지 골키퍼가 미사일 요격

▶ 링스헬기 2대

'서애류성룡함' 제원

49m
166m
21m

■ 톤수: 7600t
■ 최대 속도: 30노트(55.5km/h)
■ 승조원: 300여 명

이지스 구축함 3척 작전 반경
(문무대왕함·세종대왕함·류성룡함)

중국   러시아
북한 동해 일본
한국   1000km
서해
남해

자료: 중앙일보, 2012. 8. 31, 6면.

15) 독도함

아시아 최대 규모의 대형 수송함인 독도함이 전력화돼 해상작전에 본격 투입되어 포항 인근 해상에서 독도함을 중심으로 대규모 입체 상륙작전 지휘 훈련을 펼쳤다.

이 작전훈련에서 독도함은 해상 돌격과 공중 돌격이 함께 이뤄지는 현대적인 상륙작전을 진두지휘하면서 유사시 입체적인 대규모 상륙작전의 지휘 통제 능력을 일거에 과시했다. 한국형 구축함(KDX-Ⅰ·Ⅱ·Ⅲ) 등과 함께 작전을 펼치면서 21세기 대양해군 건설의 상징으로 대변되는 독도함 비행갑판에서 UH-60 기동헬기가 작전을 수행한다. 독도함은 상륙작전을 위한 병력·장비의 수송, 해상 기동부대나 상륙부대의 지휘함 기능 등을 수행한다.

무게 1만 4000톤급, 길이 199m, 폭 31m에 최대 속력 23노트까지 가능하

그림 8.26 독도함은
한국해군의 첨단화된
수송함임

며 승선 인원 300여 명이다. 2대의 골키퍼 근접대공방어화기, RAM 대공미
사일이 장착돼 있다. 강습상륙함으로서 UH-60 헬기는 물론 돌격상륙장갑
차와 LCAC 수송정 등을 탑재해 1개 대대 700명 정도를 상륙시킬 수 있는
능력을 보유하고 있다.

16) 윤영하함

한국 해군은 2002년 6월 29일 제2연평해전(서해교전)에서 북한 경비정이
북방한계선(NLL)을 침범해오자 윤영하 소령이 참수리호 357호가 출동하여
교전과정에서 산화했다. 그의 이름을 딴 유도탄 고속함 윤영하함이 참수리
호를 대체하여 근해 배치되어 작전을 수행하게 되었는데, 한국 방위산업
기술의 우수성과 전력증강에 크게 기여하였다.

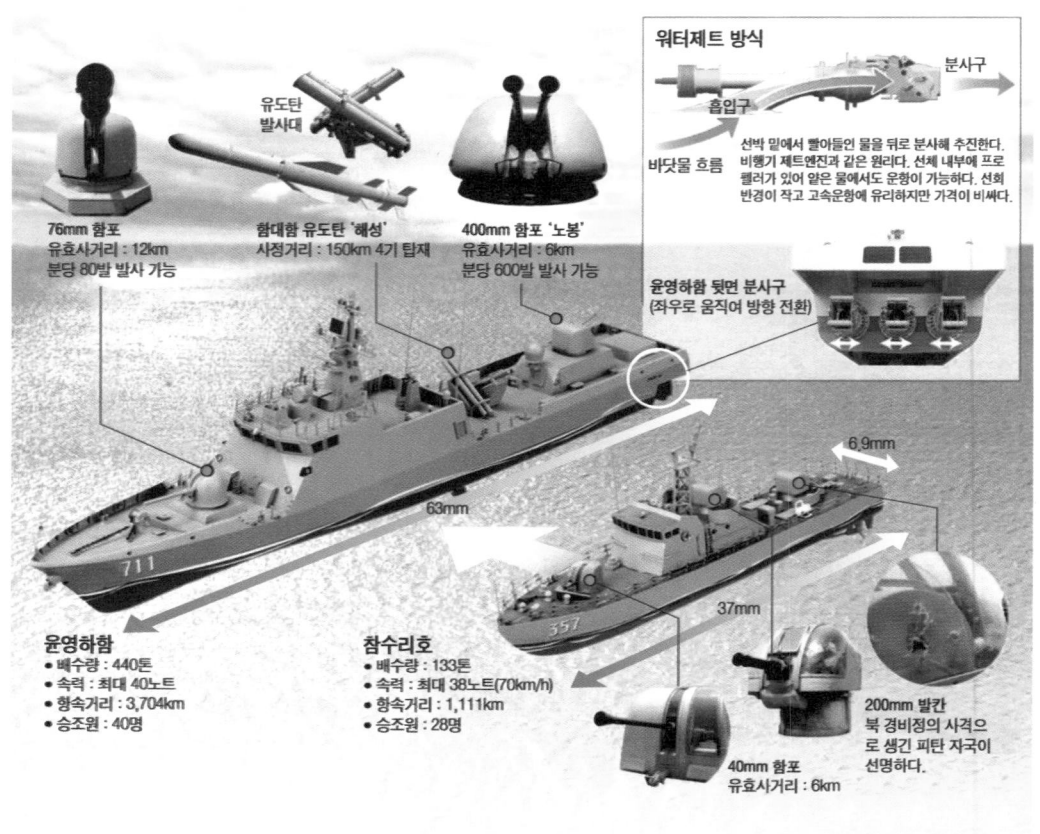

워터제트 방식

분사구

흡입구

바닷물 흐름
선박 밑에서 빨아들인 물을 뒤로 분사해 추진한다.
비행기 제트엔진과 같은 원리다. 선체 내부에 프로
펠러가 있어 얕은 물에서도 운항이 가능하다. 선회
반경이 작고 고속운항에 유리하지만 가격이 비싸다.

76mm 함포
유효사거리 : 12km
분당 80발 발사 가능

유도탄
발사대

함대함 유도탄 '해성'
사정거리 : 150km 4기 탑재

400mm 함포 '노봉'
유효사거리 : 6km
분당 600발 발사 가능

윤영하함 뒷면 분사구
(좌우로 움직여 방향 전환)

63mm

6.9mm

37mm

윤영하함
● 배수량 : 440톤
● 속력 : 최대 40노트
● 항속거리 : 3,704km
● 승조원 : 40명

참수리호
● 배수량 : 133톤
● 속력 : 최대 38노트(70km/h)
● 항속거리 : 1,111km
● 승조원 : 28명

40mm 함포
유효사거리 : 6km

200mm 발칸
북 경비정의 사격으
로 생긴 피탄 자국이
선명하다.

17) 최첨단 수상구조선 통영함

통영함은 한국기술로 처음 제작한 최첨단 수상구조함(ATS-Ⅱ)이 된다.

　해군은 1996년 미국 해군이 사용하던 수상구조함 2척(평택함·광양함)을 인수하여 사용하여 왔다.

　2010년 3월 26일 서해 연평도 해역에서 발생한 천안함 폭침사건에 투입하기 위해 진해 해군기지에서 이동하는데 이틀이 넘는 시간을 허비했다. 또한 소나 등 수중탐지 장비가 없어서 선체 수색에는 어선의 어군탐지기와 민간 잠수부 등을 동원했다.

최첨단 수상구조선 '통영함'

통영함 제원

107.54m

16.8m

톤수: 3500t
속도: 21노트(40km)
구조능력: 인양능력 300t 이상(유압권양기 사용 시 유도탄 고속함 인양 가능),
복합인양(함정 내 모든 장비 활용 시) 8000t급까지 인양 가능
예인능력: 1만4000t(독도함)
잠수능력: 300ft

360

대함레이더

대함정 소화건
물대포

탐색 · 구조용 헬기

함미 크레인(15t)

20mm 벌컨

스프링 부이

함수 크레인(5t)

인양용 유압권양기
500t 내외 인양 가능한
유압기

사이드스캔
음향탐지장치(소나)
수중 물체 감지

360

구조작업용 단정
상륙함처럼 단정
앞쪽이 아래로 열림

인명구조용 단정
유사시
인명 구조용 보트

감압체임버
감압병(잠수병)
치료 장치

수중무인탐사기(ROV)
수심 3000m에서 탐색 및 수중작업 가능

포(4) 포지션(묘박) 닻
침몰한 함정 인양 위한 고정 장치(일반 선박은 함수
양쪽에 2개, 통영함은 일반 닻 외에 양쪽 4개 설치)

자동함위유지장치(트러스트)
함미 · 함수 프로펠러 작동으로
제자리서 360도 회전 가능

이 같은 수상구조선의 필요성이 절실한 가운데 2012년 9월 4일 배치되었다. 통영함의 외형은 일반함정이나 상선의 함수가 뾰족한 것과 달리 뭉툭하고, 무인수중탐색기, 사이드 스캔 소나 등으로 물밑의 물체 탐색과 전시 수중 기뢰 등을 제거할 수 있다.

18) 안중근 잠수함

한국 해군은 1800t 규모의 214급 최고 수준의 디젤 잠수함인 안중근함을 비롯한 김좌진함을 전력화(2013년)했다. 최고 속력 20노트(37km)의 안중근함은 승조원 40여명을 태우고 미 하와이까지 연료 재충전 없이 왕복 항해가 가능하다. 또한 공기불요장치(AIP)를 탑재하고 있어 수중에서 2주 동안 작전을 수행할 수 있다. 해군은 순차적으로 한 달 가까이 수중작전이

안중근함 제원

수중배수량(톤): 1,800
길이/폭(m): 65.3/6.3
최대속력(노트): 20(37km)
승조원(명): 40
주요 무장: 어뢰,기뢰, 순항
　　　　　미사일 등
주요 특징:
300개 표적 동시 탐지 · 식별,
공기불요추진체계(AIP) 탑재로
2주 간 잠수 가능

	1800t급(214급)	탑재무기	3000t급
탑재무기	어뢰,단 · 중거리 순항미사일 수발 (어뢰 발사관 이용)		어뢰, 장거리 순항미사일 수십 발 수직발사관 탑재
속도	20노트(37km/h)		25노트(46km/h) 전후
1회 수중 작전기간	10~15일		20~30일
최초 배치연도 및 보유	2007년 3척		2020~2030년 9척

가능한 3000t급 규모의 디젤엔진 잠수함을 전력화한다.

19) 잠수함 잡는 홍상어 어뢰

함정에서 수직으로 발사되어 적 잠수함을 잡는 대잠 로켓어뢰 홍상어는 세
계 두 번째로 개발됐으며 기술력은 세계 최고 수준이다. 기존 어뢰는 물속
에서 발사되어 이동하는 과정에서 나온 음파를 적잠수함이 먼저 포착, 도
망갈 수 있으나 홍상어 어뢰는 하늘로 날아가 해상 입수 후에 적 잠수함으
로 돌진하여 파괴시킨다. 그 반면에 잠수함에 탑재되어 수상함을 공격하는
백상어 어뢰도 있다.

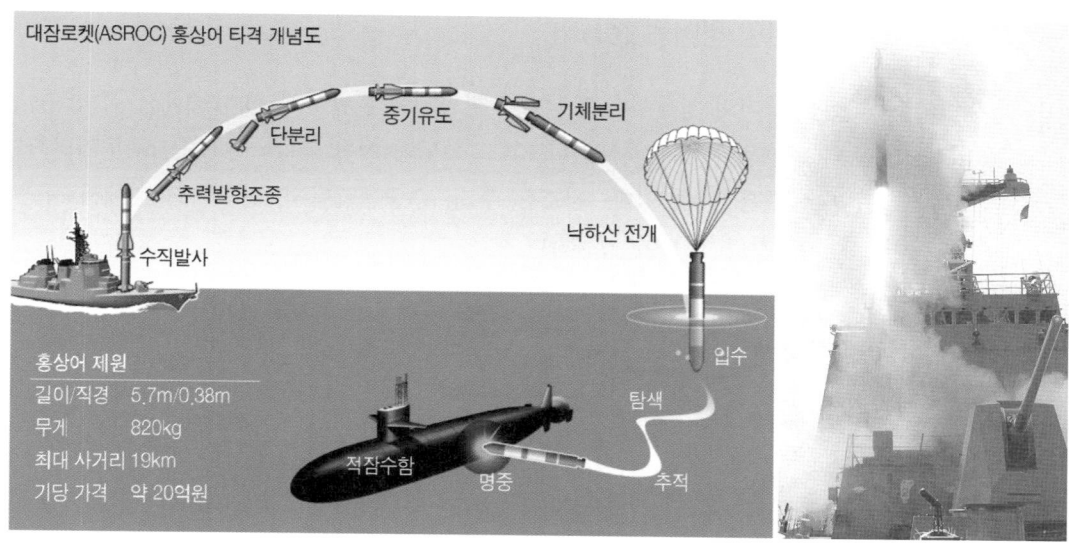

대잠로켓(ASROC) 홍상어 타격 개념도

중기유도

기체분리

단분리

추력발항조종

낙하산 전개

수직발사

입수

홍상어 제원

길이/직경   5.7m/0.38m
무게   820kg
최대 사거리 19km
기당 가격   약 20억원

탐색

적잠수함

명중

추적

• 길이/직경 : 5.46m/0.34m
• 무게 : 약 720kg
• 최대사거리 : 150km
• 순항속도 : 음속의 약 0.9배
• 유도방식 : 능동형 레이더 유도
• 기당가격 : 약 20억 원
• 배치현황 : 한국형 구축함

20) 함대함 유도무기 해성

함대함 유도무기 해성은 구축함과 호위함, 초계함에서 발사되어 적 함정을 공격한다. 고성능 터보제트 엔진을 장착했고 최대 사거리는 150km이다. 레이더 탐색기, 위성항법장치 등 첨단 기술을 활용해 명중률이 매우 높은 함대함 유도무기 해성이다.

21) 신형 경어뢰 청상어

신형 경어뢰 청상어는 함정이나 항공기에서 발사된 뒤 수중에서 적 잠수함의 음향을 추적해 파괴한다. 최고 속도는 시속 83km 이고 1.5m 두께의 철판을 관통할 수 있다. 저소음 추진, 수중음향탐지, 탄두위력 면에서 동종 미사일보다 성능이 월등하다.

- 길이/직경 : 2.7m/0.32m
- 무게 : 약 280kg
- 속도 : 시속 83km 이상
- 최대사거리 : 수십 km
- 추적방식 : 음파 탐지방식
- 기당가격 : 약 10억 원

22) 미래전에서 로봇의 군사적 개발 및 운용

미래전에서 군사용 로봇의 필요성은 더욱 증대되어 다양한 유형이 개발되어 운용되고 있다. 현대전쟁에서 로봇 운용의 필요성을 알아보면 ① 군 병력 감축으로 평시에 경계 임무와 전시에 정보 수집, 전투, 전투지원 등의 임무 수행이 어렵기 때문에 그 임무 대행을 위한 무기체계의 첨단화가 필요하고, ② 귀중한 생명의 위협을 감소시키기 위해 매복지역, 지뢰 및 급조폭발물 설치지역, 화생방 오염지역, 건물이나 동굴 수색작전 등에서 성공적인 임무 수행을 위한 로봇사용이 절실하며, ③ 힘들고 더럽고 어려운 임무로써 지하 하수관 수색, 산악과 고층건물에 탄약 및 보급품 운반 등을 수행하는데 로봇의 힘이 중요하게 되었다. 결론적으로 지식정보화시대의 5차원 전쟁에서 로봇은 더욱 중요하며, 민군겸용기술로 다양한 로봇이 탄생되어 활용하게 될 것이다. 그 주요 로봇유형을 보면 공중 로봇인 무인기(UAB: Unmanned Aerial Vehicle)와 지상로봇(UGV: Unmanned Ground Vehicle) 및 해양 로봇 등이 있다. 이와 같은 다양한 로봇은 산·학·연·군이 합동된 민군겸용과학기술로 개발되어 군사적 무기체계는 물론 민수용 생활용품으로 개발하여 국가안보와 삶의 질 향상, 그리고 국가 성장 동력으로써 방위산업을 더욱 발전시켜 나가야 하겠다.

① 지상 무인로봇

● 소형 무인로봇

Recon Scout XT [개발사: Recon Robotics사(미국)]
- 용도: 감시정찰
- 개발/전력화 시기: 2009년/2011년
- 형상(장×폭×고): 0.21×0.19×0.11m
- 중량: 0.54kg / • 최고속도: 1.65km/h
- 운용시간: 1시간
- 무선통달직선거리: 30m(실내), 91m(실외)
- 운용방식: 원격제어
- 주요임무장치: 감시용EO/IR 카메라
- 특기사항
  - 휴대용통제장치(중량: 0.79kg, 화면크기: 8.9cm)
  - 31.4m 거리, 9.1m 높이의 낙하 충격 흡수 가능
  - 제자리 회전 가능

iRobot 510 PackBot [개발사: iRobot사(미국)]
- 용도: 감시정찰, 폭파물 제거
- 개발/전력화 시기: 2002년/2011년(이라크전, 아프가니스탄전, 후쿠시마 핵시설 탐지 투입)
- 형상(장×폭×고): 0.87×0.52×0.2m
- 중량: 19kg / • 최고속도: 9.3km/h
- 운용시간: 2~12시간(임무에 따라 변동)
- 무선통달직선거리: 미확인(3.4GHz 또는 4.9GHz)
- 운용방식: 원격제어
- 주요임무장치
- 감시용 저조도 CCD 카메라 및 마이크
- 폭발물 처리용 로봇 팔 장착 가능(확장 길이 2m)
특기사항
- 휴대용통제장치(중량: 7kg, 화면크기: 15인치 XGA)

μ -Trooper [개발사: Thales Land and Joint Systems사
(프랑스)]
- 용도: 감시정찰, 화생방 탐지, 장애물 파괴
- 개발/전력화 시기: 2010년
- 형상(장×폭×고): 0.52×0.41×0.16m
- 중량: 10kg / ·탑재허용중량: 2kg
- 최고속도: 4km/h / ·운용시간: 2시간 이내
- 무선통달직선거리: 300m
- 운용방식: 원격제어, 자율주행
- 주요임무장치
– IR 카메라(4대), 구동가능 카메라(1대)
- 특기사항
– 종경사 45° / 횡경사 30° 주행가능

Spiker [개발사: Ausrobot사(오스트레일리아)]
- 용도: 폭파물 처리
- 개발/전력화 시기: 2013년
- 형상(장×폭×고): 0.75×0.36×0.60m
- 중량: 35kg / ·탑재허용중량: 25kg
- 최고속도: 1.8km/h
- 운용시간: 1~2시간(8~10시간/대기)
- 무선통달직선거리: 500m
- 무선대역: 2.4GHz(비디오 수신용),
900GHz(제어 및 통제용)
- 운용방식: 원격제어
- 주요임무장치
– 고배율 과학 카메라(22배율), 마스트 장착된 구동 카메라
– 임무용 로봇 팔(3자 유도)
– 폭발물 처리용 교란기(Chemring RE 70

● 중형 무인로봇

MAARS [개발사: Foster-Miller사(미국)]
- 용도: 전투
- 개발/전력화 시기: 2008년/2012년
- 형상(장×폭×고): 1.2×0.7×1.0m
- 중량: 160kg / ·탑재허용중량: 182kg
- 최고속도: 11km/h / ·운용시간: 4~12시간
- 무선통달직선거리: 2,000m
- 유선운용거리: 300m / ·운용방식: 원격제어
- 주요임무장치
– 로봇 팔, 주야간 카메라, 폭발물 처리용 교란기
– M240B/G 머신건 또는 40mm M203 수류탄 발사기 탑재
- 특기사항: 40가지 음성 명령 인식 기능

tEODor [개발사: Telerob사(독일)]
- 용도: 폭발물 처리
- 개발/전력화 시기: 2000년/2001년
- 형상(장×폭×고): 1.3×0.68×1.1m
- 중량: 375kg
- 탑재허용중량: 350kg
- 최고속도: 3km/h
- 무선통달직선거리: 1,000m(유선 운용 가능)
- 운용방식: 원격제어
- 주요임무장치
- 샷건(Remington), 드릴, 수류탄 발사기, 레이저표시 장치
- 특기사항: NATO군 운용(17개국)

KADDB UGV Mk II [개발사: KADDB사(요르단)]
- 용도: 전투
- 개발/전력화 시기: 2009년
- 형상(장×폭×고): 1.71×1.0×0.9m
- 중량: 390kg
- 탑재허용중량: 70kg
- 최고속도: 4km/h
- 운용시간: 4시간
- 무선통달직선거리: 1,300m(2.4GHz 대역)
- 운용방식: 원격제어
- 주요임무장치
- 레이저 거리측정기
- 7.62mm 자동 머신건, 대전차 미사일 시스템
- 특기사항: 휴대용 통제 장치(중량: 15kg)

BigDog [개발사: Boston Dynamics(미국)]
- 용도: 수송
- 개발/전력화 시기: 2008년
- 형상(장×폭×고): 1.0×0.2×1.0m
- 중량: 108kg
- 탑재허용중량: 145kg
- 최고속도: 6km/h
- 운용시간: 8시간
- 운용방식: 원격제어, 보행자 추종, 음성 명령
- 주요임무장치
- BigDog 대형 버전인 DARPA LS3(Legged Squard Support System)프로그램 착수(개발목표: 181kg의 하중을 지고 32km이동)

- 대형 무인로봇

Guardium MK2 [개발사: G-NIUS사(이스라엘)]
- 용도: 감시정찰, 수송
- 개발/전력화 시기: 2008년/2011년(이스라엘 가자지구)
- 형상(장×폭×고): 3.42×1.8×2.2m
- 중량: 1,200kg
- 탑재허용중량: 400kg
- 최고속도: 50km/h(반자율주행 모드시)
- 운용시간: 24시간 이상
- 운용방식: 원격제어, 반자율주행(보행자 추종)
- 주요임무장치
 - 감시용 센서(IAI/Tamam MiniPOP EO)
 - 폭발물 탐지용 센서(Elisra사)
- 특기사항
 - 주행 및 장애물 탐지용 LIDAR, GPS수신기
 - TomCar사의 유인 ATV 차량을 개조하여 제작
 - Guardium 1보다 탑재 허용 중량 증가

Bozena 5 remote-control demining vehicle
[개발사: Way Industry사(슬로바키아)]
- 용도: 지뢰 제거
- 개발/전력화 시기: 1998년/2005년
- 형상(장×폭×고): 7.4×3.57×2.26m
- 중량: 9,788kg(도리깨 및 트랙 장착시 11,919kg)
- 최고속도: 0.1~3km/h(지뢰제거), 4~9km/h(수풀제거)
- 무선통달직선거리: 2,000m / 운용방식: 원격제어
- 주요임무장치: 지뢰 제거용 도리깨
- 특기사항
 - 9톤급 대전차 지뢰 제거 가능
 - 5km 이상 자가 이동 가능하나, 주로 트레일러로 이송
 - 현수장치 미적용

AvantGuard[개발사: G-NIUS(이스라엘)]
- 용도: 감기정찰, 전투
- 개발/전력화 시기: 2009년/2010년
- 형상(장×폭×고): 3.0×1.92×1.2m
- 중량: 1,800kg / 탑재허용중량: 1,100kg
- 최고속도: 20km/h / 운용시간: 8시간
- 운용방식: 원격제어, 반자율주행
- 주요임무장치
 - 감시용 센서(IAI Tamam MiniPOP EO)
 - 원격폭파용 센서(Elisra 재머), 레이저 스캐너(2대)
 - 7.62mm 머신건(Rafael Mini-Samson RCWS)
- 특기사항
 - Dumur사 수륙양용 유인차량 개조
 - M113 장갑

Black Knight[개발사: BAE Systems(미국)]
- 용도: 전투
- 개발/전력화 시기: 2005년
- 형상(장×폭×고): 4.97×2.4×2.0m
- 중량: 10,800kg / • 최고속도: 77km/h
- 운용방식: 원격제어, 자율주행
- 주요임무장치: 20mm 기관포 탑재
- 특기사항
- Bradley 장갑차 구성품 사용하여 개발
- Bradley 장갑차 차장/지상보병 제어 및 정보 수신 가능
- C-130(Lockheed Martin)운송 가능

② 항공 · 해양 무인로봇

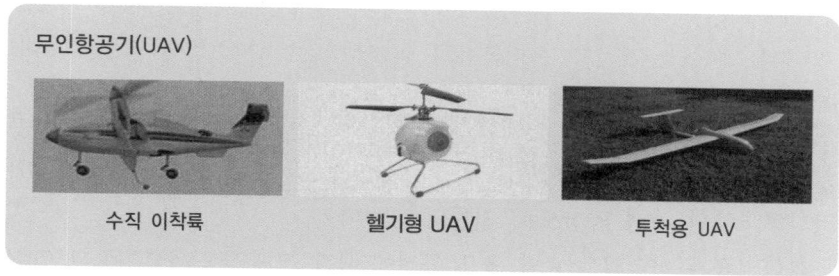

무인항공기(UAV)

수직 이착륙   헬기형 UAV   투척용 UAV

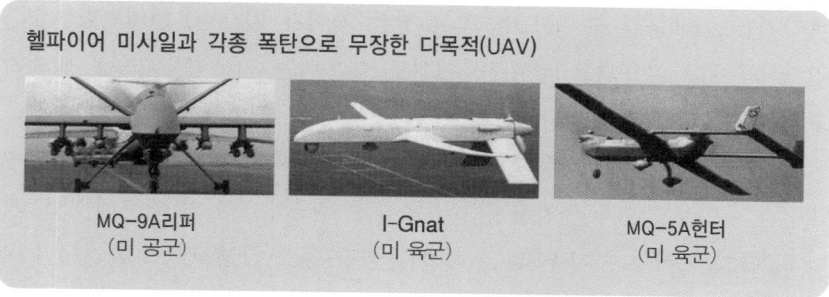

헬파이어 미사일과 각종 폭탄으로 무장한 다목적(UAV)

MQ-9A리퍼   I-Gnat   MQ-5A헌터
(미 공군)   (미 육군)   (미 육군)

해양 로봇

소형 무인잠수정   '해미래'   수륙양용 로봇

해양 로봇

무인잠수정	무인수상함	무인상륙장갑차량
(미 해군)	(이스라엘)	(미 해병)

제4절 결 론

지금까지 현대무기체계론에 대해 살펴보았다. 현대의 과학기술은 발전하고 있으며, 무기체계는 첨단화되고 있다. 이는 지상·해상·항공·우주·사이버전의 5차원 전쟁 양상으로 전개되고 있다.

과학기술은 기술의 소요와 응용 목적에 따라 크게 국방과학기술과 민수과학기술로 구분할 수 있으나 그 본질은 차이가 없으며, 현대과학기술은 민간부문에도 이용되고 군사부문에서도 이용되는 민군겸용기술로 발전하고 있다.

21세기 최첨단 민군겸용기술은 민과 군에서 공동으로 투자하고 연구 및 개발하여 안보역량과 산업경쟁력을 동시에 추구하고 있기 때문에 많은 과학자, 다양한 직업과 기술, 많은 시설과 공장 등을 탄생시키고 발전시켜 국가위상과 국가경제 향상에 크게 기여하고 있다. 따라서 오늘날 한국에서 무기체계에 대한 관련자, 전문가, 혹은 현대를 살아가고 있는 지성인들은 생활과학의 지혜로써 현대무기체계에 대한 많은 관심과 폭넓은 지식을 가진 선진국가의 교양인이 되어야 한다.

국방대학교, 『무기체계 관리(Ⅰ · Ⅱ)』, 2019.

___, 『안보관계용어집』, 2019.

___, 『지상무기체계』, 2019.

___, 『항공무기체계』, 2019.

___, 『해상무기체계』, 2019.

국방기술품질원 편, 『2007 국방과학기술조사서 1~9권』, 국방기술품질원, 2008.

국방부, 『국방백서(2008-2009)』, 2019.

___, 『무기체계 획득관리 규정』, 2019.

___, 『선진 사업관리(EVMS) 및 비용관리(CAIV)』, 2006.

국방부 국제협력관실 국제군축팀 편, 『대량살상무기에 관한 이해』, 국방부, 2007.

권용수, 『국방획득단계 분석평가 기법』, 21세기연구소, 2007.

김재두 외, 『2025년 미래 대예측』, KIDA, 2005.

김재엽, 『자주국방론』, 선학사, 2007.

김종하, 『획득전략 이론과 실제』, 북코리아, 2006.

김종하 · 김재엽, 『군사혁신(RMA)과 한국군』, 북코리아, 2008.

김철환, 『방위산업의 이론과 실제』, 국방대학교, 2002.

김철환 · 육춘택 공저, 『전쟁 그리고 무기의 발달』, 양서각, 1997.

박원동, 『명품무기체계 탄생의 마지막 진통』, 북코리아, 2008.

방위사업청, 『미국 국방사업 관리 참고서』, 2007.

___, 『방위사업 개론』, 2009.

___, 『방위사업청 중 · 장기 정책발전 방향』, 2007.

___, 『방위산업에 관한 계약사무처리 규칙 및 시행 세칙』, 2006.

___, 『종합군수지원개발 실무지침서』, 2009.

배달형, 『미래전의 요체, 정보작전』, 한국국방연구원, 2005.

스티브 크로포드, 권재상 역, 『군용항공기』, 북스 힐, 2005.

___, 『전투함』, 북스 힐, 2005.

외교통상부, 『군축 · 비확산 편람』, 2007.

육군교육사, 『무기체계획득 절차』, 2008.

공군대학, 『무기체계(항공)』, 2008.

육군대학, 『무기체계(지상)』, 2008.

육군본부, 『미래지상작전 및 전투발전』, 2007.

____,『지상무기체계 원리(Ⅰ·Ⅱ)』, 2008.

육군협회,『월간 아미(ARMY)』, 2008-2009.

이경배,『무기획득기획의 이론과 실제』, 대한출판사, 2008.

이내주,『서양 무기의 역사』, 살림, 2006.

이희각 외 편저,『신편 무기체계학』, 청문각, 2005.

이희각 외,『무기체계학』, 청문각, 2007.

임상민,『전투기의 이해 (상), (하)』, 이지북, 2005.

조영갑,『국가위기관리론』, 선학사, 2008.

____,『국방심리전략과 리더십』, 선학사, 2008.

____,『민군관계와 국가안보』, 선학사, 2009.

____,『세계전쟁과 테러』, 선학사, 2011.

____,『국가안보학』, 선학사, 2011.

조필군 외,『총포학 개론』, 골드, 2008.

J. S. 골드스테인, 김연각 역,『국제관계의 이해』, 인간사랑, 2006.

최석철,『무기체계 발달사』, 국방대학교, 2003.

____,『무기체계 현대·미래전』, 21세기군사연구소, 2003.

최석철 편저,『무기체계@현대·미래전』, 21세기 군사연구소, 2003.

한국전략문제연구소,『북한 핵문제와 위기의 한국안보』, 2007.

합동참모본부,『군사기본교리』, 2002.

____,『합동참고교범 10-5』, 2005.

해군대학,『무기체계(해상)』, 2008.

황재연·박재석·김정환,『2007 한국군 연감』, 군사연구, 2006.

황재연·박재석·백선호·김정환,『현대 해군의 수상전투함』, 군사연구, 2007.

황재연·정경찬,『퓨처 웨폰-미래지상전투시스템과 신개념무기』, 군사연구, 2008.

David Oliver·Mike., War planes of the Future, MBI Publishing Company, 2008.

Dennis R. Jenkins., The Most Complicated Warplane Ever Developed, McGraw-Hill, 2008.

Fred J. Pushies., US Air Force Special OPS, The POWER Series, MBI Publishing Company, 2005.

John Hamilton., The Millennium Weapons of War, ABDO Publishing Company, 2008.

Mike Spick., Modern Fighter, Pegasus Ltd., 2007.

Paul F. Crickmore., Lockheed SR-71, Osprey Publishing, 2005.

Steve Pace., F-22 Raptor, McGraw-Hill, 2007.

주요 일간신문들.

다양한 인터넷 자료.

기타 자료.

ABL Airborne Laser 항공기 탑재 레이저

AES All Electric Ship 전기추진함

AEW&C Airborne Early Warning and Control 공중조기경보 및 통제

ALCM Air Launched Cruise Missile 공중발사 순항미사일

AMOS Advanced Mortar System 개량 박격포 체계

AMRAAM Advanced Medium—Range Air-to-Air Misile 개량 중거리 공대공 미사일

APC Armored Personnel Carrier 보병 수송용 장갑차

APKWS Advanced Precision Kill Weapon System 정밀살상 무기체계

ARACMS Army Tactical Missile System 육군 전술 미사일

ARDEC Armament Research, Development and Engineering Center
무기 연구개발 및 기술센터

ARM Anti-Radiation Missile 반 반사능 미사일

ASCMs Anti-ship Cruise Missiles 대함 순항미사일

AUV Autonomous Underwater Vehicle 소형 자율무인잠수정

BBP Base Bleed Projectile BB탄

BDA Battle Damage Assessment 전장피해평가

BLOS Beyond Line-of-Sight 비가시 지역

CCC Combustible Cartridge Case 소진탄피

CMWS Common Missile Warning System 미사일 경보 시스템

CRISAT Collaborative Research Into Small Arms Technology 소화기 기술의 협동연구

DARO Defense Airborne Reconnaissance Office 국방항공정찰국

DARPA Defence Advanced Research Project Agency 미국방위고등연구계획국

DMR Designated Marksman Rifle 저격총

DP-ICM Dual Purpose Improved Conventional Munition 이중목적 개량고폭탄

DRF Dual Role Fighter 이중목적 전투기

ELF Extremely Low Frequency 극저주파

EMP Electro—Magnetic Pulse 전자기 펄스 무기

ERCM Extended Range Cruise Missile 사거리연장 크루즈 미사일

EVS Electro-Optical Viewing System 전자광학 관측 장비

FCS Future Combat System 미래 전투체계

FDA Food and Drug Administration 식품의약품 안전청

G-MLRS Guided Multiple Launched Rocket System 유도형 다련장 로켓체계

GBL Ground Based Laser 지상설치 레이저

GMLS Guided Missile Launching System 유도미사일 발사 시스템

GMWS Guided Missile Weapon System 유도 미사일 체계

GPS Global Positioning System 보조 관성유도장치

HARM High-speed Anti-Radiation Missile 대 레이더 고속 미사일

HAWK Homing All Way Killer 호크 미사일

HEL High Energy Lase 고에너지 레이저무기

HEP High Explosive Projectile 고폭탄

HIMARS High Mobility Artillery Rocket System 고기동 포병 로켓체계

HMD Helmet Mounted Display 헬멧장착 디스플레이

HPM High Power Microwave 고출력 마이크로파 무기

ICBM Intercontinental Ballistic Missile 대륙간 탄도탄

ICMD Improved Countermeasures Munitions Dispenser 개량형 방해책 탄약 발사기

IFC Image Fusion Concept 영상융합개념

IFCS Improved Fire Control System 개량 발사통제 체계

IFV Infantry Fighting Vehicle 보병 전투 장갑차

ILMS Improved Launcher Mechanical System 개량 기계적 발사장치

JDAM Joint Direct Attack Munition 통합직접공격폭탄

JSOW Joint Stand Off Weapon 합동 원거리 공격무기

L-PUMA LMRS Precision Underwater Mapping 해저 정밀지도

LANTIRN Low Altitude Navigation and Targeting Infrared for Night 야간 저고도 항법 장치

LAV-AD Light Armored Vehicle-Air Defense 대공용 경장갑차

LAV-AG Light Armored Vehicle-Assault Gun 자동소총 장착된 경장갑차

LAV-AT Light Armored Vehicle-Anti Tank 대전차용 경장갑차

LAV-M Light Armored Vehicle-Mortar 박격포 탑재 경장갑차

LMRS Long-term Mine Reconnaissance System 장기 기뢰탐지시스템

MARV ManeuverAble Reentry Vehicle 지령성탄두

MAV Micro Aerial Vehicle 초소형 무인항공기

MCM Mine Countermeasure 기뢰대항함

MCMV Mine Countermeasure Vessel 기뢰대항정

MEMS Micro Electro Mechanical System 초소형 전자기계 시스템

MESA Multi-role Electronically Scanned Array 다중전자 탐지 어레이

MEU Marine Expeditionary Unit 미 해병 원정부대

MIRV Multiple Independently targetable Re-entry Vehicle 각개유도 다탄두

MLRS Multiple Launch Rocket System 다련장로켓체계

MP-ERM Multi-Purpose Extended Range Munition 다목적 사거리 연장탄

MTI Moving Target Indicator 이동표적식별

NASA National Aeronautics and Space Administration 미국항공우주국

NBM Nuclear Ballistic Missile 핵탄도유도탄

NCWBFS Network Centric Warfare Battle Force Strategy 망 중심전 부대전략

NDTs Non-Lethal Disabling Technologies 무력화기술

NGP New Generation Platform 미래형 장갑 플랫폼

NMD National Missile Defense 국가 미사일 방어체계

NMRS Near-term Mine Reconnaissance System 단기 기뢰탐지시스템

OAV Organic Air Vehicle 소형 무인기

OCSW Objective Crew Served Weapon 미래 공용화기

PGMM Precision Guided Mortar Munition 정밀유도 박격포 포탄

PTAN Precision Terrain Aided Navigation 정밀지형이용 항법

RAP Rocket Assistant Projectile 로켓 보조탄

RFI Radio Frequency Interferometer 초고주파 인터페로메터

ROV Remote Operated Vehicle 원격 무인 잠수정

SAR Synthetic Aperture Radar 합성 영상 레이더

SDI Strategic Defence Initiative 전략방위계획

SES Surface Effect Ship 표면효과선

SIRFC Suite of Integrated Radio Frequency Countermeasures 통합초고주파 방해장비

SLBM Submarine Launched Ballistic Missile 잠수함 발사 탄도탄

SRAMS Super Rapid Advanced Mortar System 초고속 개량 박격포

SS Attack Submarine 공격잠수함

SSB Ballistic Missile Submarine 탄도유도탄 잠수함

SSBN Nuclear Powered Ballistic Missile Submarine 핵 추진 탄도잠수함

SSG Cruise Missile Attack Submarine 순항유도탄 잠수함

SSGN Nuclear Powered Cruise Missile Submarine 핵 추진 순항유도탄 잠수함

SSM Surface to Surface Missile 함대함유도탄

SSN Nuclear Powered Cruise Missile Submarine 핵추진 공격 잠수함

TCS Tactical Control System 전술통제장비

TMD Theater Missile Defense 전구 미사일 방위

TMR Terrain Masking Route 지형자폐경로

TOW Tube-launched, Optically-tracked, Wire-guided 토우 미사일

TWT Travelling Wave Tube 진행파관

UAV Unmanned Aerial Vehicle 무인항공기

UCAR Unmanned Combat Armed Rotorcraft 무인 전투 회전익기

UCAV Unmanned Combat Aerial vehicle 무인용 전투기

UTTAS Utility Tactical Transport Aircraft System 다목적 전술공수작전

UUV Unmanned Underwater Vehicle 수중 무인화 체계

V-LAP Velocity enhanced Long range Artillery Projectile 속도강화 장거리 포병탄

VLF Very Low Frequency 초저주파

VTUAV Vertical Take-off and Landing Unmanned Air Vehicle 수직 이착륙 무인기

WAM Wing Area Mine 광역지역 지뢰

WCMD Wind Corrected Munition Dispenser 풍력 수정 탄약 살포기

WIG Wide-In-Ground Effect Ship 해면효과익선(정)

WMD Weapons of Mass Destruction 대량살상무기